医学影像专业特色系列教材

医用传感器

主　编　朱险峰

副主编　张彦超

编　者（按姓氏笔画排序）

于广浩(牡丹江医学院)
朱险峰(牡丹江医学院)
朱海夫(牡丹江医学院)
刘　丹(桦林佳通轮胎有限公司)
刘佳佳(牡丹江红旗医院)
苏　奎(牡丹江医学院)
李永生(牡丹江医学院)
李明珠(牡丹江医学院)
李莲娣(牡丹江医学院第二附属医院)
宋华林(牡丹江医学院)
张彦超(牡丹江医学院)
赵祥坤(牡丹江医学院)
侯智博(牡丹江医学院)
徐建忠(牡丹江医学院)
董祥梅(牡丹江医学院红旗医院)

科学出版社
北　京

· 版权所有　侵权必究 ·
举报电话：010-64030229；010-64034315；13501151303（打假办）

内 容 简 介

本书全面介绍了生物医学领域中常用的传感器，系统阐述了各类常见医用传感器的基本工作原理及相关医学应用。本书具有如下特点：①注重传感器技术与医学临床实际应用的有机结合，对每类传感器都列举了一些医用实例，帮助读者生动、形象地理解相关的理论知识。②注重培养读者解决实际问题的能力，针对被测对象，不仅说明使用的传感器，还包括与传感器匹配的转换器及其相关电路，使读者可以全面了解和认识医用传感器的工作过程，增长对医用传感器的正确选择能力和对非电量测量任务的设计能力。

本书共分十三章，包括医用传感器总论、传感器基本特性、压电式传感器、电容式传感器、电感式传感器、电阻式传感器、磁电式传感器、热电式传感器、光学传感器、化学传感器、生物传感器、生物医用电极及实验。此外，各章都附有思考题。

本书适用于生物医学工程、医学影像技术和医学检验专业人员使用。

图书在版编目（CIP）数据

医用传感器／朱险峰主编. —北京：科学出版社，2014.6
医学影像专业特色系列教材

ISBN 978-7-03-041290-4

Ⅰ. ①医…　Ⅱ. ①朱…　Ⅲ. ①医疗器械-传感器-医学院校-教材　Ⅳ. ①P212.3

中国版本图书馆 CIP 数据核字(2014)第 131741 号

责任编辑：周万灏　王　颖／责任校对：桂伟利
责任印制：徐晓晨／封面设计：范璧合

版权所有，违者必究。未经本社许可，数字图书馆不得使用

科学出版社 出版
北京东黄城根北街 16 号
邮政编码：100717
http://www.sciencep.com
北京教图印刷有限公司 印刷
科学出版社发行　各地新华书店经销
*
2014 年 6 月第　一　版　　开本：787×1092　1/16
2017 年 1 月第三次印刷　　印张：16 7/8
字数：388 000

定价：65.00 元

(如有印装质量问题，我社负责调换)

医学影像专业特色系列教材
编委会

主　任　关利新

副主任　王　莞　卜晓波

委　员（按姓氏笔画排序）

王汝良　仇　惠　邢　健　朱险峰　李方娟　李芳巍
李彩娟　周志尊　周英君　赵德信　徐春环

秘　书　富　丹　李明珠

序

医学影像专业特色系列教材以《中国医学教育改革和发展纲要》为指导思想，强调三基、五性，紧扣医学影像学专业培养目标，紧密联系专业发展特点和改革的要求，由10多所医学院校医学影像学专业的教学专家与青年教学翘楚共同参与编写。

本系列教材是在教育部建设特色应用型大学和培养实用型人才背景下编写的，突出了实用性的原则，注重基层医疗单位影像方面的基本知识和基本技能的训练。本系列教材可供医学影像学、医学影像技术、生物医学工程及放射医学等专业的学生使用。

本系列教材第一批由人民卫生出版社出版，包括《医学影像设备学实验》、《影像电工学实验》、《医学图像处理实验》、《医学影像诊断学实验指导》、《医学超声影像学实验与学习指导》、《医学影像检查技术实验指导》、《影像核医学实验与学习指导》七部教材。此次由科学出版社出版，包括《影像电子工艺学及实训教程》、《信号与系统实验》、《大学物理实验》、《临床医学设备学》、《医用常规检验仪器》、《医用传感器》、《AutoCAD中文版基础教程》、《介入放射学实验指导》八部教材。

本系列教材吸收了各参编院校在医学影像专业教学改革方面的经验，使其更具有广泛性。本系列教材各自成册，又互成系统，希望能满足培养医学影像专业高级实用型人才的要求。

医学影像专业特色系列教材编委会

2014年4月

前　言

传感器技术在医学领域应用日益广泛，国内许多医学院校均开设了相应课程。有关传感器方面教材也陆续问世。这些著作在原理与实用、传统与新型以及广度与深度上各有所侧重。随着高新技术发展，专业面拓宽以及社会需求不断扩大，更希望有两者兼顾的教材。为配合我校特色应用型大学建设的需要，作者撰写了本书。

针对近年传感器新技术飞速发展现状以及教学思想发展，本书通过精选内容，归类编排的方法增强了传感器教学的系统性，这就有利于读者对传感器的现状和发展形成一个系统化概念。本书在编写中力求突出共性基础；对各类传感器则注重机理分析与应用阐述。

本书编排采用按原理分类方法。把近代发展的传感技术分散到几个分类中，并把几个共性技术安排在概论后，分散到几个分类中详细讲解。这样编排的目的是为了增强学生发散思维的能力。在原理分类讲述后又安排了交叉内容的应用章节，以求提高学生的实际应用能力。

本书适用于生物医学工程、医学影像技术和医学检验技术专业。通过本教材的学习，为今后学习和掌握医用常规检验仪器、临床医学设备学、医学影像设备学打下良好基础；从而针对校内实践基地、医学检验仪器、医学临床设备、医学影像设备所使用的传感器进行重点阐述，便于学生更好理解传感器原理与应用。

本教材使用了许多文献与教材资料，在此向相关作者一并致谢。

传感器技术涉及的学科众多，而作者学识有限，书中错误与缺点在所难免，恳请广大读者批评指正。

编　者

2014年3月

目　录

第一章　医用传感器总论

第一节　传感器的界定和组成

传感器技术是人类科学发展的结晶，社会的进步要求传感器技术不断推陈出新。在医学应用领域，发展生物科学、开展医学研究和进行病症诊断都要求获取人体各方面的生理信息。针对冠心病的诊断，它就要求来自从系统到器官、组织细胞等层次的生理信息，即心血管系统心音血压信息、心脏心电图信息、血流灌注的心肌组织信息，以及心肌酶谱相关信息。实现捕获有关生物信息的手段是依靠不同的医用传感器组件(medical sensor components)来完成。医用传感器组件就是指感知生物体内的各种生理、生化以及病理信息，并把它们转换为相关电信号的部件。由于人们关注传感器把非电量转换为相应的电压或者电流等电学量，因此传感器组件有时又称为换能器(transducer)。

中国物联网校企联盟认为，传感器的存在和发展，让物体有了触觉、味觉和嗅觉等感官，让物体慢慢变得活了起来。在新韦式大词典中“传感器”被定义为：“从一个系统接受功率，通常以另一种形式将功率送到第二个系统中的器件。”国家标准 GB7665-87 对传感器下的定义是：“能感受规定的被测量件并按照一定的规律(数学函数法则)转换成可用信号的器件或装置，通常由敏感元件和转换元件组成。”根据这个定义，传感器的组成部分如图 1-1 所示。其中，感应元件为传感器中可以直接感受或响应被测量的单元；转换元件是指传感器中能将感应元件感受或相应的被测量信号转换为适应传输或者测量的电信号单元；信号调理与转换元件包括放大、运算调制等单元；辅助电源为传感器组件的供电单元。伴随半导体与集成技术的进一步发展，信号调理与转换电路，和感应元件一起被集成在同一芯片中，安装在传感器的壳体内。

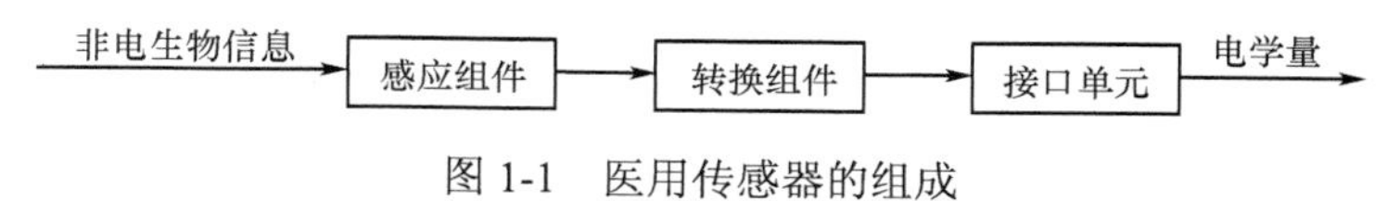

图 1-1　医用传感器的组成

医学传感器由于它所拾取的信息是人体的生理信息，而它的输出常以电信号来表现，因此，医用传感器可以定义为：把人体的生理信息转换成为与之有确定函数关系的电信息的变换装置。其中确定函数关系由感应元件的特性来决定。

用于非电量感知的传感器有些是把待测量直接转换成相应的电压与电流，其感应元件和转换元件集成在一起，但也有些需要另加传递与处理等间接转换。压电材料与热电阻是直接把压力与内能转换成相应的电压或者电流，而某些位移传感器或加速度传感器，其感应元件与转换元件互相分离。根据传感器的定义，人们从感应元件组成材料、转换机制、输出信号选择原理和智能化发展四个方面进行研究、分析与设计新型传感器组件。各种微型智能化固态传感器就是基于这种理念研发出来的，它完成了三位一体化设计，即把感应元件、转换元件与处理元件集成在一块芯片上。

智能化传感器(smart sensors)的发展得力于两方面技术的飞速发展，其一是计算机人工智能技术的迅猛发展，它带来的微处理器(micro computer unit, MCU)技术的快速更新换代；其二是材料物理学的高速进步，这带来了感应元件性能与品质的极大改善。于是微处理器与传感器技术有机结合，产生了功能强大的智能化传感器。所谓智能化传感器，就是嵌入微处理器，兼有信息检测、信号处理、记忆与逻辑思维与判断能力的传感器复合组件。

智能传感器已广泛应用于航天、航空、国防、科技和工农业生产等各个领域中。例如，它在机器人领域中有着广阔应用前景，智能传感器使机器人具有类人的五官和大脑功能，可感知各种现象，完成各种动作。在工业生产中，利用传统的传感器无法对某些产品质量指标(例如，黏度、硬度、表面光洁度、成分、颜色及味道等)进行快速直接测量并在线控制。而利用智能传感器可直接测量与产品质量指标有函数关系的生产过程中的某些量(如温度、压力、流量等)，利用神经网络或专家系统技术建立的数学模型进行计算，可推断出产品的质量。在医学领域中，糖尿病患者需要随时掌握血糖水平，以便调整饮食和注射胰岛素，防止其他并发症。通常测血糖时必须刺破手指采血，再将血样放到葡萄糖试纸上，最后把试纸放到电子血糖计上进行测量，这是一种既麻烦又痛苦的方法。美国 Cygnus 公司生产了一种“葡萄糖手表”，其外观像普通手表一样，戴上它就能实现无痛、无血、连续的血糖测试。“葡萄糖手表”上有一块涂着试剂的垫子，当垫子与皮肤接触时，葡萄糖分子就被吸附到垫子上，并与试剂发生电化学反应，进而产生电流。传感器测量该电流，经处理器计算出与该电流对应的血糖浓度，并以数字量显示。

第二节 医用传感器的主要用途及分类

21 世纪是现代信息技术大融和的时代，信息处理技术包括信息采集、信息传输和信息处理。而信息采集则需要通过相应的传感组件来实现。传感组件作为测控系统中对象信息的入口、检测技术的核心部件，在现代化的自动检测、自动控制和遥控系统中是必不可少的部分。

传感器技术(传感组件技术)日益被广泛应用于航天航空、军事、工业、农业、医学、环境保护、机器人、汽车、舰船、灾害预测预防、家电、公共安全以及日常生活等各个领域，可以说是无所不在。有人说：征服了传感器，几乎就征服了现代科学技术。话虽夸张，却说明了传感器技术在现代科学技术中的重要地位。如美国 22 项国家长期安全和经济繁荣的关键技术中有 6 项与传感器技术直接相关；保持武器系统质量优势的关键技术中有 8 项为传感器技术；美国空军举出的 15 项有助于提高 21 世纪空军能力的关键技术中，传感器技术名列第二，每年仅在生物传感器技术及产品开发研究方面投资额度约为 13 亿美元。早在 20 世纪 80 年代，日本就把传感器技术列为优先发展的十大技术之首。目前，我国也把传感器技术列为重点发展的技术之一。

随着科学技术的发展，医学科学已进入一个崭新阶段，从定性医学走向定量医学已经迈进了坚实的一步。医用传感器的发展延伸了医生的感觉器官，把定性感觉拓展为定量的测量。例如，用压电传感器测量手腕的微振动、心室内壁压力、心内瓣膜振动；用固态压阻传感器测量指尖、桡骨和手腕等位置的脉压；用电阻应变片测量呼吸气流、脉象和肌肉收缩力等。

一、医用传感器的主要用途

(1) 提供诊断用信息：如心音、血压、脉搏、血流、呼吸、体温和脑电等生理信息，供临床诊断和医学研究用。

(2) 监护：长时间连续测定某些参量，监视这些参量是否处于规定的范围内，以便了解患者的恢复过程，出现异常时及时报警，比如对重症监护(ICU)的实时监控。

(3) 疾病治疗和控制：利用检测到的生理参数控制人体的生理过程。例如，自动呼吸器就是用传感器检测患者的呼吸信号来控制呼吸器的动作，使之与人体呼吸同步。电子假肢就是用测得的肌电信号控制人工肢体的运动。体外循环中的血流、血压控制等。

(4) 临床检验：除直接从人体收集信息外，临床上常从各种体液(血、尿、唾液等)样品获得诊断信息，即生化检验信息。它是利用化学传感器和生物传感器来获取，是诊断各种疾病必不可少的依据。

传感器种类繁多，功能各异。由于同一被测量可用不同转换原理实现探测，利用同一种物理法则、化学反应或生物效应可设计制作出检测不同被测量的传感器，而功能大同小异的同一类传感器可用于不同的技术领域，故传感器有不同的分类法。

二、传感器的分类

医学传感器一般根据两个标准进行分类。第一按照生理参数分类，检测电学量参数，包括机体的各种生物电(心电、脑电、肌电、神经元放电等)的传感部件称为生物电极；检测非电学量参数的传感器又按照不同的机理分成物理传感器、化学传感器和生物传感器三大类。

1. 物理传感器　利用传感材料的物理特性制成的传感器叫物理传感器。按目前国内对传感器符号的标记方法，在这里介绍两种分类方法。一种是按工作机理分类，另一种是按被检测量分类。从工作机理上分，有应变式传感器、电容式传感器、电感式传感器、压电式传感器、磁电式传感器、热电传感器、光电传感器、压阻传感器和霍尔传感器。从被检测量来分，有位移传感器、压力传感器、振动传感器、流量传感器和温度传感器。由于一种被检测量往往可以用数种工作原理不同的传感器来检测，所以物理传感器的名称常常是在被测量前边加上不同工作原理的定语，如应变片压力传感器、压阻压力传感器和压电压力传感器。目前国内标记传感器采用大写汉语拼音字母和阿拉伯数字作标记代号。传感器标记由下列四部分构成：主称、被测量、原理、序号。例如，CWY-WL-10 是序号为 10 的电涡流位移传感器；CY-YZ-2A 是序号为 2A 的压阻压力传感器等。

2. 化学传感器　化学传感器利用人体内化学反应原理把化学成分、溶液浓度等转换成与之有确切关系的电学量的组件。通常指基于化学原理的、以化学物质成分为检测对象的一类传感器。该类传感器主要是利用敏感材料与被测物质中的离子、分子或生物物质相互接触而产生的电极电位变化、表面化学反应或引起的材料表面电势变化，并将这些反应或变化直接或间接地转换为电信号。它多是利用某些功能性膜对特定成分的选择作用把被测成分筛选出来，进而用电化学变换单元把它变为电学量。

一般多是依膜电极的响应机理、膜的组成和膜的结构进行分类，分为离子选择性电极、气敏电极、湿敏电极、涂丝电极、聚合物基质电极、离子敏感场效应管、离子选择性微电极和离子选择性电极薄片等。目前利用各种化学传感器已成功的测量了人体中的某些化学成分，如用离子选择性电极测量钾、钠、氯、钙等离子；利用气敏电极测定氧分压和二氧化碳分压等。以半导体陶瓷为材料的气敏、湿敏传感器也得到广泛应用。

化学传感器在医学中的应用和技术改进使医学生化检验更加快速、准确、方便，它的发展趋势向实时、经济、无创、自动化和微型化发展。化学传感器有可逆和不可逆之分，前者的试剂相不因与待测物反应而被消耗，后者相反。因而可逆型化学传感器更被重视。

3. 生物传感器　它利用某些生物活性物质所具有的选择识别待测生物化学物质的能力制成的传感器组件，是一种以固定化的生物体成分(酶、抗原、抗体、激素)或生物体本身(组织、细胞、细胞器)作为敏感元件的感应器件。结构如图 1-2 所示，包括感应元件(生物选择性膜)以及换能器件(通过化学方法、光方法、声方法、电学方法将检测到的信号转换成可以测量的量或者相应电学量)。

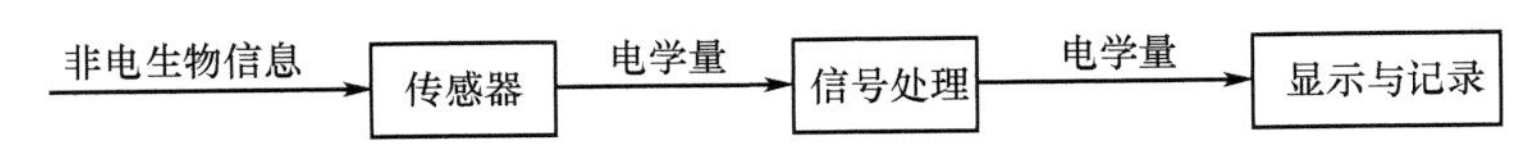

图 1-2 生物传感器的结构示意图

根据所用的敏感物质分为生物酶传感器、免疫生物传感器、微生物传感器、组织生物传感器和细胞生物传感器等。根据所用的信号转换器又可将生物传感器分为电化学生物传感器、半导体生物传感器、测热型生物传感器、测光型生物传感器和测声型生物传感器。

此外，根据传感器是模拟人体视、听、触、嗅、味五种感觉器官的器件，也有学者按照感官功能把传感器分为视觉传感器、听觉传感器、触觉传感器、嗅觉传感器和味觉传感器。

第三节 医用传感器的特性和要求

医学传感器用来检测人体相关的生理特征信息，而且要满足特定要求。生物体是一个有机整体，各个系统和器官都有着各自的功能和特点，但又彼此依赖，互相制约。从体外或器官内所量测的信息，既传达了被测系统和器官的特征，又蕴含其他系统和器官的影响，经常是多种物理参数、化学参数和生物参数的综合映射。医学传感器的任务是从这种信息复杂关系中提取出有价值的信息，并把它变换为电信号。然而此时传感器将遇到种种制约和困难，例如把心音传感器放在胸壁上测量心音时，情况就会变得很复杂。胸壁上除有心音外还有呼吸产生的振动，躯体各部分活动产生振动以及体外传来的振动波引起的噪声，这些噪声会在很大程度上干扰正常心音信号的正常俘获。因此医用传感器应具有以下特性:

(1) 高灵敏度与信噪比，以确保能检测出微小的有用信息，同时具有很强的鲁棒性。

(2) 良好线性和快速响应，保证信号变换后不失真并能使输出信号及时跟随输入信号线性变化。

(3) 良好稳定性和互换性，以保证输出信号受环境影响小而保持稳定。更换传感器时要尽量选择特性基本一致的同类型传感器，以免影响测量数据。

此外，还必须考虑到生物体的解剖结构和生理功能，尤其是安全性和可靠性更应特别重视。具体要求包括:

(1) 传感器必须与生物体内的化学组成互相兼容，同时要求它既不被腐蚀也不给生物体带来毒性。

(2) 传感器形状、尺寸和结构应必须与被检测部位相适应，使用时不应损伤组织，不给受体生理活动带来明显影响，也不应干扰其正常生理功能。

(3) 传感器要与人体要有足够电绝缘，要求即使传感器损坏情况下，人体受到的电压必须低于安全值。

(4) 植入生物体体内长期使用的传感器，不应对生物体内有不良的刺激。

(5) 结构上必须便于消毒。

(6) 对于生物体必须安全可靠。

第四节 医用传感器的发展

传感器技术朝着两个方向发展，一个是传感器器件材料与结构本身的研究与开发，另一个是基于计算机技术的智能化控制体系研发。其中传感器本身的研究开发拥有两个分支，一是传感器基础研究，即研究传感器发展所需要新理论与新技术，另一是新型传感器产品的开发，即面向市场研究并生产社会迫切需要的产品。基础研究的重心多集中在新材料和超微细加工技术开发。新产品研发的重点在于解决光电技术的应用、微电子封装技术和一次性芯片等关键技术问题。下面以新材料技术和新加工技术为重点阐述近期发展动向。

1. 智能化精密陶瓷传感器　伴随物理学和材料学对各种材料的物理性能的深入解析，人们已经有可能自由地控制材料的组成成分，并根据不同用途设计出不同的材料，其中最成熟的材料就是硅半导体材料。它的出现改善了各种物理传感器的面貌，如基于半导体材料的力敏传感器，扩散电阻型传感元件以及基于 PN 结的温度传感器。

近期又出现许多精密陶瓷材料，它们使用精选原料，在预先周密制定的化学组成方案基础上经过高精度成型烧结后成型。这些陶瓷材料一方面充分发挥了陶瓷材料固有的耐热性、耐磨性、耐腐蚀性、硬度特性和电特性，另一方面弥补了硅或锗半导体温度上限较低的缺点，因此进一步扩展了传感器的应用范围。新制成的多种陶瓷气敏传感器和湿敏传感器，如二氧化钛传感器，与传统二氧化钛传感器相比具有型小价廉和工作范围广等优点。此外又成功研究开发了利用 SnO_2 薄膜和 V_2O_5 薄膜的传感器，Fe_3O_4 正特性湿敏传感器和 $Si\text{-}Na_2O\text{-}V_2O_5$ 负特性湿敏传感器，其具有测量准确度高、工作重复性好、使用寿命长和结构牢固等优点，可以用作湿控单元感湿组件，在汽车自动去湿及土壤湿度检测等应用领域应用广泛。再如新型热敏电阻钛酸钡材料，在某温度以下时其阻值低是负温度系数，但是达到某温度(称为相位转移温度)后，其阻值急剧增加并为正温度系数，其电阻系数与相位转移温度大小决定于材料的组成成分与制作工艺。例如，使用锶(Sr)或铅(Pb)对钛酸钡进行置换反应时，其相位转移温度可发生变化。当用电流对这种新型热敏电阻加热时，在相位转移温度附近由于电流急剧减少，故可能自动保持在这个相位转移温度附近，于是传感组件和加热组件就成为一体，起到感温和控温两种作用。它在保温电饭锅、衣物干燥器和烫发吹风干燥器等家用电器中已被运用。

2. 分子识别材料物质与传感器　在新材料研究中分子识别材料(也称生物功能性物质)的研究在发展智能生物医学传感器中引人注目。目前已有的传感器还不能说部分代替了生物体的感觉功能，它只是利用相关材料的物理或化学特征的一种信号映射单元。生物体中的物质膜能对外来刺激做出反应，可以用作感应部件，这种生物膜厚 6~10pm，内部含有许多受容细胞(受体)，它是一种磷脂质双层膜，蛋白质镶嵌在相应的生物膜上。当外来刺激加在生物膜时，对应膜电位发生变化，同时，与受容细胞相连的神经发出脉冲传递到神经中枢；当外来刺激是光时，由于光敏蛋白的作用，使膜电位发生变化；当外来刺激是化学物质时，由于膜附着有化学物质而引起膜电位变化。目前已研制出利用抗原抗体结合使膜电位变化的人工功能性膜(免疫膜)和利用固定于膜上的生物受容物质的选择性吸收被测物质后而形成复合体性质的膜(酶膜)。人们正是利用这种生物功能性膜研制开发出各种新型生物传感器，这为仿生物传感器的发展奠定了基础。在医学中已经用这种传感器测血糖、乳酸以及免疫球蛋白(IgG)和甲胎蛋白(AFP)，也有的用来测脱氧核糖核酸(DNA)、核糖核酸(RNA)和神经递质等。有学者提出了使用阵列电极或复合酶电极同时识别多种化学物质，从而实现制造出更加人性化的生物传感器。

3. 微细加工技术与微型传感器　微型传感器可以不受空间大小制约而安放在狭小位置上，并且拥有对被测对象的状态干扰小、时间响应快和成本低等优点。过去手工制作传感器受到机械能力与加工精度的双重限制，因此传感器测量精度比较低。以集成技术为基础的微细加工技术能把电路加工到光波数量级，而且可批量生产，从而把传感器技术推到了更高的发展层面上。

集成电路加工技术由三大基本技术组成：①平面电子工艺技术；②选择性化学腐蚀技术；

③机械切割技术。这三项技术都能进行三维加工。平面电子工艺技术是把在硅表面生成的氧化膜作为一种掩膜，在具有掩膜的硅单晶上进行具有空间选择的扩散和腐蚀加工。所以平面电子工艺技术包括照相制版技术、杂质扩散技术、离子注入技术和化学气相沉积(CVD)技术等。利用选择性化学腐蚀技术能对由平面电子工艺技术制作而成的氧化物掩膜和已扩散了杂质的半导体物体空间进行有选择的化学腐蚀加工，从而可以在特定方向上把硅体腐蚀掉，进而可以进行三维加工。这种微加工技术可以把物体加工成极微细的可动部件，如应力杆状物、开关甚至马达等，比如美国斯坦福大学已把过去相当大的难以搬运的气相色谱仪集成在直径5cm的硅片上，制成超小型气相色谱仪。现代传感器的理念已跳出原来含义的束缚，而是以微型、集成化和智能化为特征的微控系统。该微系统除具有自测试、自校准和数字补偿的微处理器之外，还具有微型执行组件(包含开关、马达、泵体以及各种电磁阀)。现代微细加工技术已经达到可以把微型传感器、微处理器和微执行器集成在一块硅片上构成微系统的作业水平。国内外有许多研究机构正在从事这种微控检测系统的研发研制工作。

医用传感器实用化研究目前在下列几个方面已取得了明显突破:

(1) 体液成分的实时监控，比如血液中各种离子、气体等生理指标的在体实时测量技术。

(2) 多信息融合微型生物传感器阵列的应用，例如使用导管探针从心脏内部同时俘获有关心脏功能的多种生理信息融合测量技术。

(3) 利用光导纤维和半导体微光器件研究开发更加先进的人体测量技术。

(4) 研究开发利用生化反应的新型医学传感器用于分子水平测量。

图 1-3 给出了医用传感技术发展的趋势与基本脉络，医用传感器技术的研发包括传感器专项开发、传感器与计算机结合嵌入式系统的开发两大块。其中传感器专项开发又包括传感器基础研究和传感器新产品研发两块。

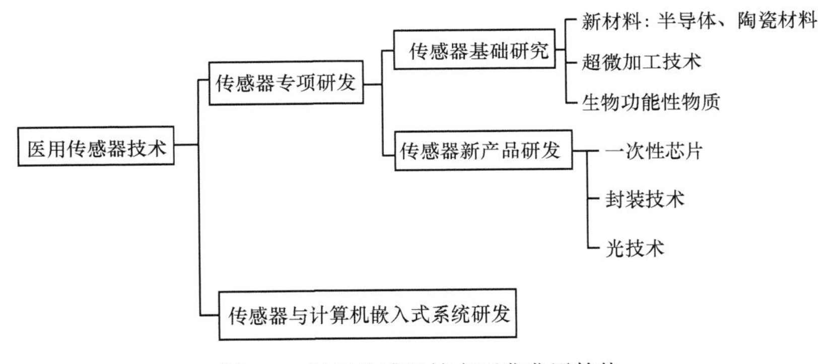

图 1-3 医用传感器技术研发发展趋势

思 考 题

1. 简述医用传感器的定义和组成。
2. 医用传感器主要用途有哪些？
3. 对医用传感器有些什么特殊要求？
4. 利用表格整理医用传感器的分类。
5. 搜集各方面资料，总结医用传感器的发展趋势。

第二章　传感器基本特性

为了更好地掌握与运用传感器，必须事先充分了解相关传感器的特征属性。所谓传感器特性是指它转换信息的能力和性质。这种能力和性质通常使用传感器输入和输出的映射关系来描述。根据传感器的输入量分为静态和动态两大类，传感器的特性也通常从静态特性和动态特性两方面来讨论。

第一节　传感器的静态特性

一、静 态 特 性

当人体各项待测生物指标信息处于稳定状态时，对应传感器的输入量会在在较长时间维持不变或发生极其缓慢地变化，则此时传感器的输出量与输入量间的映射就是传感器的静态特性。这种关系一般是由传感器物理、化学或生物的特征而决定。在这里，不具体讨论传感器的物理、化学或生物的特征，只从其输出和输入间的关系来讨论其相关特征。通常都希望传感器的输出和输入具有一一映射关系，这样的传感器才能如实反映待测的生物信息。

假设输出量为 y，输入量为 x 时，则

$$y = a_1 x \tag{2-1}$$

a_1 为对应的传感器特征变换参数。或者输入分别为 x 和 $x+\Delta x$，则对应于两者的输出为：

$$\Delta y = a_1 \Delta x \tag{2-2}$$

满足公式(2-1)和公式(2-2)的传感器数学模型是一个二元一次方程，这种传感器叫线性传感器。如图 2-1 所示。这时的 a_1 叫做传感器的灵敏度(sensitivity)。如果 a_1 为常数，则 $\Delta y/\Delta x$ 为定值。对线性传感器来说，从 Δy 求 Δx 时没必要知道 x 的值，这往往很易于实现。基于公式(2-1)或公式(2-2)的线性传感器是理想传感器模型，而实际的传感器由于原理上及制作工艺上的双重限制，此时其静态特性表达式常在线性项上加上 x 的非线性项。例如，电容式位移传感器，电容量 $c = \varepsilon s d_0^{-1}$ 的电容器的极板在工作点 d_0 附近产生位移 Δd 时，电容量的变化量 Δc 为：

$$\Delta c = \sum_{i=1}^{\infty} (-1)^i (\varepsilon s)(\Delta d)^i (d_0)^{-(i+1)} \tag{2-3}$$

式中第一项表示电容式位移传感器的输出量 Δc 和位移 Δd 成正比，这是传感器的线性项，常数项 $(\varepsilon s)(d_0)^{-2}$ 是其灵敏度。第二项以下是一些非线性项。所以，传感器静态特性的一般表达式可写为：

$$y = \sum_{i=1}^{n} a_i x^i \tag{2-4}$$

a_0 代表传感器的零偏值，即表示传感器组件输入为零时对应的输出；a_1 表示线性项常数，表示传感器的灵敏度；其余各项 x 的系数表示特性非线性项常数。式(2-4)可以充分表达传感器的静态特性，所以称为传感器静态特性的数学模型。例如，除了 a_1 和 a_0 以外，其他各项系数均

为零，则模型就变为 $y = a_0 + a_1 x$，它表示一个有零点漂移的线性传感器模型；如果非线性项只有 x 的奇次项，输出-输入关系曲线如图 2-l(b)所示，在原点附近有 $y(-x)+y(x)=0$ 的对称关系，且有足够长的线性段；如只有偶次项，所得曲线不对称，如图 2-l(a)所示。

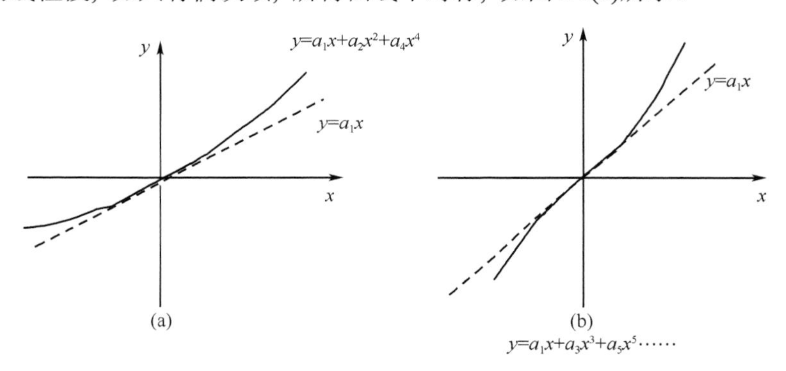

图 2-1 传感器静态特性曲线

此外，用该数学模型还可以讨论差动测量的优越性。众所周知，使用差动式测量系统有时会大大减少测量系统的非线性。如果用另一相同的传感器经相应拓扑结构使之产生反向位移，于是两路输出信号做差，这样不但可以消除偶次项进而改善传感器的特性，而且也可以消除零偏，同时传感器灵敏度成为变为单端接法的两倍。实际应用中，如果非线性项的幂次不高，则在输入量变化不大的范围内可以用以直代曲的方式代替实际静态特性的某一段，使得传感器的静态特性近似于线性，称为传感器静态特性线性化技术。只要非线性程度较小，测量范围不大就可以做这样近似处理。

二、静态特性指标

1. 测量范围和灵敏度 对于传感器来说，理想情况下测量范围不管输入值为多大，式(2-2)恒成立。然而实际上如果让公式(2-2)成立，输入量的取值范围是受限的。首先从能量角度上讲，传感器的功率不可能无穷大，因此输入与输出不可能达到无穷大。其次传感元件的测量范围有一定的限度；再次变换电路的工作范围也是有限制的。例如弹性体传感元件，如果加在弹性体上的应力越大就越容易产生塑性变形，如果超出弹性极限范围，则会致使传感器原来的特性不能再恢复。因此必须限定弹性体的形变量，于是限制了它的工作范围。在使用电桥变换组件时，若组成电桥的元件阻抗变化量过大，则电桥的输出电压与变化量就不再保持正比例关系，这同样也限制了它的工作范围。传感器的灵敏度是指传感器达到稳定后输出量变化 Δy 对输入量变化 Δx 的比值，即公式(2-2)中的 a_1，通常用 k 表示，即

$$k = \Delta y / \Delta x = \mathrm{d}y / \mathrm{d}x \tag{2-5}$$

线性传感器的特性曲线的斜率就是对于对应传感器的静态灵敏度(static sensitivity)。在整个测量范围内它是一个常数。实际传感器灵敏度当 x 值比较小时，k 是定值，当 x 值比较大时灵敏度 k 就随着 x 变化，通常是变小(图 2-2)，即输出 y 对输入 x 的导函数值逐步变小。即使是利用同一原理的传感器，如果改变传感器的工作点，那么其灵敏度也会随之改变。仍以前述的电容式位移传感器为例，因其灵敏度 $(\varepsilon s)(d_0)^{-2}$，改变工作点就是改变 d_0 大小，d_0 越小其灵敏度就越大。

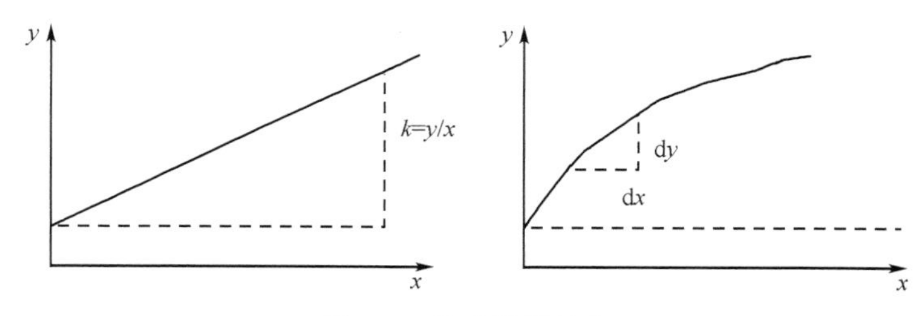

图 2-2　传感器灵敏度

此外，传感器灵敏度还和测量范围有关，多数传感器的灵敏度越高，测量范围越窄。这可从公式(2-3)来理解解析，式中第二项以下各项是非线性项，它们的大小反映着偏离线性的程度。对同样大小 Δd、d_0 越小，非线性项就越大。如果控制偏离线性的量为常数，则可允许的 Δd 值就变小，即测量范围变窄。这种现象是电容式传感器和很多其他传感器共同存在的问题。

灵敏度的另一个不可忽视的指标是灵敏度界限。从灵敏度定义看，输入变化 Δx 时，输出变化 Δy 也变小。但是一般来说 Δx 小到某种程度时，输出 Δy 就不再变化了，这时的 Δx 称为灵敏度界限。存在灵敏度界限的原因大致有两个，一个是 Δx 通过传感器内部时被吸收了，因而反映不到输出端上去。第二个原因是传感器输出中存在噪声，如传感器输出值比噪声电平低，此时就得不到有用的输出。假如某光纤式导管末端血压传感器上加小于 66.661Pa(0.5mmHg)的压力时，如果没有输出，则其灵敏度界限为 66.661Pa(0.5mmHg)。

2. 线性度(linearity)　大多数传感器是按照输入与输出间有一定比例关系设计的，但严格来说这种比例关系即使在测量范围内也是很难成立的。有些传感器应用有比例关系的传感机理，但实际上物理无法实现；有些传感器所应用的传感机理理论上也只是近似的比例关系；更有些传感器的传感机理具有二阶非线性特性。为了反映传感器偏离线性的程度，需要引入线性度概念，线性度也叫非线性误差，是指在规定条件下传感器特性曲线与拟合直线间最大偏差 $\Delta DL_{\max}$ 与传感器满量程(FS)输出值 Y_{FS} 的百分比，如图 2-3 所示，用 δ_L 代表线性度，则有

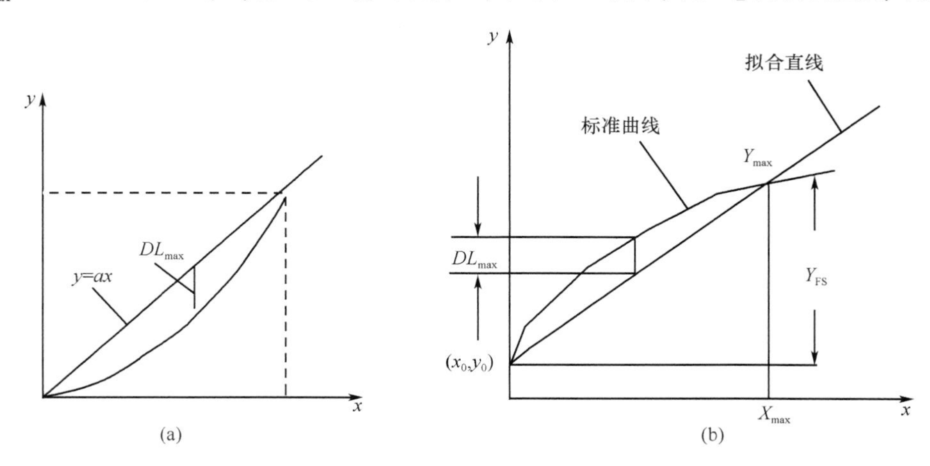

图 2-3　传感器线性度

$$\delta_L = \pm\frac{\Delta DL_{\max}}{Y_{FS}}\times 100\% \tag{2-6}$$

$$Y_{FS} = Y_{\max} - Y_0 \tag{2-7}$$

拟合直线的方法很多，较为简单的方法是以理论直线作为拟合直线，即静态特性的理想情

况，$y=ax$。由此式求得的线性度称为理论线性度[图 2-3(a)]。用最小二乘法原理拟合直线所求得的线性度称为最小二乘法线性度[图 2-3(b)]。

3. 迟滞(hysteresis)　传感器在相同工作条件下，输入值增大到某一值(正向)与输入由高到低减小到刚才相同值(反向)时的输出值不一致，这种现象叫传感器的迟滞特性。常用对应于同一大小的输入信号，传感器在正向和反向行程的输出信号间的最大偏差 ΔH 与满量程输出值(Y_{FS})的百分比来表示迟滞的大小。

$$\delta_H = \pm \frac{\Delta H_{\max}}{Y_{FS}} \times 100\% \tag{2-8}$$

各种传感元件材料的物理性质是产生迟滞现象的主要原因，例如弹性材料由于变形产生转位移动，强磁材料由于外磁场作用产生磁畴及内部应力变化等。强电解质多晶体在外力作用下也会产生迟滞现象。

4. 稳定性(steadiness)　在传感器输入端加进同样大小的输入时，最理想的情况是不管何时输出值的大小均保持不变。但实际上，对同一大小的输入即使环境条件完全一样，所得到的输出值较之历史时刻也会有所不同，这是因为传感元件的特性会随时间变化而变化，产生一种经时变化现象，即使是长期放置不用的传感器也会产生经时变化现象。

使用传感器时，如果对元件施加不适当的外界应力或不必要的加热，就会产生不可逆变化，这样变化累积起来势必引起传感器的特性发生变化，产生不稳定现象。在连续使用过程中，即使输入保持一定，传感器有时也会出现输出朝一个方向偏移的现象，这种现象称作漂移，即输入值是零时输出值不是零。

有时在接通电源瞬间，传感器的工作不稳定，因而会有较大漂移。这时传感器内部发热尚未达到正常值，因而相应工作点发生迁移导致灵敏度发生变化。但是这种漂移是暂时的，最终会自行消失。传感器达到正常状态所需时间称为升温时间。因此，在接通电源后在升温时间内最好不要使用传感器，以免俘获不准确的测量数据影响控制系统的运行。

5. 环境特性　在保持周围环境绝对不变的约束下使用传感器是不现实的。大多数情况是要求传感器在极其苛刻的环境条件下都能正常使用，并在此前提下进行设计。在影响传感器特性的环境因素中，最重要的因素是温度的影响。传感器特性必然会受到温度影响的这种说法并不过分。即使是进行了各种方法的补偿或在结构上竭尽全力，但从传感器整体来说仍然受温度的影响。温度影响主要体现在灵敏度改变、输出漂移等。近年来使用半导体作感应组件的例子越来越多，半导体的特性对温度很敏感，在使用时尤其要引起注意。

环境因素对传感器的影响除温度外，还有气压、湿度、振动、电源电压和频率等。随着气压的变化引起传感元件或容器的体积变化，因而其特性也跟随变化。湿度变化对光学传感器或电容传感器的影响尤为明显，这是因为湿度变化会使光学传感器改变折射率，使电容传感器改变介电常数。电源电压波动会引起灵敏度和输出漂移。虽然通过反馈回路可以减少放大器增益变化，但是由于电桥电路的不平衡电压与电源电压成正比，所以电源电压的波动会直接使不平衡电压产生畸变。电源频率的变化除了对利用交流磁场的传感器有所影响外，对其他传感器影响不大。

第二节　传感器的动态特性

从在本质上讲，大多数物理传感器是机电类型传感器。它们经常是由受机械激励的简单机械伺服组件与对机械运动敏感的感应组件构成，如电阻式、电容式、电感式和压磁式传感器等。在分析这些传感器性质时，微分方程是最好用来描述它们的机械特性的数学工具；我们可以通过求解微分方程进一步获取描述传感器特征所需要的各种运动参数。对于线性传感器的动态特性分析，常用的是线性常系数微分方程。如果一个简单传感装置由弹簧元件和黏性阻尼器组成，那么它的驱动函数$f(t)$代表该装置的输入激励(例如加到压力计上的压力)，这个系统的运动微分方程为:

$$f(t)=k_1\frac{\mathrm{d}x}{\mathrm{d}t}+k_2x \tag{2-9}$$

在稳态激励或瞬时激励作用下，该装置的特征参数可以通过求解上式(一阶微分方程)来获取。如图 2-4 所示一个较为复杂系统，它由滑动物块(m)、弹簧元件和黏性阻尼器组成。该系统的运动微分方程为:

$$f(t)=m\frac{\mathrm{d}^2x}{\mathrm{d}t^2}+k_1\frac{\mathrm{d}x}{\mathrm{d}t}+k_0x \tag{2-10}$$

其特征参量可以通过求解公式(2-10)所示的二阶微分方程来获取。然而某些装置需要用更复杂的运动方程来描述，例如一些装置有互相连接的机械环节，它们的自由度可能不止一个，因而需要用多变量微分方程来进行描述。

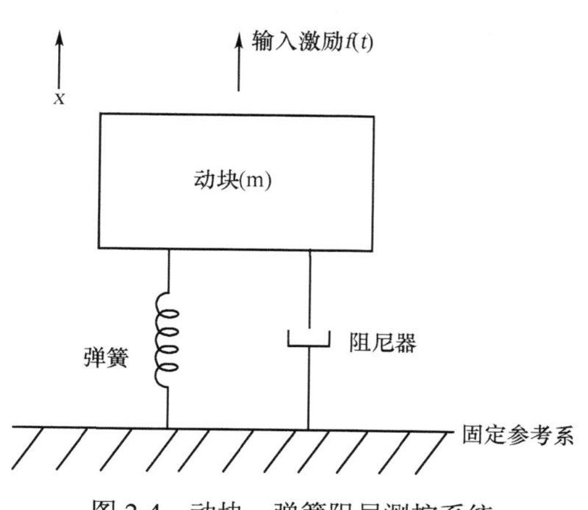

图 2-4　动块、弹簧阻尼测控系统

除上述用运动微分方程来描述传感器的机电特征外，还可以利用热传导微分方程来描述热学传感器，用光吸收微分方程来描述光学传感器。这些方程在稳态和暂态条件下的解，通常将有助于分析相应传感器的特征性能。可见，为了分析传感器的动态特性，应遵循三个程式，首先应建立传感器的微分方程，其次运用相应算法找出求解微分方程，最后利用所得到的解来分析传感器的动态特性。

一、传感器动态特性的数学模型

图 2-5 表示一个简单的电位器式传感器，它属于一种电阻式传感器。如果电阻值沿长度l是线性分布的，则对应数学模型为:

$$U_{\mathrm{sc}}=\frac{U_{\mathrm{sr}}}{l}x=kx \tag{2-11}$$

如果用$y(t)$和$x(t)$分别代表随时间t变化的输出量和输入量，上式可表示为:

$$y(t)=\frac{b_0}{a_0}x(t) \tag{2-12}$$

式(2-11)或式(2-12)中$k=\frac{U_{\mathrm{sr}}}{L}=\frac{b_0}{a_0}$是传感器的静态灵敏度。因为它不含输出量的导数项，故称为零阶微分方程，它所代表的传感器称为零阶传感器。图 2-6 表示玻璃液体温度计的感温组件，其质量为m(kg)，比热为C[g/(kg·K)]，其表面积为s(m^2)。被测介质和温度计之间的热传导系数为h[J/(m^2·s·K)]。如不考虑辐射传热，根据热平衡原理则有:

$$hs(T_{\mathrm{i}}-T)\Delta t=mc\Delta T \tag{2-13}$$

式中，T 是温度计的温度，T_i 是被测介质的温度，t 是时间。如改写成微分形式则有：

$$hsT_i = mc\frac{dT}{dt} + hsT \tag{2-14}$$

或者改写为标准一阶线性微分方程的形式，它代表的传感器叫做一阶传感器，即

$$b_0 x(t) = a_1\frac{dy(t)}{dt} + a_0 y(t) \tag{2-15}$$

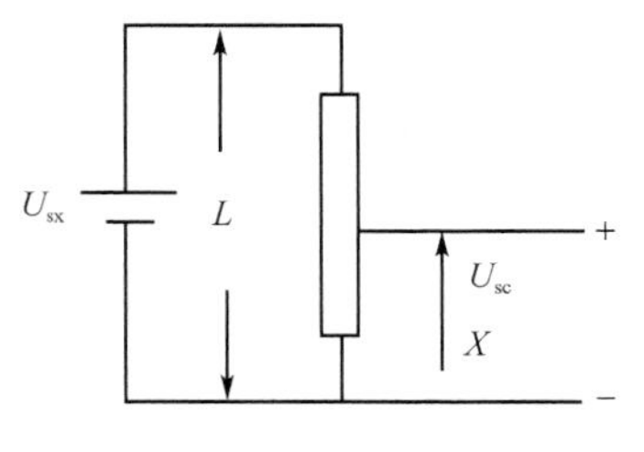

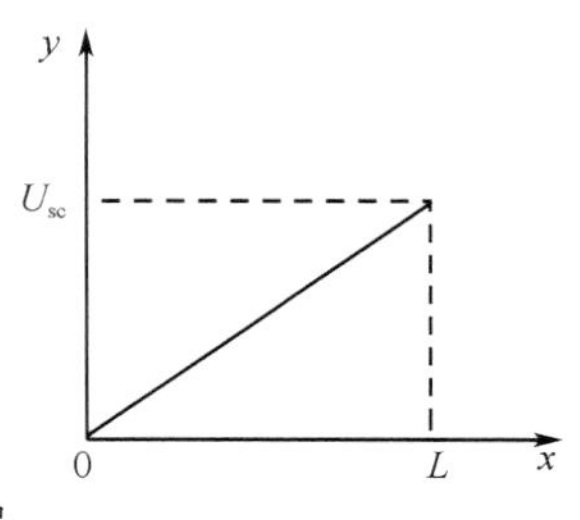

图 2-5 零阶传感器

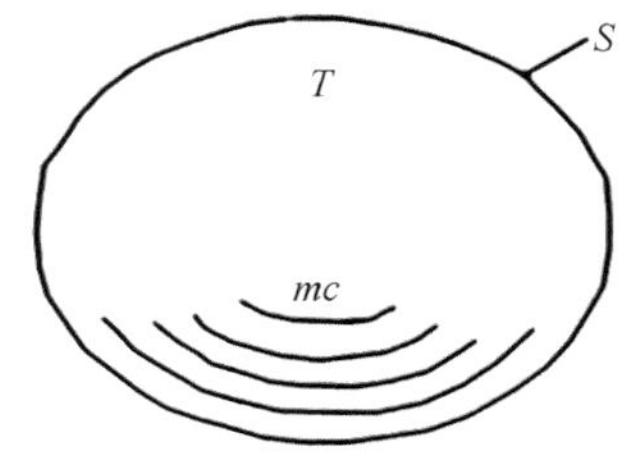

图 2-6 温度计感温组件

图 2-7 是测量心内压的液压耦合导管压力传感器，它由经血管插入心内充液引管和体外膜片压力传感器组成。设导管和压力室中液体的等效质量为 M_e，弹性元件的弹性系数为 k。

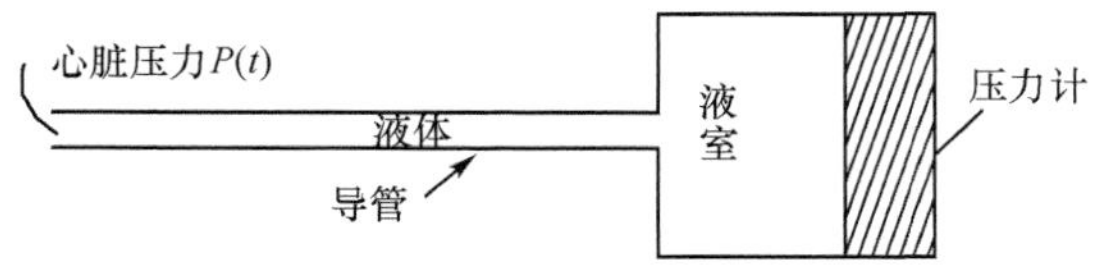

图 2-7 充液导管磁力测量系统

液体的黏性阻尼为 R，当导管端的待测压力为 $P(t)$时，导管系统的状态可用下列微分方程式描述：

$$M_e\frac{d^2y(t)}{dt^2} + R\frac{dy(t)}{dt} + ky(t) = P(t) \tag{2-16}$$

或

$$a_2\frac{d^2y(t)}{dt^2} + a_1\frac{dy(t)}{dt} + a_0 y(t) = b_0 x(t) \tag{2-17}$$

上面的两个二阶微分方程所描述的传感器称为二阶传感器。例如，测血压及其他生理压力、弹性压力的传感器，加速型心音传感器、测微震颤的振动型传感器都可以认为是二阶传感器。

二、传感器的传递函数描述方法

通过对传感器的微分方程求解就可以得到传感器的动态响应和动态特性指标。在时域上，求解传感器微分方程一般可分三步：①先用经典的 D 算子方法，已知算子 D 可以换成拉普拉斯参量 s，从而得到拉普拉斯变换式 $y(s)$与 $x(s)$的关系。它是以 s 为变量的代数方程。②查表结合基本函数拉普拉斯变换可以求出 s 为变量的解；然后再求拉普拉斯逆变换就得到传感器微分方程的解，即传感器的动态响应。

针对公式(2-15)两侧同时除以 a_0，得到：

$$\frac{a_1}{a_0}\frac{dy(t)}{dt} + y(t) = \frac{b_0}{a_0}x(t)$$

令 $D \to \frac{d}{dt}$，$k = \frac{b_0}{a_0}$，$\tau = \frac{a_1}{a_0}$，则

$$(\tau D+1)y(t)=kx(t) \tag{2-18}$$

再令 $s\to D$ 则,

$$(\tau s+1)y(s)=kx(s) \tag{2-19}$$

式中, k 为传感器的静态灵敏度, τ 称为时间常数。

与分析传感器静态特性一样, 仍是只从输出和输入之间的关系来讨论传感器特性, 把输出量与输入量的比值叫做传递函数。因此传感器动态特性分析就变为求解传递函数。通常用输出量的拉普拉斯变换与输入量的拉普拉斯变换之比来表示传递函数, 即一阶传感器的传递函数 $W(s)$ 为

$$W(s)=\frac{y(s)}{x(s)}=\frac{k}{\tau s+1} \tag{2-20}$$

下面求解二阶传感器的微分方程, 即公式(2-17), 也是先求出拉普拉斯变换 s 的代数方程

$$\left(\frac{D^2}{\omega_0{}^2}+\frac{2\xi}{\omega_0}D+1\right)y(t)=kx(t) \tag{2-21}$$

式中, $k=\dfrac{b_0}{a_0}$ 为传感器的静态灵敏度, $\omega_0=\sqrt{\dfrac{a_0}{a_1}}$ 称为无阻尼固有频率, 而 $\xi=\dfrac{a_1}{2\sqrt{a_0a_2}}$ 称为阻尼比。这三个参数就可以有效描述二阶传感器动态特性的主要特征。

把算子 D 改为拉普拉斯参量 s, 由式(2-21)则得出拉普拉斯变换式

$$\left(\frac{s^2}{\omega_0{}^2}+\frac{2\xi}{\omega_0}s+1\right)y(s)=kx(s)$$

二阶传感器的传递函数为

$$W(s)=\frac{y(s)}{x(s)}=\frac{k\omega_0{}^2}{s^2+2\xi\omega_0 s+\omega_0{}^2} \tag{2-22}$$

至于传感器微分方程的解, 需根据下述不同条件再经第二步和第三步来求。

三、传感器的动态响应

输入信号从某一稳定状态到另一稳定状态过程, 输出信号也跟随输入信号发生相应的变化。传感器输出信号达到新的稳定状态以前的响应特性叫做其瞬态响应, 当时间 t 趋于无穷大时传感器的输出状态叫做稳态响应。研究传感器的瞬态响应时, 经常使用阶跃信号作为标准输入, 因为它是标准瞬变信号。研究稳态响应时常用正弦信号, 因为医学中所研究的信号多是周期性的, 而任何周期性信号都可以看成是正弦函数的叠加。

1. 瞬态响应　传感器的输入为单位阶跃信号(幅值为 1)时, 一阶传感器的动态响应可从求解其传递函数来分析。设 t=0 时想 $x(t)$)和 $y(t)$均为零, t>0 时有幅值为 1 的阶跃输入, 如图 2-8 所示。

由一阶传感器的拉普拉斯传递函数(公式 2-20),

$$W(s)=\frac{y(s)}{x(s)}=\frac{k}{\tau s+1}$$

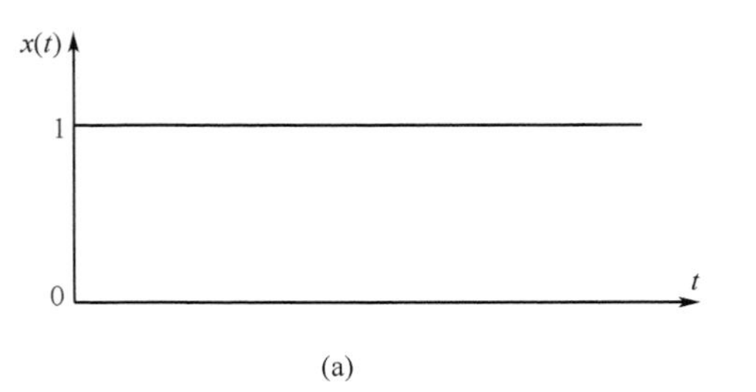

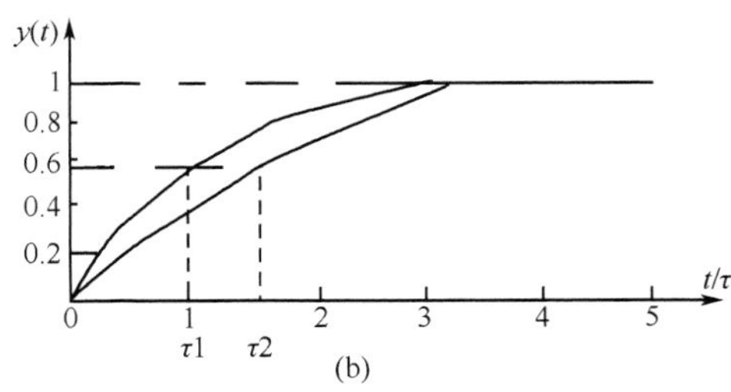

图 2-8　一阶传感器的阶跃响应

可以得到相应的输出为

$$y(s)=W(s)x(s)=\frac{k}{\tau s+1}x(s)$$

因为已知幅值为 1 的阶跃函数的拉普拉斯变换是$\frac{1}{s}$，把$x(s)=\frac{1}{s}$代入上式，则得

$$y(s)=\frac{k}{(\tau s+1)}\frac{1}{s}$$

上式进行拉普拉斯逆变换，则得出

$$y(t)=k(1-\mathrm{e}^{-\frac{t}{\tau}})\qquad(t\geqslant 0)\tag{2-23}$$

它表明传感器的输出当 t=0 时，$y(t)$=0，随着时间$t\to\infty$时，$y(t)\to 1$。当$t=\tau$时，$y(t)$=0.63。在一阶传感器中时间常数τ值是决定响应速度的重要参数。

二阶传感器的瞬态响应也可从解其传递函数来分析，二阶传感器的拉普拉斯传递函数(公式 2-22)

$$W(s)=\frac{y(s)}{x(s)}=\frac{k{\omega_0}^2}{s^2+2\xi\omega_0 s+{\omega_0}^2}$$

当输入信号为幅值等于 1 的阶跃信号时，即$x(s)=\frac{1}{s}$，则输出为

$$y(s)=W(s)x(s)=\frac{k{\omega_0}^2}{s(s^2+2\xi\omega_0 s+{\omega_0}^2)}$$

上式进行拉普拉斯逆变换，按阻尼比ξ的不同，其阶跃响应可以有三种情况。

(1) 欠阻尼$\xi<1$

$$y(t)=k\left(1-\frac{\mathrm{e}^{-\xi\omega_0 t}}{\sqrt{1-\xi^2}}\sin\left(\sqrt{1-\xi^2}\,\omega_0 t+\varphi\right)\right)$$

$$\varphi=\arctan\frac{\sqrt{1-\xi^2}}{\xi}\tag{2-24}$$

(2) 临界阻尼$\xi=1$

$$y(t)=k(1-(1-\omega_0 t)\mathrm{e}^{-\omega_0 t})\tag{2-25}$$

(3) 过阻尼($\xi>1$)

$$y(t)=k\left(1-\frac{\xi+\sqrt{\xi^2-1}}{2\sqrt{\xi^2-1}}e^{-\left(\xi-\sqrt{\xi^2-1}\right)\omega_0 t}+\frac{\xi-\sqrt{\xi^2-1}}{2\sqrt{\xi^2-1}}e^{-\left(\xi+\sqrt{\xi^2-1}\right)\omega_0 t}\right) \tag{2-26}$$

二阶传感器的瞬时响应速度取决ω_0和ξ这两个参数。$\xi<1$时，阶跃响应将出现超调，即超过了最终值，其响应波形是振荡衰减的，其振荡频率由公式(2-24)可$\frac{s}{s^2+\omega^2}$知，$\omega_d=\omega_0\sqrt{1-\xi^2}$。如果$\xi$和1比较小得越多，那么达到稳定状态所需时间越长。当$\xi\geqslant1$时，响应显然不是振荡形，但若比1大很多则达到最终稳定值所需时间就会越长。从理论上来说，临界阻尼状态时响应时间最短。实际上一般多是使系统处于稍欠阻尼的状态，这样便于调整。为了兼顾到短的上升时间和小的过冲两方面，阻尼比ξ一般取0.7左右。

2. 稳态响应　如前所述，常用输入正弦信号来研究传感器的稳态响应，这样可以使传感器输出更多有用信息。把一定振幅的周期信号输入传感器时，如果这个信号的振幅是在传感器的线性范围内，则传感器的输出可以通过传递函数求出。已知$\sin\omega t$和$\cos\omega t$的拉普拉斯变换分别是$\frac{\omega}{s^2+\omega^2}$和$\frac{s}{s^2+\omega^2}$，这两个变换乘上传递函数$W(s)$，则输出可由$y(s)=W(s)x(s)$求出以$s$为变量的解，然后求拉普拉斯逆变换就可以得到二阶传感器的系统响应$y(t)$。$y(t)$包括瞬态响应成分和稳态响应两个组成部分。瞬态响应将随时间的推移逐渐消失直到稳定，因此瞬态成分可以忽略不计。

例如把$x=x_0\sin\omega t$作为一阶传感器的输入，传感器稳态响应按上述计算方法可得出

$$y(t)=\frac{x_0}{\sqrt{1+\omega^2\tau^2}}\sin(\omega t-\varphi) \tag{2-27}$$

$$\varphi(\omega)=\arctan\omega\tau$$

从公式(2-27)可以清楚看出，在输出信号中含有与输入信号周期相同的信息，振幅和相位都与$\omega\tau$有关。因$\omega=\frac{2\pi}{T_0}$，故$\omega\tau=2\pi\frac{\tau}{T_0}$，如果$T_0\gg\tau$，即输入信号周期比系统时间常数大很多时，输出振幅就几乎等于输入信号振幅，而且相位滞后比较小；反之，如果T_0比较小，输出信号振幅与输入信号振幅之比则较小，相位滞后增大。

因此，在稳态响应中根据表示系统响应速度的参数τ和输入信号周期T_0的相对关系就可以决定系统的增益和相位滞后，而且在时间域内的响应不用逐个去求解，因为它仍是以ω为频率的正弦函数。只要在传递函数中用$j\omega$代替s，再求出频率函数的模和相位角就满足要求了。

一阶传感器的频率响应函数为

$$W(j\omega)=\frac{y(j\omega)}{x(j\omega)}=\left(\frac{k}{j\omega+1}\right)$$

其绝对值$|W(j\omega)|$和相位角分别为

$$|W(jw)|=\frac{k}{\sqrt{1+\omega^2\tau^2}}$$

$$\varphi=\arctan\omega\tau$$

对角频率取对数作为横坐标，增益(dB)或相位角为纵坐标为一阶传感器的bode图。随着频

率增加增益单调地下降，相位滞后最大 90°，$\omega=\omega_L$ 时增益为-3dB，相位滞后 45°。此特定频率 ω_L 叫转角频率、截止频率或拐点频率。低通滤波器对于低频正弦波没有严重衰减，而针对高频正弦波则只有很小的输出。

二阶传感器的频率响应函数为

$$W(j\omega)=\frac{k\omega_0^2}{\omega_0^2-\omega^2+2j\xi\omega_0\omega}$$

其增益和相位滞后分别为

$$\left|W(j\omega)\right|=\frac{k{\omega_0}^2}{\sqrt{(\omega_0^2-\omega^2)^2+4\xi^2\omega_0^2\omega^2}} \tag{2-28}$$

$$\varphi=\arctan\frac{2\xi\omega_0\omega}{\omega_0^2-\omega^2} \tag{2-29}$$

当 $\xi<\frac{1}{\sqrt{2}}$ 时，在 ω_0 近增益具有峰值，因此产生共振现象，ξ 越小，峰值越高。$\omega=\omega_0$ 时相位有 90° 滞后，最大相位滞后为 180°。ξ 越大相位滞后变化越平稳。

第三节 传感器时域、频域分析

实际研究传感器动态响应时，既要研究传感器的瞬态响应也要考虑其稳态响应，前者主要是讨论其达到新的稳定状态时所需时间，后者主要是确定跟踪输入量误差大小。达到新稳态所需时间一阶传感器主要决定于 τ 的大小，二阶传感器则决定于 ξ 和 ω。所以动态响应的分析又常分时域分析和频域分析。时域分析方法如前所述，将传感器的微分方程变为拉普拉斯函数，进行代数运算后求拉普拉斯逆变换而得出 $y(t)$。而频域分析时只求出幅值和相位随 ω 的交化则可。这时，可通过求频率传递函数的绝对值和相位角来实现。

[例 1] 一阶传感器的时域分析

由一阶传感器时域表达式(2-23)可知 $y(t)=1-\mathrm{e}^{-\frac{t}{\tau}}(t\geqslant 0)$，该式可看成是由稳态分量和瞬态分最两部分组成的。

其稳态分量为 1，瞬态分量为 $\mathrm{e}^{-\frac{t}{\tau}}$。由式可知 $y(t)$的初始值为 0，而最终值变为 1，一阶传感器的单位阶跃响应曲线是一条指数曲线。其重要特性之一是当 $t=\tau$时，$y(t)$的值等于 0.632，或说响应达到总变化的 63.2%。显然，τ 越小传感器的响应越快，这就是时间常数的意义。该指数曲线的另一重要特性就是在 $t=\tau$处曲线的切线斜率等于 τ^{-1}，如果传感器保持此初始响应速度不变，则经 $t=\tau$时输出量就能达到稳定值。当 $t=2\tau$、3τ、4τ、5τ时，$y(t)$分别达到稳定态的 86.5%、95%、98.2%、99.5%。只有时间趋于无穷大时，它才能达到稳态值。而实际上都取响应曲线达到稳态值的允许误差范围所需的时间，多以 4τ或 3τ作为评价响应时间的标准。

[例 2] 一阶传感器的频域分析

一阶传感器的频率响应函数为:

$$W(jw)=\frac{y(j\omega)}{x(j\omega)}=\left(\frac{k}{j\omega+1}\right)$$

由于其输出信号和输入信号的频率叫相同，只是其输出幅值与输入幅值不等并有相位差，无需求出输出和输入一一对应的关系，只要求出幅值和位相随∞的变化则可。即由公式(2-28)得

$$|W(j\omega)|=\frac{k}{\sqrt{1+\omega^2\tau^2}}\text{（标准型取 }k=1\text{）}$$

其对数幅值 $-20\lg\sqrt{1+\omega^2\tau^2}$ (dB)，在低频段即 $\omega\ll\frac{1}{\tau}$ 时上式可近似为

$$-20\lg\sqrt{1+\omega^2x^2}=-20\lg1=0\text{dB}$$

因此，低频段的对数幅值曲线是零分贝的一条直线。在高频率，即 $\omega\gg\frac{1}{\tau}$ 时，上式为

$$-20\lg\sqrt{1+\omega^2x^2}=-20\lg\omega\tau$$

即高频段的对数幅值曲线是一斜率为-20dB/十倍频程的直线。在 $\omega=1/\tau$ 时，对数幅值为零分贝，称 $\omega=1/\tau$ 为转角频率。

近似对数曲线的两直线是精确曲线的渐近线。用渐近线代表精确曲线所产生的最大误差发生在转角频率处，误差值近似为 3dB。

一阶传感器频率响应的相角为

$$\varphi=\arctan\omega\tau$$

当频率为零时相角为 0°，在转角频率处的相角为

$$\varphi=\arctan\frac{1}{\tau}\cdot\tau=45°$$

当频率趋于无穷大时，相角为 90°。

因此，一阶传感器具有低频滤波器特性。在低频段，输出能正确跟踪低频正弦输入；在高频段，除了输出幅值随频率增高而趋向零外，输出量的相角也将趋向 90°。如果输入信号中含有很多谐波，在输出中低频分量得到精确的复现，而高频分量的幅值要减少，相角也产生相移。

[例 3] 二阶传感器的时域分析

二阶传感器的时域响应在逃到稳态之前，常常表现为阻尼振荡过程。其时域特性指标定义如下：

(1) 延迟时间 t_d：响应从 0 到达稳态值的 10%所需时间。

(2) 上升时间 t_r：响应曲线从稳态值的 10%上升到 90%所需的时间，其大小随阻尼 ξ 的增大而增大，当 $\xi=0.7$ 时，$t_r=\frac{2}{\omega_0}$

(3) 稳定时间 t_s：传感器从阶跃输入开始到稳态值的一定百分比内所需的最小时间。给定百分比为 ± 5%的二阶传感器，在 $\xi=0.7$ 时 t_s 最小。

(4) 峰值时间 t_p：响应曲线达到第一峰值 Y_A 所需时间。

(5) 衰减度 φ：瞬态过程中振荡幅值衰减的速度，其定义为：

$$\varphi = \frac{Y_A - Y_B}{Y_A} \tag{2-30}$$

其中 Y_B 是出现 Y_A 一个周期后的 $Y(t)$值。如 $Y_B \ll Y_A$ 表示该系统衰减很快，振荡很快停止，系统很稳定。

(6) 超调量σ：通常用过渡过程中超过稳态值的最大值Y_A 与稳态值$Y_{(\infty)}$，之比的百分数来表示

$$\sigma = \frac{Y_A}{Y(\infty)} \times 100\% \tag{2-31}$$

超调量与ξ有关，其关系表示为：

$$\xi = \frac{1}{\sqrt{\left[\frac{\pi}{\ln\frac{\sigma}{100}}\right]^2 + 1}} \tag{2-32}$$

通常，二阶传感器的动态特性参数由实验方法测定，即输入阶跃信号，记录传感器的响应曲线，由此测出最大值 Y_A(过冲)，利用(2-32)式算出传感器的阻尼比ξ，测出阻尼振荡周期 T，由 $T_0 = T\sqrt{1-\xi^2}$ 求出传感器的固有频率。上升时间 t_r，稳定时间 t_s和峰值时间 t_p都可以从响应曲线上测得。

[例 4]　二阶传感器的频域分析

由公式(2-29)经过一番推导可以得到：对数幅值 $-20\lg\sqrt{\left(1-\frac{\omega^2}{\omega_0^2}\right)^2 + \left(2\xi\frac{\omega}{\omega_0}\right)^2}$ (dB) (取标准型 k=1)低频段 $\omega \ll \omega_0$，对数幅值 $= -20\lg 1 = 0\text{dB}$ 因此，低频段的渐近线为一条零分贝的水平直线。

在高频段，$\omega \gg \omega_0$，对数幅值 $= -20\lg\frac{\omega^2}{\omega_0^2} = -40\lg\frac{\omega}{\omega_0}(\text{dB})$，因为 $-40\lg\frac{10\omega}{\omega_0} = -40 - 40\lg\frac{\omega}{\omega_0}$，所以高频段的渐近线为一条斜率为-40dB/十倍频的直线。

当频率响应即幅频特性下降到零频率值以下 3dB 时，对应的频率 ω_0 称为截止频率，即

$$|W(j\omega)| < |W(j0)| - 3\text{dB}(\omega > \omega_0)$$

传感器不低于-3dB 时对应的频率范围 $0 \leqslant \omega \leqslant \omega_0$ 称为传感器的带宽。谐振频率、谐振峰值、截止频率和带宽都是频率域的性能指标。

第四节　传感器测量数据处理中的几个小问题

一个测量系统或者一个传感器都是由若干部分组成的，假设各个环节分别为 x_1，x_2，x_3，…，x_n，系统总的输入与输出之间的函数关系为

$$y = f(x_1, x_2, x_3, \cdots, x_n)$$

而各部分又都存在误差，也会影响测量系统或传感器总的误差，这类误差的分析也可归纳到间接测量的误差分析。

在间接测量中，已知各直接测得值的误差(或局部误差)，求总的误差，即误差的合成(也成误差的综合)；反之，确定了总得误差后，各环节(或各个部分)具有多大误差才能保证总的误差也不超过规定值，这叫做误差的分配。在传感器和测量系统的设计时经常用到误差的分配。

下面阐述各种误差的合成原理：

(1) 绝对误差和相对误差的合成：如果被测量为 y，设各直接测得值 x_1，x_2，x_3，…，x_n 之间相互独立，则与被测量 y 之间的函数关系为

$$y = f\left(x_1, x_2, x_3, \cdots, x_n\right)$$

各测量值得绝对误差分别为 Δx_1，Δx_2，Δx_3，…，Δx_n，因为误差一般均很小，其误差可用微分来表示，则测量值 y 的误差可表示为

$$\mathrm{d}y = \frac{\partial y}{\partial x_1}\mathrm{d}x_1 + \frac{\partial y}{\partial x_2}\mathrm{d}x_2 + \cdots + \frac{\partial y}{\partial x_n}\mathrm{d}x_n \tag{2-33}$$

实际计算误差时，以各环节的绝对误差 Δx_1，Δx_2，Δx_3，…，Δx_n，来代替上式中的 $\mathrm{d}x_1$，$\mathrm{d}x_2$，$\mathrm{d}x_3$，…，$\mathrm{d}x_n$，即

$$\Delta y = \frac{\partial y}{\partial x_1}\Delta x_1 + \frac{\partial y}{\partial x_2}\Delta x_2 + \cdots + \frac{\partial y}{\partial x_n}\Delta x_n = \sum_{i=1}^{n}\frac{\partial y}{\partial x_i}\Delta x_i \tag{2-34}$$

式中，Δy 为综合后的总绝对误差。如果测得值与被测量值的函数关系为 $y=x_1+x_2+\cdots+x_n$，则综合绝对误差

$$\Delta y = \Delta x_1 + \Delta x_2 + \cdots + \Delta x_n = \sum_{i=1}^{n}\Delta x_i$$

如果被测量 y 的综合误差表示，则

$$\delta_y + \frac{\Delta y}{y} = \frac{1}{y}\sum_{i=1}^{n}\frac{\partial y}{\partial x_i}\Delta x_i$$

但相对误差项数较多时，相对误差的合成在一般情况下按方和根合成比较符合统计值，即

$$\delta_y = \sqrt{\delta_1^2 + \delta_2^2 + \cdots + \delta_n^2} = \sqrt{\sum_{i=1}^{n}\delta_i{}^2}$$

(2) 标准差的合成：设被测量 y 与各直接测得值 x_1，x_2，x_3，…，x_n 之间的函数关系为

$$y = f\left(x_1, x_2, x_3, \cdots, x_n\right)$$

各测量值的标准差分别为 $\sigma_1, \sigma_2, \sigma_3, \cdots, \sigma_n$，当各测量值相互独立时，被测量 y 的标准差为

$$\sigma^2(y) = \left(\frac{\partial y}{\partial x_1}\right)^2\sigma_1^2 + \left(\frac{\partial y}{\partial x_1}\right)^2\sigma_2^2 + \cdots + \left(\frac{\partial y}{\partial x_n}\right)^2\sigma_n^2 = \sum_{i=1}^{n}\left(\frac{\partial y}{\partial x_i}\right)^2\sigma_i^2 \tag{2-35}$$

[例 5]　用手动平衡电桥测量电阻 R_x。

已知 $R_1=100\Omega$、$R_2=1000\Omega$、$R_N=100\Omega$，各桥臂电阻的恒值系统误差分别为 $\Delta R_1=0.1\Omega$、$\Delta R_2=0.5\Omega$、$\Delta R_N=0.1\Omega$。求消除恒值系统误差后的 R_x 值。

解：被测电阻 R_x 变化时，调节可变电阻 R_N 的大小，使检流计指零，电桥平衡，此时有 $R_1 \cdot R_N=R_2 \cdot R_x$ 即 $R_x = \frac{R_1}{R_2}R_N$。不考虑 R_1、R_2、R_N 存在误差，因此测量电阻 RN 也将产生系统误差，利

用式(1-33)可得

$$\Delta R_x = \frac{R_2 R_N \Delta R_1 + R_1 R_2 \Delta R_N - R_1 R_N \Delta R_2}{R_2{}^2}$$

$$= \frac{R_N}{R_2}\Delta R_1 + \frac{R_1}{R_2}\Delta R_N - \frac{R_1 R_N}{R_2}\Delta R_2$$

$$= \frac{100}{1000}\times 0.1 + \frac{100}{1000}\times 0.1 - \frac{100\times 100}{1000^2}\times 0.5$$

$$= 0.015\Omega$$

消除ΔR_1、ΔR_2、ΔR_N的影响，即修正后电阻$R_x=R_{x0}-\Delta R_x=10-0.015=9.985\Omega$。

(3) 最小二乘法在处理测量误差时的应用：根据最小二乘法的原理，要获得最可信赖的测量结果，应该使各测量值得残余误差平方和最小。它作为一种数据处理手段，在组合测量的数据处理、试验曲线的拟合及其他学科领域，均获得了广泛的应用。下面阐述组合测量的最小二乘法原理及相关运算。

设有线性函数方程组为

$$\left.\begin{aligned} Y_1 &= a_{11}X_1 + a_{12}X_2 + \ldots + a_{1m}X_m \\ Y_2 &= a_{21}X_1 + a_{22}X_2 + \ldots + a_{2m}X_m \\ &\vdots \\ Y_n &= a_{n1}X_1 + a_{n2}X_2 + \ldots + a_{nm}X_m \end{aligned}\right\} \tag{2-36}$$

式中，$X_1, X_2, \cdots, X_m$表示被测量；$Y_1, Y_2, \cdots, Y_n$表示直接测得值。由于在测量中不可避免会引入误差，因此所求得的结果必然会带有一定的误差，为了减小随机误差的影响，测量次数 n 大于所求未知数个数 $m(n>m)$，显然，用一般的代数方法无法求解，而只有采用最小二乘法来求解。根据最小二乘法原理，在直接测得值有误差的情况下，欲求被测量最可信赖的值，应使残余误差的平方之和为最小，即

$$\sum_{i=1}^{n} v_i^2 = \min$$

若$x_1, x_2, \cdots, x_m$是被测量$X_1, X_2, \cdots, X_m$最可信赖的值，又称最佳估计值，则相应的估计值亦有下列函数关系：

$$\left.\begin{aligned} y_1 &= a_{11}x_1 + a_{12}x_2 + \ldots + a_{1m}x_m \\ y_2 &= a_{21}x_1 + a_{22}x_2 + \ldots + a_{2m}x_m \\ &\vdots \\ y_n &= a_{n1}x_1 + a_{n2}x_2 + \ldots + a_{nm}x_m \end{aligned}\right\} \tag{2-37}$$

设$l_1, l_2, \cdots, l_n$为带有误差的实际直接测量值，它们与相应的估计值$y_1, y_2, \cdots, y_n$之间的偏差即为残余误差，残余误差方程组为

$$\left.\begin{aligned} l_1 - y_1 &= l_1 - (a_{11}x_1 + a_{12}x_2 + \ldots + a_{1m}x_m) = v_1 \\ l_2 - y_2 &= l_2 - (a_{21}x_1 + a_{22}x_2 + \ldots + a_{2m}x_m) = v_2 \\ &\vdots \\ l_n - y_n &= l_n - (a_{n2}x_2 + a_{n2}x_2 + \ldots + a_{nm}x_m) = v_n \end{aligned}\right\} \tag{2-38}$$

按照最小二乘法原理，要得到可信赖的结果 $x_1, x_2, \cdots, x_m$，上述方程组的残余误差平方和最小。根据求极值条件，应使

$$\left.\begin{aligned}&\frac{\partial\left[v^2\right]}{\partial x_1}=0\\&\frac{\partial\left[v^2\right]}{\partial x_2}=0\\&\vdots\\&\frac{\partial\left[v^2\right]}{\partial x_m}=0\end{aligned}\right\}\tag{2-39}$$

将上述偏微方程式整理，最后可写成

$$\left.\begin{aligned}&[a_1a_1]x_1+[a_1a_2]x_2+\ldots+[a_1a_m]x_m=[a_1l]\\&[a_2a_1]x_1+[a_2a_2]x_2+\ldots+[a_2a_m]x_m=[a_2l]\\&\vdots\\&[a_ma_1]x_1+[a_ma_2]x_2+\ldots+[a_ma_m]x_m=[a_ml]\end{aligned}\right\}\tag{2-40}$$

式(2-40)即为重复性测量的线性函数最小二乘法估计的正规方程。式中

$$\begin{aligned}&[a_1a_1]=a_{11}a_{11}+a_{21}a_{21}+\ldots+a_{n1}a_{n1}\\&[a_1a_2]=a_{11}a_{12}+a_{21}a_{22}+\ldots+a_{n1}a_{n2}\\&\vdots\\&[a_1a_m]=a_1a_{1m}+a_{21}a_{2m}+\ldots+a_{n1}a_{nm}\\&[a_{11}l_1]=a_{11}l_1+a_{21}l_2+\ldots+a_{n1}l_n\end{aligned}$$

正规方程对应一个 m 元线性方程组，当其系数行列式不为零时，有唯一确定的解，由此可解得欲求被测量的估计值 x_1, x_2, x_3, ⋯, x_m，即为符合最小二乘法原理的最佳解。将误差方程式(2-38)用下列的矩阵表示:

$$L-A\hat{X}=V\tag{2-41}$$

式中，系数矩阵为

$$A=\begin{bmatrix}a_{11}&a_{11}&\ldots&a_{1m}\\a_{21}&a_{22}&\ldots&a_{2m}\\\vdots&\vdots&\vdots&\vdots\\a_{n1}&a_{n2}&\ldots&a_{nm}\end{bmatrix}$$

被测量估计值向量为

$$\hat{X}=\begin{bmatrix}x_1\\x_2\\\vdots\\x_n\end{bmatrix}$$

直接测量值向量为

$$L=\begin{bmatrix}l_1\\l_2\\\vdots\\l_n\end{bmatrix}$$

残余误差向量为

$$V=\begin{bmatrix} v_1 \\ v_2 \\ \vdots \\ v_n \end{bmatrix}$$

残余误差平方和最小这一条件可以使用矩阵形式表示如下，

$$(v_1,v_2\ldots v_n)\cdot\begin{bmatrix} v_1 \\ v_2 \\ \vdots \\ v_n \end{bmatrix}=\mathrm{min}$$

即 $(L-A\hat{X})^{\mathrm{T}}(L-A\hat{X})\to\min$

将上述线性函数的正规方程式(2-40)用残余误差表示，可改写成

$$\left.\begin{aligned} &a_{11}v_1+a_{21}v_2+\ldots+a_{n1}v_n=0 \\ &a_{12}v_1+a_{22}v_2+\ldots+a_{n2}v_n=0 \\ &\vdots \\ &a_{1m}v_1+a_{2m}v_2+\ldots+a_{nm}v_n=0 \end{aligned}\right\} \tag{2-42}$$

写成矩阵形式为

$$\begin{bmatrix} a_{11} & a_{21} & \cdots & a_{n1} \\ a_{12} & a_{22} & \cdots & a_{n2} \\ \vdots & \vdots & \vdots & \vdots \\ a_{1m} & a_{2m} & \cdots & a_{nm} \end{bmatrix}\begin{bmatrix} v_1 \\ v_2 \\ \vdots \\ v_n \end{bmatrix}=0$$

即

$$A^{\mathrm{T}}V=0 \tag{2-43}$$

$$A^{\mathrm{T}}\left(L-A\hat{X}\right)=0$$

$$\left(A^{\mathrm{T}}A\right)\hat{X}=A^{\mathrm{T}}L$$

$$\hat{X}=\left(A^{\mathrm{T}}A\right)^{-1}A^{\mathrm{T}}L \tag{2-44}$$

式(2-44)即为最小二乘估计的矩阵解。

[例 6]　铜电阻的电阻值

R 与温度 t 之间关系为 $R_t=R_0(1+at)$，在不同温度下，测得铜电阻的电阻值如下表所示。试估计 0℃时的铜电阻的电阻值 R_0。和铜电阻的电阻温度系数 α。

t_i/℃	19.1	25.0	30.1	36.0	40.0	45.1	50.0
r_{ti}/Ω	76.3	77.8	79.75	80.80	82.35	83.90	85.10

解：列出误差方程

$$r_{ti}-r_0\left(1+at_i\right)=v_i，其中\ i=1,2,\cdots,7$$

式中 r_{ti} 为温度 t_i 下测得的铜电阻阻值。令 $x=r_0$, $y=at_ir_0$，则误差方程可写为

$$\left.\begin{aligned}76.30-(x+19.1y)=v_1\\77.80-(x+25.0y)=v_2\\79.75-(x+30.1y)=v_3\\80.80-(x+36.0y)=v_4\\82.35-(x+40.0y)=v_5\\83.90-(x+45.1y)=v_6\\85.10-(x+50.0y)=v_7\end{aligned}\right\}$$

按式(1-39)，其正规方程为

$$\left.\begin{aligned}[a_1a_1]x_1+[a_1a_2]y_2=[a_1l]\\ [a_2a_1]x_1+[a_2a_2]y_2=[a_2l]\end{aligned}\right\}$$

于是有

$$\left.\begin{aligned}nx+\sum_{i=1}^{7}t_{\mathrm{i}}y=\sum_{i=1}^{7}r_{\mathrm{ti}}\\ \sum_{i=1}^{7}t_{\mathrm{t}}x+\sum_{i=1}^{7}t_{\mathrm{i}}^2y=\sum_{i=1}^{7}r_{\mathrm{ti}}t_{\mathrm{i}}\end{aligned}\right\}$$

将各值带入上式，得到

$$\left.\begin{aligned}7x+245.3y=566\\245.3x+9325.38y=20044.5\end{aligned}\right\}$$

解得

$$x=70.8\Omega$$

$$y=0.288\Omega/°\mathrm{C}$$

即

$$r_0=70.8\,\Omega$$

$$a=\frac{y}{r_0}=\frac{0.288}{70.8}=4.07\times10^{-3}/°\mathrm{C}$$

用矩阵求解，则有

$$A^{\mathrm{T}}A=\begin{bmatrix}1&1&1&1&1&1&1\\19.1&25.0&30.1&36.0&40.0&45.1&50.0\end{bmatrix}\begin{bmatrix}1&19.1\\1&25.0\\1&30.1\\1&36.0\\1&40.0\\1&45.1\\1&50.0\end{bmatrix}$$

$$=\begin{bmatrix}7&245.3\\245.3&9325.38\end{bmatrix}$$

而

$$\left|A^{\mathrm{T}}A\right|=\begin{vmatrix}7&245.30\\245.30&9325.38\end{vmatrix}=5108.7\neq0 \qquad \text{(有解)}$$

则

$$\left(A^{\mathrm{T}}A\right)^{-1}=\frac{1}{\left|A^{T}A\right|}\begin{bmatrix}A_{11} & A_{12}\\ A_{21} & A_{22}\end{bmatrix}=\frac{1}{5108.7}\begin{bmatrix}9325.38 & -245.3\\ -245.3 & 7\end{bmatrix}$$

$$A^{\mathrm{T}}L=\begin{bmatrix}1 & 1 & 1 & 1 & 1 & 1 & 1\\ 19.1 & 25.0 & 30.1 & 36.0 & 40.0 & 45.1 & 50.0\end{bmatrix}\begin{bmatrix}76.3\\ 77.8\\ 79.75\\ 80.80\\ 82.35\\ 83.9\\ 85.10\end{bmatrix}$$

$$=\begin{bmatrix}566\\ 20044.5\end{bmatrix}$$

因此

$$\hat{X}=\begin{bmatrix}x\\ y\end{bmatrix}=\left(A^{\mathrm{T}}A\right)^{-1}A^{\mathrm{T}}L$$

$$=\frac{1}{510.87}\begin{bmatrix}9325.38 & -245.3\\ -245.3 & 7\end{bmatrix}\begin{bmatrix}566\\ 20044.5\end{bmatrix}=\begin{bmatrix}70.8\\ 0.288\end{bmatrix}$$

$$R_0=x=70.8\Omega$$

所以

$$\alpha=\frac{y}{r_0}=\frac{0.288}{70.8}=4.07\times10^{-3}/°\mathrm{C}$$

思 考 题

1. 简述传感器的静态特性参数包括哪些？分析方法分为哪几种？各有什么特点？

2. 简述传感器的动态特性参数包括哪些？分析方法分为哪几种？各有什么特点？

3. 传感器的标定有哪几种？为什么要对传感器进行标定？

4. 某传感器给定精度为2%F·S，满度值为50mV，零位值为10mV，求可能出现的最大误差δ(以 mV 计)。当传感器使用在满量程的 1/2 和 1/8 时，计算可能产生的测量百分误差。由你的计算结果能得出什么结论?

5. 有两个传感器测量系统，其动态特性可以分别用下面两个微分方程描述，试求这两个系统的时间常数 τ 和静态灵敏度 K。

6. 已知一个热电偶的时间常数 τ=10s，如果用它来测量一台炉子的温度，炉内温度在 540℃至 500℃之间接近正弦曲线波动，周期为 80s，静态灵敏度 K=1。试求该热电偶输出的最大值和最小值。以及输入与输出之间的相位差和滞后时间。

7. 一个压电式加速度传感器的动态特性可以用如下的微分方程来描述，即

$$\frac{\mathrm{d}^2y}{\mathrm{d}t^2}+3.0\times10^3\frac{\mathrm{d}y}{\mathrm{d}t}+2.25\times10^{10}y=11.0\times10^{10}x$$

式中，y 为输出电荷量(C)；x 为输入加速度(m/s^2)。试求其固有振荡频率 ω_{n} 和阻尼比 ζ。

8. 用一个一阶传感器系统测量 100Hz 的正弦信号时，如幅值误差限制在 5%以内，则其时间常数应取多少?若用该系统测试 50Hz 的正弦信号，问此时的幅值误差和相位差为多少？

9. 一只二阶力传感器系统，已知其固有频率 f_0=800Hz，阻尼比 ζ=0.14，现用它做工作频率 f=400Hz 的正弦变化的外力测试时，其幅值比 $A(\omega)$和相位角 $\varphi(\omega)$各为多少?

10. 用一只时间常数 τ=0.318s 的一阶传感器去测量周期分别为 1s、2s 和 3s 的正弦信号，问幅值相对误差为多少?

11. 已知某二阶传感器系统的固有频率 f_0=10kHz，阻尼比 ζ=0.1，若要求传感器的输出幅值误差小于 3%，试确定该传感器的工作频率范围。

12. 设有两只力传感器均可作为二阶系统来处理，其固有振荡频率分别为 800Hz 和 1.2kHz，阻尼比均为 0.4。今欲测量频率为 400Hz 正弦变化的外力，应选用哪一只?并计算将产生多少幅度相对误差和相位差。

第三章　压电式传感器

压电式传感器是一种自发电式和机电转换式传感器。其敏感元件由压电材料制成。工作原理为压电材料受力后表面产生电荷，此电荷经电荷放大器和测量电路放大和变换阻抗后就成为正比于所受外力的电学物理量输出。压电式传感器主要用于测量力和能变换为力的非电物理量。优点是频带宽、灵敏度高、信噪比高、结构简单、工作可靠和重量轻等。缺点是某些压电材料需要防潮措施，而且输出的直流响应差，需要采用高输入阻抗电路或电荷放大器来克服这一缺陷。总而言之，压电式传感器是一种能量转换型传感器。它既可以将机械能转换为电能，又可以将电能转化为机械能。它是以具有压电效应的压电器件为核心组成的传感器。

第一节　压电效应及材料

一、压 电 效 应

压电效应(piezoelectric effect)是指某些材料在施加外力造成本体变形而产生带电状态或施加电场而产生变形的双向物理现象，它包括正压电效应和逆压电效应两类。

当某些电介质沿一定方向受外力作用而变形时，在其一定的两个表面上产生异号电荷，当外力去除后，又恢复到不带电的状态，这种现象称为**正压电效应**(positive piezoelectric effect)。其中电荷大小与外力大小成正比，极性取决于变形是压缩还是伸长，比例系数为压电常数，它与形变方向有关，在材料的确定方向上为常量。它属于将机械能转化为电能的一种效应。压电式传感器大多是利用正压电效应制成的。

当在电介质的极化方向施加电场，某些电介质在一定方向上将产生机械变形或机械应力，当外电场撤去后，变形或应力也随之消失，这种物理现象称为**逆压电效应**(reverse piezoelectric effect)，又称电致伸缩效应，其应变大小与电场强度大小成正比，方向随电场方向变化而变化。它属于将电能转化为机械能一种效应。用逆压电效应制造的变送器可用于电声和超声工程。1880~1881 年，雅克(Jacques)和皮埃尔・居里(Pierre Curie)分别发现了这两种效应。图 3-1 为压电效应示意图。

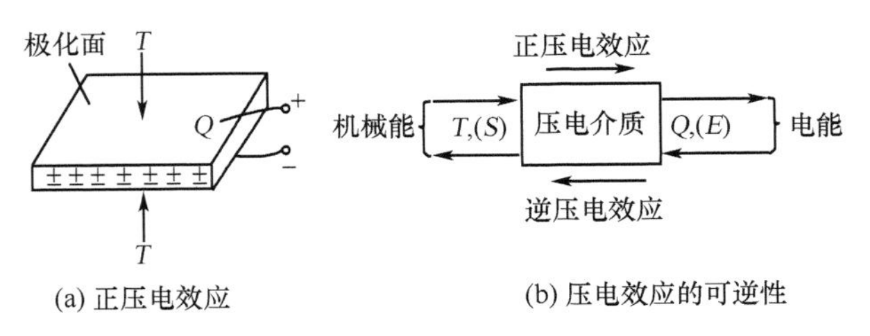

(a) 正压电效应　　(b) 压电效应的可逆性

图 3-1　压电效应

由物理学知，一些离子型晶体的电介质(如石英、酒石酸钾钠、钛酸钡等)不仅在电场力作用下，而且在机械力作用下，都会产生极化现象。为了对压电材料的压电效应进行描述，表明材料的电学量(D、E)力学量(T、S)行为之间的量的关系，建立了压电方程。正压电效应中，外力与因极化作用而在材料表面存储的电荷量成正比。即

$$D = dT \quad 或 \quad \sigma = dT \tag{3-1}$$

式中，D、σ为电位移矢量、电荷密度，即单位面积的电荷量(C/m^2)；T为应力，单位面积作用的应力(N/m^2)；d为正压电系数(C/N)。

逆压电效应中，外电场作用下的材料应变与电场强度成正比，即

$$S = d'E \tag{3-2}$$

式中，S为应变，应变ε，微应变$\mu\varepsilon$；E为外加电场强度(V/m)；d'为逆压电系数(C/N)。

当对于多维压电效应，d'为$\boldsymbol{d}$的转置矩阵，参见式(3-5)、式(3-6)。

压电材料是绝缘材料。把压电材料置于两金属极板之间，构成一种带介质的平行板电容器，金属极板收集正压电效应产生的电荷。由物理学知，平行板电容器中

$$D = \varepsilon_r \varepsilon_0 E \tag{3-3}$$

式中，ε_r为压电材料的相对介电常数；ε_0为真空介电常数=8.85pF/m。

那么可以计算出平行板电容器模型中正压电效应产生的电压

$$V = E \bullet h = \frac{d}{\varepsilon_r \varepsilon_0} T \bullet h \tag{3-4}$$

式中，h为平行板电容器极板间距。人们常用$g = d/(\varepsilon_r \varepsilon_0)$表示压电电压系数。例如，压电材料钛酸铅$d$=44pC/N，$\varepsilon_r$=600。取$T$=1000N，$h$=1cm，则$V$=828V。当在该平行板电容器模型加1kV电压时，S=4.4 $\mu\varepsilon$。

具有压电性的电介质(称压电材料)，能实现机电能量相互转换。压电材料是各向异性的，即不同方向的压电系数不同，常用矩阵向量$\boldsymbol{d}$表示，6×3维。进而有电位移矩阵向量$\boldsymbol{D}$，1×3维；应力矩阵向量$\boldsymbol{T}$，1×6维；应变矩阵向量$\boldsymbol{S}$，1×6维；电场强度矩阵向量$\boldsymbol{E}$，1×3维。用向量形式对压电材料和压电效应，在空间上进行统一描述。实际上对于具体压电材料压电系数中的元素多数为零或对称，人们可以在压电效应最大的主方向上，“一维”地进行压电传感器设计。

在三维直角坐标系内，设定T_1、T_2、T_3分别为沿x、y、z向的正应力分量(压应力为负)；T_4、T_5、T_6分别为绕x、y、z轴的切应力分量(顺时针方向为负)；σ_1、σ_2、σ_3分别为在x、y、z面上的电荷密度(或电位移 D)。式(3-5)为正压电方程的向量矩阵表示，式(3-6)为逆压电方程的向量矩阵表示。压电方程是全压电效应的数学描述。它反映了压电介质的力学行为与电学行为之间相互作用(即机-电转换)的规律，则有：

$$\begin{bmatrix} D_1 \\ D_2 \\ D_3 \end{bmatrix} = \begin{bmatrix} d_{11} & d_{12} & d_{13} & d_{14} & d_{15} & d_{16} \\ d_{21} & d_{22} & d_{23} & d_{24} & d_{25} & d_{26} \\ d_{31} & d_{32} & d_{33} & d_{34} & d_{35} & d_{36} \end{bmatrix} \begin{bmatrix} T_1 \\ T_2 \\ T_3 \\ T_4 \\ T_5 \\ T_6 \end{bmatrix} \tag{3-5}$$

$$\begin{bmatrix} S_1 \\ S_2 \\ S_3 \\ S_4 \\ S_5 \\ S_6 \end{bmatrix} = \begin{bmatrix} d_{11} & d_{21} & d_{31} \\ d_{12} & d_{22} & d_{32} \\ d_{13} & d_{23} & d_{33} \\ d_{14} & d_{24} & d_{34} \\ d_{15} & d_{25} & d_{35} \\ d_{16} & d_{26} & d_{36} \end{bmatrix} \begin{bmatrix} E_1 \\ E_2 \\ E_3 \end{bmatrix} \tag{3-6}$$

压电方程组也表明存在极化方向(电位差方向)与外力方向不平行情况。正压电效应中，如果

所生成的电位差方向与压力或拉力方向一致，即为**纵向压电效应**(longitudinal piezoelectric effect)。正压电效应中，如所生成的电位差方向与压力或拉力方向垂直时，即为**横向压电效应**(transverse piezoelectric effect)。在正压电效应中，如果在一定的方向上施加的是切应力，而在某方向上会生成电位差，则称为**切向压电效应**(tangential piezoelectric effect)。逆压电效应也有类似情况。

二、压 电 材 料

压电材料可分为三大类：一是压电晶体(单晶)，它包括压电石英晶体和其他压电单晶；二是压电陶瓷；三是新型压电材料，其中有压电半导体和有机高分子压电材料两种。在传感器技术中，目前国内外普遍应用的是压电单晶中的石英晶体和压电多晶中的钛酸钡与钛酸铅系列压电陶瓷。

1. 压电晶体　由晶体学可知，无对称中心的晶体，通常具有压电性。具有压电性的单晶体统称为压电晶体。石英晶体(图 3-2)是最典型而常用的压电晶体。

(1) 石英晶体(SiO_2)：石英晶体俗称水晶，有天然和人工之分。目前传感器中使用的均是以居里点为 573℃，晶体的结构为六角晶系的 α-石英。其外形如图 3-2 所示，呈六角棱柱体。密斯诺(Mcissner.A)所提出的石英晶体模型，如图 3-3 所示，硅离子和氧离子配置在六棱柱的晶格上，图中较大的圆表示硅离子，较小的圆相当于氧离子。硅离子按螺旋线的方向排列，螺旋线的旋转方向取决于所采用的是光学右旋石英，还是左旋石英。图中所示为左旋石英晶体('它与右旋石英晶体的结构成镜像对称，压电效应极性相反)。硅离子 2 比硅离子 1 的位置较深，而硅离子 3 又比硅离子 2 的位置较深。在讨论晶体机电特性时，采用 *xyz* 右手直角坐标较方便，并统一规定：*x* 轴称之为电轴，它穿过六棱柱的棱线，在垂直于此轴的面上压电效应最强；*y* 轴垂直 m 面，称之为机轴，在电场的作用下，沿该轴方向的机械变形最明显；*z* 轴称之为光轴，也叫中性轴，光线沿该轴通过石英晶体时，无折射，沿 *z* 轴方向上没有压电效应。

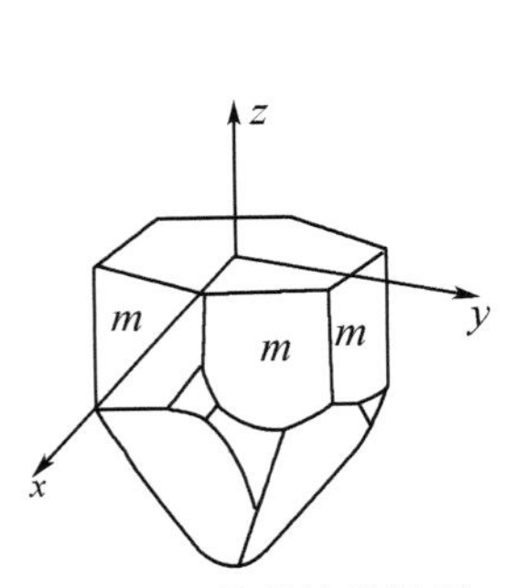

图 3-2　石英晶体坐标系

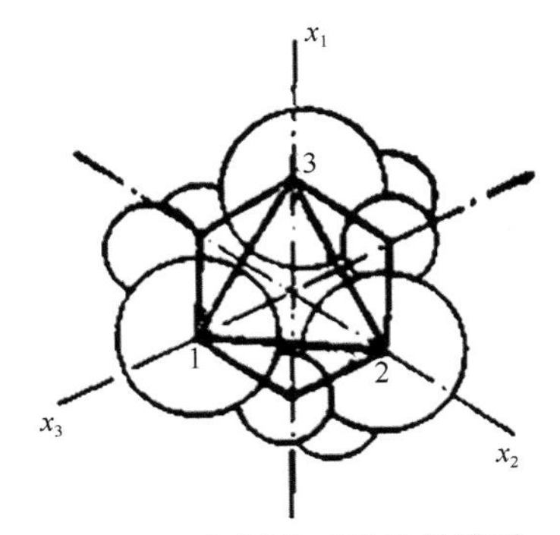

图 3-3　密斯诺石英晶体模型

压电石英的主要性能特点是：①压电常数小，其时间和温度稳定性极好，常温下几乎不变，在 20~200℃范围内其温度变化率仅为-0.016%/℃；②机械强度和品质因素高，许用应力高达 $(6.8\sim9.8)\times10^7$Pa，且刚度大，固有频率高，动态特性好；③居里点 573℃，无热释电性，且绝缘性、重复性均好。天然石英的上述性能尤佳。因此，它们常用于精度和稳定性要求高的场合和制作标准传感器。

为了直观地了解其压电效应，将一个单元中构成石英晶体的硅离子和氧离子，在垂直于 *z* 轴的 *xy* 平面上投影，等效为图 3-4(a)中的正六边形排列。图中“(+)”代表 Si^{4+}，“(-)”代表 O^{2-}。

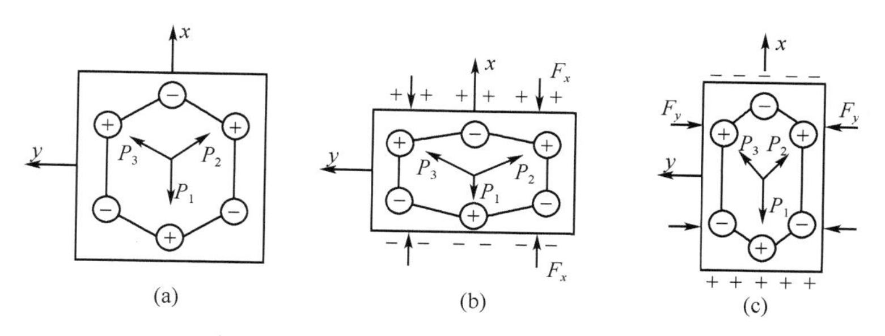

图 3-4 石英晶体压电效应机理示意图

当石英晶体未受外力时，正、负离子(即 Si^{4+}和 O^{2-})正好分布在正六边形的顶角上，形成三个大小相等、互成 120°夹角的电偶极矩 P_1、P_2和 P_3，如图 3-5(a)所示。$P=ql$，q 为电荷量，l 为正、负电荷之间的距离。电偶极矩方向为负电荷指向正电荷。此时，正、负电荷中心重合，电偶极矩的矢量和等于零，即 $P_1+P_2+P_3=0$。这时晶体表面不产生电荷，整体上说它呈电中性。

当石英晶体受到沿 x 方向的压力 F_x 作用时，将产生压缩变形，正、负离子的相对位置随之变动，正、负电荷中心不再重合，如图 3-5(b)所示。电偶极矩在 x 方向的分量为$(P_1+P_2+P_3)_x>0$，在 x 轴的正方向的晶体表面上出现正电荷。而在 y 轴和 z 轴方向的分量均为零，即$(P_1+P_2+P_3)_y=0$，$(P_1+P_2+P_3)_z=0$，在垂直于 y 轴和 z 轴的晶体表面上不出现电荷。这种沿 x 轴施加压力 F_x，而在垂直于 x 轴晶面上产生电荷的现象，称为"**纵向压电效应**"。

当石英晶体受到沿 y 轴方向的压力 F_y 作用时，晶体如图 3-5(c)所示变形。电偶极矩在 x 轴方向上的分量$(P_1+P_2+P_3)_x<0$，在 x 轴的正方向的晶体表面上出现负电荷。同样，在垂直于 y 轴和 z 轴的晶面上不出现电荷。这种沿 y 轴施加压力 F_y，而在垂直于 x 轴晶面上产生电荷的现象，称为"**横向压电效应**"。

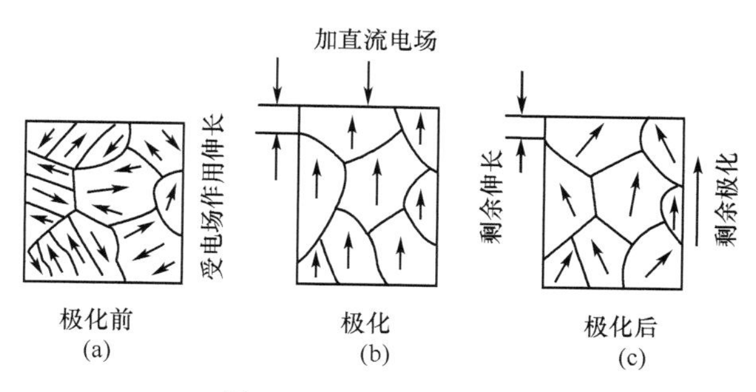

图 3-5 压电陶瓷的极化

当晶体受到沿 z 轴方向的力(无论是压力或拉力)作用时，因为晶体在 x 方向和 y 轴方向的变形相同，正、负电荷中心始终保持重合，电偶极矩在 x、y 方向的分量等于零。所以，沿光轴方向施加力，石英晶体不会产生压电效应。

需要指出的是，上述讨论均假设晶体沿 x 轴和 y 轴方向受到了压力，当晶体沿 x 轴和 y 轴方向受到拉力作用时，同样有压电效应，只是电荷的极性将随之改变。

石英晶体的独立压电系数只有 d_{11} 和 d_{14}，其压电常数矩阵为

$$d_{ij}=\begin{bmatrix} d_{11} & -d_{11} & 0 & d_{14} & 0 & 0 \\ 0 & 0 & 0 & 0 & -d_{14} & -2d_{11} \\ 0 & 0 & 0 & 0 & 0 & 0 \end{bmatrix} \tag{3-7}$$

式中，$d_{11}=2.31\times10^{-12}$C/N；$d_{14}=0.73\times10^{-12}$C/N。其中，$d_{12}=-d_{11}$ 为横向压电系数，$d_{25}=-d_{14}$ 为

面剪切压电系数，$d_{26}=-2d_{14}$为厚度剪切压电系数。

(2) 其他压电单晶体：在压电单晶中除天然和人工石英晶体外，钾盐类压电和铁电单晶如铅酸锂($LiNbO_3$)、钽酸锂($LiTaO_3$)、锗酸锂($LiGeO_3$)、镓酸锂($LiGaO_3$)和锗酸秘($Bi_{12}GeO_{20}$)等材料，近年来已在传感器技术中日益得到广泛应用，其中以铅酸锂为典型代表。

铅酸锂是一种无色或浅黄色透明铁电晶体。从结构看，它是一种多畴单晶。它必须通过极化处理后才能成为单畴单晶，从而呈现出类似单晶体的特点，即机械性能各向异性。它的时间稳定性好，居里点高达 1200℃，在高温、强辐射条件下，仍具有良好的压电性，且机械性能，如机电耦合系数、介电常数、频率常数等均保持不变。此外，它还具有良好的光电、声光效应，因此在光电、微声和激光等器件方面都有重要应用。不足之处是质地脆、抗机械和热冲击性差。

2. 压电陶瓷　1942 年，第一种压电陶瓷材料——钛酸钡先后在美国、苏联和日本制成。1947 年，钛酸钡拾音器——第一个压电陶瓷器件诞生了。20 世纪 50 年代初，又一种性能大大优于钛酸钡的压电陶瓷材料锆钛酸铅研制成功。从此，压电陶瓷发展进入了新阶段。20 世纪 60 年代到 70 年代，压电陶瓷不断改进，日趋完美。如用多种元素改进锆钛酸铅二元系压电陶瓷，以锆钛酸铅为基础的三元系、四元系压电陶瓷也都应运而生。这些压电材料由于性能优异，制造简单，成本低廉而得到了应用的广泛。

压电陶瓷是一种经极化处理后的人工多晶压电材料。所谓“多晶”，它是由无数细微的单晶组成；每个单晶形成单个电畴，无数单晶电畴的无规则排列，致使原始的压电陶瓷呈现各向同性而不具有压电性，如图 3-5(a)。要使之具有压电性，必须作极化处理，即在一定温度下对其施加强直流电场，迫使“电畴”趋向外电场方向作规则排列，如图 3-5(b)；极化电场去除后，趋向电畴基本保持不变，形成很强的剩余极化，从而呈现出压电性，如图 3-5(c)。压电陶瓷压电常数大，灵敏度高。压电陶瓷除有压电性外，还具有热释电性，这会给压电传感器造成热干扰，降低稳定性。所以，对要求高稳定性的传感器场合，压电陶瓷的应用受到限制。

传感器技术中应用的压电陶瓷，按其组成元素可分为：

(1) 二元系压电陶瓷：以钛酸钡，尤其以锆钛酸铅系列压电陶瓷应用最广。

(2) 三元系压电陶瓷：目前应用的有 PMN，它由铌镁酸铅 $Pb(Mg_{1/3}Nb_{2/3})O_3$、钛酸铅 $PbTiO_3$、锆钛酸铅 $PbZrO_3$ 三种成分配比而成。另外还有专门制造耐高温、高压和电击穿性能的铌锰酸铅系列、镁碲酸铅、锑铌酸铅等。

根据有关理论，可以推导出压电陶瓷的压电常数矩阵为

$$d_{ij}=\begin{bmatrix} 0 & 0 & 0 & 0 & d_{15} & 0 \\ 0 & 0 & 0 & -d_{15} & 0 & 0 \\ d_{31} & d_{32} & d_{33} & 0 & 0 & 0 \end{bmatrix} \tag{3-8}$$

压电陶瓷的压电效应比石英晶体的强数十倍。但是，石英晶体温度与时间的稳定性以及材料之间的一致性远优于压电陶瓷。压电材料主要特性参数包括：

(1) 压电常数：是衡量材料压电效应强弱的参数，它直接关系到压电输出灵敏度。

(2) 弹性常数：压电材料的弹性常数(刚度)决定着压电器件的固有频率和动态特性。

(3) 介电常数：对于一定形状、尺寸的压电元件，其固有电容与介电常数有关，而固有电容又影响着压电传感器的频率下限。

(4) 机电耦合系数：在压电效应中，转换输出的能量(如电能)与输入的能量(如机械能)之比的平方根。它是衡量压电材料机电能量转换效率的一个重要参数。

(5) 电阻：压电材料的绝缘电阻将减少电荷泄漏，从而改善压电传感器的低频特性。

(6) 居里点：即压电材料开始丧失压电性的温度。

常用压电晶体和陶瓷材料的主要性能列于表 3-1。

表 3-1　常用压电晶体和陶瓷材料的主要性能

参数	石英	钛酸钡	锆钛酸铅 PZT-4	锆钛酸铅 PZT-5	锆钛酸铅 PZT-8
压电常数, pC/N	d_{11}=2.31 d_{14}=0.73	d_{33}=190 d_{31}=−78 d_{15}=250	d_{33}=200 d_{31}=−100 d_{15}=410	d_{33}=415 d_{31}=−185 d_{15}=670	d_{33}=200 d_{31}=−90 d_{15}=410
相对介电常数, ε_r	4.5	1200	1050	2100	1000
居里点/℃	573	115	310	260	300
最高使用温度/℃	550	80	250	250	250
10^{-3} · 密度/(kg · m^{-3})	2.65	5.5	7.45	7.5	7.45
10^{-9} · 弹性模量/(N · m^{-2})	80	110	83.3	117	123
机械品质因数	10^5~10^6		≥500	80	≥800
10^{-5} · 最大安全应力/(N · m^{-2})	95~100	81	76	76	83
体积电阻率/(Ω · m)	>10^{12}	10^{10*}	>10^{10}	10^{11}	
最高允许相对湿度/%	100	100	100	100	

* 在 25℃ 以下

3. 新型压电材料

(1) 压电半导体：1968 年以来出现了多种压电半导体如硫化锌(ZnS)、碲化镉(CdTe)、氧化锌(ZnO)、硫化镉(CdS)、碲化锌(ZnTe)和砷化镓(GaAs)等。这些材料的显著特点是既具有压电特性，又具有半导体特性。因此既可用其压电性研制传感器，又可用其半导体特性制作电子器件；也可以集元件与线路于一体，制成新型集成压电传感器测试系统。

(2) 有机高分子压电材料：其一，是某些合成高分子聚合物，经延展拉伸和电极化后具有压电性高分子压电薄膜，如聚氟乙烯(PVF)、聚偏氟乙烯(PVF_2)、聚氯乙烯(PVC)、聚 r 甲基-L-谷氨酸脂(PMG)和尼龙 11 等。这些材料的突出特点是质轻柔软，抗拉强度较高、蠕变小、耐冲击，体电阻达 $10^{12}\Omega\cdot m$，击穿强度为 150~200kV/mm，声阻抗近于水和生物体含水组织，热释电性和热稳定性好，且便于批生产和大面积使用，可制成大面积阵列传感器乃至人工皮肤。其二，是高分子化合物中掺杂压电陶瓷 PZT 或 $BaTiO_3$ 粉末制成的高分子压电薄膜。这种复合压电材料同样既保持了高分子压电薄膜的柔软性，又具有较高的压电性和机电耦合系数。

三、压 电 振 子

逆压电效应可以使压电体振动，可以构成超声波换能器、微量天平、惯性传感器以及声表面波传感器等。逆压电效应可以产生微位移，也在光电传感器中作为精密微调环节。

要使压电体中的某种振动模式能被外电场激发，首先要有适当的机电耦合途径把电场能转换成与该种振动模式相对应的弹性能。当在压电体的某一方向上加电场时，可从与该方向相对应的非零压电系数来判断何种振动方式有可能被激发。例如，对于经过极化处理的压电陶瓷，一共有三个非零的压电系数：$d_{31}=d_{32}=d_{33}$，$d_{15}=d_{24}$。因此若沿极化轴 z 方向加电场，则通过 d_{33} 的耦合在 z 方向上激发纵向振动，并通过 d_{31} 和 d_{32} 在垂直于极化方向的 x 轴和 y 轴上激发起相应的横向振动。而在垂直于极化方向的 x 轴或 y 轴上加电场，则通过 d_{15} 和 d_{24} 激发起绕 y 轴或 x 轴的剪切振动。压电常数的 18 个分量能激发的振动可分成四大类，如图 3-6 所示，它们分别为:

(1) 垂直于电场方向的伸缩振动，用 LE(length expansion)表示。

(2) 平行于电场方向的伸缩振动，用 TE(thickness expansion)表示。

(3) 垂直于电场平面内的剪切振动，用 FS(face shear)表示。

(4) 平行于电场平面内的剪切振动，用 TS(thickness shear)表示。

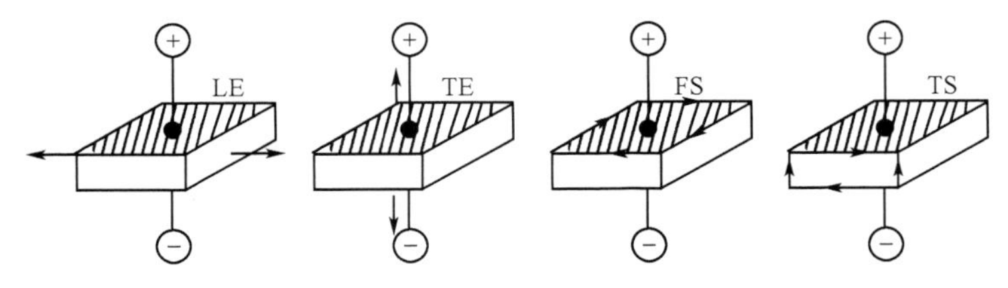

图 3-6　四种压电振动模式

按照粒子振动时的速度方向与弹性波的传播方向，这些由压电效应激发的振动可分纵波与横波两大类。前者粒子振动的速度方向与弹性波的传播方向平行，而后者则互相垂直。按照外加电场与弹性被传播方向间的关系，压电振动又可分为纵向效应与横向效应两大类。当弹性波的传播方向平行于电场方向时为纵向效应，而二者互相垂直时为横向效应。压电体中能被外电场激发的振动模式还和压电体的形状尺寸有着密切的关系。压电体的形状应该有利于所需振动模式的机电能量转换。

第二节　压电传感器等效电路和测量电路

一、等效电路

压电振子在其谐振频率附近的阻抗-频率特性可近似地用一个等效电路来描述。图 3-9 是常用的一种等效电路及其阻抗特性的示意图，其中 C_0 表示振子在高频下的等效电容。出 L_1、C_1 和 R_1 构成的串联谐振电路，用电场能和磁场能之间的相互转换，模拟了压电振子中通过正、逆压电效应所作的电能与弹性能之间的相互转换，其中 L_1 为动态电感，C_1 称为动态电容，R_1 称为机械阻尼电阻。等效电路中 C_0、C_1、L_1、R_1 的数值可通过测量振子的阻抗频率特性求得，也可通过计算，直接与压电材料的物理常数和振子的几何尺寸联系起来。

图 3-7(b)中，f_s 为串联谐振频率，f_p 为并联谐振频率。

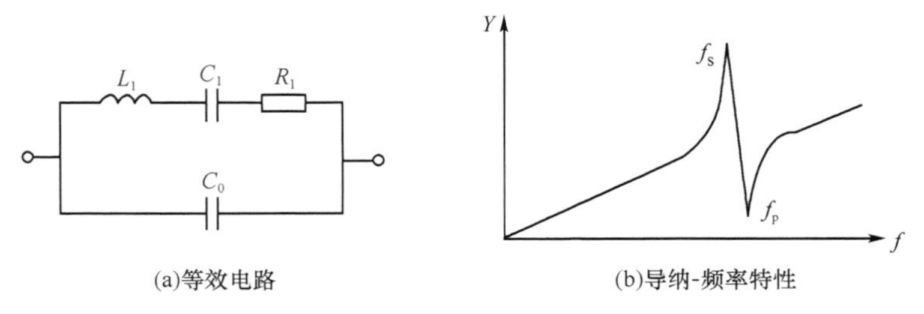

图 3-7　压电振子的等效电路与阻抗特性

在低频应用时，L_1=0，R_1=0，从功能上讲，压电器件实际上是一个电荷发生器。

设压电材料的相对介电常数为 ε_r，极化面积为 A，两极面间距离(压电片厚度)为 t，如图 3-8 所示。这样又可将压电器件视为具有电容 C_a 的电容器，且有

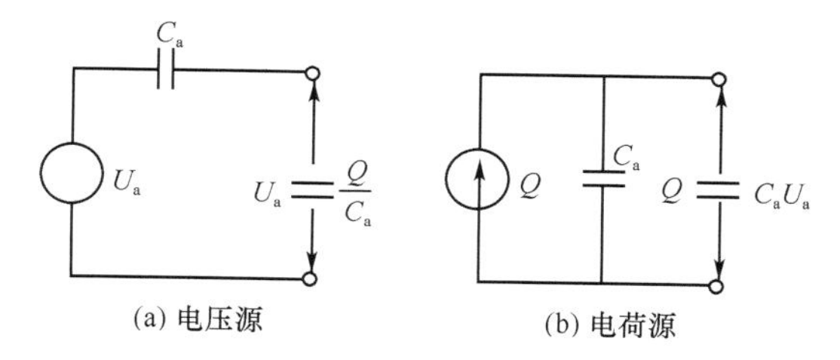

图 3-8　压电器件的理想等效电路

$$c_n = \varepsilon_0 \varepsilon_r A / t \tag{3-9}$$

因此，从性质上讲，压电器件实质上又是一个有源电容器，通常其绝缘电阻 $R_a \geqslant 10^{10}\ \Omega$ 。

当需要压电器件输出电压时，可把它等效成一个与电容串联的电压源，如图 3-8(a)所示。在开路状态，其输出端电压和电压灵敏度分别为

$$U_n = Q / C_n \tag{3-10}$$

$$K_u = U_n / F = Q / C_n F \tag{3-11}$$

式中，F 为作用在压电器件上的外力。

当需要压电器件输出电荷时，则可把它等效成一个与电容相并联的电荷源，如图 3-8(b)所示。同样，在开路状态，输出端电荷为

$$Q = C_a U_a \tag{3-12}$$

式中，U_a 为极板电荷形成的电压。这时的输出电荷灵敏度为

$$K_q = Q / F = C_a U_a / F \tag{3-13}$$

显然 K_u 与 K_q 之间有如下关系

$$K_u = K_q U_a / Q \tag{3-14}$$

在构成传感器时，总要利用电缆将压电器件接入测量线路或仪器。这样，就引入了电缆的分布电容 C_c，测量放大器的输入电阻 R_i 和电容 C_i 等形成的负载阻抗影响；加之考虑压电器件并非理想元件，它内部存在泄漏电阻 R_a，则由压电器件构成传感器的实际等效电路如图 3-9 所示。

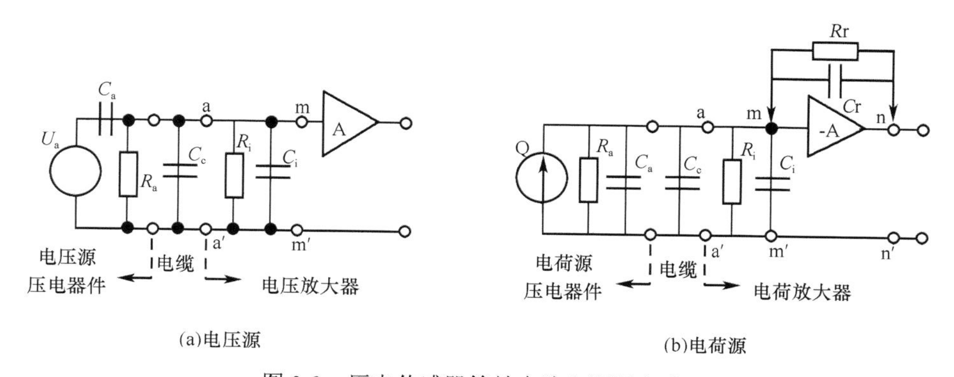

图 3-9　压电传感器等效电路和测量电路

二、测 量 电 路

压电器件既然是一个有源电容器，就必然存在与电容传感器相同的应用弱点——高内阻、

小功率问题，必须进行前置放大，前置阻抗变换。压电传感器的测量电路有两种形式：电压放大器和电荷放大器。

1. 电压放大器　电压放大器又称阻抗变换器。它的主要作用是把压电器件的高输出阻抗变换为传感器的低输出阻抗，并保持输出电压与输入电压成正比。

(1) 压电输出特性(即放大器输入特性)：将图 3-10(a)中 mm'左部等效化简成为图 3-10(b)所示。由图可得回路输出

$$\dot{U} = \dot{I}Z = \frac{U_a C_a j\omega R}{1 + j\omega RC} \tag{3-15}$$

式中，$Z = R/(1 + j\omega RC')$，$R = R_a R_i/(R_a + R_i)$ 为测量回路等效电阻；$C = C_a + C' = C_a + C_i + C_c$ 为测量回路等效电容；ω 为压电转换角频率。

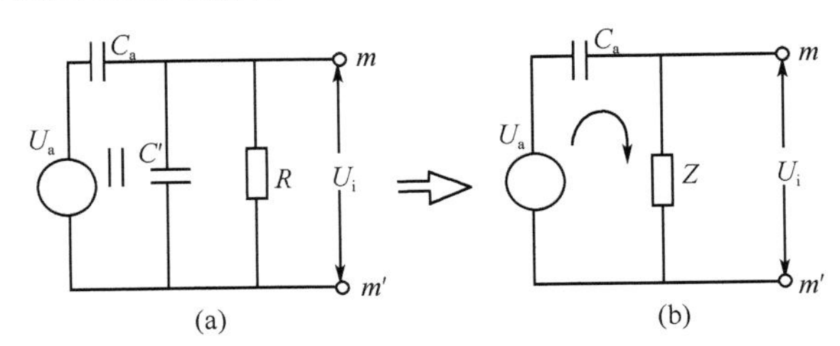

图 3-10　电压放大器简化电路

假设压电器件取压电常数为 d_{33} 的压电陶瓷，并在其极化方向上受有角频率为 ω 的交变力 $F = F_m \sin\omega t$，则压电器件的输出

$$\dot{U}_a = \frac{\dot{Q}}{C_a} = \frac{d_{33}}{C_a} F = \frac{\dot{d}_{33}}{C_a} F_m \sin\omega t \tag{3-16}$$

代入式(3.15)可得压电回路输出特性和电压灵敏度分别为

$$\dot{U}_1 = d_{33} \dot{F} \frac{j\omega R}{1 + j\omega RC} \tag{3-17}$$

$$K_u(j\omega) = \frac{\dot{U}_t}{\dot{F}} = d_{33} \frac{j\omega R}{1 + j\omega RC} \tag{3-18}$$

其幅值和相位分别为

$$K_{um} = \left| \frac{\dot{U}_t}{F_m} \right| = \frac{d_{33} \omega R}{\sqrt{1 + (\omega RC)^2}} \tag{3-19}$$

$$\varphi = \frac{\pi}{2} - \arctan(\omega RC) \tag{3-20}$$

(2) 动态特性：这里着重讨论动态条件下压电回路实际输出电压灵敏度相对理想情况下的偏离程度，即幅频特性。所谓理想情况是指回路等效电阻 $R = \infty$ (即 $R_a = R_i = \infty$)，电荷无泄漏。这样由式(3-19)可得理想情况的电压灵敏度

$$K_{um}^* = \frac{d_{33}}{C} = \frac{d_{33}}{C_a + C_c + C_i} \tag{3-21}$$

可见，它只与回路等效电容 C 有关，而与被测量的变化频率无关。因此，由式(3-19)与式(3-21)比较得相对电压灵敏度

$$k=\frac{K_{\mathrm{um}}}{K_{\mathrm{um}}^{*}}=\frac{\omega RC}{\sqrt{1+(\omega RC)^{2}}}=\frac{\omega/\omega_{1}}{\sqrt{1+(\omega RC)^{2}}}=\frac{\omega\tau}{\sqrt{1+(\omega\tau)^{2}}} \tag{3-22}$$

式中，ω_1 为测量回路角频率；$\tau=1/\omega_1=RC$ 为测量回路时间常数。

由式(3-22)和式(3-20)作出的特性曲线示于图 3-11。由图可知：

1) 高频特性：当 $\omega\tau\gg1$，即测量回路时间常数一定，而被测量频率越高(实际只要 $\omega\tau\geqslant3$，则回路的输出电压灵敏度就越接近理想情况。这表明，压电器件的高频响应特性好。

2) 低频特性：当 $\omega\tau\ll1$，即 τ 一定，而被测量的频率越低时，电压灵敏度越偏离理想情况，同时相位角的误差也愈大。

由于采用电压放大器压电传感器，其输出电压灵敏度受电缆分布电容 C_c 影响式(3-21)，因此电缆的增长或变动，将使已标定灵敏度改变。如图 3-12 为典型的阻抗变换器电路。

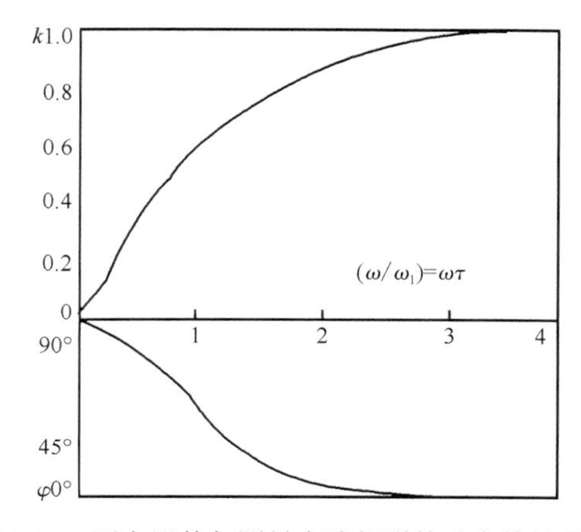

图 3-11　压电器件与测量电路相联的动态特性曲线

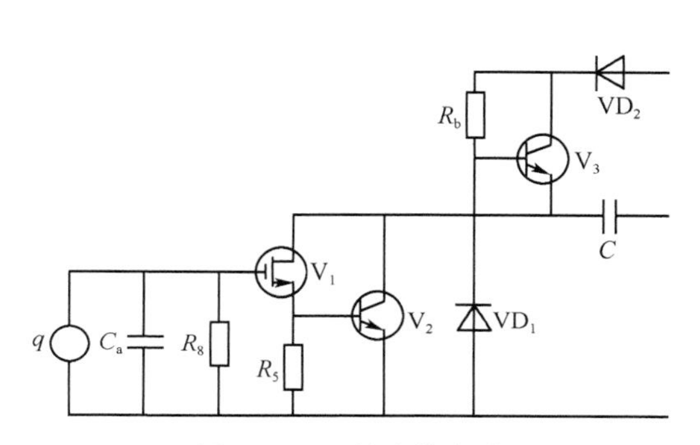

图 3-12　阻抗变换电路

2. 电荷放大器

(1) 工作原理和输出特性：电荷放大器的原理如图 3-9(b)所示。它的特点是，能把压电器件高内阻的电荷源变换为传感器低内阻的电压源，以实现阻抗匹配，并使其输出电压与输入电荷成正比，而且，传感器的灵敏度不受电缆变化的影响。

图中电荷放大级又称电荷变换级。输入电容 C 是输入并联电容的总合，C_f 负反馈电容。放大器的输出

$$U_0=\frac{-AQ}{(1+A)C_f+C} \tag{3-23}$$

通常放大器开环增益 $A=10^4\sim10^6$，因此 $(1+A)C_f\gg C$(一般取 $AC_f>10C$ 即可)，则有

$$U_0=-Q/C_f \tag{3-24}$$

上式表明，电荷放大器输出电压与输入电荷及反馈电容有关。只要 C_f 恒定，就可实现回路输出电压与输入电荷成正比，相位差180°。

$$K_u=-1/C_f \tag{3-25}$$

输出灵敏度只与反馈电容有关，而与电缆电容无关。根据式(3-25)，电荷放大器的灵敏度调节可采用切换 C_f 的办法，通常 $C_f=100\sim10000\text{pF}$。在 C_f 的两端并联 $R_f=10^{10}\sim10^{14}\Omega$，可以提高直流负反馈，以减小零漂，提高工作稳定性。

电荷放大器的具体线路见图 3-13。图中包括电荷放大部分和电压放大部分。在低频测量时，

第一级放大器，即电荷放大器，的闪烁噪声(1/f 噪声)就突出出来。电荷放大器的输入噪声 V_{ni} 与经同相放大计算后的输出噪声 V_{no} 可按下式计算

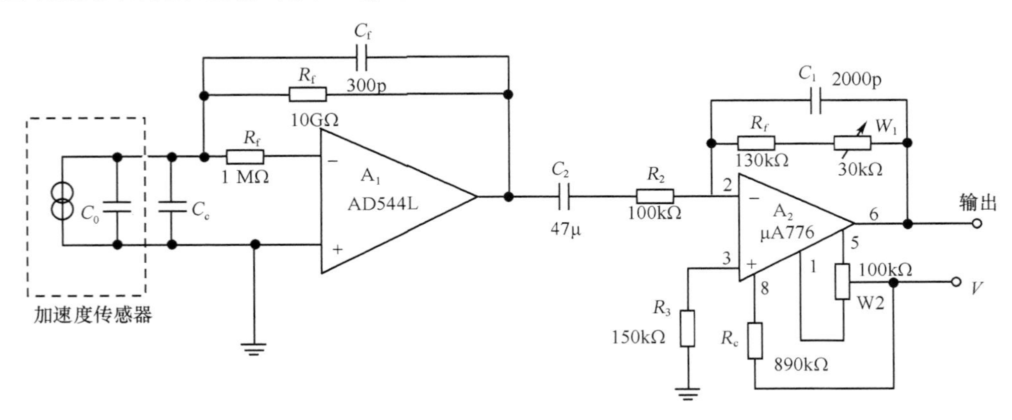

图 3-13　电荷放大器的具体线路举例

$$V_{no} = \left(\frac{C}{C_f}+1\right)V_{ni} \tag{3-26}$$

电荷放大器输出端信噪比 R_{SN} 为

$$R_{SN} = \frac{\frac{Q}{C_f}}{\frac{C}{C_f}+1} = \frac{Q}{C+C_f} \tag{3-27}$$

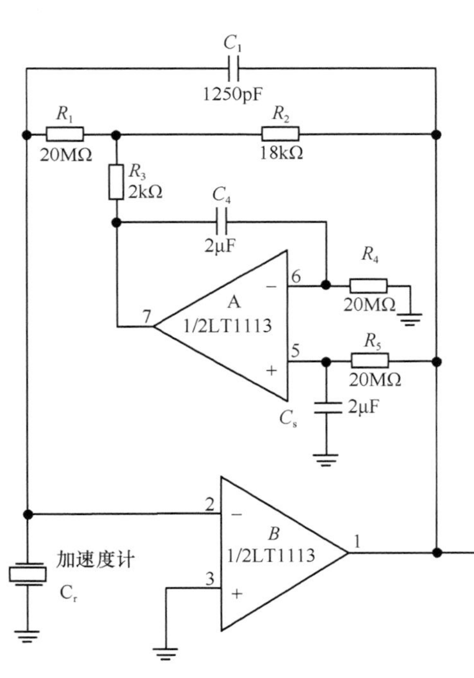

图 3-14　解决大电阻直流负反馈工艺难点的一种方法

由(3-27)可知，提高信噪比的有效措施是减小反馈电容 C_f。但是电荷放大器的低频下限受 $R_f \cdot C_f$ 乘积的影响，过大的 R_f 工艺上难于实现。对电荷放大器设计时，要充分重视构成电荷放大器的运算放大器。它们应有低的偏置输入电压、低的偏流以及低的失调漂移等性能。工艺上，因为即使很小的漏电电流进入电荷放大器也会产生误差，所以，输入部分要用聚四氟乙烯支架等绝缘子进行特殊绝缘。

图中 R_f 阻值很大，不宜实现。可用图 3-14 电路实现。运算放大器 A 等电路提供了直流负反馈。

(2) 高、低频限：电荷放大器的高频上限主要取决于压电器件的 C_a 和电缆的 C_c 与 R_c:

$$f_H = \frac{1}{2\pi R_c(C_a + C_c)} \tag{3-28}$$

由于 C_a、C_c、R_c 通常都很小，因此高频上限 f_H 可高达 180kHz。

电荷放大器的低频下限，由于 A 相当大，通常 $(1+A)C_f \gg C$, $R_f/(1+A) \ll R_f$，因此只取决于反馈回路参数 R_f 、C_f：

$$f_L = \frac{1}{2\pi R_f C_f} \tag{3-29}$$

它与电缆电容无关。由于运算放大器的时间常数 R_fC_f 可做得很大，因此电荷放大器的低频下限 f_L 可低达 10^{-1}~10^{-4}Hz(准静态)。

3. 谐振电路

(1) 工作原理：压电谐振器的工作是以压电效应为基础的，利用压电效应可将电极的输入电压转换成振子中的机械应力(反压电效应)，反之在机械应力的作用下，振子发生变形在电极上产生输出电荷(正压电效应)。压电变换器的可逆性使我们把它视为二端网络(图 3-15)，从这两端既可输入电激励信号产生机械振动，又可取出与振幅成正比的电信号。在其输入端加频率为 f 交变电压 U，把电极回路中电流 I 看为特征量，那么谐振器可以用与频率有关的复阻抗 $Z=U/I$ 表示。接近谐振频率时，$|Z|$值最小，通过谐振器的电流最大。

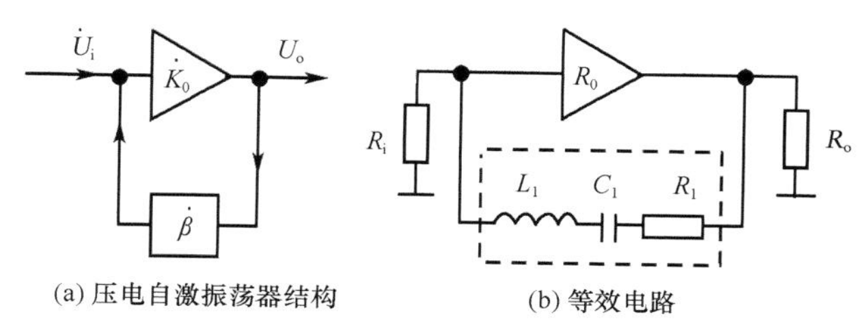

(a) 压电自激振荡器结构　　(b) 等效电路

图 3-15　压电自激振荡器

对具体的压电谐振器来说，由于压电效应，只有在某些机械振动固有频率上才可以被电激励。偏离谐振频率时，激励电极回路中的电流变小，它基本上由极间电容所确定。当激励电压的频率接近于压电谐振器的某一谐振频率 f_s 时，机械振动的振幅加大，并且在该频率上达到最大值。电极上的电荷也按比例地增加，电荷 Q 的极性随输入信号的频率而改变，因此流过压电元件的是正比于机械振动动幅值的交变电流。

$$\dot{K}' = \frac{\dot{U}_o}{\dot{U}_i} = \frac{\dot{K}_0}{1-\dot{K}_0\dot{\beta}} \tag{3-30}$$

为了产生不间断的等幅振荡闭环系统必须满足如下两个条件：

1) 相位条件：当开环系统的传输系数为实数时，也就是放大器和谐振器的总相移等于或整数倍于 2π 时，闭环回路中发生自激振荡。在这种情况下，放大器在自振频率下实现正反馈。

2) 幅值条件：振动频率满足关系 $\left|\dot{K}_0\dot{\beta}\right| > 1$。

(2) 电路举例：图 3-16 为电容三点式压电体振荡电路，由场效应晶体管和结型晶体管构成，电容 C 可在 10~500pF 范围内调整。图 3-17 所示电路由 TTL 反相器构成。图 3-18 所示电路将压电体的驱动与检测电极分开，电极有公共接地点，便于屏蔽。该电路适用于声表面波压电传感器。

被检测量的变化所引起的压电元件谐振频率偏移比原频率要小得多。这时需要检测出频率偏移量，而不是总频率。图 3-19 中利用二极管的非线性原理的频差检测电路。低通滤波器将 f_1、f_2、f_1+f_2 频率成分以及倍频成分滤除，只允许$|f_1-f_2|$差频成分通过。

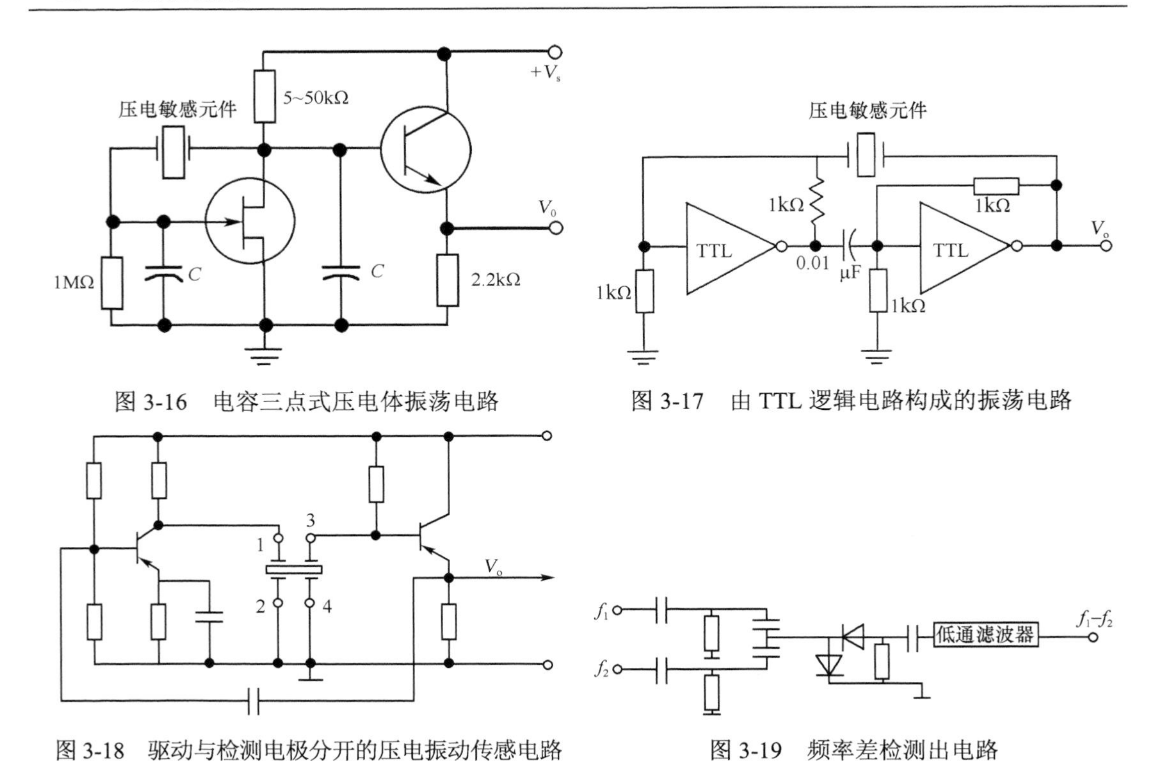

图 3-16　电容三点式压电体振荡电路

图 3-17　由 TTL 逻辑电路构成的振荡电路

图 3-18　驱动与检测电极分开的压电振动传感电路

图 3-19　频率差检测出电路

第三节　压电式传感器及其应用

广义地讲，凡是利用压电材料各种物理效应构成的种类繁多的传感器，都可称为压电式传感器。迄今它们在工业、军事和民用各个方面均已付诸应用。

一、压电式加速度传感器

1. 结构类型　目前压电加速度传感器的结构型式主要有压缩型、剪切型和复合型三种。这里介绍前两种。

(1) 压缩型：图 3-20 所示为常用的压缩型压电加速度传感器结构；压电元件选用 d_{11} 和 d_{33} 形式。

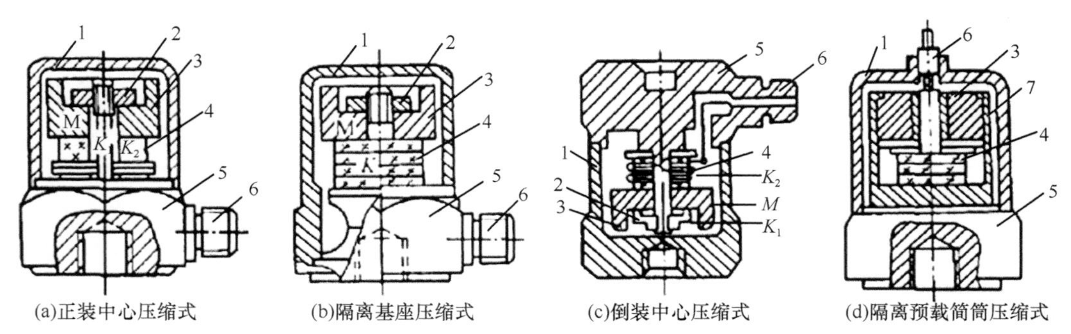

图 3-20　压缩型压电加速度传感器

1.壳体; 2.预紧螺母; 3.质量块; 4.压电元件; 5.基座; 6.引线接头; 7.预紧筒

图 3-20(a)正装中心压缩式的结构特点是，质量块和弹性元件通过中心螺栓固紧在基座上形成独立的体系，以与易受非振动环境干扰的壳体分开，具有灵敏度高、性能稳定、频响好，工作可靠等优点。但基座的机械和热应变仍有影响。为此，设计出改进型如图 3-20(b)所示的隔离基座压缩式和图 3-20(c)所示的倒装中心压缩式。图 3-20(d)是一种双筒双屏蔽新颖结构，它除外壳起屏蔽作用外，内预紧套筒也起内屏蔽作用。由于预紧筒横向刚度大，大大提高了传感器的综合刚度和横向抗干扰能力，改善了特性。这种结构还在基座上设有应力槽，可起到隔离基座机械和热应变干扰的作用，不失为一种采取综合抗干扰措施的好设计，但工艺较复杂。

(2) 剪切型：如表 3-2 所示。

表 3-2　压缩型与剪切型压电加速度传感器性能比较

形式/性能	最大横向灵敏度/%	基座应变灵敏度/ $ms^{-2}\cdot(\mu\varepsilon)^{-1}$	瞬变温度灵敏度/ $ms^{-2}\cdot{}^\circ C^{-1}$	声灵敏度/ $ms^{-2}\cdot(154dB)^{-1}$	磁场灵敏度/ $ms^{-2}\cdot T^{-1}$
4335 压缩式	<4(个别值)	2	3.9	1	9.8
4396 剪切式	<4(最大值)	0.08	0.39	0.005	5.9

由表 3-2 所列压电元件的基本变形方式可知，剪切压电效应以压电陶瓷为佳，理论上不受横向应变等干扰和无热释电输出(表 3-2)。因此剪切型压电传感器多采用极化压电陶瓷作为压电转换元件。图 3-21 示出了几种典型的剪切型压电加速度传感器结构。图 3-21(a)为中空柱形结构。其中柱状压电陶瓷可取两种极化方案，如图 3-21(b)：一种是取轴向极化，d_{24} 为剪切压电效应，电荷从内外表面引出；另一种是取径向极化，d_{15} 为剪切压电效应，电荷从上下端面引出。剪切型结构简单、轻小，灵敏度高。存在的问题是压电元件作用面(结合面)需通过粘结(d_{24} 方案需用导电胶粘结)，装配困难，且不耐高温和大载荷。

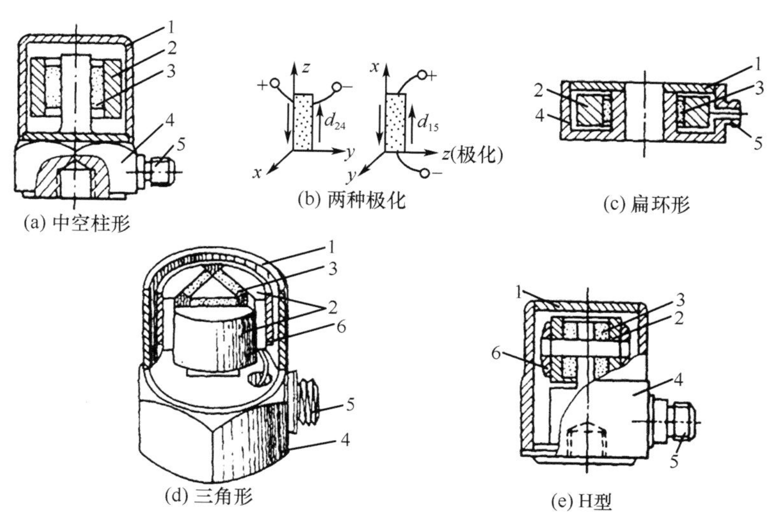

图 3-21　剪切型压电式加速度传感器结构

1.壳体；2.质量块；3.压电元件；4.基座；5.引线接头；6.预紧筒

图 3-21(c)为扁环形结构。它除上述中空圆柱形结构的优点外，还可当做垫圈一样在有限的空间使用。

图 3-21(d)为三角剪切式新颖结构。三块压电片和扇形质量块呈等三角空间分布，由预紧筒固紧在三角中心柱上，取消了胶结，改善了线性和温度特性，但材料的匹配和制作工艺要求高。

图 3-21(e)为 H 形结构。左右压电组件通过横螺栓固紧在中心立柱上。它综合了上述各种剪切式结构的优点，具有更好的静态特性，更高的信噪比和宽的高低频特性，装配也方便。

横向灵敏度是衡量横向干扰效应的指标。一只理想的单轴压电传感器，应该仅敏感其轴向的作用力，而对横向作用力不敏感。如对于压缩式压电传感器，就要求压电元件的敏感轴(电极向)与传感器轴线(受力向)完全一致。但实际的压电传感器由于压电切片、极化方向的偏差，压电片各作用面的粗糙度或各作用面的不平行，以及装配、安装不精确等种种原因，都会造成如图 3-21 所示的压电传感器电轴 E 向与力轴 z 向不重合。产生横向灵敏度的必要条件：一是伴随轴向作用力的同时，存在横向力；二是压电元件本身具有横向压电效应。因此，消除横向灵敏度的技术途径也相应有两种：一是从设计、工艺和使用诸方面确保力与电轴的一致；二是尽量采用剪切型力-电转换方式。一只较好的压电传感器，最大横向灵敏度不大于 5%。

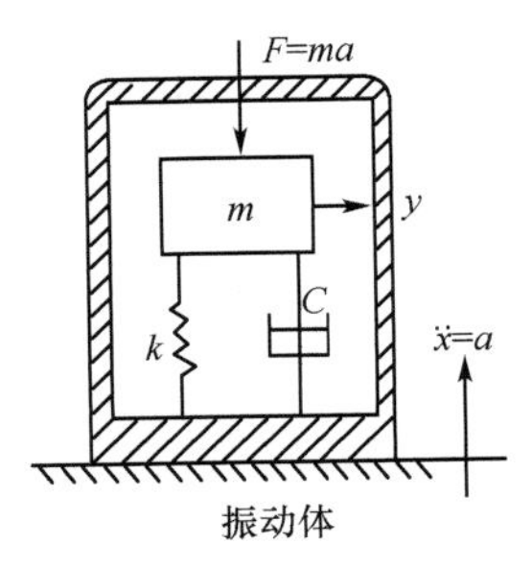

图 3-22　压电加速度传感器的力学模型

2. 压电加速度传感器动态特性　我们以图 3-21(b)加速度传感器为例，并把它简化成如图 3-22 所示的"$m-k-c$"力学模型。其中 k 为压电器件的弹性系数，被测加速度 $a=\ddot{x}$ 为输入。设质量物块 m 的绝对位移为 x_a，质量块对壳体的相对位移 $y=x_a-x$ 为传感器的输出。由此列出质量块的动力学方程

$$m\ddot{x}_a + c(\dot{x}_a - \dot{x}) + k(x_a - x) = 0 \tag{3-31}$$

或整理成

$$m\ddot{y} + c\dot{y} + ky = -ma = -m\ddot{x} \tag{3-32}$$

这是一典型的二阶系统方程，其对位移响应的传递函数、幅频和相频特性，可参阅第二章第二节"传感器的动态响应"内容描述。幅频特性为

$$A(\omega)_x = \left|\frac{y}{x}\right| = \frac{K}{\sqrt{[1-(\omega/\omega_n)^2]^2 + [2\xi(\omega/\omega_n)]^2}} \tag{3-33}$$

在此式中，$\omega=\sqrt{k/m}$，$\xi=c/2\sqrt{km}$，而 K 则为静态灵敏度，等于静态输出与输入之比。由静态时方程 $ky=-ma$ 得

$$K = \left|\frac{y}{a}\right| = \frac{m}{k} = \frac{1}{\omega_n^2} \tag{3-34}$$

代入式(3-33)可得系统对加速度响应的幅频特性

$$A(\omega)_a = \left|\frac{y}{a}\right| = \frac{1/\omega_n^2}{\sqrt{[1-(\omega/\omega_n)^2]^2 + [2\xi(\omega/\omega_n)]^2}} = A(\omega_n)\frac{1}{\omega_n^2} \tag{3-35}$$

式中 $A(\omega_n)=1/\sqrt{[1-(\omega/\omega_n)^2]^2+[2\xi(\omega/\omega_n)]^2}$ 为表征二阶系统固有特性的幅频特性。

由于质量块相对振动体的位移 y 即是压电器件(设压电常数为 d_{33})受惯性力 F 作用后产生的变形，在其线性弹性范围内有 $F=ky$。由此产生的压电效应

$$Q = d_{33}F = d_{33} \cdot ky \tag{3-36}$$

将上式代入式(3-35)即得压电加速度传感器的电荷灵敏度幅频特性为

$$A(\omega)_a = \left|\frac{Q}{a}\right| = A(\omega_n) \cdot d_{33}k/\omega_n^2 \tag{3-37}$$

若考虑传感器接入两种测量电路的情况:

(1) 接入反馈电容为 C_f 的高增益电荷放大器，由式(3-24)、式(3-35)得带电荷放大器的压电加速度传感器的幅频特性为

$$A(\omega)_q = \left|\frac{U_o}{a}\right|_q = A(\omega_n)\cdot d_{33}k/C_f\,\omega_n^2 \tag{3-38}$$

(2) 接入增益为 A，回路等效电阻和电容分别为 R 和 C 的电压放大器后，由式(3-19)可得放大器的输出为

$$|U_o| = \frac{Ad_{33}F_m\omega R}{\sqrt{1+(\omega RC)^2}} = \frac{1}{\sqrt{1+(\omega_1/\omega)^2}}\cdot\frac{Ad_{33}F_m}{C} = A(\omega_1)\frac{Ad_{33}F_m}{C} \tag{3-39}$$

$$A(\omega_1) = 1/\sqrt{1+(\omega_1/\omega)^2} \tag{3-40}$$

$A(\omega_1)$ 为由电压放大器回路角频率 ω_1 决定的，表征回路固有特性的幅频特性。

由式(3-40)和式(3-38)不难得到，带电压放大器的压电加速度传感器的幅频特性为

$$A(\omega_u) = \left|\frac{U_o}{a}\right|_u = A(\omega_1)\cdot A(\omega_n)\frac{Ad_{33}k}{C\omega_n^2} \tag{3-41}$$

由式(3-41)描绘的相对频率特性曲线如图 3-23 所示。

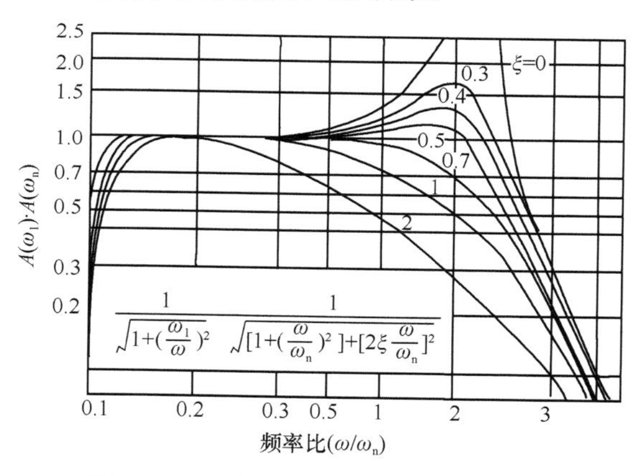

图 3-23　压电加速度传感器的幅频特性

综上所述:

(1) 由图 3-23 可知，当压电加速度传感器处于 $\omega/\omega_n \ll 1$，即 $A(\omega_n)\to 1$ 时，可得到灵敏度不随 ω 而变的线性输出，这时按式(3-37)和式(3-38)得传感器的灵敏度近似为一常数

$$\frac{Q}{a} \approx \frac{d_{33}k}{\omega_n^{\ 2}}\text{(传感器本身)} \tag{3-42}$$

或

$$\frac{U_o}{a} \approx \frac{d_{33}k}{C_f\omega_n^{\ 2}}\text{(带电荷放大器)} \tag{3-43}$$

这是我们所希望的；通常取 $\omega_n > (3\sim5)\omega$。

(2) 由式(3-41)知，配电压放大器的加速度传感器特性由低频特性 $A(\omega_1)$和高频特性 $A(\omega_n)$组成。高频特性由传感器机械系统固有特性所决定；低频特性由电回路的时间常数 $\tau = 1/\omega_1 = RC$ 所决定。只有当 $\omega/\omega_n \ll 1$ 和 $\omega_1/\omega \ll 1$(即 $\omega_1 \ll \omega \ll \omega_n$)时，传感器的灵敏度为常数

$$\frac{U_O}{a} \approx \frac{d_{33}kA}{\omega_n^2 C} \tag{3-44}$$

满足此线性输出之上述条件的合理参数选择，见上节分析，否则将产生动态幅值误差：

高频段　$\delta H = [A(\omega_n) - 1]\%$　(3-45)

低频段　$\delta L = [A(\omega_1) - 1]\%$　(3-46)

此外，在测量具有多种频率成分的复合振动时，还受到相位误差的限制。

二、压电式力传感器

压电式测力传感器是利用压电元件直接实现力-电转换的传感器，在拉、压场合，通常较多采用双片或多片石英晶片作压电元件。它刚度大，测量范围宽，线性及稳定性高，动态特性好。当采用大时间常数的电荷放大器时，可测量准静态力。按测力状态分，有单向、双向和三向传感器，它们在结构上基本一样。图 3-24 为单向压缩式压电力传感器。两敏感晶片同极性对接，信号电荷提高一倍，晶片与壳体绝缘问题得到较好解决。

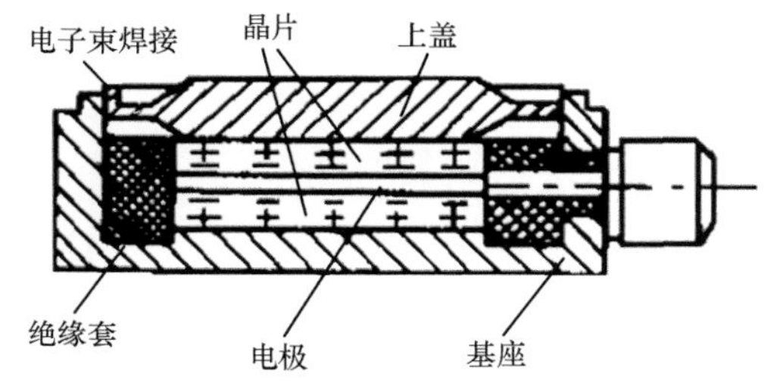

图 3-24　单向压缩式压电力传感器

单向压缩式压电力传感器的电荷灵敏度幅频特性

$$\left|\frac{Q}{F_z}\right| = A(\omega_n) \cdot d_{11} \tag{3-47}$$

推导可得：

$$\left|\frac{Q}{F_z}\right| = \frac{d_{11}}{\sqrt{\left[1-\left(\frac{\omega}{\omega_n}\right)^2\right]^2 + \left[2\xi\frac{\omega}{\omega_n}\right]^2}} \tag{3-48}$$

可见，当$(\omega/\omega_n) \ll 1$(即 $\omega \ll \omega_n$)时，上式变为

$$\frac{Q}{F_z} \approx d_{11} \quad \text{或} \quad Q \approx d_{11}F_z \tag{3-49}$$

这时，力传感器的输出电荷 Q 与被测力 F_z 成正比。

三、压电角速度陀螺

利用压电体的谐振特性，可以组成压电体谐振式传感器。压电晶体本身有其固有的振动频率，当强迫振动频率与它的固有振动频率相同时，就会产生谐振。

各种不同类型的压电谐振传感器按其调制谐振器参数的效应或机理可以归纳为下列几种：

1. 应变敏感型压电谐振传感器　在这类传感器中，被测量直接或间接地引起压电元件的机械变形。通过压电谐振器的应变敏感性来实现参数的转换。

2. 热敏型压电谐振传感器　在这类传感器中，被测量直接或间接地影响压电元件的平均温度，借压电谐振器的热敏感性实现参数的转换。

3. 声负载(复阻抗 Z)敏感型压电谐振传感器　在这类装置中，被测参数调制压电元件振动表面的超声辐射条件。声压电谐振传感器的工作机理被称为声敏感性。

4. 质量敏感型压电谐振传感器　这类传感器应用谐振器的参数与压电元件表面连接物质的质量之间的关系，通过压电谐振器的质量敏感性来实现参数的转换。

5. 回转敏感型压电谐振传感器　即压电角速度陀螺。本节主要介绍其原理。

逆压电效应的应用也很广泛。基于逆压电效应的超声波发生器(换能器)是超声检测技术及仪器的关键器件。这里介绍逆压电效应与正压电效用的一个联合应用：压电陀螺。

压电陀螺是利用晶体压电效应敏感角参量的一种新型微型固体惯性传感器。压电陀螺消除了传统陀螺的转动部分，故陀螺寿命取得了重大突破，MTBF 达 10000h 以上。压电陀螺最初是应近程制导需求发展起来的。这里仅介绍振梁型压电角速度陀螺。

振梁型压电角速度陀螺的工作原理如图 3-25 所示。这种陀螺的心藏元件是一根矩形振梁，振梁材料可以是恒弹性合金，也可以是石英或铌酸锂等晶体材料。在振梁的四个面上贴上两对压电换能器，当其中一对换能器(驱动和反馈换能器)加上电信号时，由于逆压电效应，梁产生基波弯曲振动，即

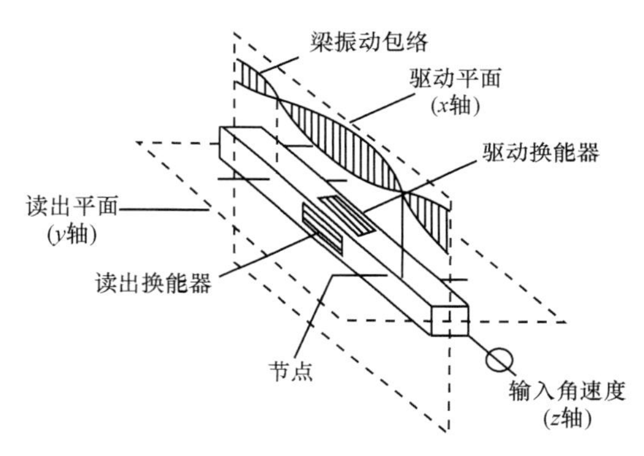

图 3-25　振梁型压电角速度陀螺的工作原理

$$X(t) = X_0 \sin \omega_c t \tag{3-50}$$

式中 X_0 是振动的最大振幅，ω_c 是驱动电压的频率。

上述振动在垂直于驱动平面的方向上产生线性动量 mV(V 是质点的线速度，m 是质点的质量)。当绕纵轴(z 轴)输入角速度 ω_z 时，在与驱动平面垂直的读出平平面内产生惯性力(柯里奥利力)

$$F = -2m(\omega_z \times V) \tag{3-51}$$

惯性力使读出平面内的一对换能器也产生机械振动，其振幅

$$Y(t) = \frac{2X_0\omega_z}{\omega_c\left[\left(1-\frac{\omega_c^2}{\omega_0^2}\right)+\left(\frac{\omega_c}{\omega_0 Q_0}\right)^2\right]^{1/2}}\cos(\omega_c t - \phi_c) \tag{3-52}$$

式中

$$\phi_c = \arctan\left[\frac{\omega_c\omega_0}{Q_0(\omega_0^2 - \omega_c^2)}\right] \tag{3-53}$$

ω_0 和 Q_0 分别是读出平面的谐振频率和机械品质因素。

由于压电效应，惯性力在读出平面内产生的机械振动使读出面内的压电换能器产生电信号输出。输出电压的量值决定于振幅 $Y(t)$。由式(3-50)和式(3-51)可知，当振梁、压电换能器和驱动电压一定时，输出电信号的大小仅与输入角速度 ω_z 的大小有关。

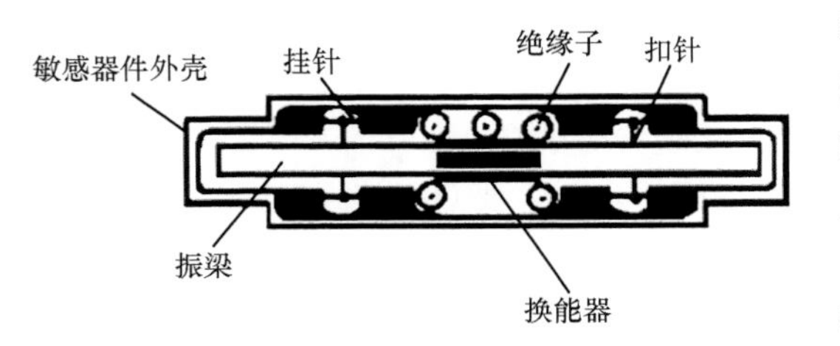

图 3-26　压电陀螺的敏感器件结构

压电陀螺的敏感器件结构如图 3-26 所示。振梁尺寸根据使用要求确定，梁的驱动谐振频率和尺寸的关系：

$$f_c = \frac{\alpha h}{2\pi l}\sqrt{\frac{Eg}{12\rho}} \tag{3-54}$$

式中，α 是与振动模式有关的常数；E 是扬氏弹性模量；l 是梁的长度，根据使用要求，可设计成 30~150mm；h 是梁弯曲方向的厚度，根据使用要求，可设计成 2~6mm；ρ 是梁的密度，g 是重力加速度。

第四节　声波传感技术

一、SAW 传感器

1. SAW 传感器的特点　声表面波 SAW(surface acoustic wave)是英国物理学家瑞利(Rayleigh)于 19 世纪末期在研究地震波的过程中发现了一种集中在地表面传播的声波。后来研究发现，任何固体表面部存在这种现象。1965 年美国的 White 和 Voltmov 发明了能在压电晶体材料表面上激励声表面波的金属叉指换能器(inter digital transducer, IDT)之后，大大加速了声表面波技术的研究，使 SAW 技术逐步发展成一门新兴的、声学与电子学相结合的边缘学科。利用 SAW 技术研制、开发新型传感器还是 20 世纪 80 年代以后的事。起初，人们观察到某些外界因素(如温度、压力、加速度、磁场、电压等)对 SAW 的传播参数会造成影响，进而研究这些影响与外界因素之间的关系，根据这些关系，设计出各种结构形式并制作出用于检测各种物理、化学参数的传感器。

SAW 传感器之所以能够迅速发展并得到广泛应用，是因为它具有许多独特的优点：

(1) 高精度，高灵敏度。SAW 传感器是将被测量转换成电信号频率进行测量，而频率的测量精度很高，有效检测范围线性好；抗干扰能力很强，适于远距离传输。例如，SAW 温度传感器的分辨率可以达到千分之几度。

(2) SAW 传感器将被测量转换成数字化的频率信号进行传输、处理，易于与计算机接口连接，组成自适应的实时处理系统。

(3) SAW 器件的制作与集成电路技术兼容，极易集成化、智能化，结构牢固，性能稳定，重复性与可靠性好，适于批量生产。

(4) 体积小、重量轻、功耗低，可获得良好的热性能和机械性能。

SAW 传感器尽管还处于发展之中，但是它的基本物理过程是非常清楚的，因而具有广泛应用的巨大潜力。SAW 几乎对所有的物理、化学现象均能感应，正因为这样，已经开发出几十种 SAW 传感器。

2. SAW 传感器的结构与工作原理　SAW 传感器是以 SAW 技术、电路技术、薄膜技术相结合设计的部件，由 SAW 换能器、电子放大器和 SAW 基片及其敏感区构成，采用瑞利波进行工作。

SAW 谐振器结构如图 3-27 所示，它是将一个或两个叉指换能器(IDT)置于一对反射栅阵列组成的腔体中构成的。谐振器结构采用一个 IDT 时，称为单端对谐振器；采用两个 IDT 时，称为双端对谐振器。

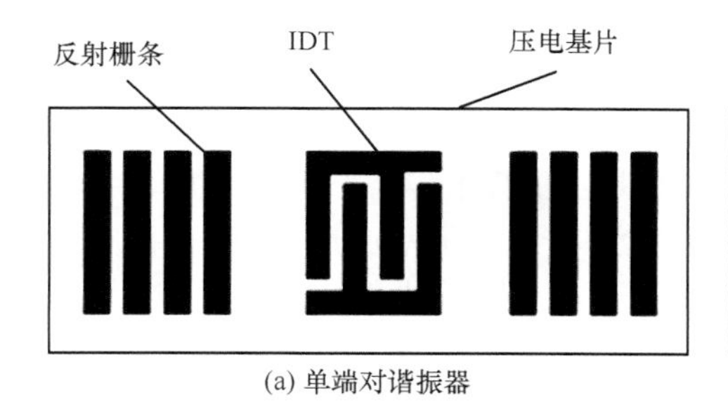

(a) 单端对谐振器

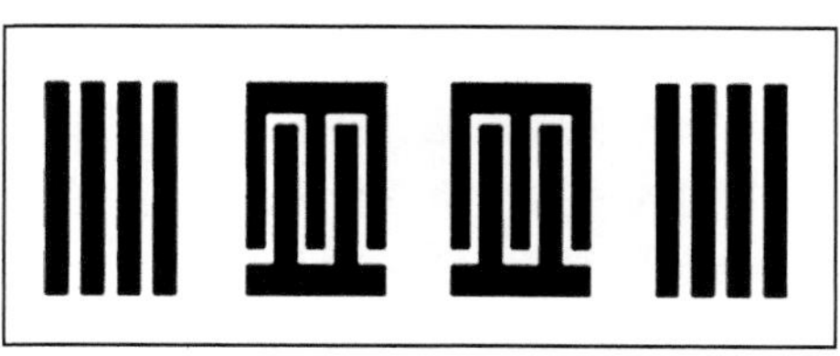

(b) 双端对谐振器

图 3-27 SAW 谐振器结构

当在压电基片上设置两个 IDT，一个为发射 IDT，另一个为接收 IDT 时，SAW 在两个 IDT 中心距之可产生时间延迟，所以称为 SAW 延迟线，如图 3-28 所示。它既是一个 SAW 滤波器，又是一个 SAW 延迟线。采用 SAW 谐振器或 SAW 延迟线结构构成的振荡器，分别称为谐振器型振荡器和延迟线型振荡器。

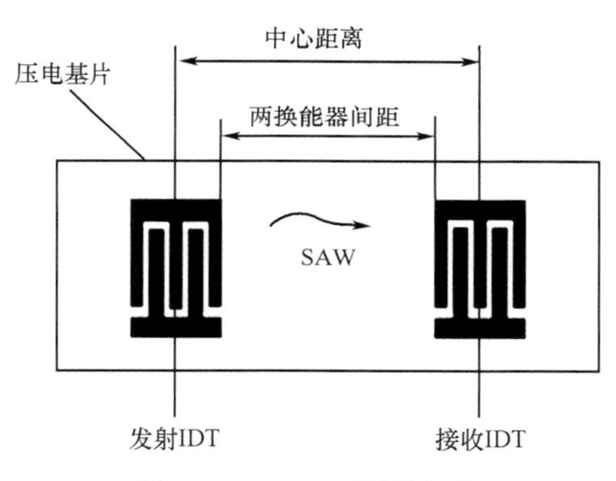

图 3-28 SAW 延迟线结构

(1) SAWAS 瑞利波：在无边界各向同性固体中传播的声波(称为体波或体声波)。依据质点的偏振方向(即质点振动方向)，该声波可分为两大类，即纵波与横波。纵波质点振动平行于传播方向，横波质点振动垂直于传播方向。两者的传播速度取决于材料的弹性模量和密度，即纵波度

$$v_{\mathrm{L}}=\sqrt{\frac{E}{\rho}\frac{(1-\mu)}{(1+\mu)(1-2\mu)}} \tag{3-55}$$

横波速度

$$v_{\mathrm{S}}=\sqrt{\frac{E}{\rho}\frac{1}{2(1+\mu)}} \tag{3-56}$$

式中，E 为材料弹性模量；μ 为材料泊松比；ρ 为材料密度。

出于固体材料的泊松比 μ 一般在 0~0.5，所以从式(3-54)和式(3-55)可看出横波一般比纵波传播速度慢。对于压电晶体、由于压电效应、在声波传播过程中，将有一个电势随同传播，且使声波速度变快，这种现象称为“速度劲化”。

当固体有界时，由于边界变化的限制，可出现各种类型的声表面波，如瑞利波、电声波、乐甫波、广义瑞利波、拉姆波等。SAW 技术所应用的绝大部分是瑞利波。它的传播速度计算公式比较复杂，即使在最简单的非压电各向同性固体中，其速度 v_{R} 也是下列 6 次方程

$$r^6-8r^4+8r^2(3-2S^2)-16(1-S^2)=0 \tag{3-57}$$

的解，式中

$$r = v_R / v_S;$$

$$S = v_S / v_L = \left[\frac{1-2\mu}{2(1-\mu)} \right]^{\frac{1}{2}};$$

$$\mu = 0 - 0.5.$$

解方程式(3-56)可得 r 值在 0.87~0.96。由此可得瑞利波的两个性质: ①瑞利波速度与频率无关, 即瑞利波是非色散波; ②瑞利波速度比横波要慢。

这里讨论的 SAW 瑞利波既不是纵波, 也不是横波, 而是两者的叠加。已经证明瑞利波质点的运动是一种椭圆偏振。在各向同性固体中, 它是由平行于传播方向的纵振动和垂直于表面及传播方向的横振动两者合成的, 两者的相位差为 90°。它的纵向分量能将压缩波入射到与 SAW 器件接邻的媒质中, 它的垂直剪切分量容易受到相邻媒质黏度的影响。它与表面接触的媒质相互耦合时, 其振幅与速度强烈地受到媒质的影响。振幅随深度的变化呈现不同的衰减。瑞利波的能量只集中在一个波长深的表面层内, 而且频率愈高, 能量集中的表面层就愈薄。在各向异性固体中, 瑞利波除具上述性质外, 还存在下面一些特点: 瑞利波的相速度依赖于传播方向; 能量流一般不平行于传播方向; 质点的椭圆偏振不一定在弧矢平面(即传播方向与表面法线决定的平面)内; 椭圆的主轴也不一定与传播方向或表面法线平行; 质点位移随深度的衰减呈阻尼振荡形式。另外, SAW 在压电基片材料中传播的同时, 还存在一个电势随同 SAW 一起传播。

SAW 在压电衬底表面上容易激励、检测、抽取, 并且效率高, 没有寄生模型。

(2) 敏感基片: 敏感基片通常采用石英、$LiNbO_3$、$LiTaO_3$ 等压电单晶材料制成。对于 SAW 气体传感器, 需要在基片的 SAW 传播路径上涂敷对气体有响应的吸附薄膜。由于 SAW 谐振器对温度的漂移和随时间的老化较敏感, 一般选用具有零温度系数的 ST 切型石英材料作为基片。

当敏感基片受到多种物理、化学或机械扰动作用时, 其振荡频率会发生变化。通过正确的理论计算和合理的结构设计, 能使它仅对某一被测量有响应, 并将其转换成频率量。由于声表面波传播时能量主要集中在产生这种波的物质表面约一个波长的深度范围内, 所以敏感区也集中在这一表面薄层附近。

(3) 换能器: 换能器(IDT)是用蒸发或溅射等方法在压电基片表面淀积一层金属膜, 再用光刻方法形成的叉指状薄膜, 它是产生和接收声表面波的装置。当电压加到叉指电极上时, 在电极之间建立了周期性空间电场, 由于压电效应, 在表面产生一个相应的弹性应变。由于电场集中在自由表面, 所以产生的声表面波很强烈。由 IDT 激励的表面声波沿基片表面传播。当基片或基片上覆盖的敏感材料薄膜受到被测量调制时, 其表面声波的工作频率将改变, 并由接收叉指电极拾取, 从而构成频率输出传感器。频率范围属于甚高频或超高频, 一般为几百 MHz 左右。

在 IDT 发明之前, 也有一些激励表面波的方法, 例如楔形换能器、梳状换能器等。但出于它们不是变换效率低就是得不到高频率的 SAW 而被淘汰。此外也还有用模式转换的方法将体波转换成瑞利波, 但这些方法也因效率低且波形不纯, 而难以实用。到目前为止, 只有 IDT 是唯一可实用的换能器。

IDT 基本结构形式如图 3-29 所示, IDT 由若干淀积在用电衬底材料上的金属膜电极组成, 这些电极条互相交叉配置, 两端由汇流条连在一起。它的形状如同交叉平放的两排手指, 故称为叉指电极。电极宽度。和间距相等的 IDT 称均匀(或非色散)IDT。叉指周期 T=2a+2b, 两相邻电极构成电极对, 其相互重叠的长度为有效指长, 即称换能器的孔径, 记为 W。若换能器的各电极对重叠长度相等，则叫等孔径(等指长)换能器。IDT 是利用压电材料的逆压电与正压电效应来激励 SAW 的，IDT 既可用作发射换能器，用来激励 SAW，又可作接收换能器，用来接收 SAW，因而这类换能器是可逆的。在发射 IDT 上施加适当频率的交流电信号后压电基片内所出现的电场分布如图 3-30 所示。 该电场可分解为垂直与水平两个分量(E_v 和 E_h)由于基片的逆压电效应这个电场使指条电极间的材料发生形变(使质点发生位移)E_h 使质点产生平行于表面的压缩(膨胀)位移，E_v 则产生垂直于表面的切变位移。这种周期性的应变就产生沿 IDT 两侧表面传播出去的 SAW，其频率等于所施加电信号的频率。一侧无用的波可用一种高损耗介质吸收，另一侧的 SAW 传播至接收 IDT，借助于正压电效应将 SAW 转换为电信号输出。

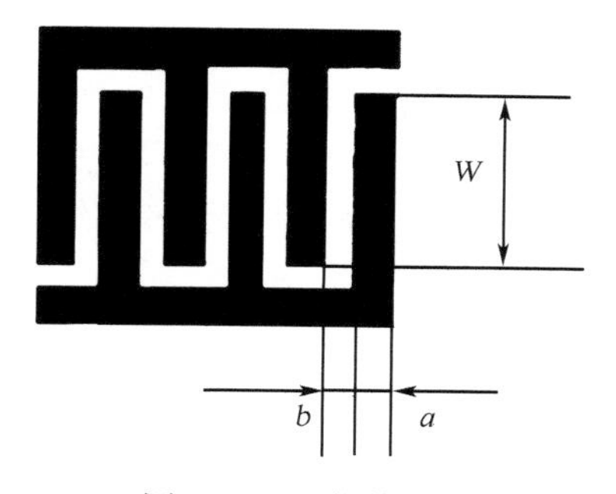

图 3-29　叉指换能器

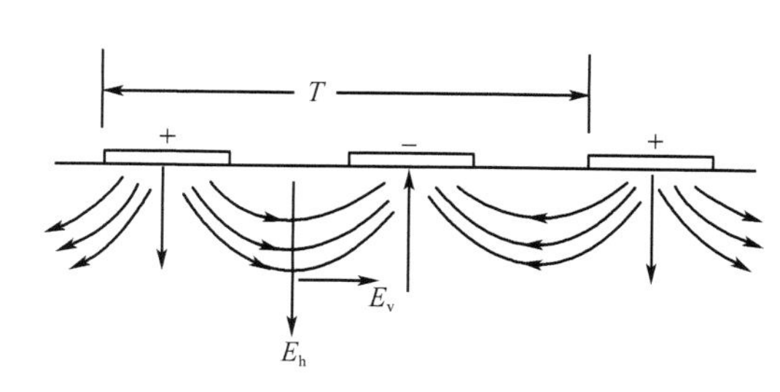

图 3-30　叉指电极下某一瞬间电场分量

IDT 有如下基本特性:

1) 工作频率(f_0)高。由图 3-31 可见基片在外加电场作用下产生局部形变。当声波波长与电极周期一致时得到最大激励(同步)。这时电极的周期 T 即为声波波长 λ，表示为

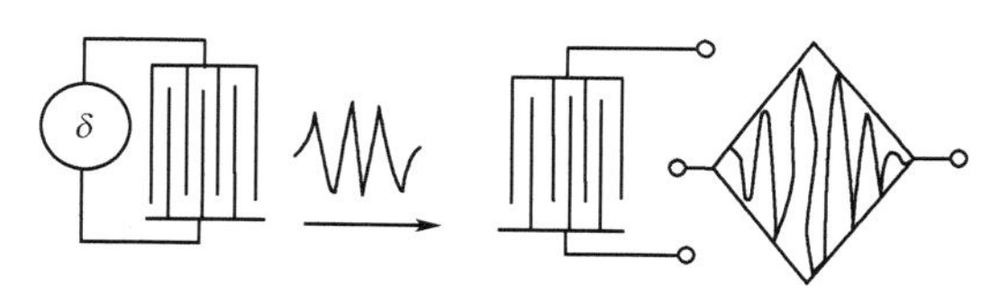

图 3-31　叉指换能器脉冲响应几何图形关系示意图

$$\lambda = T = v / f_0 \tag{3-58}$$

式中，v 为材料的表面波声速；f_0 为 SAW 频率，即外加电场同步频率。

当指宽 a 与间隔 b 相等时，T=4a，则工作频率 f_0 为

$$f_0 = \frac{1}{4}\frac{v}{a}$$

可见 IDT 的最高工作频率只受工艺上所能获得的最小电极宽度 a 的限制。叉指电极由平面工艺制造，换能器的工作频率可高达 GHz。

2) 时域(脉冲)响应与空间几何图形具有对称性。IDT 每对叉指电极的空间位置直接对应于时间波形的取样。在图 3-31 所示的多指对发射、接收情况下，将一个 δ 脉冲加到发射换能器上，在接收端收到的信号是到达接收换能器的声波幅度与相位的叠加，能量大小正比于指长，输出波形为两个换能器脉冲响应之卷积。图中单个换能器的脉冲为矩阵调制脉冲，如同几何图形一样.则卷积输出为三角形调制脉冲。换能器的传输函数为脉冲响应的付氏变换。这一关系为设计换能器提供了极简便的方法。

3) 带宽直接取决于指对数。由于均匀(等指宽，等间隔)IDT，带宽可简单地出下式决定:

$$\Delta f = f_0/N \tag{3-59}$$

式中，f_0 为中心频率(工作频率)；N 为叉指对数。

由式(3.58)可知，中心频率一定时，带宽只决定于指对数。指对数 N 愈多，换能器带宽愈窄。表面波器件的带宽具有很大灵活性，相对带宽可窄到 0.1%，可宽到 1 倍频程(即 100%)。这样宽的范围，实用时均可做到。

4) 具有互易性。作为激励 SAW 用的 IDT，同样(且同时)也可作接收用。这在分析和设计时都很方便，但因此也带来麻烦，如声电再生等次级效应特使器件性能变坏。

5) 可作内加权。由特性二可推知，在 IDT 中，每对叉指辐射的能量与指长重叠度(有效长度，即孔径)有关。这就可以用改变指长重叠的办法来实现对脉冲信号幅度的加权。同时，因为叉指位置是信号相位的取样，故有意改变指的周期就可实现信号的相位加权(如色散换能器)。或者两者同时使用，以获得某种特定的信号谱(如脉冲压缩滤波器)。图 3-31 简单地表示了这种情况。SAW 这种可内加极性比电子器件优越得多。省去难以调试且庞杂的外加权网络，且为某些特殊的信号处理提供简单而又方便的方法与器件。

6) 制造简单。重复性、一致性好。SAW 器件制造过程类似半导体集成电路工艺，一旦设计完成，制得掩膜母版，只要复印就可获得一样的器件，所以这种器件具有很好的一致性及重复性。

3. SAW 振荡器　SAW 传感器的核心是 SAW 振荡器。就 SAW 传感器的工作原理来说，它属于谐振式传感器，有延迟线型(DL 型)和谐振器型(R 型)两种。

(1) 延迟线型 SAW 振荡器：延迟线型 SAW 振荡器由声表面波延迟线和放大电路组成，如图 3-32 所示。输入换能器 T_1 激发出声表面波，播到换能器 T_2 转换成电信号，经放大后反馈到 T_1 以便保持振荡状态。应该满足的振荡条件是包括放大器在内的环路长度必须是 $2n$ 的正整数倍，即

$$2\pi f \times \frac{L}{v_s} + \phi = 2\pi n \tag{3-60}$$

式中，f 为振荡频率；L 为声表面波传播路程，即 T_1 与 T_2 之间的中心距离；v_s 为声表面波速度；d 为包括放大器和电缆在内的环路相位移；n 为正整数，通常为 30~1000。

由图 3-33 所示的延迟线型 SAW 振荡器的方框图可以看出，输入信号 U_i、输出信号 U_o 以及反馈信号队之间应满足如下关系：

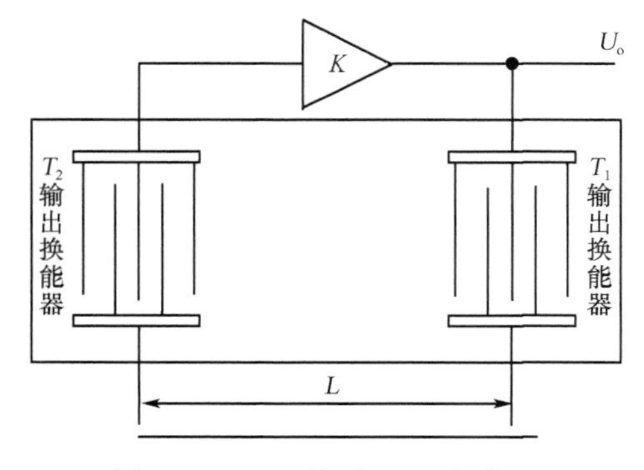

图 3-32　延迟线型 SAW 振荡器

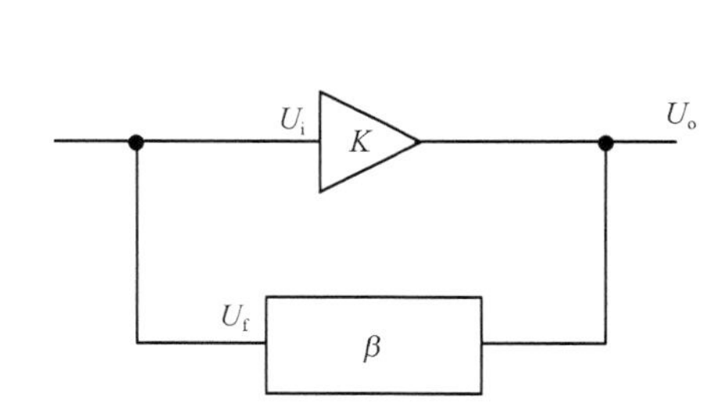

图 3-33　延迟线型 SAW 振荡器方框图

$$U_0 = U_i = \beta \cdot U_o = \beta(KU_i)$$
$$\beta KU_i = U_i$$
$$(\beta K - 1)U_i = 0 \quad (3\text{-}61)$$
$$\beta K = 1$$

式中，β为反馈系数；K为放大系数，均以复数形式表示。

显然，在闭合回路中，起振条件是

$$\beta K \geqslant 1$$

而维持振荡的条件包括两方面，

一是振幅平衡条件

$$\beta K = 1$$

二是相位平衡条件

$$\angle\phi = 0$$

把放大器的输出端接入输入换能器T_1，当U_o到达T_1时，按照逆压电效应，T_1将电信号转换成SAW，SAW由T_1传到T_2，经过路径为L，由输出换能器即T_2按压电效应将SAW转换成电信号，送到放大器的输入端。只要放大器的增益足够高，足以抵消延迟线的插入损耗，并能满足相位条件，这一系统就能产生振荡。

这里的相位条件是整个环路的相移为零或者是$2n$的整数倍；即

$$\phi = \phi_D + \phi_E = 2n\pi \quad n=0, 1, 2, \cdots \quad (3\text{-}62)$$

式中，ϕ_D为延迟线的相位延迟；ϕ_E为放大器和换能器所引起的相位延迟。

如果延迟线的延迟路径为L，SAW的波速为v_s，这时的延迟时间为

$$\tau_D = \frac{L}{v_s} \quad (3\text{-}63)$$

如果延迟线的角频率为ω，则有

$$\phi_D = \omega\tau_D = \omega\frac{L}{v_s} \quad (3\text{-}64)$$

代入上式得

$$\frac{\omega L}{v_s} + \phi_E = 2n\pi \quad (3\text{-}65)$$

由于$\phi_E \ll 2\pi$，$\phi_D \ll 2\pi$，对于上式而言，ϕ_E可以忽略，则有

$$\frac{\omega L}{v_s} \approx 2n\pi \quad (3\text{-}66)$$

故

$$\omega \approx 2n\pi\frac{v_s}{L} \quad (3\text{-}67)$$

(2) 谐振器型SAW振荡器：谐振器型SAW振荡器的结构如图3-34所示。SAW谐振器由一对叉指换能器与反射栅阵列组成。发射和接收叉指换能器用来完成声-电转换。当对发射叉指换能器加以交变信号时，相当于在压电衬底材料上加交变电场。这样材料表面就产生与所加电场强度成比例的机械形变，这就是SAW。该声表面波在接收叉指换能器上由于压电效应又变成电信号，经放大后，正反馈到输入端，只要放大器的增益能补偿谐振器及其连接导线的损耗，

同时又能满足一定的相位条件，这样组成的振荡器就可以起振并维持振荡。

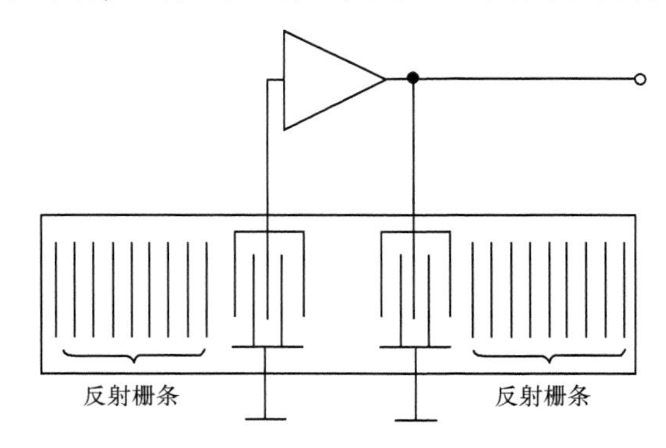

图 3-34 谐振器型 SAW 振荡器

谐振器作为稳频元件，与晶体在电路中的作用是一致的，这时输出频率是单一的。

对于起振后的声表面波振荡器，当基片材料由于外力或温度等物理量的变化而发生形变时，在其上传播的 SAW 速度就会改变，从而导致振荡器频率发生改变。频率的变化量可以作为被测物理量的量度。

根据对 SAW 器件研究的结果、用 SAW 器件配以必要的电路和机构，可以做成测量机械应变、应力、压力、微小位移、作用力、流量及温度等传感器；利用同样的机理，通过合适的结构设计，也可做成 SAW 加速度计；通过对 SAW 器件基体材料的弹性力学分析和用波动方程进行推导计算，做成 SAW 角速度传感器以代替结构复杂的陀螺仪也是可能的；在两叉指换能器电报之间被覆一层对某种气体敏感(吸附和脱附)的薄膜，也可制成各种 SAW 气体。

传感器、湿度传感器等。目前已研制成十几种 SAW 气体传感器。用 SAW 器件还可以对高电压进行测量，做成高电压传感器。将 SAW 器件，特别是 SAW 谐振器用来制作测量各种物理量和化学量传感器，具有十分广阔的应用前景。

二、超 声 检 测

超声学是声学的一个分支，它主要研究超声的产生方法和探测技术(包括显示)；超声在各介质中的传播规律；超声和物质的相互作用，包括在微观尺度的相互作用；以及超声的众多应用。超声是指频率高于 20kHz 的声音。一般来说，人耳是听不见频率高于 20kHz 的声音的，由于历史原因和工作特点，少数额率低于 2×10^4Hz 声波的应用，也包括在超声学的研究范围。

1. 超声检测的物理基础 振动在弹性介质内的传播称为波动，简称波。频率在 16~2×10^4Hz 之间，能为人耳所闻的机械波，称为声波；低于 16Hz 的机械波，称为次声波；高于 2×10^4Hz 的机械波，称为超声波，见图 3-35。

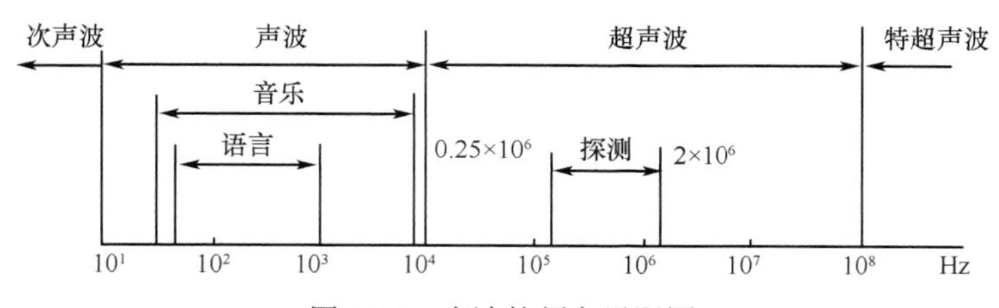

图 3-35 声波的频率界限图

当超声波由一种介质入射到另一种介质时，由于在两种介质中的传播速度不同，在异质界面上会产生反射、折射和波型转换。

(1) 波的反射和折射：由物理学知，当波在界面上产生反射时，入射角 α 的正弦与反射角 α' 的正弦之比等于波速之比。当入射波和反射波的波型相同时，波速相等，入射角 α 即等于反射角 α'，见图 3-36。当波在界面外产生折射时，入射角 α 的正弦与折射角 β 的正弦之比，等于入射波在第一介质中的波速 c_1 与折射波在第二介质中的波速 c_2 之比，即

$$\frac{\sin\alpha}{\sin\beta}=\frac{c_1}{c_2} \tag{3-68}$$

(2) 超声波的波型及其转换：当声源在介质中的施力方向与波在介质中的传播方向不同时，声波的波型也有所不同。

质点振动方向与传播方向一致的波称为纵波，它能在固体、液体和气体中传播。

质点振动方向垂直于传播方向的波称为横波，它只能在固体中传播。

质点振动介于纵波和横波之间，沿着表面传播，振幅随着深度的增加而迅速衰减的波称为表面波，它只在固体的表面传播。

超声波的波型，根据声源对介质质点的施力方向与波的传播方向之间的关系，列于表 3-3。

表 3-3 超声波的波型，施力方向与波的传播方向之间的关系

波型	传播特点	传播介质	检测中的应用
纵波	施力方向与传播方向平行	固体、液体、气体	测量、探伤
横波	施力方向与传播方向垂直	固体、高黏滞液体	测量、探伤
表面波	介质质点振动的轨迹为椭圆，长轴与传播方向垂直，短轴与之平行	固体表面	表面探伤
兰姆波	薄板两表面质点位移的轨迹为椭圆	薄板(几个波长厚)	测厚度及晶粒结构、探伤

当声波以某一角度入射到第二介质(固体)的界面上时，除有纵波的反射、折射以外，还会发生横波的反射和折射，如图 3-36 所示。在一定条件下，还能产生表面波。各种波型均符合几何光学中的反射定律，即

$$\frac{c_{\mathrm{L}}}{\sin\alpha}=\frac{c_{\mathrm{L}_1}}{\sin\alpha_1}=\frac{c_{\mathrm{S}_1}}{\sin\alpha_2}=\frac{c_{\mathrm{L}_2}}{\sin\gamma}=\frac{c_{\mathrm{S}_2}}{\sin\beta} \tag{3-69}$$

式中，α 为入射角；α_1、α_2 为纵波与横波的反射角；γ、β 为纵波与横波的折射角；c_{L}、c_{L_1}、c_{L_2} 为入射介质、反射介质与折射介质内的纵波速度；c_{S_1}、c_{S_2} 为反射介质与折射介质内的横波速度。

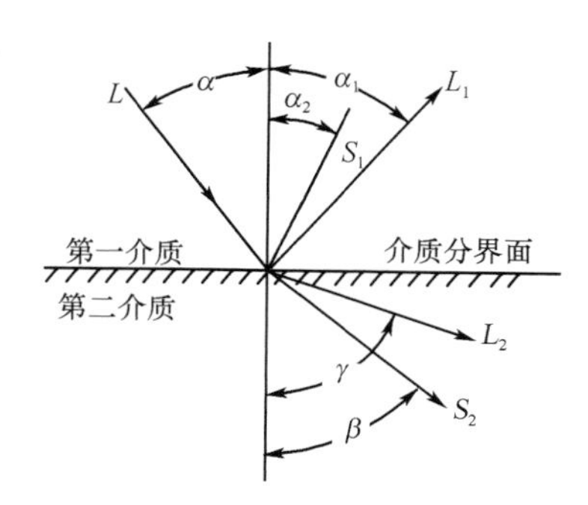

图 3-36 波型转换图

L.入射波；L_1.反射纵波；L_2.折射纵波；S_1.反射横波

波形与介质的关系见表 3-4。

表 3-4 波形与介质

波型	气体	液体	固体
纵波 $C_1(\mathrm{m\cdot s^{-1}})$	$\sqrt{\dfrac{K}{\rho}}=\sqrt{\dfrac{\gamma P_0}{\rho}}=\sqrt{\dfrac{\gamma RT}{M}}$	$\sqrt{\dfrac{K}{\rho}}=\sqrt{\dfrac{1}{\rho\beta}}$	$\sqrt{\dfrac{E}{\rho}}$ (棒) $\sqrt{\dfrac{E}{\rho(1-\sigma)}}$ (薄板) $\sqrt{\dfrac{K+4/3G}{\rho}}$ (无限介质)

续表

波型	气体	液体	固体
横波(切变波)C_S($m\cdot s^{-1}$)	0	$\sqrt{\frac{2\omega\eta}{\rho}}$ (纯黏性液体) $\sqrt{\rho\left(\frac{1}{G}+\frac{1}{j\omega\eta}\right)}$ (非纯黏性液体)	$\sqrt{\frac{G}{\rho}}$ (无限介质)
表面波 G_R($m\cdot s^{-1}$)	0	0	$\frac{0.87+1.12\sigma}{1+\sigma}\sqrt{\frac{E}{\rho}\frac{1}{2(1+\sigma)}}$

注: 表中符号的意义如下: K 为体积弹性系数 $kg\cdot m^{-2}$; E 为杨氏模量 $kg\cdot m^{-2}$; G 为剪切模量 $kg\cdot m^{-2}$; γ 为热容比; σ 为泊松比; ρ 为密度 $kg\cdot m^{-3}$; P_0 为静压力 $kg\cdot m^{-2}$; T 为绝对温度 K; R 为理想气体普适常数 $JK^{-1}mol^{-1}$; M 为气体的分子量(公斤分子); β 为绝热压缩系数 $m^{-2}\cdot kg^{-1}$; ω 为角频率 s^{-1}; η 为动力黏滞系数 Pa

(3) 声阻抗: 声阻抗是用以表示声波在介质中传播时受到的阻滞作用的参数。声速截面上单位面积上的声阻抗称为声阻抗率, 即为

$$Z_s = pv \tag{3-70}$$

式中, Z_s 为声阻抗率($kg\cdot m^2\cdot s^{-1}$); p 为声压($kg\cdot m^{-2}$); v 为介质质点的振动速度($m\cdot s^{-1}$)。

一般情况下, p 与 v 相位不同, 故 Z_s 一般为复数量。对于无衰减的平面波, Z_s 是实数, 即

$$Z_s = \rho c(kg\cdot m^{-2}\cdot s^{-1}) \tag{3-71}$$

式中, ρ 为介质密度($kg\cdot m^3$); c 为声速($m\cdot s^{-1}$)。

通常把 ρc 称为特性阻抗。不同材料的声速和特性阻抗不同。

声辐射器表面上的声阻抗称为辐射阻抗。单位面积上的辐射阻抗称为辐射阻抗率。对于平面波辐射器, 辐射特性阻抗为 ρc 的无限介质辐射平面波, 则其辐射阻抗率 $Z_R=\rho c$。通常, 辐射阻抗率 Z_R 也是复数。

声阻抗率和辐射阻抗率与介质特性有关。利用这一关系, 可用测定声阻抗率及辐射阻抗率的方法来检测某些非声学量。

(4) 声波的透射: 当声波入射到两种密度、声阻(即不同特性阻抗)的介质分界面上时。入射波和透射波在幅值和强度方面也将按一定比例分配。入射波、反射波及透射波的声压和声强在数量上的关系, 用表 3-5 所示的系数表示。当两种介质的特性阻抗相差甚远, 即当 $Z_{s1}\gg Z_{s2}$ 时, 透射系数 τ=0, 而反透射系数 ρ 趋于−1。

表 3-5　声反射、透射系数

系数	符号	定义	垂直入射时的关系
声压反射系数	ρ_p	$\frac{反射波声压}{入射波声压}$	$\frac{Z_{s2}-Z_{s1}}{Z_{s2}+Z_{s1}}$
声压透射系数	τ_p	$\frac{透射波声压}{入射波声压}$	$\frac{2Z_{s2}}{Z_{s2}+Z_{s1}}$
声强反射系数	ρ_t	$\frac{反射波声强}{入射波声强}$	$\left(\frac{Z_{s2}-Z_{s1}}{Z_{s2}+Z_{s1}}\right)^2$
声强透射系数	τ_t	$\frac{透射波声强}{入射波声强}$	$\frac{4Z_{s1}Z_{s2}}{(Z_{s2}+Z_{s1})^2}$

(5) 声波的衰减: 声波在介质中传播时, 随着传播距离的增加, 能量逐渐衰减, 其衰减的程度与声波的扩散、散射、吸收等因素有关。

在平面波的情况下，距离声源 x 处的声压 p 和声强 I 的衰减规律如下:

$$p = p_0 e^{-\alpha x} \tag{3-72}$$

$$\alpha = \frac{1}{x_2 - x_1} 20\lg \frac{p(x_1)}{p(x_2)} \tag{3-73}$$

式中，p_0 为距声源 $x=0$ 处的声压; α 为衰减系数，单位为 dB/cm。

例如水和其他低衰减材料的 α 为$(1\sim4)\times10^{-2}$dB/cm。

在自然界中超声是广泛存在的，人们所听到的声音，只是实际声音的一部分，即可听声部分，而实际声音还带有超声成分，只是人们听不到。例如，固体材料中的点阵振动，日常活动中两个金属片的相撞，管道上小孔的漏气，其中都有超声成分。自然界中，许多动物的喊叫含有超声，例如老鼠、海豚、河豚等。能发出超声的动物中，最出名的是蝙蝠。蝙蝠能迅速识别弱超声回波，具有在阴暗洞穴中飞行的奇特本领和捕捉食物的本领。

历史上研究超声的动力，不仅在于大自然中超声的普遍存在性(存在于频率下限附近，也存在于客观上限附近)，还在于对自然现象的发现和阐明；而更重要的是人们发现，超声有广泛的可用性，从而主动地大量产生和利用超声。

产生、检测和传播是声学各分支的共同内容，对超声学而言，这些共性中还有它的个性，我们先来谈谈超声的产生和检测。前面曾提到，比较起来，自然赋予的产生和检测超声的手段还是很有限的，特别是因为超声的范围很宽，以频率论，从 2×10^4Hz 或更低的频率覆盖到 10^{12}Hz。以功率论，由于应用需要，有时要求声强达到每平方米几百、几千瓦。以工作介质论，既要在气体内，也要在液体、固体内发射和接收超声，以工作环境论，有时会遇上一些比较极端的条件，如 1000 多摄氏度的高温，不到 1K 的低温，低、高压等。因此，在超声学中，产生和检测超声的工作是很复杂的。

和声学的其他分支相比，超声学至少有两个比较突出的情况，其一它更多地和固体打交道，其二它的频率高。超声学越来越多地需要分析在多种固体中的传播的声波，固体包括各向异性材料、压电材料、磁性材料、半导体、岩体、生物组织等。超声的高频率带来传播中的一些比较特殊的问题，如高衰减、多次散射等.更突出的是，对甚高频率的超声，从传播角度考虑，介质已不再能够看做是连续的，而应看做是离散的；超声本身则呈现准粒子性。

按照习惯的提法，超声在国防和国民经济中的用途可分为两大类，一类是利用它的能量来改变材料的某些状态。为此，需要产生相当大或比较大能量的超声，实际上是大功率超声或简称功率超声.超声用途的第二类是利用它来采集信息，特别是材料内部的信息。这时，超声的一个特点是，它几乎能穿透任何材料。对某些其他辐射能量不能穿透的材料，超声便显示出这方面的可用性，例如，第一次世界大战中科学家考虑用超声来侦察潜艇，便是因为熟知的光波、电磁校都不能渗透海洋，后来又兴起超声探伤、超声诊断等，也都是因为金属、人体等都是不透光介质。超声与 X 射线 γ 射线对比，其穿透本领并不优越，甚至还较差，而超声仍在临床使用，这是因为因声对人体的伤害较小，这是超声应用的另一特点。

为什么在上述两大类型应用中要使用超声，而不使用更普通的可听声?从穿透材料的本领看，高频声劣于低频声；频率越高，声波在传播中的衰减一般越大，也就是穿透材料越浅。尽管如此，有其多种原因人们选用了超声。其中一个原因是人耳听不到超声，功率超声较常使用稍高于 20kHz 的低频超声，在这样的场合，把声频降到稍低于 20kHz，本来从其他方面看差别不大，但一般仍然采用超声，目的便是为了避免吵闹人耳。

另一方面，因为很多功率超声装置采用谐振设计，而低频可听声的波长大，相应地装置要加长，以 1kHz 的可听声和 20 kHz 的可听声两种情况相对比，可能要长 20 倍。

在第二类型的超声应用中，频率高波长小则同样大小声源所产生的超声，其方向性强。强方向性对于采集信息是重要的，便于判断所得信息的方位。波长小，声波遇到挡声或部分挡声的异物时会发生散射，包括衍射。散射效应随波长的增大而减弱，从而可听推论障碍物的存在。如果提高声波的频率，使声波的波长对障碍物的尺寸是可比的或更小，那便可能获得微小异物的声学像，这就是我们要采集的信息。在光学里，分辨两点光源的可辨宽度，按照牛顿判据，是和两点之间的距离对波长之比成正比的。在声学里，有同样的规律。

2. 超声波探头 超声波探头是实现声、电转换的装置，又称超声换能器或传感器。这种装置能发射超声波和接收超声回波，并转换成相应的电信号。

超声波探头按其作用原理可分为压电式、磁致伸缩式、电磁式等数种，其中以压电式为最常用。图 3-34 为压电式探头结构图，其核心部分为压电晶片，利用压电效应实现声、电转换。

超声波在传播过程中，其波束是以某一扩散角从声源辐射出去的，如图 3-38 所示的半扩散角 θ 越小，其指向特性越好，它与声源的直径 D、波长 λ 有关，即

$$\theta = \sin^{-1}\left(1.22\lambda / D\right) \tag{3-74}$$

由式(3-74)可见，在声源直径一定时，频率越高(波长越短)，指向持性越好。超声波能定向传播，是其应用于检测的基础。图 3-38 中在 L_D 区内有若干副瓣波束，它会对主芯波束形成干扰，一般希望它越小越好。

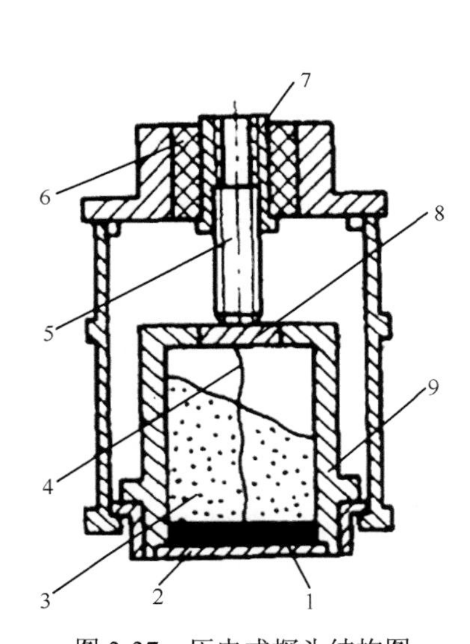

图 3-37 压电式探头结构图

1.压电片；2.保护膜；3.吸收块；4.接线；5.导线螺杆；6.绝缘柱；7.接触座；8.接线片；9.压电片座

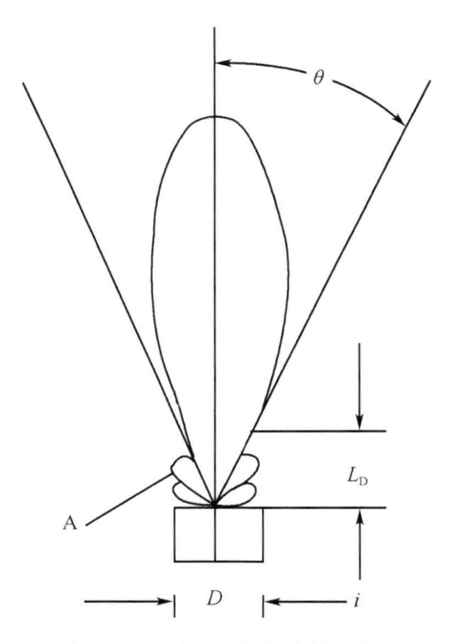

图 3-38 超声波束的指向性

铁磁物质在交变的磁场中，在沿着磁场方向产生伸缩的现象，称为磁致伸缩。磁致伸缩效应的大小，即伸长缩短的程度，不同的铁磁物质情况不同。镍的磁致伸缩效应最大，它在一切磁场中都是缩短的。磁致伸缩换能器是把铁磁材料置于交变磁场中，使它产生机械尺寸的交替变化，即机械振动，从而产生出超声波。磁致伸缩换能器是用厚度为 0.1~0.4mm 的镍片叠加而成的，片间绝缘以减少涡流电流损失，如图 3-39 所示。

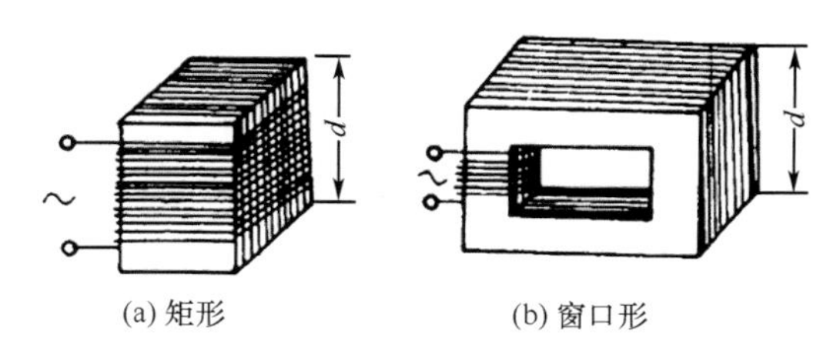

(a) 矩形　　(b) 窗口形

图 3-39　磁致伸缩换能器

3. 超声波检测技术的应用

(1) 超声波测厚度: 超声波检测厚度的方法有共振法、干涉法、脉冲回波法等。图 3-40 所示为脉冲回波法检测厚度的工作原理。

超声波探头与被测物体表面接触。主控制器控制发射电路, 使探头发出的超声波到达被测物体底面反射回来, 该脉冲信号又被探头接收, 经放大器放大加到示波器垂直偏转板标记发生器输出时间标记脉冲信号, 同时加到该垂直偏转板上。而扫描电压则加在水平偏转板上。因此, 在示波器上可直接读出发射与接收超声波之间的时间间隔 t。被测物体的厚度 h 为

$$h = ct/2 \tag{3-75}$$

式中, c 为超声波的传播速度。

超声测厚使用的声波类型主要是纵波, 大多数超声测试仪为脉冲回波式。目前工业上尚需解决的特殊问题主要有: 薄试件、非均匀材料及高温材料的测厚。薄试件的超声测厚以往多采用共振方法。图 3-40 所示系统也用来发现共振频率。随着现代高速电子器件的发展, 只需将超声信号送入微机, 就可以在微机上实现共振谱分析, 各种现代谱分析技术为高精度测厚提供了有效的手段。实验证明, 谱估计的 AR 模型方法非常适合超声共振法测薄试件的厚度, 得到的精度达微米数量级。

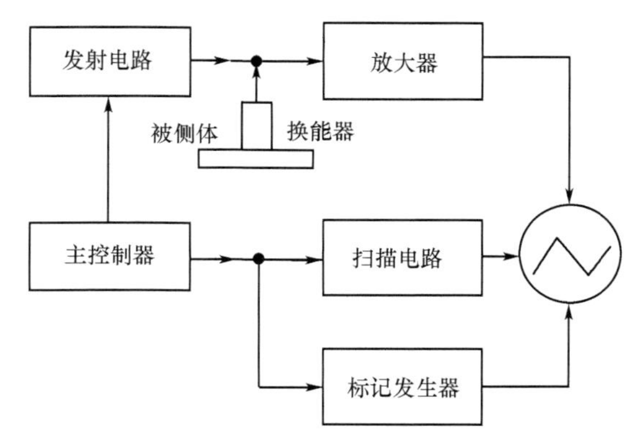

图 3-40　超声波测厚工作原理图

非均匀材料声衰减大, 散射剧烈, 使得常规超声测厚方法无法实现。现在人们从两方面入手, 以期圆满解决此问题。一是制作聚焦的高能量超声波发射换能器, 增强声波的穿透能力; 二是用相关及分离谱技术突出反映厚度特征的超声信号。采取这些措施后已使超声技术扩展到复合材料、混凝土材料及陶瓷材料的测厚领域。最新发展起来的非接触激光超声技术省去了检测高温材料时的声耦合问题。这种方法的优点是可对任意高温度的试件测厚, 且测厚的动态范围优于常规超声方法。

图 3-41 为非接触式超声测厚系统。脉冲激光器的激光脉冲瞬时在被测对象的局部被照射

区域中引起高温和强电磁场，产生应力脉冲，从而产生超声波传播。在被测对象表面的超声振动带动了周围空气介质的振动，这个振动被空气耦合超声传感器接收。空气耦合超声传感器是在压电陶瓷上贴附了一层或多层满足过渡声阻抗要求的薄膜。这些薄膜提高了能量耦合效率。

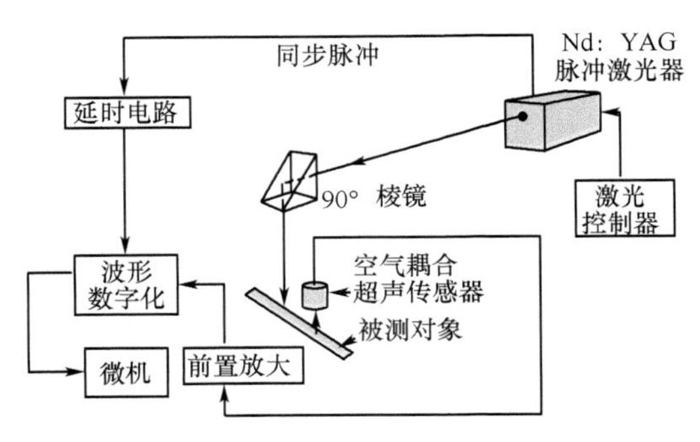

图 3-41 非接触式超声测厚系统

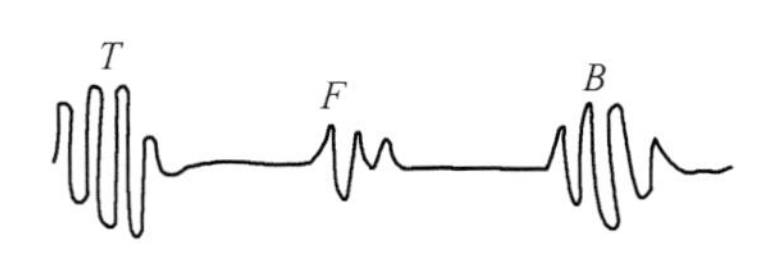

图 3-42 超声回波电压信号波形
T.换能器接触面反射波; *F*.内部缺陷反射波; *B*.被测物地面反射波

(2) 超声波无损检测：为了探测物体内部的结构与缺陷，人们发明了 A 型、B 型、C 型等超声仪。图 3-42 为压电换能器接收到的超声回波电压信号波形。

A 型超声仪主要利用超声波的反射特性，在荧光屏上以纵坐标代表反射回波的幅度，以横坐标代表反射回波的传播时间，如图 3-43(b)。根据缺陷反射波的幅度和时间，确定缺陷的大小和存在的位置。B 型超声仪以反射回波作为辉度调节信号，用亮点显示接收信号，在荧光屏上，纵坐标代表声波的传播时间，如图 3-43 (c)，横坐标代表探头水平位置，反映缺陷的水平延伸情况，整个显示的是声束所扫剖面的介质特性。C 型超声仪，声束被聚焦到材料内部一定深度，通过电路延时控制，接收来自这个深度的介质的反射信号。反射的强弱用辉度来反映，换能器作二维扫描，就可得同一深度处介质的一个剖面图，如图 3-43 (d)。当被检材料中出现不均匀现象时，出现声阻的变化，声波在声阻抗变化的地方发生反射和折射，这些反射、折射的强弱反映了材料的结构、分布或状态。目前所使用的探头材料绝大多数为压电陶瓷。

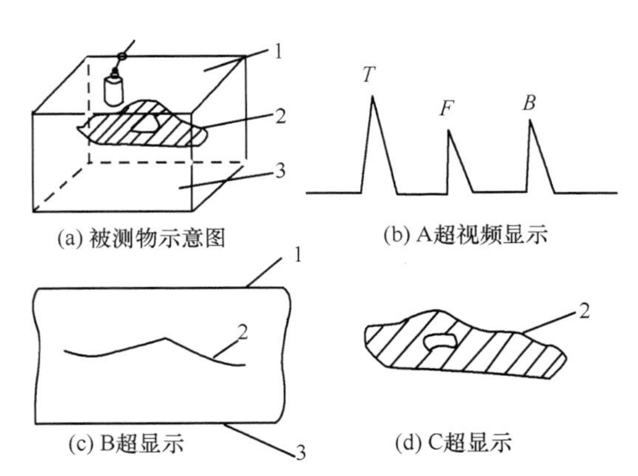

图 3-43 三种出超声测试仪的图形显示
1.被测物上表面(top); 2.被测物底面(bottom); 3.内部缺陷(flaw)

思 考 题

1. 有一石英压电晶体，其面积 S=3cm^2，厚度 t=0.3mm。在零度，x 切型纵向压电系数 d_{11}=2.31×10^{-12}C/N。求受到压力 p=10MPa 作用时产生的电荷 q 及输出电压 U_o。(石英相对介电常数 ε_r=4.5)

2. YDL-1 型压电式力传感器，压电元件采用石英晶体，原理是依据纵向压电效应。主要技术指标为：量程测拉力为 46kgf; 测压力为 5000N，非线线性误差<1%F.S，电荷灵敏度为 2.5PC/N。如果被测压力为 2000N，传感器产生的电荷量是多少?如果压电元件改为锆钛酸铝压电陶瓷，若此材料的纵向压电系数 KPZ-7＝460PC/N。问产生的电荷量将是石英晶体的多少倍？

3. 分析压电加速度计的频率响应特性。若压电前置放大器总输入电容 C=1000pf，输入电阻 R=500MΩ，传感器机械系统固有频率 f_0=30kHz，相对阻尼系数 0.5。求幅值误差小于 2%，5%时的使用频率范围。

4. 沿厚度方向做剪切振动的石英压电谐振器的振动频率与温度相关，试了解压电式温度传感器原理，设计检测电路。

5. 压电元件在串联和并联使用时各有什么特点？为什么？

6. 在测力或加速度传感器中往往存在“横向效应”问题，即非检测方向的力或加速度会影响传感器的输出信号，试比较电阻应变片和压电传感器在这方面所存在的问题，以及解决途径。

7. 测量大型机械和建筑振动，分析其频谱特征，可以判断其状态和故障隐患。试考虑检测振动的传感器(不局限于压电式)，并画出振动分析仪的组成框图。

8. 试用集成电路模拟乘法器进行差频检测电路设计。

第四章　电容式传感器

电容式传感器(capacitance sensors)是利用电容器原理，将被测非电量转化为电容量ΔC的变化。这类传感器具有动态范围大、动态响应较快、精度高、结构简单和适应性强以及使用寿命长等优点。因此，它被广泛应用于湿度、振动、转速、压力、液位、位移、成分含量及流量等各种检测中。

20 世纪 70 年代末，伴随集成电路技术发展，出现了与微型测量仪表封装在一起的电容式传感器。这种新型的传感器能使分布电容的影响大为减小，使其固有的缺点得到克服。电容式传感器是一种用途极广，很有发展潜力的传感器。在生物医学领域，它也日益受到医疗设备研究人员的青睐和重视，得到了日益广泛的应用。

本章将主要阐述电容式传感器的工作原理、结构、特点及其测量电路，并以电容式压力传感器、电容式位移传感器和直流极化型电容传感器为例介绍其在人体信息检测、生物医学工程中的应用。

第一节　基本工作原理、结构及特点

中间由绝缘介质分开的两个平行金属板组成的平板电容器(图 4-1)，若不考虑边缘效应，其电容量为

$$C=\frac{\varepsilon S}{d}=\frac{\varepsilon_0\varepsilon_r S}{d} \tag{4-1}$$

式中，C 为电容量(PF)；ε 为电容极板间介质的介电常数，$\varepsilon=\varepsilon_0\varepsilon_r$，其中 ε_0 为真空介电常数，$1/3.6\pi(\mathrm{PF/\ cm^2})$，$\varepsilon_r$ 为极板间介质的相对介电常数，空气介质 $\varepsilon\approx1$；S 为两平行板所覆盖的面积($\mathrm{cm^2}$)；d 为两平行板之间的距离(cm)。

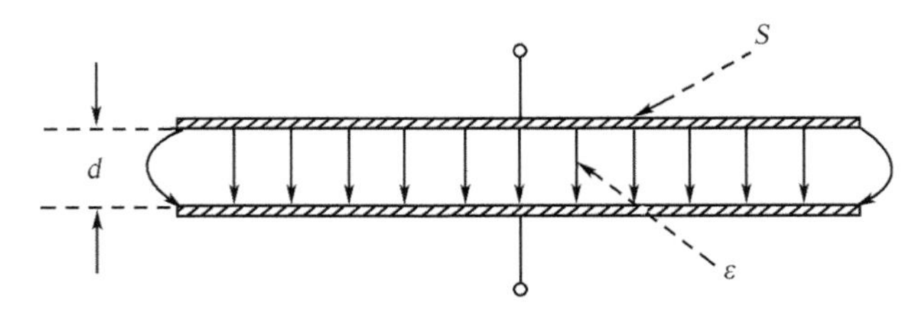

图 4-1　简单的电容

当被测参数变化使得式(4-1)中的 S、d 或 ε 发生变化时，电容量 C 也随之变化。如果保持其中两个参数不变，而仅改变其中一个参数，并且使该参数与被测量之间存在某种一一对应的函数关系，就可把该参数的变化转换为电容量的变化，通过测量电路就可转换为电压、电流、频率等电信号输出，这就是电容式传感器的基本原理。根据这个原理，电容式传感器可分为变间距型、变面积型和变介电常数型。图 4-2 为常用几种电容器的结构形式。

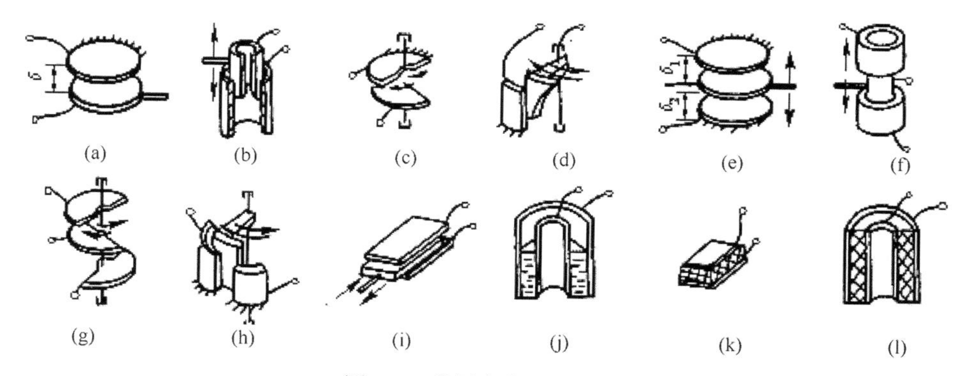

图 4-2　常用电容器的结构形式

(b)、(c)、(d)、(f)、(g)和(h)为变面积型; (a)和(e)为变极距型; (i)~(l)则为变介电常数型

一、变间距型电容传感器

如图 4-3 所示，设下极板 A 为固定极板，上极板 B 为可动极板，B 与被测物体相连，可上下移动。两极板间的介电常数和相互遮盖面积 S 不变，初始间距为 d，忽略边缘效应的条件下，初始电容为:

$$C_0=\frac{\varepsilon_0\varepsilon_r S}{d} \tag{4-2}$$

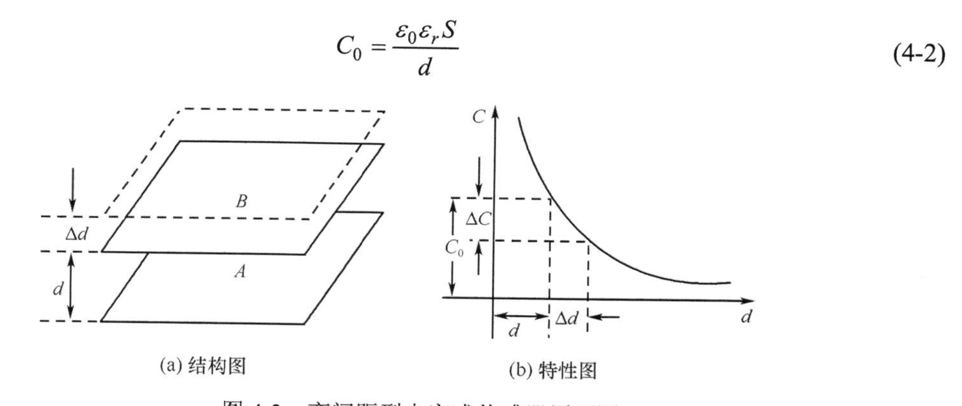

图 4-3　变间距型电容式传感器原理图

若电容器极板间距离由初始值 d 缩小了 Δd，电容量增大了 ΔC，则有:

$$C=C_0+\Delta C=\frac{\varepsilon_0\varepsilon_r S}{d-\Delta d}=\frac{C_0}{1-\dfrac{\Delta d}{d}} \tag{4-3}$$

$$\Delta C=C-C_0=\frac{\Delta d}{d-\Delta d}C_0=\frac{\Delta d}{d}\left(1-\frac{\Delta d}{d}\right)^{-1}C_0 \tag{4-4}$$

电容相对变化量为:

$$\frac{\Delta C}{C_0}=\frac{\Delta d/d}{(1-\Delta d/d)} \tag{4-5}$$

由(4-3)可见，变极距型电容器的输出特性 $C=f(d)$是非线性的，为双曲线函数关系，如图 4-3(b)所示。为了提高传感器的线性，在设计此类传感器时，常设定 $\Delta d/d\ll 1$，在此条件下，式(4-5)可用级数展开成

$$\frac{\Delta C}{C_0}=\frac{\Delta d}{d}\left[1+\frac{\Delta d}{d}+\left(\frac{\Delta d}{d}\right)^2+\left(\frac{\Delta d}{d}\right)^3+\cdots\right] \tag{4-6}$$

常设定 $\Delta d/d \ll 1$，取 0.02~0.1，因此，可略去高次项，得到

$$\frac{\Delta C}{C_0}\approx\frac{\Delta d}{d} \tag{4-7}$$

其特性曲线如图 4-4 中 1 所示。如果考虑式(4-2)中的二次项，则有

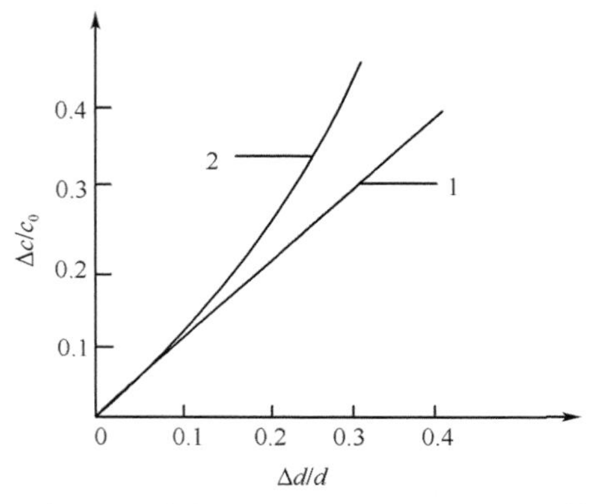

图 4-4　变极距型电容传感器的非线性特性

$$\frac{\Delta C}{C_0}=\frac{\Delta d}{d}\left(1+\frac{\Delta d}{d}\right) \tag{4-8}$$

其特性曲线如图 4-4 中 2 所示。

灵敏度：

$$k=\frac{\Delta C}{\Delta d}=\frac{C_0}{d}=\frac{\varepsilon_0\varepsilon_r S}{d^2} \tag{4-9}$$

考虑二次项，其相对非线性误差为：

$$\delta=\left[\frac{\Delta d}{d}\right]^2\bigg/\left[\frac{\Delta d}{d}\right]=\left|\frac{\Delta d}{d}\right|\times 100\% \tag{4-10}$$

由上式可以看出：要提高灵敏度，应减小起始间 d，但非线性误差却随着 d 的减小而增大，而且受电容器击穿电压的限制，增加装配工作的困难。综上所述，第一，变极距型电容传感器的非线性与极距 d 成反比，只有在 $\Delta d/d$ 非常小时，才有近似的线性输出，因此，这种传感器适用于微米(μm)级的位移测量中。第二，式(4-9) 指出：传感器的灵敏度 S 与初始极距 d 的平方成反比，故可采用减小 d 的办法来提高灵敏度，但又影响了线性。为此在设计此类传感器时应采用折中的办法来解决。第三，为了克服非线性和提高灵敏度之间的矛盾，在实际应用中大都可采用图 4-5 所示的差动式结构。变极距型差动电容传感器的结构是：动极板置于两定极板之间，初始位置 $d_1=d_2=d$，两初始电容相等。当动极板向下移动 Δd 时，两边极距变化为：

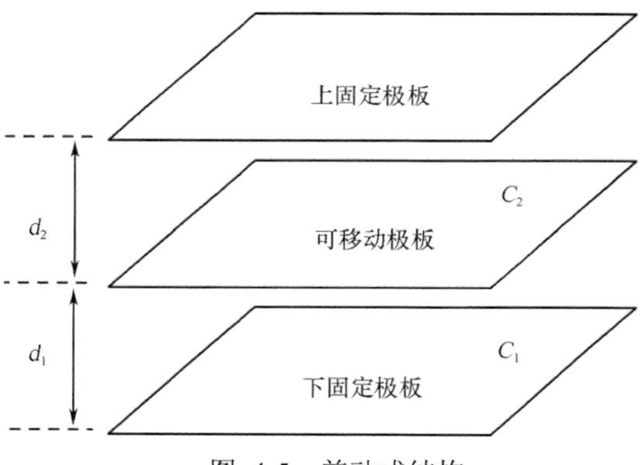

图 4-5　差动式结构

$$d_1=d-\Delta d,\ d_2=d+\Delta d$$

$$C_1=C_0+\Delta C,\ C_2=C_0-\Delta C$$

根据式(4-3)有：

$$C_2=C_0-\Delta C=\frac{C_0}{1+\Delta d/d}$$

$$C_1=C_0+\Delta C=\frac{C_0}{1-\Delta d/d}$$

通常 $\Delta d/d \ll 1$　上两式可用级数展开成

$$C_1 = C_0\left[1+\frac{\Delta d}{d}+\left(\frac{\Delta d}{d}\right)^2+\left(\frac{\Delta d}{d}\right)^3+\cdots\right]$$

$$C_2 = C_0\left[1-\frac{\Delta d}{d}+\left(\frac{\Delta d}{d}\right)^2-\left(\frac{\Delta d}{d}\right)^3+\cdots\right]$$

C_1、C_2通过引出导线接入测量电路实现差动电容测量，则电容总的变化量为

$$\Delta C = C_1 - C_2 = C_0\left[2\frac{\Delta d}{d}+2\left(\frac{\Delta d}{d}\right)^3+\cdots\right] = 2C_0\frac{\Delta d}{d}\left[1+\left(\frac{\Delta d}{d}\right)^2+\left(\frac{\Delta d}{d}\right)^4+\cdots\right] \tag{4-11}$$

略去高次项，则

$$\Delta C = 2C_0\frac{\Delta d}{d} \tag{4-12}$$

传感器的灵敏度为:

$$k = \frac{\Delta C}{\Delta d} = \frac{2C_0}{d} \tag{4-13}$$

若考虑式(4-11)中级数展开中的二次项时，其相对非线性误差为:

$$\delta = \frac{\left|\left(\frac{\Delta d}{d}\right)^3\right|}{\left|\frac{\Delta d}{d}\right|} = \left(\frac{\Delta d}{d}\right)^2 \times 100\% \tag{4-14}$$

所以，差动式结构比单极式结构的电容传感器灵敏度提高了一倍 ，非线性大大减小。采用差动式结构，由于结构上的对称性，还可以减小静电引力给测量带来的影响，并有效地改善由于温度等环境影响所造成的误差。

二、变面积型电容传感器

图 4-6 是变面积型电容传感器原理结构示意图。被测量通过动极板移动引起两极板有效覆盖面积 S 的改变，从而得到电容量的变化。

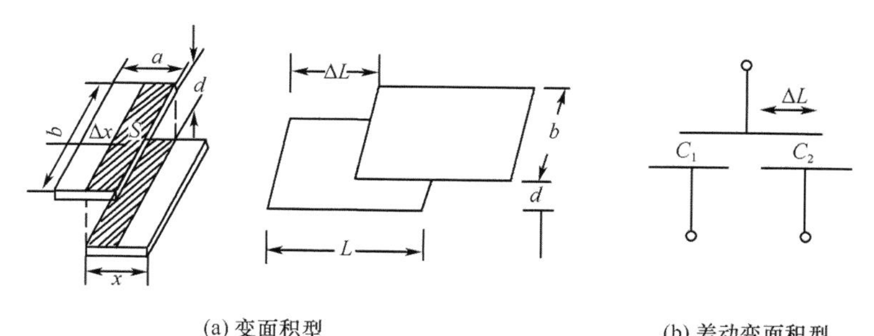

(a) 变面积型　　　(b) 差动变面积型

图 4-6　变面积型电容传感器原理结构示意图

设两极板间覆盖面积 $S=L\times b$，当设定传感器的两极板间距 d 和介电常数 $\varepsilon(\varepsilon=\varepsilon_0\varepsilon_r)$为常数时，电容为式:

$$C_0 = \frac{\varepsilon S}{d} = \frac{\varepsilon_0\varepsilon_r Lb}{d} \tag{4-15}$$

如若电容传感器的上极板可动，下极板固定，当上极板左右移动时，两极板间有效覆盖面积 S 将发生变化，则相应的电容值亦发生变化。现设定动极板相对定极板沿长度方向平移 ΔL 时，则对应的电容为：

$$C=\frac{\varepsilon_0\varepsilon_{\mathrm{r}}(L-\Delta L)b}{d} \tag{4-16}$$

电容的变化量为：

$$\Delta C=C-C_0=\frac{\varepsilon_0\varepsilon_{\mathrm{r}}\cdot\Delta L\cdot b}{d} \tag{4-17}$$

电容相对变化量为：

$$\Delta C/C_0=\Delta L/L \tag{4-18}$$

很明显，电容量变化量 ΔC 与水平位移 ΔL 呈线性关系。那么传感器的输出特性为线性。面积型电容传感器适用于测量直线位移和角位移。反映传感器质量好坏的一个重要指标为灵敏度 k 变面积型电容传感器的灵敏度：

$$k=\frac{\Delta C}{\Delta L}=\frac{\varepsilon_0\varepsilon_{\mathrm{r}}b}{d} \tag{4-19}$$

由式(4-19)看出，提高灵敏度的办法是减小极距 d。但需要注意的是：可动极板移动距离 ΔL 不能太大，否则边缘效应增加，产生非线性，影响测试精度。为了提高灵敏度和克服极板的边缘效应，改善非线性，可采用如图 4-6(b)所示的差动式变面积型传感器。该传感器有 3 个电极：上面为可动电极，也是公共电极，两个固定电极分别形成电容 C_1 和 C_2。当可动电极向右(或向左)移动时，电容 C_1 减小(或增加)，而电容 C_2 增加(或减小)，差动输出，非线性得到改善，故变面积型差动传感器可获得较大直线位移或角位移测量。设计这种传感器时必须保持可动极板初始位置与两个固定极板构成的电容 C_1 和 C_2 为相同值。在医学仪器中，为了记录生物医用信息，可采用这种变面积型电容传感器作为位置反馈元件，使记录仪器的精度、线性度等性能得到改善

三、变介质型电容式传感器

变介电常数型电容传感器是通过改变介电常数 ε_γ 实现测量的。当电容极板间的介电常数变化时，则其电容量必然也随之改变，这就是变介质型电容传感器的原理。表 4-1 给出了几种常见介质的介电常数。电容式湿度计就是利用高分子聚合膜材料作为电容极间介质，由于高分子材料的介电常数随相对湿度变化，因此，传感器电容值也随相对湿度变化，所以可应用变介电常数型传感器来测量湿度。湿度测量常用于空气调节系统和呼吸系统，还可用来检测容器中液面高度和片状材料的厚度。表 4-1 给出了几种常见介质的介电常数。

表 4-1　常见介质的介电常数

物质名称	相对介电常数 ε_γ	物质名称	相对介电常数 ε_γ
水	80	瓷器	5~7
丙三醇	47	米及谷类	3~5
甲醇	37	纤维素	3.9
乙二醇	35~40	砂	3~5
乙醇	8	纸	2
白云石	8	纸	2
盐	6	液态二氧化碳	1.59

续表

物质名称	相对介电常数 ε_γ	物质名称	相对介电常数 ε_γ
醋酸纤维素	3.7~7.5	液态空气	1.5
玻璃	3.7	空气及其他气体	1~1.2
硫磺	3.4	真空	1
沥青	2.7	云母	6~8
松节油	3.2	苯	2.3
聚四氟乙烯塑料	1.8~2.2	液氮	2

如图 4-7(a)，设平行板面积为 $S = L\times b$，在忽略边缘效应的条件下，当电容器内无外加电介质时，电容器的电容为

$$C_0 = \frac{\varepsilon_0 S}{d} = \frac{\varepsilon_0 Lb}{d_0 + d_1} \tag{4-20}$$

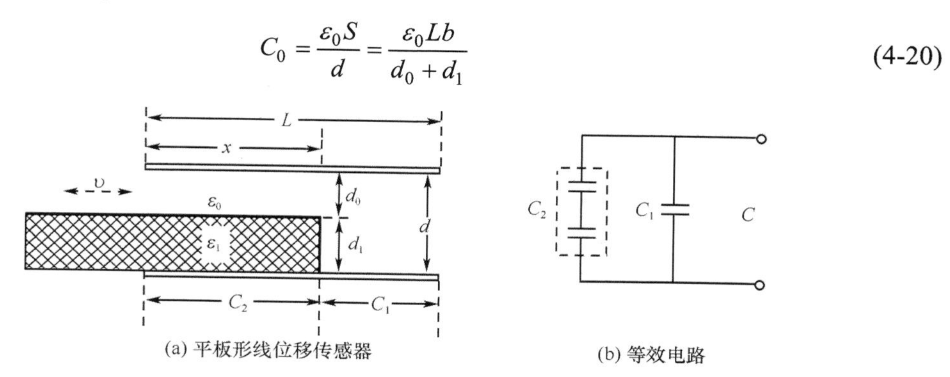

图 4-7　变介电常数型电容式传感器结构原理

插入介电常数为 ε_1 的电介质后，电容器的等效电路如图 4-7(b)所示，电容变为

$$C = C_1 + C_2 = \frac{\varepsilon_0 (L-x) b}{d_0 + d_1} + \frac{xb}{\dfrac{d_0}{\varepsilon_0} + \dfrac{d_1}{\varepsilon_1}} \tag{4-21}$$

整理式(4-21)，并将式(4-20)代入得

$$C = C_0 + \frac{(\varepsilon_1 - \varepsilon_0) d_1 C_0}{(\varepsilon_1 d_0 + \varepsilon_0 d_1) L} x \tag{4-22}$$

可见，电容 C 与介电常数为 ε_1 的电介质的位移 x 呈线性关系。

图 4-8 是一种电容液面计的原理图，它由两个同轴圆筒状电极板构成的电容器，容器中 ε_1 为被测介质的介电常数，液面上面的气体的介电常数为 ε_0。显然，当容器中液面高度发生变化时，电容量 C 就随之变化，总的电容 C 等于液体介质的电容 C_1 和气体介质的电容 C_2 之和。

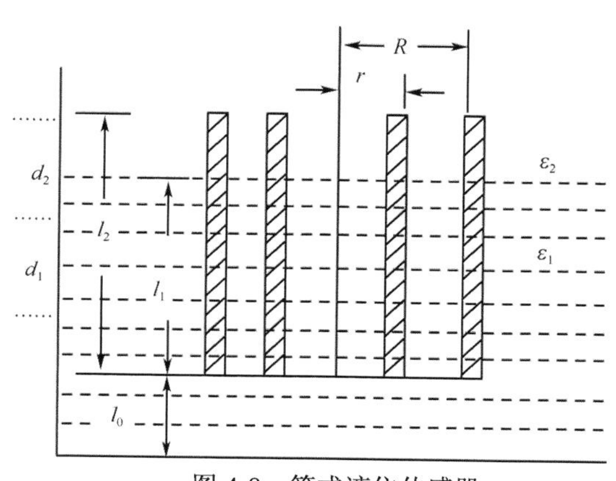

图 4-8　筒式液位传感器

根据圆柱形电容器的电容量公式，得

$$C_1 = \frac{2\pi l_1 \varepsilon_1}{\ln(R/r)}；\quad C_2 = \frac{2\pi \varepsilon_2 (l_2 - l_1)}{\ln(R/r)}$$

总电容量 C 为电容 C_1 与 C_2 的并联结果：

$$C = C_1 + C_2 = \frac{2\pi l_1 \varepsilon_1}{\ln(R/r)} + \frac{2\pi\varepsilon_2 (l_2 - l_1)}{\ln(R/r)} = \left[\frac{2\pi\varepsilon_2 l_2}{\ln(R/r)} + \frac{2\pi l_0 \varepsilon_2 - \varepsilon_1}{\ln(R/r)}\right] - \frac{2\pi l(\varepsilon_2 - \varepsilon_1)}{\ln(R/r)} = K + Bl \quad (4\text{-}23)$$

式中, K、B 为常数。

由此可见，传感器电容量 C 与液面高度 h 呈线性关系。用此类传感器可以测量出液面高度，或将两个电极中的一个与被测体相连，另一个电极固定，用其测量位移。

第二节　电容传感器的测量电路

电容传感器所产生的电容量一般很微小，只有几 PF 到几十 PF。由于微小的电容量不便于直接传输、记录和显示，所以必须借助于某些检测电路，检测出这一微小电容变化量，并将其转换成电压、电流或频率，以便进行显示记录，或经 A/D 转换后送入计算机进行非线性补偿和数据处理。

一、交流电桥

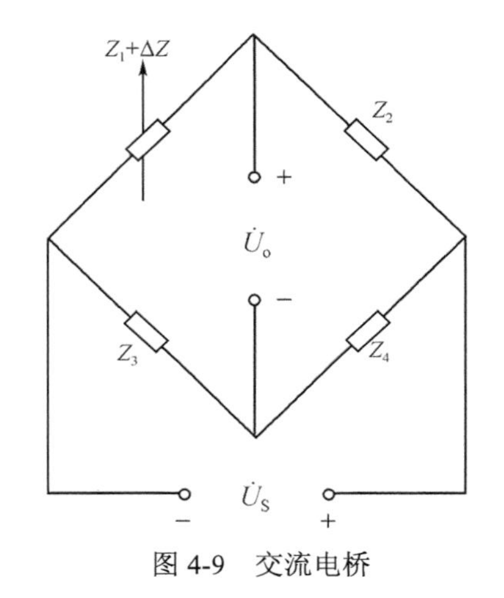

图 4-9　交流电桥

交流电桥(alternating current bridge)是电容传感器最基本的一种测量电路，如图 4-9 所示。设电桥初始条件为平衡状态，且输出端开路，则有：当 $Z_1Z_4=Z_2Z_3$ 时，输出电压 $U_o=0$。其中, Z_1 为变极距型电容传感器阻抗，其他三臂 Z_2、Z_3、Z_4 为固定阻抗，$\dot{U}_o$ 为电桥输出电压，$\dot{U}_s$ 为电源电压(设电源内阻抗为零)，电压的参考方向如图所示。下面讨论该交流电桥的参数选择、输出特性及电桥电压的灵敏度等。

被测量的变化会引起电容传感器阻抗 Z_1 产生 ΔZ 的变化，此时桥路失去平衡，根据分压原理，其输出电压为：

$$\dot{U}_o = \left(\frac{Z_1 + \Delta Z}{Z_1 + \Delta Z + Z_2} \cdot \frac{Z_3}{Z_3 + Z_4}\right)\dot{U}_s \quad (4\text{-}24)$$

设桥臂比 $Z_1/Z_2=n$，考虑电桥平衡条件 $Z_1/Z_2 = Z_3/Z_4$，并考虑因素 $\Delta Z \ll Z_1$，则整理式(4-24)可得

$$\dot{U}_o = \frac{(\Delta Z/Z_1)(Z_1/Z_2)}{(1+Z_1/Z_2)(1+Z_3/Z_4)}\dot{U}_s = \frac{\beta n}{(1+n)^2}\dot{U}_s = \beta K \dot{U}_s \quad (4\text{-}25)$$

式中, $\beta=\Delta Z/Z_1$ 为传感器阻抗相对变化值; $n=Z_1/Z_2=Z_3/Z_4$ 为桥臂比; $K = \dfrac{Z_1/Z_2}{(1+Z_1/Z_2)^2} = \dfrac{n}{(1+n)^2}$ 为桥臂系数。

由(4-25)式，我们可知，通过研究 β、n、K 三个参数就可定性地分析出该测试电路的性能及桥臂参数的确定。下面我们分别对上述三个参数进行讨论。

(1) 传感器阻抗相对变化量 β:

$$\beta = \Delta Z/Z_1 = \frac{j\omega\Delta C/(j\omega c_1)^2}{1/j\omega c_1} = \frac{\Delta C}{C_1} \approx \frac{\Delta d}{d_1} \quad (4\text{-}26)$$

由式(4-26)可知，β 与 ΔC 变化呈线性关系，同时 β 与输出电压 $\dot{U}_o$ 也呈线性关系。因此当 β 为一定值时，$\dot{U}_o$ 正比于电源电压 $\dot{U}_s$ 和桥臂系数 K。因此当 $\dot{U}_s$ 也为定值的条件下，设法提高桥臂系数 K 可使输出电压 $\dot{U}_o$ 增大。

(2) 桥臂比 n:

$$n = Z_1 / Z_2 = |Z_1| e^{j\phi_1} / |Z_2| e^{j\phi_2} = \alpha e^{j\theta} \tag{4-27}$$

式中，$\alpha = |Z_1|/|Z_2|$，$\theta = \phi_1 - \phi_2$。

由式(4-27)可知，n 为与信号频率相关的复数函数，而桥臂系数 K 又是桥臂比 n 的函数，因此，应通过 K 与 n 的关系来研究交流电桥桥臂参数的选择和性能指标。

(3) 桥臂系数 K:

$$K = \frac{n}{(1+n)^2} = |K| e^{j\phi} = f(\alpha, \theta) \tag{4-28}$$

显然，K 为一复数，将 $n = \alpha e^{j\theta}$ 代入式(4-28)，经整理后桥臂系数 K 的模 $|K|$ 和相角 ϕ 均是 a、θ 的函数，分别为:

$$|K| = \frac{\alpha}{1 + 2\alpha\cos\theta + \alpha^2} = f_1(\alpha, \theta) \tag{4-29}$$

$$\phi = tg^{-1} \frac{(1-\alpha^2)\sin\theta}{2a + (1+\alpha)^2 \cos\theta} = f_2(\alpha, \theta) \tag{4-30}$$

当选 θ 为参变量时，桥臂系数 K 的模和相角与桥臂比 n 的模 α 的关系曲线如图 4-10 所示。在图 4-10(a)中，因每条 $|K| = f(\alpha, \theta)$ 曲线对坐标点 1 对称，则有 $f(\alpha)=f(1/\alpha)$，所以图中只需绘出 $a>1$ 的情况，由图 4-10(a)所示曲线可得出如下结论:

1) 当 $\theta=0°$ 时，$K_m=0.25$，输出电压 $\dot{U}_o$ 与电源 $\dot{U}_s$，同相位；当 $\alpha=1$ 时，$|K|$ 为最大值 K_m，而 K_m 又随 θ 而变化。

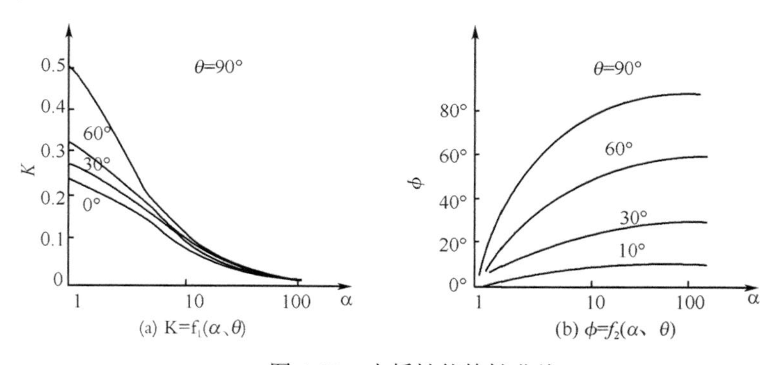

图 4-10 电桥性能特性曲线

$\theta = \pm 90°$ 时，$K_m = 0.5$，输出电压 $\dot{U}_o$ 相对 $\dot{U}_s$ 发生 90° 相移；$\theta = \pm 180°$ 时，$K_m \to \infty$，电桥此时发生谐振，输出电压 $\dot{U}_o$ 趋向无限大。电桥谐振的条件为桥臂元件是纯电感(电感元件)和纯电容(电容元件)，但实际的电感器件和电容器件不可能做成理想的电感和电容元件，因此 K_m 也不可能达到无限大。上述讨论给我们在设计电桥、选择桥臂元件和参数值及桥臂的连接方式上提供了依据。当满足两桥臂初始阻抗模相等($|Z_1| = |Z_2|$)，且桥路电源电压 $\dot{U}_s$ 和传感元件阻抗相

对变化量 β 一定时，使两桥臂阻抗角差 θ 尽量增大，可提高电桥的灵敏度。

2) 图 4-10(b)给出了对于不同 θ 值时，$\phi=f_2(\alpha,\theta)$的关系曲线，由此曲线可知：

当 $\alpha=1$ 时，θ 无论为任何值，ϕ 始终为零，则输出与电源同相位；当 $\alpha\to\infty$时，$\phi=\phi_m$(最大值)，并且 $\phi_m=\theta$；当 $\theta=0$ 时，则 $\phi=0$。这说明当桥臂 Z_1、Z_2 为相同性质元件时，无论 α 为何值，输出 $\dot{U}_s$ 与电源 $\dot{U}_s$ 为同相位。但一般情况下，电桥输出电压 $\dot{U}_o$ 相对电源电压 $\dot{U}_s$ 存在着一定的相位移。

通过以上分析，我们可以确定图 4-11 所示的几种常用的交流电桥的电压灵敏度，粗略地估计出各种电桥输出电压的大小。例如对于图 4-11(a)、(b)有：

令 $\alpha=1$，$\theta=0$ 时，根据图 4-10(a)所示曲线可知，此时桥臂系数 $|K|=0.25$，$\phi=0$。因此输出电压

$$\dot{U}_o = 0.25\beta\dot{U}_s \tag{4-31}$$

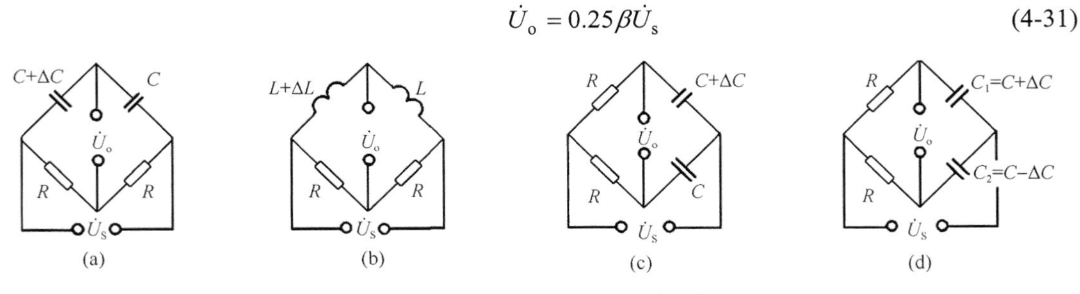

图 4-11　常用交流电桥的形式

而对于图 4-11(c)所示电桥，当 $R=\left|\dfrac{1}{\omega c}\right|$ 时，则 $\alpha=1$，$\theta=90°$ 时，由图 4-10(a, b)所示曲线可得此时电桥的桥臂系数 $|K|=0.5$，$\phi=0$，故输出电压为

$$\dot{U}_o = \frac{1}{2}\beta\dot{U}_s \tag{4-32}$$

显然，图 4-11(c)所示电桥比图 4-11(a)、(b)所示电桥电压灵敏度提高了一倍，比较图 4-11(c)和(a)，使用元件一样，只是连接法不同，使得桥臂比 n 的相角 θ 由零变为 90°，从而使电路灵敏度提高了一倍。如果采用图 4-11(d)所示电桥，因为采用了差动式电容传感器，故输出电压又比图 4-11(c)提高了一倍，输出电压为

$$\dot{U}_o = \beta\dot{U}_s \tag{4-33}$$

需要注意的是，上述电桥电路的分析是在输出端开路的情况下进行的，而实际上由于负载阻抗的存在会使输出电压偏小，同时，电桥的输出是交流信号，我们分析只是在设定的参考方向(或参考极性)下进行的，所以不能判断传感器输入信号的极性。因此，最后要得到反映输入信号极性的输出信号，则电桥输出信号需经过交流放大器后再采用相敏检波电路和低通滤波器处理。

二、变压器式电容电桥

图 4-12 所示的测量电路便是变压器式电容电桥。其属于图 4-11 所示电桥的一种特殊形式。该电桥电源由变压器耦合到次级线圈，线圈的一半电压为 $\frac{1}{2}\dot{U}_s$，电桥另一对角线两点间的电压为电桥输出电压。电桥臂由差动电容传感器 C_1、C_2(或是单电容传感器 C_1、固定电容 C_2)和变压器次级线圈组成。其中变压器次级线圈一分为二，组成固定桥臂。电桥输出电压需要再经过

一输入阻抗很大的放大器进行处理，且输出与输入电压的关系为:

$$\dot{U}_o = \frac{1}{2} k \dot{U}_s \frac{C_1 - C_2}{C_1 + C_2} \tag{4-34}$$

式中，k 为与放大器 A 相接以及进行与信号处理有关的综合传递系数。当电桥输出端空载时，其输出电压

$$\dot{U}_o = \frac{1}{2} \dot{U}_s \frac{C_1 - C_2}{C_1 + C_2} \tag{4-35}$$

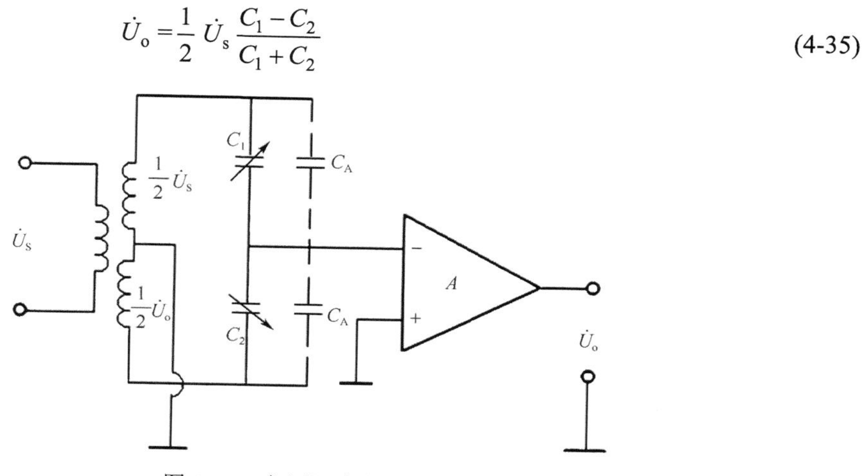

图 4-12 变压器式电容电桥框图

对于传感器 C_1 和 C_2 无论是变面积型还是变间距型，如果连接形式为差动方式，则其输出特性都是线性的。假设图 4-12 中的传感器 C_1 和 C_2 是变极距型差动式平板电容器，则当可动电极向上移动 Δd 时，C_1 增加 C_2 减小，即有:

$$C_1 = \frac{\varepsilon_0 \varepsilon_r S}{d - \Delta d} \tag{4-36}$$

$$C_2 = \frac{\varepsilon_0 \varepsilon_r S}{d + \Delta d} \tag{4-37}$$

将上式 C_1、C_2 代入式(4-34)，便可得到输出电压

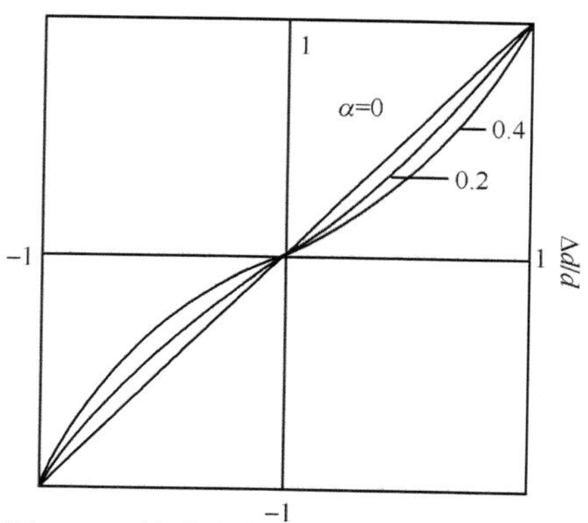

图 4-13 差动式电容传感器输出特性

$$\dot{U}_o = \frac{1}{2} k \dot{U}_s \frac{\Delta d}{d} \tag{4-38}$$

由此可见，理想的电容元件输出电压 $\dot{U}_o$ 与极距变化量 Δd 成线性关系。但有两点需要注意:

(1) 实际上传感器存在寄生电容(parasitic capacitance)。如图 4-12 中虚线所示电容 C_A，这些寄生电容的存在引起了输出特性的非线性。图 4-13 即为考虑到寄生电容影响情况下的差动电容式传感器的输出特性。图中:

$$\alpha = C_A/C_0,\ C_0 = \varepsilon_0 \varepsilon_r A/d$$

C_0 为初始电容。由特性曲线可见，当无寄生电容情况时，即 α=0 时，输出特性为线性的；随着 α 增加，非线性会越来越大，而且灵敏度下降。我们将会在本章第三节中详细讨论如何克服寄生电容的影响。

(2) 为了确保线性特性，要求电桥放大器的输入阻抗很高，还必须要求激励信号(交流电源

电压) $\dot{U}_s$ 是稳幅稳频的。电桥交流电源频率会限制测量系统的动态响应，因此一般要求交流电源的频率为被测信号最高频率的 5～10 倍。

三、差动脉冲宽度调制测量电路

差动脉冲宽度调制测量电路由两个比较器(A_1、A_2)、双稳态触发器(FF)以及两个充放电回路 $R_1C_1D_1$、$R_2C_2D_2$ 组成，如图 4-14，其中充放电回路中电容 C_1、C_2 即为差动式电容传感器 C_1 和 C_2，双稳态触发器的两个输出端 A、B 作为差动脉冲宽度调制电路的输出，A_3 为具有低通滤波作用的高倍数运算放大器。电路的工作过程是：若初始状态双稳态触发器的 A 端为高电位，B 端为低电位时，则 A 点通过 R_1 对 C_1 充电，直至 C 点的电位高于参考电位 U_f 时，比较器 A_1 产生脉冲触发双稳态触发器翻转，此刻 A 点呈低电位，B 点为高电位，C 点的高电位通过 D_1 迅速放电至零，而同时 B 点的高电位经 R_2 向 C_2 充电，当 D 点的电位高于参考电位 U_f 时，比较器 A_2 产生一脉冲，使触发器又翻转一次，则此时 A 点呈高电位，B 点呈低电位，重复上述过程。如此周而复始，在双稳态触发器的两个输出端各自产生一宽度受 C_1、C_2 调制的方波，如图 4-15 所示。

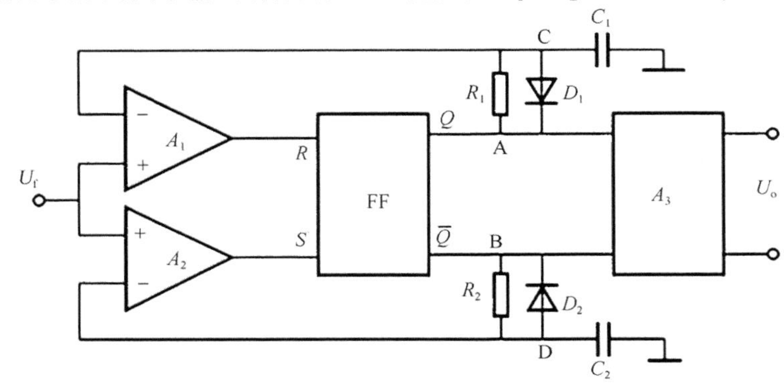

图 4-14　差动脉冲宽度调制电路

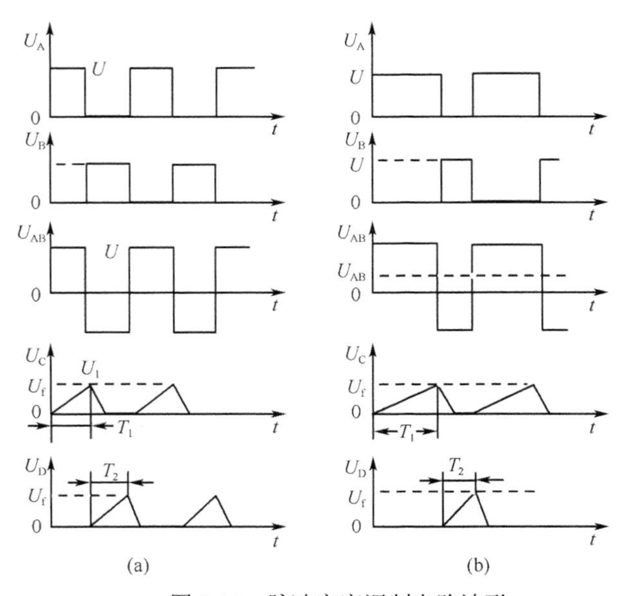

图 4-15　脉冲宽度调制电路波形

传感器差动电容 C_1、C_2 决定输出方波脉冲的宽度，显然，分析电路可知，当 $C_1=C_2$ 时，输出端电压 U_{AB} 的波形为一对称方波，故 A、B 两点间的电压为零。电路上各点的电压波形如图4-15(a)所示。但若 $C_1>C_2$ 时，则 C_1 和 C_2 充放电时间常数不同，使电压波形宽度不同，如图4-15(b)所示，A、B 两点间电压平均值不再是零，此平均电压通过低通滤波后获得，则 A、B 两点的平均电压值分别为：

$$U_{\mathrm{A}}=\frac{T_1}{T_1+T_2}U\ ;\ U_{\mathrm{B}}=\frac{T_1}{T_1+T_2}U \tag{4-39}$$

式中，$T_1=R_1C_1\ln\dfrac{U}{U_1-U_{\mathrm{f}}}$；$T_2=R_2C_2\ln\dfrac{U}{U_1-U_{\mathrm{f}}}$；$U$ 为触发器输出高电平。

而

$$U_{\mathrm{AB}}=U_{\mathrm{A}}-U_{\mathrm{B}}=\frac{T_1}{T_1+T_2}U-\frac{T_2}{T_1+T_2}U=\frac{T_1-T_2}{T_1+T_2}U \tag{4-40}$$

若 $R_1=R_2=R$，则

$$U_{\mathrm{AB}}=U\frac{C_1-C_2}{C_1+C_2} \tag{4-41}$$

综上对该电路的分析，可得以下结论：第一，由于低通滤波器的作用，对输出波形纯度要求不高，但要求有一电压稳定度较高的直流电源。这比其他测试电路中要求高稳定度的稳频、稳幅交流电源易于做到；第二，这种脉冲调制电路便于与传感器做在一起，从而使传输误差和导线间分布电容的影响大为减小。最后，式(4-39)～式(4-41)揭示了该测试电路的实质：即差动电容的变化使充电时间不同，从而使 FF 输出端的方波宽度不同，因此 A、B 两点间输出直流电压 U_{AB} 也不同，且输出特性是线性的。不论是变极距型还是变面积型差动电容传感器均能得到线性输出，若是单电容传感器就不存在线性关系。

四、运算法测试电路

图4-16是由电容传感器 C_1 和固定电容 C_0 以及运算放大器 A 组成的运算法测试电路的原理图。其中运算放大器的输入端和输出端之间跨接 C_1。放大器的开环增益和输入阻抗很高，可视为理想运算放大器，因其输入电流，$\dot{I}\approx 0$，故输出电压 $\dot{U}_{\mathrm{o}}$ 为

$$\dot{U}_{\mathrm{o}}=-\dot{U}_i(C_0/C_1) \tag{4-42}$$

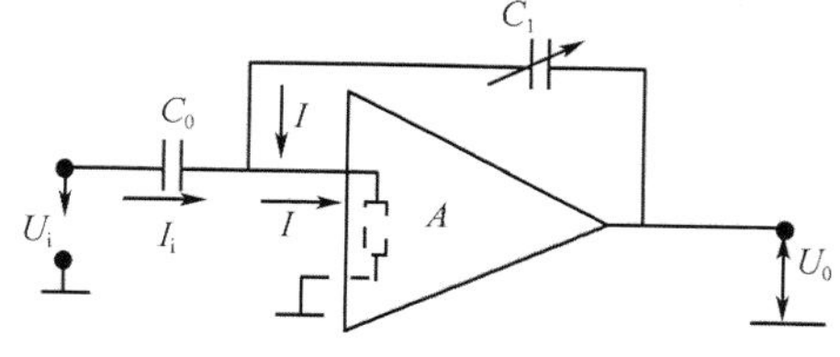

图4-16　运算法测试电路原理图

式中，$\dot{U}_{\mathrm{i}}$ 为信号源电压。

当电容传感器为变极距型，若以 $C_1=\varepsilon_0\varepsilon_{\mathrm{r}}A/d$ 代入上式，则有：

$$\dot{U}_{\mathrm{o}}=-\dot{U}_{\mathrm{i}}(C_0/\varepsilon_0\varepsilon_{\mathrm{r}}A)\,d \tag{4-43}$$

运用运算放大器测量电路的最大优点便是输出电压 $\dot{U}_{\mathrm{o}}$ 与电容传感器动极片的位移 d 成线性关系，它从原理上克服了变极距型电容传感器的非线性。

第三节　电容式传感器误差分析

一、等 效 电 路

在实际应用中，电容器存在许多不可忽视因素而使传感器产生误差，影响传感器的线性度和灵敏度。若考虑到在实际应用时将会存在诸如不可忽视的附加损耗，电场边缘效应(edge effect)、寄生与分布电容等因素对传感器精度的影响，其实际的电容传感器的等效电路模型如图 4-17 所示。

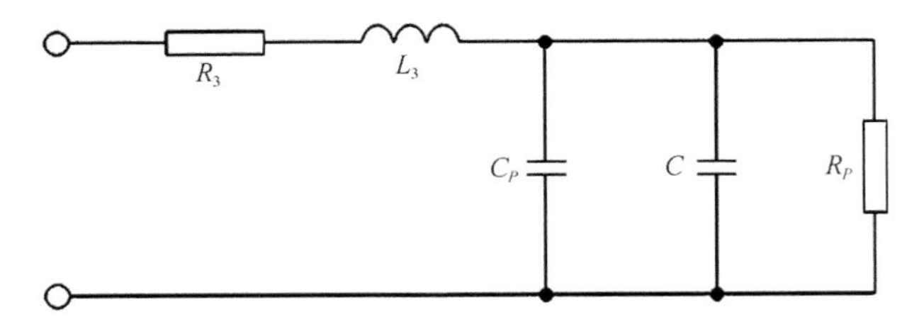

图 4-17　电容式传感器的等效电路

其中，C 为传感器电容；R_p 为并联损耗电阻，它包含电容极板间的介质和漏电损耗。这些损耗在低频时影响较大，随着工作频率增高，容抗减小，其影响就减弱。R_s 是串联损耗，即代表引线电阻、电容器支架和极板电阻的损耗。L_s 是传感器接线端之间的电流回路的总电感；C_p 为寄生电容，它与传感器电容 C 并联，在分析时可视为含于传感器电容 C 中。在高频时，由于电流的趋肤效应，将使导体电阻 R_s 增加，同时，当使用频率超过规定使用频率时，应考虑电感 L_s 的影响。图 4-17 的等效阻抗为：

$$Z_C = R_s + j\omega CL_s + R_p \cdot \frac{1}{j\omega C_e} / P_p + \frac{1}{j\omega C} = R_s + \left(\frac{R_p}{1+\omega^2 R_p^2 C^2} \right) - j \left(\frac{\omega R_p^2 C}{1+\omega^2 R_p^2 C^2} - \omega L_s \right) \tag{4-44}$$

式中 ω 为激励信号角频率，$\omega=2\pi f$。

因为传感器并联电阻 R_p 很大，式(4-44)简化后可得等效电容

$$C_e = \frac{C}{1-\omega^2 L_s C} = \frac{C}{(1-f/f_0)^2} \tag{4-45}$$

式中 $f_0=1/2\pi\sqrt{LC}$ 为电路的谐振角频率。

由式(4-45)可见：当激励频率 $f<f_0$ 时，等效电容增加到 C。此时电容的实际相对变化量为：

$$\frac{\Delta C_e}{C_e} = \frac{\Delta C/C}{1-\omega^2 L_S C} \tag{4-46}$$

由此式可以知道：电容转换元件的实际相对电容变化量同转换元件的固有电感(包括引线、电缆等的电感)有关。因此，在实际应用时需保持电容传感器在相同条件下进行标定和测量，即便是线路中导线实际长度等条件在测试和标定时也必须保持一致。由于传感器电容 C 和 L_s 都很小，谐振频率 f_0 很大，故当激励信号频率较低时，$f/f_0\approx 0$，此时可视为 $C_e=C$，这样电容传感元件本身才可用纯电容表示。

二、电容电场的边缘效应及等位环的应用

理想情况下，平板电容器两极板间的电场是均匀分布的，实际上当极板厚度 h 与极距 d 之

比相对较大时，边缘效应的影响就需要考虑在内了。边缘效应的影响相当于传感器并联一个附加电容，它的存在会使传感器的灵敏度下降和非线性增加。

对于极板半径为 r 的变极距型电容传感器，若考虑边缘效应的影响，则其电容值应按下式计算：

$$C=\varepsilon_0\varepsilon_r\{\pi r^2/d+r[\ln 16\pi r/d+1+f(h/d)]\} \tag{4-47}$$

函数 $f(h/d)$ 的数值见表 4-2。

表 4-2　电容式传感器的边缘效应因子

h/d	0.02	0.04	0.06	0.08	0.10	0.20	0.40	0.60	0.80	1.00	1.20	1.40
$f(h/d)$	0.098	0.168	0.23	0.285	0.335	0.540	0.840	1.060	1.240	1.390	1.590	1.630

为了克服边缘效应的影响，首先可增大初始电容 C_0，即增大极板面积并减小极板间距。为了减小极板厚度 h，往往是用石英或陶瓷，且在平面上真空镀膜做极板，而不是用整块金属板做极板。此外，加装等位环也是消除边缘效应的有效方法，如图 4-18 所示。等位环与定极板同心，电气上绝缘，间隙越小越好，而且始终保持等电位，以保证中间工作区得到均匀场强分布，这样可有效地克服边缘效应的影响。

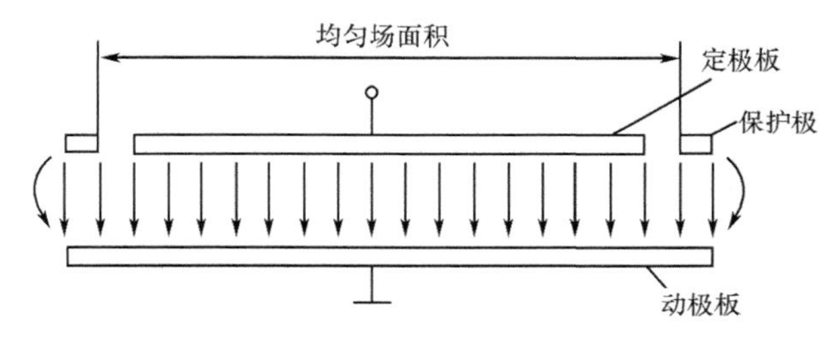

图 4-18　加等位环消除边缘效应

三、寄生与分布电容的影响及其消除法

任何两个导体之间均可构成电容。电容式传感器除了极板间的电容外，极板还可能与周围物体(包括仪器中的各种元件甚至人体)之间产生电容联系，这种电容称为寄生电容。

由于受传感器结构和尺寸的限制，电容传感器容量通常在几 PF 到几十 PF 范围变化。当激励信号频率较低时，电容传感器的容抗会很大，这就要求传感器绝缘电阻很高；此外，由于传感器本身容量很小，所以它极易受极板与周围物体之间产生的寄生电容(如电缆寄生电容、元件乃至人体与极板之间的寄生电容)的影响，此寄生电容并联于传感器，其容量大小可达到传感器电容量的几倍甚至几十倍，寄生电容具有时大时小的随机性，它严重影响了传感器的输出特性，甚至淹没了有用信号而不能使用。所以，必须采用静电屏蔽措施以消除寄生电容的影响。目前最好办法是采用驱动电缆技术，它可有效地克服寄生分布电容的影响。

1. 驱动电缆补偿技术　图 4-19 所示的为采用运算补偿驱动式技术的测量电路，在该电路中用，C_0 表示测量电缆的内外屏蔽层间的电缆电容和其他杂散电容，被接在运算放大器的负输入端；补偿电容的固定部分 C_2 和半可变电容器或压控变容二极管电容 C_p 被接入运算放大器的正输入端，测量电路中的 R_1、R_2、R_3、R_4 应满足下列关系：

$$R_1R_4=R_2R_3,\ R_1=R_3=R,\ R_2=R_4=nR$$

其中 R 为一确定的电阻值，n 为正整数的倒数。在测量电路 R_1 支路中，C_1 为隔直电容，其作用是使直流工作稳定。也可接入对测量信号源频率起陷波作用的 LC 电路。

该项技术具有以下几个特点：①测量电缆为双层屏蔽电缆，电容测头采用了保护(等位)环，整个电路共地，实现了整机一点接地，结构比较简单，从而降低了成本；②在测量电路中，运算放大器的负输入端接入了测量电缆的内、外层间的电缆电容和其他杂散电容 C_0，运算驱动式测量电路中输出端通过 C_0 到运算放大器正输入端的寄生正反馈从根本上得以消除；③在运算放大器的正输入端接入并联的固定电容 C_2 和半可变电容器或压控变容二极管 C_p，消除了 C_0 对测量电路的有害影响。通过调节 C_p 使 $R\ (C_2+C_p)=R_2C_0$，可实现全补偿，从而使测量电路的输出仅与测位移电容 C 关。测量位移时，该技术可使线性范围达 200μm。

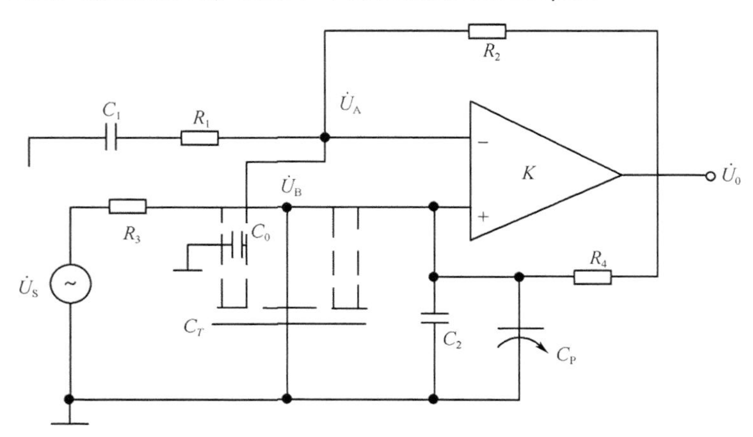

图 4-19 运算补偿驱动电路

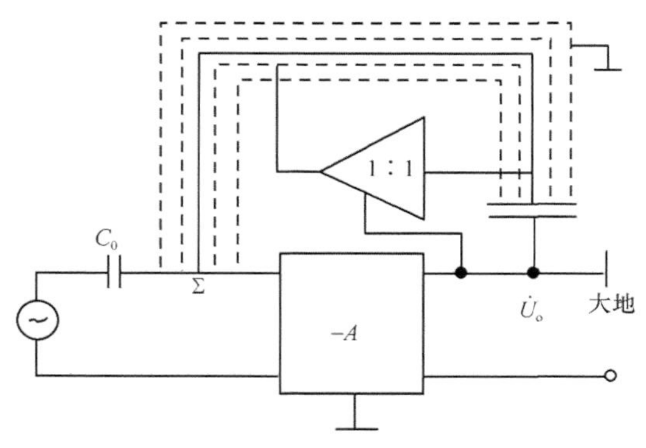

图 4-20 驱动电缆线路原理图

2. 驱动电缆法 驱动电缆技术就是使用电缆屏蔽层的电位跟踪与电缆相连接的传感器电容极板电位，使两电位的幅值相同，相位一致，从而消除分布电容的影响。

图 4-20 采用双层屏蔽电缆线，使芯线与电容传感器 C 的一端相连接，并接到 1∶1 放大器的输入端。放大器输出端接到电缆线内屏蔽线上，输入信号为三点对浮地的电压。由于 1∶1 放大器使芯线与内屏蔽线等电位，芯线与内屏蔽线之间就没有容性电流通过，这样两者的分布电容就不起作用。此外电缆外屏蔽线接大地，它与内屏蔽层之间的电容是 1∶1 放大器的负载，因此与传感器电容无关，并可防止外界电场干扰。这种方法的主要问题是要求 1∶1 放大器的输入电容为零，输入电阻为无限大，相移为零，因此在技术上有一定困难，尤其当传感器电容很小或放大器输入电容相差无几时会引起很大误差。此电路适用于电容比较大的传感器。

第四节 电容式传感器的医学应用

一、电容位置传感器及心电图测量

1. 电容位置传感器 图 4-21 为电容位置传感器原理图。该传感器属平行板电容传感器，是利用改变平行板电容面积的原理，图 4-21 仅是其中一种结构形式。它由屏蔽片、发送片和接收片组成。其中，发送片和接收片固定，接地的屏蔽片处在接收片和发送片中间，并与笔线圈转轴相连，为可动电极。发送片与稳幅高频信号源相接，接收片连接到高输入阻抗、高开环增益的运算放大器，如图所示。当笔线圈带动屏蔽片转动时，由于屏蔽片位置的改变，使发送片与接收片间电容有效面积改变，从而使运算放大器的输出电压随屏蔽片的转角成线性变化。由图 4-21 可知，若未被屏蔽片屏蔽的发送片和接收片之间的电容为 C，激励信号源的电压为 $\dot{U}_{\mathrm{s}}$，接收片和屏蔽片间的电容影响可忽略不计，则放大器的输出电压为：

$$\dot{U}_{\mathrm{o}}=(Z_{\mathrm{cf}}/Z_{\mathrm{C}})\dot{U}_{\mathrm{s}}=(C/C_{\mathrm{f}})\dot{U}_{\mathrm{s}} \tag{4-48}$$

由式(4-63)可见，输出电压与传感器电容 C 成正比关系，也即与可动电极的位置转角成正比关系。

电容位置传感器相对电阻式、电感式、霍尔元件式、磁敏元件式和光电式位置传感器，具有明显的优点：在大角度范围内线性度好，结构简单，加工方便。

2. 心电图的测试　图 4-22 所示为电容式位置反馈心电图机原理电路。电容位置传感器输出是与位置成正比例的高频电压，经检波器恢复成与角度成正比例直流电压，其值大小决定了心电图机量程。速度反馈信号只影响系统动态品质，当位置反馈信号与心电信号差值不为零时，记信号笔就由误差信号推动而偏转，直到净输入为相等为止。这时功放的输出电流接近于零，记录笔则自动保持在该位置上。

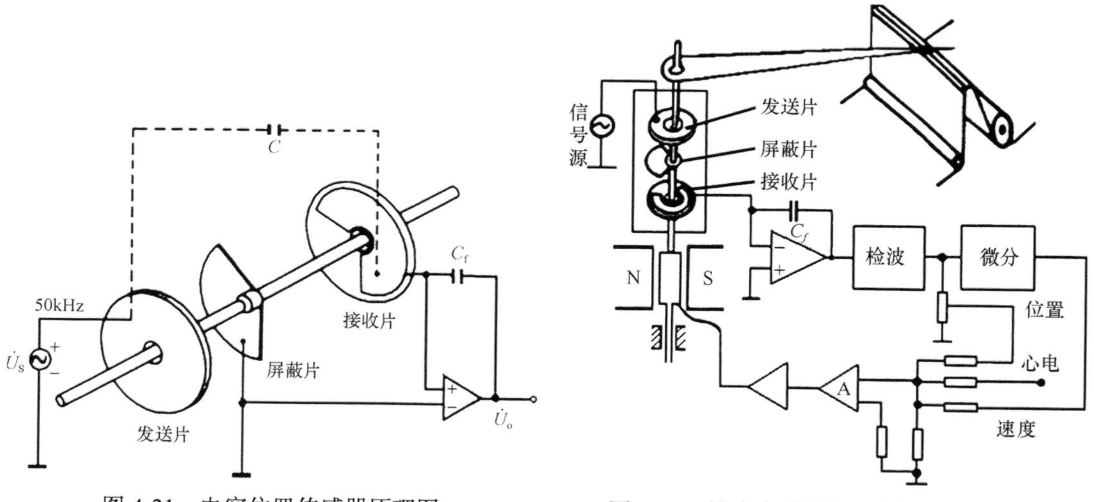

图 4-21　电容位置传感器原理图　　图 4-22　笔式自动平衡心电图测试原理图

二、电容式压力传感器及血压测量

电容式压力传感器分为膜片夹紧式压力传感器和薄膜张紧式压力传感器两种。我们仅讨论膜片夹紧式压力传感器在医学上的应用。

1. 膜片夹紧式压力传感器　图 4-23 为其结构示意图。固定电极半径为 r_0，可动电极为厚度 h 的圆形平膜片，膜片圆周用绝缘体夹紧，夹紧半径为 r_0。在流体压力 P 均匀作用下，膜片挠曲(deflection)变形，设厚度 h 大于挠度最大值，在 r 处的挠度为：

$$\omega(r)=\frac{3}{16}P\frac{1-\mu^2 r_0^4}{Eh^3}\left(r_0^2-r^2\right)^2 \tag{4-49}$$

式中，μ 为弹性元件材料泊松比，E 为杨氏模量。

在膜片圆心处的最大挠度 ω_{max} 为:

$$\omega_{max}=\frac{3}{16}P\frac{1-\mu^2}{Eh^3}r_0^4 \tag{4-50}$$

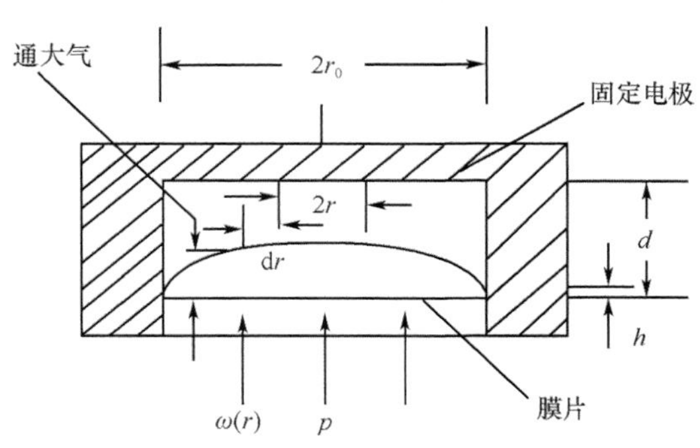

图 4-23　电容式压力传感器示意图

由图 4-23 可见：若被测压力大于大气压时，则膜片向上弯曲，传感器电容值增加；反之，被测压力小于大气压时膜片向下弯曲，传感器电容值减小。先求单位窄圆环面积所对应的电容量为:

$$dC=\varepsilon_0\varepsilon_r 2\pi r dr/d-\omega(r) \tag{4-51}$$

那么在 0～r_0 区间积分，便可求得被测压力增加时传感器的电容表达式为

$$\begin{aligned}C&=\int_0^{r_0}\varepsilon_0\varepsilon_1 2\pi r/d-\omega(r)dr=C_0(d_0/\omega_{max})tg^{-1}(-\omega_{max}/d)\\&=C_0\left[1+\frac{1}{3}\left(\omega_{max}/d\right)+\frac{1}{5}\left(\omega_{max}/d\right)^2+\frac{1}{7}\left(\omega_{max}/d\right)^3+\dots\right]\end{aligned} \tag{4-52}$$

式中，C_0 为电容传感器呈平板电容器的初始情况求得，当压力减小时，传感器电容表示式为:

$$\begin{aligned}C&=\int_0^{r_0}\varepsilon_0\varepsilon_1 2\pi r/d+\omega(r)dr=C_0(d_0/\omega_{max})tg^{-1}(\omega_{max}/d)\\&=C_0\left[1-\frac{1}{3}\left(\omega_{max}/d\right)+\frac{1}{5}\left(\omega_{max}/d\right)^2-\frac{1}{7}\left(\omega_{max}/d\right)^3+\dots\right]\end{aligned} \tag{4-53}$$

通常在设计此类传感器时，使 $\omega_{max}/d<l$(如 0.3～0.5)，则式(4-51)和式(4-52)简化为:

$$C=C_0\left(1\pm\frac{1}{3}\omega_{max}/d\right) \tag{4-54}$$

$$\frac{\Delta C}{C_0}=\pm\frac{1}{3}\left(\omega_{max}/d\right)=\pm\frac{(1-\mu^2)r_0^4}{16Eh^3 d}P \tag{4-55}$$

由式(4-55)看出：①当 $\omega_{max}\ll h$ 时，电容相对变化值与被测压力 P 成正比；②与式(4-6)相比较，在同一位移 $\Delta d=\omega_{max}$ 的情况下，膜片夹紧式压力传感器电容相对变化值仅为平行板型电容位移传感器电容相对变化的 1/3 左右。

2. 电容式血压计(capacitance manometer)　图 4-24 为测量血压用的电容式传感器。它是由熔凝石英制成。膜片厚 1.25mm，基座厚 6.4mm，在基座表面上用等离子侵蚀方法得到 10μm 深的腔室作为电容传感器的间距。此腔室通过基座小孔(排气孔)接通到大气，组件整个直径为29.4mm。在膜片上有两个电极，圆形的为工作电极，环形的为参比电极，在基座上有一个电极为公共电极，构成平行板型结构。工作电极与公共电极组成敏感电容 C_s，参比电极与公共电极组成参比电容 C_R，这两组电极都通过真空镀膜方法得到。C_s 的初始值为 112PF，C_R 为 56PF。

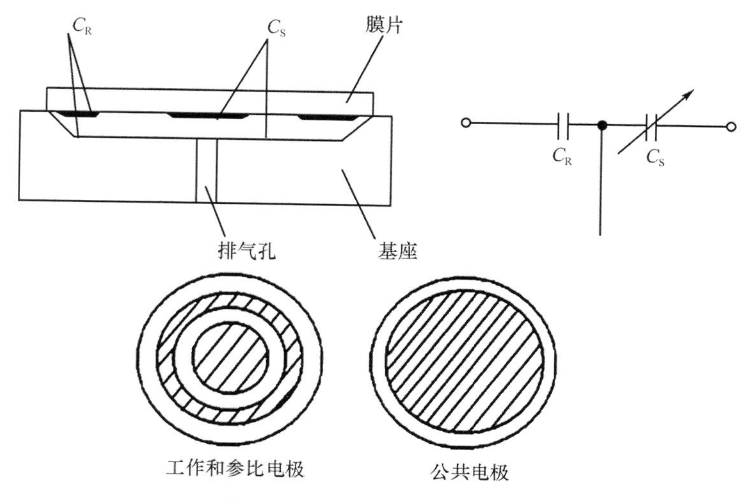

图 4-24　测血压用的电容传感器

由图可见，当被测血压通过导液管均匀作用在膜片上时，膜片挠曲变形，可按(4-49)式、(4-50)式计算 $\omega(r)$ 和 ω_{max}，其敏感电容 C_s 可用式(4-51)表示。若膜片厚度 $h \gg \omega_{max}$，则可简化为

$$\frac{1}{C_s}=\frac{1}{C_{s_0}}-\frac{1-\mu^2}{16Eh^3}\cdot\frac{r_0^2}{\varepsilon_0\varepsilon_r\pi}P \tag{4-56}$$

传感器的测量电路采用运算法测试电路，如图 4-25 所示。

设初始时刻压力为零，桥路平衡，输出电压为零。测量时，在血压压力的作用下，膜片挠曲变形使敏感电容 C_s 增大，导致桥路不平衡，于是有电压输出，输出电压 U_o 为:

$$\dot{U}_o=U_s\left[\frac{C_R}{C_s}-\frac{C_{R_0}}{C_{s_0}}\right]\frac{1}{1+C_{R_0}/C_{s_0}} \tag{4-57}$$

将式(4-56)代入上式，可知被测压力与输出电压成正比，输出特性呈线性如图 4-26 所示。

由于传感器采用了熔凝石英作为传感器膜片和基座材料，因此，传感器具有很好的稳定性和线性。血压测量范围在-4～40kPa(-30～300mmHg)。温度变化一度零漂为 0. 01%，线性度小于 0.5%。

随着半导体集成技术的飞速发展，目前已出现了电容式压力集成传感器用于生物医学测量。图 4-27 便是电容式膜片压力传感器的封装结构，其中双极信号处理电路与传感器都混合封装在阳极焊玻璃板密封结构中。

封装是生物医学用压力传感器的关键，它必须足够小，可植入人体能与人体生理兼容；必须确保传感器芯片及所有电接触与体内流体绝缘。现行常用封装材料环氧树脂及硅酮橡胶能满足上述要求。一般先将 Hysol W-795 型环氧树脂涂在硅片与陶瓷衬底两面的导线接触区，用作

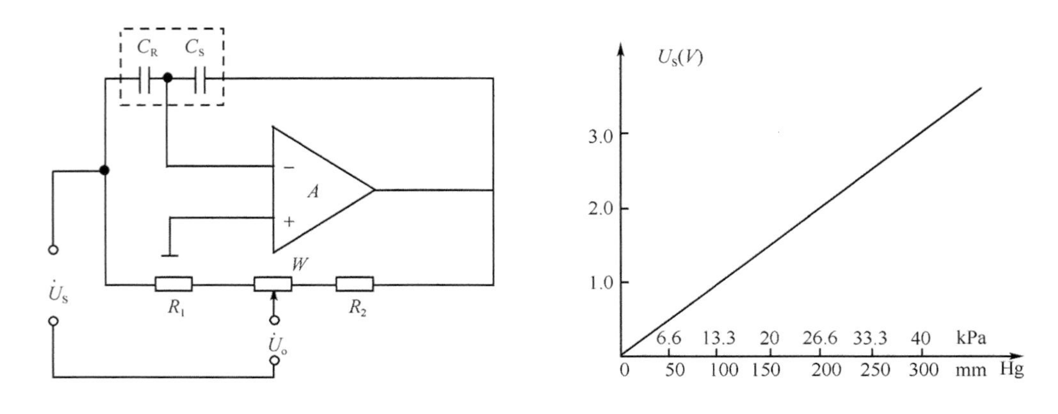

图 4-25 测量电路

图 4-26 输出特性

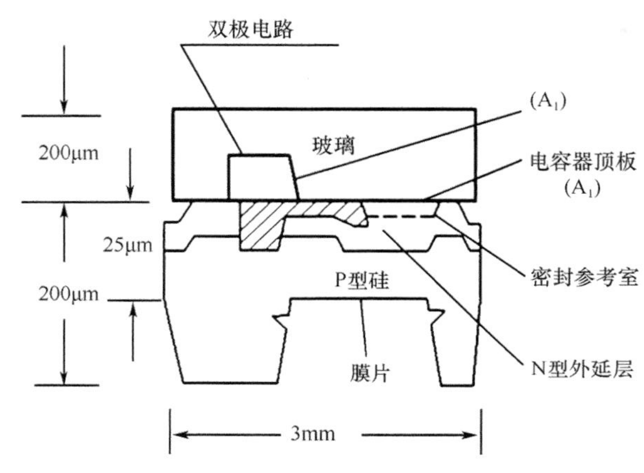

图 4-27 电容式膜片压力传感器与信号处理

绝缘并使引线与传感器粘接。环氧树脂要在真空中混合、除气，并在干氮气中涂敷与固化。涂环氧树脂后，将整个器件涂一层 Silastic A 型医用硅酮粘胶，这种材料能确保传感器灵敏度不显著降低以及热漂不致显著增高。上述封装可装在 3mm 直径导尿管的一端植入人体。

电容压力传感器在生物医学工程中被广泛应用，例如人体血管及脑内压力的监控；动脉血压以及尿道、膀胱、子宫等内压的测量；宫颈流变性质的测量；心室压力波形的检查研究；幼儿心肺、肠胃压为的短期监控等。

三、直流极化型电容传感器及呼吸测量

1. 电容式微音器 电容式微音器是直流极化式电容传感器的一种典型应用，图 4-28 是测量气体(呼吸)用的电容式微音器的原理图。

图中可动电极膜片是用薄膜厚 5～10μm 铝箔做成，它与固定电极组成平行板型电容传感器。电极间距为 0.05～0.08mm，电容量为 50～100pF。当参比光束和测量光束射入到左右两边接收室后，被接收室的气体所吸收，使气体温度升高。由于室内体积一定，因此内部压力增加。若测量光束和参比光束取自同一光源，则两边室内压力相等，可动电极(膜片)将维持在平衡位置。若被测气体浓度增加，则测量光束的入射量减少，以至小于参比光束量，则测量室吸收能量减弱，使压力减小，膜片发生位移改变了电极间距，从而改变了电容量 C。由于辐射光束受测量系统切光片调制，故可

动电极也相应以调制频率发生振动，气体浓度不同产生的振幅亦不同，调制频率在音频范围 3～25Hz，传感器在气室内将发生微音，故称为电容式微音器。由上述可见，利用电容式微音器发出声音的强弱，来判别测量室气体相对参比室气体浓度的差异程度，构成气体浓度比较器。

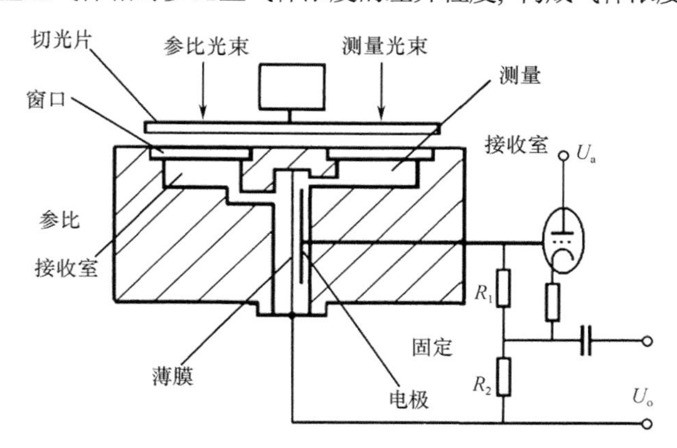

图 4-28　电容微音器原理图

2. 直流极化电容传感器　图 4-29 为直流极化型电容传感器原理图。传感器是平行板电容器，其中一极板为感压膜片，两极板间的距离为 d，采用恒压电源 U_s。当被测参数(力或速度)以正弦规律变化作用在极板膜片上时，可动电极(膜片)与固定电极之间的距离按正弦形式位移。

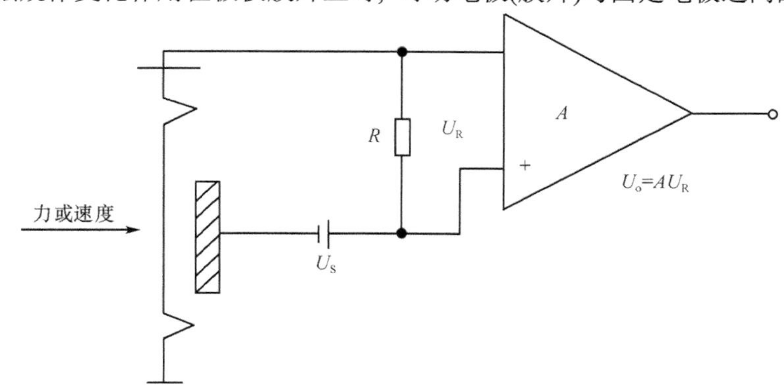

图 4-29　静电式电容传感器原理图

两极板间的距离

$$d=d_0+\Delta d\sin\omega t$$

则平行板电容器的电容增量

$$\Delta C=\Delta C_{max}\sin\omega t$$

亦按正弦规律变化，总的电容 C 的变化规律为:

$$C=C_0+\Delta C_{max}\sin\omega t=\varepsilon_0\varepsilon_r A/(d_0+\Delta d\sin\omega t)=C_0/(1+m\sin\omega t) \tag{4-58}$$

式中，C_0 为初始电容，$m=\Delta d/d_0$ 为极板间距离相对变化值，由图 4-29 可知，直流极化式电容传感器的工作特性取决于 RC 回路时间常数 $\tau(\tau=RC)$值。

(1) 当 $R\to\infty$时，即 $\omega RC\gg 1$。由于 τ 很大(相当于积分电路)，一旦电容上电荷直流极化稳定后，电容器上电荷很难放电，因此电容电荷 $q=C_0U_s$ 可近似为常数，所以电容电压 U_c 为:

$$U_c=q/C=C_0U_s/(C_0+\Delta C_{max}\sin\omega t)=U_s[1-(\Delta C_{max}/C_0)\sin\omega t] \tag{4-59}$$

可见，电容器的端电压有两个分量：恒定电压 U_s 和交流电压$(\Delta C_{max}/C_0)U_s\sin\omega t$。由于传感

器工作在 $R\to\infty$ 的情况，因此若在测量位移时，电容间隙变为 $d_0+\Delta d$，其容量为 $C=\varepsilon_0\varepsilon_r A/d_0+\Delta d$，对于交流输出，电容器两端的电压就是电阻 R 两端的输出电压 U_R，故有：

$$U_R=U_c=q/C=C_0U_s/(\varepsilon_0\varepsilon_r A/d_0+\Delta d)=U_s/(d_0+\Delta d)/d_0=U_s(1+\Delta d/d_0) \tag{4-60}$$

所以

$$(U_R-U_s)/U_s=\Delta d/d_0 \tag{4-61}$$

因此，输出电压 U_R 的变化与位移变化 Δd 成正比关系。

(2) 当 $R\to 0$ 时，即 $\omega RC\ll 1$ 的情况。由于时间常数 τ 很小(相当于微分电路)，电容器上电压 $U_c\approx U_s$，此时电容器上电荷为 $q=CU_s=(C_0+\Delta C_{max}\sin\omega t)U_s$，回路电流为

$$I=\mathrm{d}q/\mathrm{d}t=U_s\omega\Delta C_{max}\cos\omega t \tag{4-62}$$

思 考 题

1．图题 4-1 所示的交流电桥为全电容桥式测量电路。由差动电容 C_1、C_2 与电容 C_3、C_4 构成电容电桥四臂，C_3 用来调节平衡，在电桥平衡时应满足 $C_1/C_2=C_3/C_4$，且 $C_1=C_2$，$C_3=C_4$；当用此电桥来测试生理参数时，C_1、C_2 参数将发生变化。

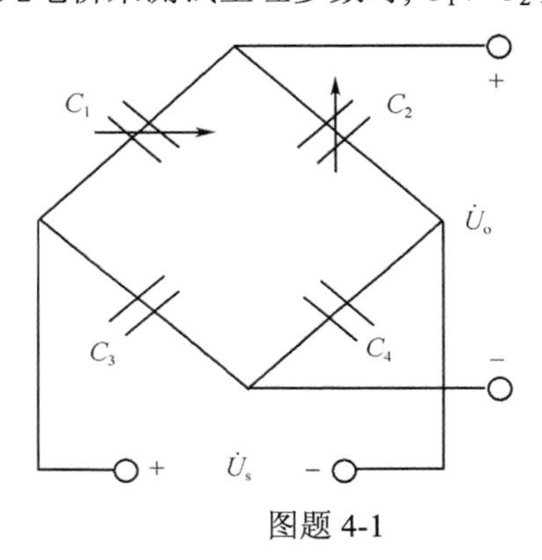

图题 4-1

(1) 试推导出该测试电路的 $\dot{U}_o/\dot{U}_s$。

(2) 将该全电容电桥与图 4-11 所示交流电桥进行比较，比较其灵敏度和线性。

2．在单电容情况下，式(4-37)是否成立？$\dot{U}_o$ 与 Δd 是否还存在线性关系。

3．试比较电容传感器列举的几种测量电路各自的优、缺点和应用场合。

4．图题 4-2 所示电路为薄膜张紧式压力传感器的结构示意图。该电容传感器的可动电极是很薄的膜，它不是由绝缘支座压紧而是张紧的，薄膜在流体压力 P 的作用下弯曲形状是球面，在半径 r 处的挠度为：

$$\omega(r)=\frac{2F}{P}\left\{\left[1-\left(\frac{rP}{2F}\right)^2\right]^{\frac{1}{2}}-\left[1-\left(\frac{r_0P}{2F}\right)^2\right]^{\frac{1}{2}}\right\}$$

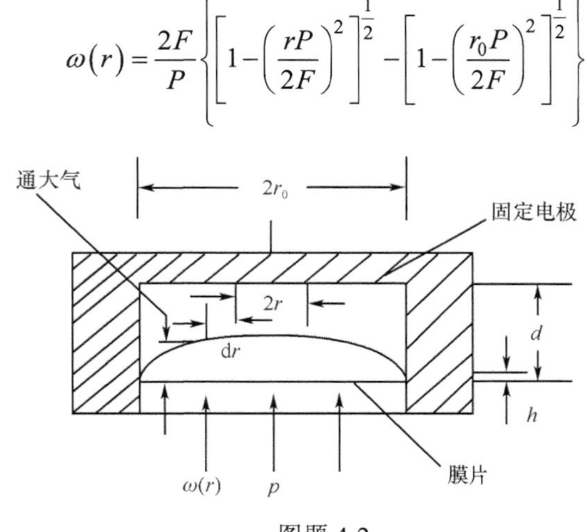

图题 4-2

式中，F 为薄膜的张力，当薄膜挠度很小且 $\omega_{max}/d\ll 1$ 时，挠度 ω 与压力 P 的线性关系可表

示为:

$$\omega(r)=\frac{P}{4F}(r_0^2-r^2)$$

在 r=0 的中心处，挠度最大值为 $\omega_{max}=P r_0^2/4F$，在实际应用中，通常采用增大薄膜张力 F 的办法，使挠度 ω 与压力 P 成线性关系。若当 $\omega_{max}/d_0 \ll 1$ 试推导出:

(1) 传感器电容 C 与最大挠度 ω_{max} 的关系式。

(2) $\Delta C/C_0$ 与压力 P 的关系式。

5．图题 4-3(a)所示为变压器式电容电桥线路方框图，图题 4-3(b)为考虑寄生电容的存在引起电容传感器输出特性的非线性。设寄生电容为 C_A，则变极距型差动式传感器电容 C_1、C_2 变为 $C_1 \geqslant C_1+C_A$, $C_2 \geqslant C_2+C_A$。若令 $\alpha= C_A/C_0$, k=1(k 为与放大器、解调器、滤波器有关的传输系数)，试导出 $\dot{U}_o / \dot{U}_S$ 与 $\Delta d/d$ 的关系式，并由此验证图题 4-3 所示的特性曲线。

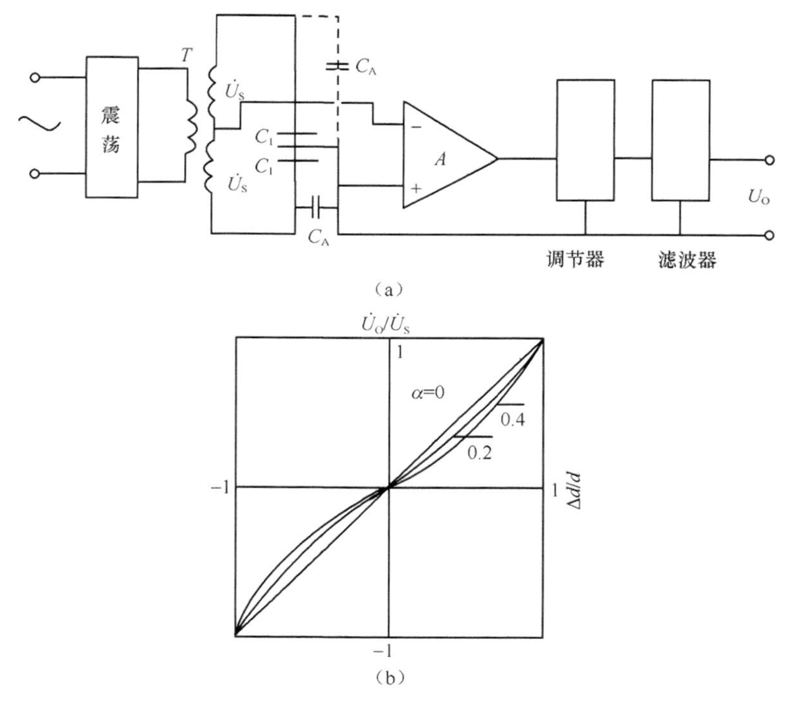

图题 4-3

6．图 4-16 所示运算法测试电路的输出电压初始值不为零，由此对测量结果产生什么影响？如何克服？你能设计出采用零点迁移的测试电路吗(图 4-23)除对硬件电路采取措施外，你会采用软件进行处理吗？举例说明。

7．试举例说明电容传感器的医学应用，并设计出测试电路。

第五章 电感式传感器

生物医学上常用的电感式传感器(inductive sensor)的有两种，一种是自感式电感传感器，另一种是互感式电感传感器。虽然它们的结构形式有所不同，但它们都包括线圈、铁芯和活动衔铁三个部分。另外在生物医学测量中还有用电涡流式传感器的，但并不多见。

第一节 自感式传感器

自感式传感器是利用位移的变化使线圈的自感量发生变化的一种机电转换装置。具体地说，就是取决于其磁路结构。图 5-1 是常用的自感传感器结构原理图，图 5-2(a)、(b)是利用改变磁路气隙长度和截面积的方法以改变自感量的气隙型电感传感器，图 5-2(c)是利用铁芯位移来改变自感量的螺线管电感传感器。

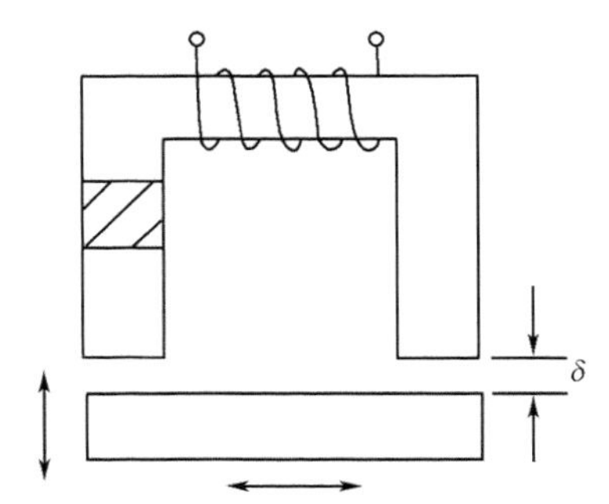

图 5-1 常用电感传感器的结构原理图

一、气隙型电感传感器

如图 5-2 所示为气隙型电感传感器位移与自感量原理图。

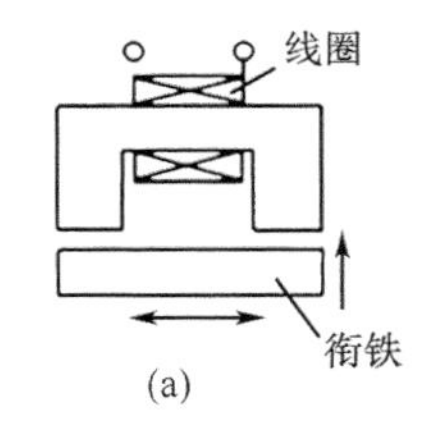

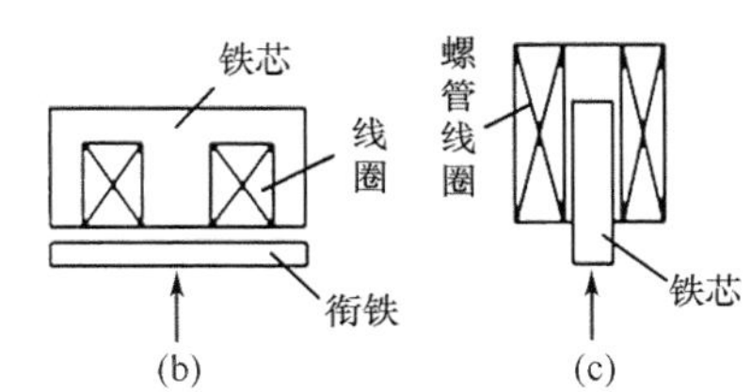

图 5-2 气隙型电感传感器的原理图

根据电感的定义，一个 N 匝线圈的自感量为:

$$L = N\frac{\phi}{I} \tag{5-1}$$

式中，L 为线圈的自感量(H)；N 为线圈的匝数；ϕ 为通过每匝线圈的磁通量(Wb)；I 为线圈中的电流(A)。

图 5-2 所示的电感传感器，在电流 I 的激励下产生的磁通量 ϕ 为

$$\phi = \frac{NI}{R} = \frac{NI}{R_{\mathrm{g}} + R_{\mathrm{F}}} \tag{5-2}$$

式中，R 为磁路的总磁阻(H^{-1})；R_{g} 为空气隙磁阻；R_{F} 为铁芯磁阻。

式(5-2)中总磁阻 R 为闭合磁路中铁芯磁阻与空气隙磁阻之和。由于空气隙磁阻远远大于铁芯磁阻，故式(5-2)可简化为

$$\phi = \frac{NI}{R_g} \tag{5-3}$$

而

$$R_g = \frac{2\delta}{\mu_0 S} \tag{5-4}$$

式中，δ为空气隙长度(m)；S为空气隙截面积(m^2)；μ_0为空气磁导率，$\mu_0=4\pi\times10^{-7}$(H/m)。

于是图 5-2 所示的气隙型电感传感器自感量 L 为

$$L = \frac{N^2}{R_g} = \frac{N^2\mu_0 S}{2\delta} \tag{5-5}$$

根据公式(5-5)可知，气隙型电感传感器的自感量 L 是气隙长度δ、气隙截面积 S 的函数。只要传感器的输入信号能引起δ或 S 的变化，就能导致自感量的变化。应当指出，式(5-5)在推导中是做了若干近似的。当气隙长度δ过大时，气隙边缘的漏磁通便不可忽略，式(5-5)所给出的关系将受到破坏。图 5-3 是气隙型电感传感器自感量与气隙长度δ的关系 $L=f(\delta)$、自感量与气隙截面积的关系 $L=f(s)$的图像。当气隙量变大时，自感量将变小；而伴随面积增大，自感量应该线性减少。

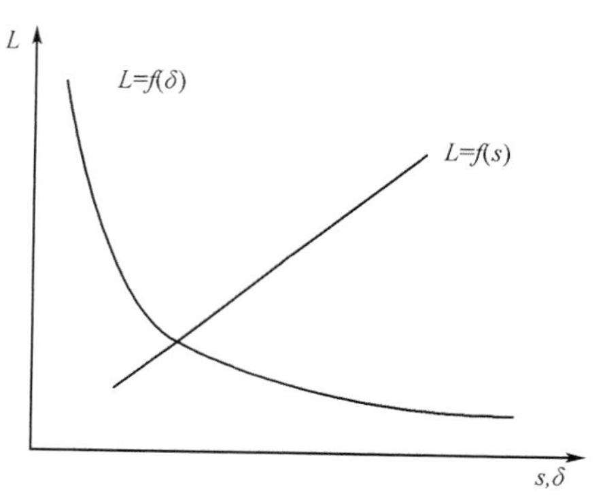

图 5-3　气隙型电感传感器自感量

因此，气隙型电感传感器的自感量 L 与气隙长度δ的关系 $L=f(\delta)$是非线性的，为了获得近似的线性特性，必须限制气隙长度δ的改变量$\Delta\delta$，亦即限制衔铁(armature)的工作范围。通常，$\Delta\delta=(0.1\sim0.2\text{mm})\delta$时，$L=f(\delta)$可近似看成是线性的。

二、螺线管电感传感器

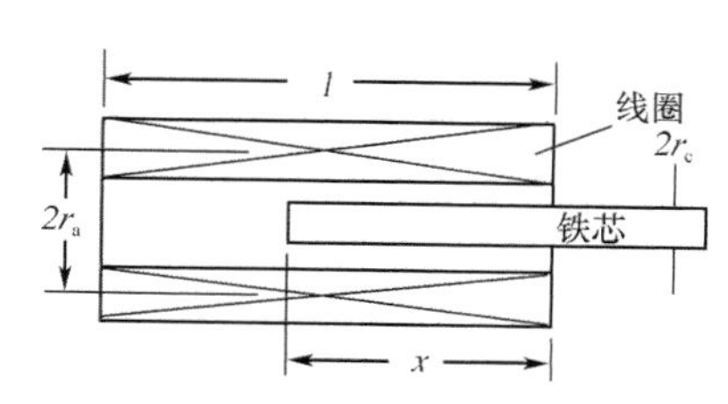

图 5-4　螺线管电感传感器原理图

螺线管电感传感器的结构原理如图 5-4 所示，它是由一空心螺线管和位于螺线管内的圆柱形铁芯组成的。当铁芯伸入螺线管内的长度 x 发生变化时，就能引起螺线管自感量 L 的变化。

由于螺线管(spiral pipe)的长度实际上是有限的，而且螺线管内的磁介质又是不均匀的，所以要精确计算其自感量是困难的，因而一般的工程计算大都是近似的。

在螺线管的长径比相当大的前提下，螺线管电感传感器的自感量 L 可以看做是螺线管空心部分的自感量 L_1 与螺线管含铁芯部分的自感量 L_2 之和，即

$$L = L_1 + L_2 \tag{5-6}$$

式中，L 为螺线管电感传感器的自感量(H)；L_1 为螺线管空心部分的自感量(H)；L_2 为螺线管含有铁芯部分的自感量(H)。

若螺线管的长径比相当大，且忽略其端部效应，则螺线管内部的磁场强度可近似认为是均

匀的，其值为

$$H=\frac{NI}{l} \tag{5-7}$$

式中，H 为螺线管内的磁场强度(A / m)；N 为螺线管线圈的总匝数；I 为螺线管的电流(A)；l 为螺线管的长度(m)。

根据式(5-1)，L_1 为

$$L_1=\frac{N_1\phi_1}{I} \tag{5-8}$$

式中，N_1 为螺线管空心部分的线圈匝数；ϕ_1 为通过螺线管空心部分的磁通(Wb)。

通过螺线管空心部分的磁通量 ϕ_1 为

$$\phi_1=\mu_0 H\pi r_{\mathrm{a}}^2 \tag{5-9}$$

式中，r_{a} 为螺线管线圈的平均半径(m)。

螺线管空心部分的线圈匝数 N_1 为：

$$N_1=\frac{l-x}{l}N \tag{5-10}$$

式中，x 为铁芯伸入螺线管内的长度(m)。

由式(5-7)、式(5-8)、式(5-9)、式(5-10)得

$$L_1=\pi\mu_0 N^2 r_{\mathrm{a}}^2\frac{(l-x)}{l^2} \tag{5-11}$$

L_2 计算的关键是求出通过含铁芯(iron core)部分螺线管的磁通 ϕ_2。ϕ_2 应为通过铁芯的磁通 ϕ_2' 与通过铁芯与线圈间的空气隙的磁通 ϕ_2'' 之和，即

$$\phi_2=\phi_2'+\phi_2'' \tag{5-12}$$

这里

$$\phi_2'=\mu_0\mu_{\mathrm{r}}HS' \tag{5-13}$$

式中，μ_{r} 为铁芯的相对磁导率(H/m)；S' 为铁芯的截面积(m^2)，$S'=\pi r_{\mathrm{c}}^2$。

而

$$\phi_2''=\mu_0 HS'' \tag{5-14}$$

式中，S'' 为铁芯与线圈间空气隙的截面积(m^2)，$S''=\pi(r_{\mathrm{a}}^2-r_{\mathrm{c}}^2)$。

于是

$$\phi_2=\mu_0 H[\mu_{\mathrm{r}}S'+S'']=\pi\mu_0 H[(\mu_{\mathrm{r}}-1)r_{\mathrm{c}}^2+r_{\mathrm{a}}^2]$$

将式(5-7)代入上式，得

$$\phi_2=\pi\mu_0\frac{NI}{l}[(\mu_{\mathrm{r}}-1)r_{\mathrm{c}}^2+r_{\mathrm{a}}^2] \tag{5-15}$$

由式(5-1)得

$$L_2=\frac{N_2\phi_2}{I} \tag{5-16}$$

式中，N_2 为螺线管含有铁芯部分的匝数。

由于

$$N_2 = \frac{x}{l} N \tag{5-17}$$

将式(5-15)、式(5-17)代入式(5-16)．得

$$L_2 = \pi\mu_0 \frac{N^2}{l^2} x[(\mu_r - 1)r_c^2 + r_a^2] \tag{5-18}$$

由式(5-6)、式(5-11)、式(5-18)得

$$L = \pi\mu_0 \frac{N^2}{l^2}[r_a^2 l + (\mu_r - 1)r_c^2 x] \tag{5-19}$$

式(5-19)给出的螺线管电感传感器自感量 L 与铁芯伸入螺线管内长度 x 间的线性关系是作了若干近似后得出的。用于小位移检测时，铁芯可以工作在螺线管的端部，也可以工作在中间部分。在大位移检测时，铁芯通常工作在螺线管的中间部分，增加线圈的匝数，增大铁芯的直径，可以提高螺线管电感传感器的灵敏度。螺线管电感传感器的线性工作范围通常比气隙型电感传感器的线性工作范围大。

第二节　医用差动式电感传感器

差动式电感传感器是利用位移的变化使线圈间互感量发生变化，从而实现机电转换，在医学上应用比较广泛。

差动电感传感器是简单自感传感量的差动组合，它可以减小由简单自感传感器位移与自感量间非线性所形成的误差。无论是气隙型的还是螺线管的电感传感器，都可以构成差动电感传感器。以下以气隙型差动电感传感器为例讨论差动电感传感器的特性。

一、气隙型差动电感传感器的结构

气隙型差动电感传感器原理图如图 5-5 所示。互感传感器与两个等值电阻构成一交流电桥，电桥的激励电压为 U_e，电感传感器的参数相同，衔铁为二者所共有。衔铁位于中间位置时，由于二简单电感传感器的自感量相等，交流桥路平衡，输出电压 U_a 为零。当衔铁偏离中间位置时，二电感传感器的自感量不再相等，桥路失衡，产生输出电压，输出电压取决于衔铁的位移。

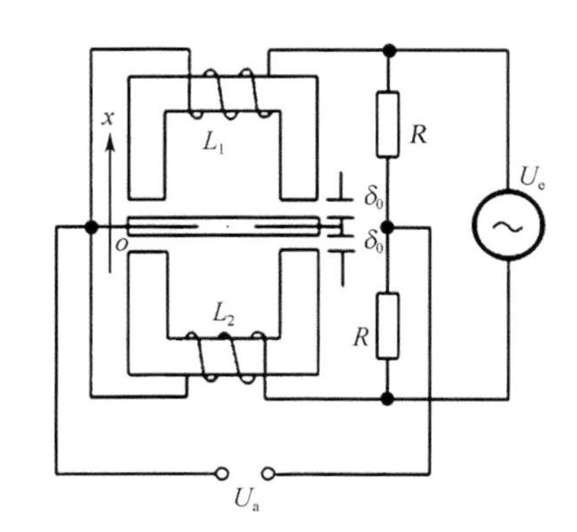

图 5-5　气隙型差动电感传感器原理图

衔铁位于中间位置时，二 π 型电感传感器具有相同的初始气隙长度 δ_0，具有相同的初始自感量 L_0，根据式(5-5)，L_0 为

$$L_0 = \frac{N^2\mu_0 S}{2\delta_0} \tag{5-20}$$

式中，δ_0 为衔铁位于中间位置时的初始气隙长度(m)。

当衔铁从中间位置起有一位 x 时，二电感传感器的自感量分别为

$$L_1 = \frac{N^2\mu_0 S}{2(\delta_0 - x)} = L_0\left(1 - \frac{x}{\delta_0}\right)^{-1} = L_0(1-\Delta)^{-1} \tag{5-21}$$

$$L_2 = \frac{N^2 \mu_0 S}{2(\delta_0 + X)} = L_0 (1 + \frac{x}{\delta_0})^{-1} = L_0 (1 + \Delta)^{-1} \tag{5-22}$$

式中，Δ 为相对位移量，$\Delta = \dfrac{x}{\delta_0}$。

在 Δ<1 的前提下，L_1、L_2 可按幂级数展开成:

$$L_1 = L_0 (1 + \Delta + \Delta^2 + \Delta^3 + \Delta^4 + \cdots) \tag{5-23}$$

$$L_2 = L_0 (1 - \Delta + \Delta^2 - \Delta^3 + \Delta^4 - \cdots) \tag{5-24}$$

上述二式反映出简单自感传感器(图 5-3)的自感量与位移 x 的非线性关系。

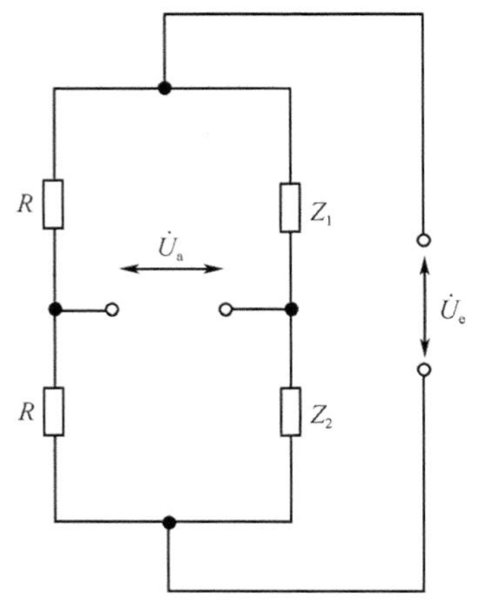

图 5-6　差动电感传感器等效电路

二、差动电感传感器的特性

将差动电感传感器原理图(图 5-5)中两个简单电感传感器用两个阻抗元件 $Z_1=r+j\omega L_1$, $Z_2=r+j\omega L_2$(r 为传感器线圈的电阻)替代，等效电路如图 5-6 所示。

当输出端开路时，由图 5-6 得传感器输出电压 $\dot{U}_a$ 为:

$$\begin{aligned} \dot{U}_a &= \left(\frac{1}{2} - \frac{Z_2}{Z_1 + Z_2}\right)\dot{U}_e = \frac{Z_1 - Z_2}{2(Z_1 + Z_2)}\dot{U}_e \\ &= \frac{\dot{U}_e}{2} \cdot \frac{j\omega(L_1 - L_2)}{2r + j\omega(L_1 + L_2)} \end{aligned} \tag{5-25}$$

根据公式(5-25)，差动电感传感器的输出电压 $\dot{U}_a$ 不是依赖于 L_1 或 L_2，而是依赖于它们的线性组合(L_1+L_2)、(L_1-L_2)。根据式(5-23)与式(5-24)，得

$$L_1 + L_2 = L_0 (2 + 2\Delta^2 + 2\Delta^4 + \cdots)$$

即(L_1+L_2)中不再包含 Δ 的奇次项，而(L_1-L_2)则是 Δ 偶次项相消的结果，即

$$L_1 - L_2 = L_0 (2\Delta + 2\Delta^3 + 2\Delta^5 + \cdots)$$

正是由于(L_1+L_2)、(L_1-L_2)中 Δ 的奇偶次项相消，使得表现在简单电感传感器中的非线性因素在差动电感传感器的输出中得到了补偿。(L_1+L_2)与(L_1-L_2)的图像见图 5-7。

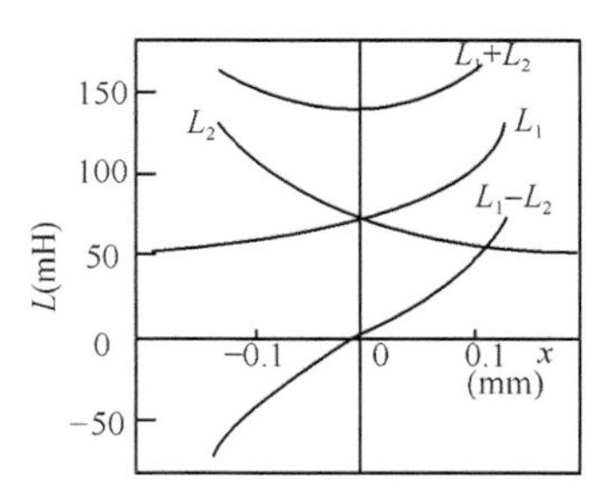

图 5-7　差动电感传感器电感组合(L_1+L_2)与(L_1-L_2)

于是:

$$\dot{U}_a = \frac{\dot{U}_e}{2} \cdot \frac{j\omega L_0 (\Delta + \Delta^3 + \Delta^5 + \cdots)}{r + j\omega L_0 (1 + \Delta^2 + \Delta^4 + \cdots)} \tag{5-26}$$

当 Δ≪1 时，略去式(5-26)分子中 Δ 的三次以上的高次项及分母中 Δ 的二次以上高次项，得

$$\dot{U}_a = \frac{\dot{U}_e}{2} \cdot \frac{j\omega L_0}{r + j\omega L_0} \cdot \Delta = \frac{\dot{U}_e}{2} \cdot \frac{j\omega L_0}{r + j\omega L_0} \cdot \frac{x}{\delta_0} \tag{5-27}$$

令 $Q = \frac{\omega L_0}{r}$，则公式(5-27)可写作

$$\dot{U}_a = \frac{\dot{U}_e}{2} \cdot \frac{1 + \frac{j}{Q}}{1 + \frac{1}{Q^2}} \cdot \frac{x}{\delta_0} \tag{5-28}$$

由式(5-28)可知，差动电感传感器的输出电压中除了含有与激励电压 $\dot{U}_e$ 同相的分量外，还含有与激励电压正交的分量，此正交分量对于高 Q 值的电感传感器可以忽略不计，此外经相敏解调亦能将这一分量去除，于是输出电压 $\dot{U}_a$ 为

$$\dot{U}_a = \frac{\dot{U}_e}{2} \cdot \frac{x}{\delta_0} \tag{5-29}$$

上式表明，差动电感传感器输出电压的幅值与衔铁位移的绝对值成正比，输出电压的相位与衔铁位移的方向相对应。差动电感传感器与相敏解调电路相配合，不仅能检测出位移的大小，而且能指示位移的方向。在相同的非线性误差前提下，差动电感传感器的线性工作范围比简单的自感传感器的线性工作范围大。

第三节　电涡流式传感器

涡流式传感器(vortex sensor)可以测量位移、厚度、加速度等物理量，其本身不与被测对象接触。在一些生理测量工作中，这种传感器具有突出优势：被测对象可以脱离电源；传感器对被测对象不产生附加阻力。

这种传感器的基本原理为一个线圈中通以高频电流，该线圈就产生了较大的阻抗。当我们用一金属片(或金属环、套)接近此线圈时，线圈所发射出来的交变磁场会使金属表面感应出涡流，此涡流有抵制线圈的交变磁场的反作用，因为涡流也产生一个交变磁场，其方向与线圈所产生的变磁场的方向相反。因此两种磁场相互作用，使线圈的电感量发生变化，这种变化与线圈和金属片的距离有关，用这种方法可以达到检测器官位移的目的。

涡流式传感器经常采用数百千赫交流激励的线圈，如图 5-8(a)所示。将一金属片放置在被测对象的表面，并使线圈的轴线与金属片中心点处的法线相重合，这样就可以使线圈的电感量随金属片和线圈间的距离 d 而变化，通过测量电路可以将线圈的电感量变化转变为电压 $\dot{U}_0$ 输出。d 和 $\dot{U}_0$ 之间的关系曲线如图 5-8(b)所示，可见这一关系曲线是非线性的，使用时可以选用曲线中线性度较好的部分。经验表明，这种传感器在 d=(1/5～1/3)线圈外径时可以获得较好的线性度，这种传感器最好在现场使用时标定。

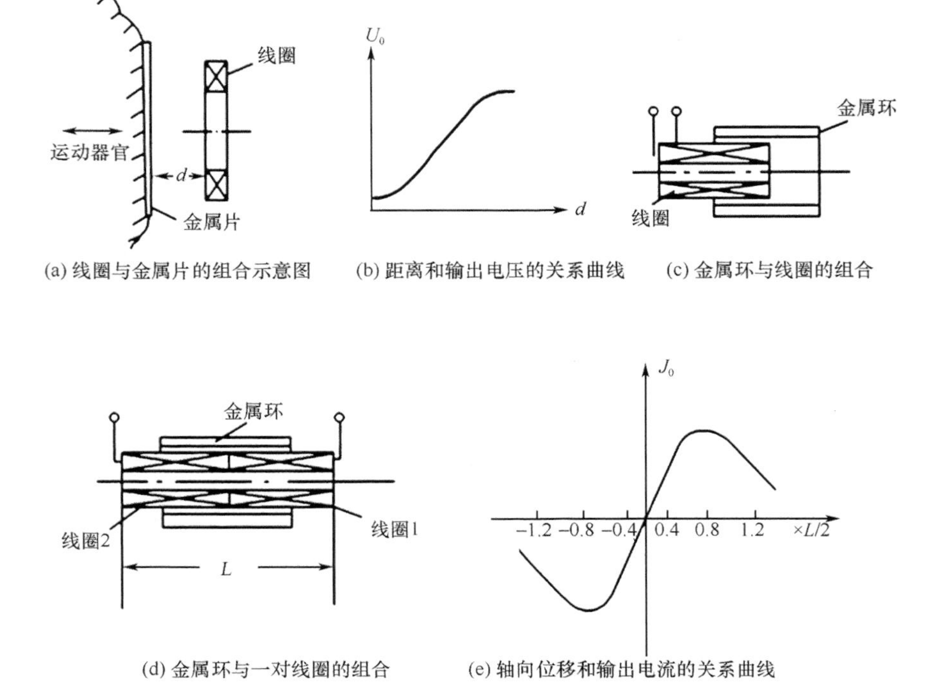

(a) 线圈与金属片的组合示意图　(b) 距离和输出电压的关系曲线　(c) 金属环与线圈的组合

(d) 金属环与一对线圈的组合　(e) 轴向位移和输出电流的关系曲线

图 5-8　涡流式位移传感器

涡流式传感器可用来测定心脏搏动时心壁位移量，也可以用此方法记录呼吸时胸廓的位移量。图 5-8(c)表示一金属环与线圈的组合方式，这种结构线性测量范围较窄，图 5-8(d)表示金属环与一对线圈组合成差动变化的结构，由于差动结构可以使输出特性曲线的非线性得到补偿，因此该结构可以得到较宽的线性测量范围。图 5-8(e)表示图 5-8(d)结构中轴向位移量和输出电流之间的关系曲线。使用时金属环与线圈间的相对位移应控制在一定的范围内，否则将出现较严重的非线性误差。差动结构具有良好的与零位对称的输出，测量电路可以附加相敏检测部分。

第四节　测 量 电 路

电感传感器是一种无源传感器(passive sensor)，为将传感器自感量的变化转换成电量输出，电感传感器测量线路主要采用交流电桥。交流电桥的固定桥臂可以是电阻、变压器的次级绕组或紧耦合的电感，如图 5-9 所示，图中 Z_1、Z_2 为差动电感传感器的阻抗。需要指出的是，紧耦合电感电桥无论是在灵敏度指标上还是在电桥的平衡上都更优越。

简单自感传感器的测量线路如图 5-10 所示，该线路的输出量是电流 I_0。该线路在精密测量中存在如下一些缺点：线性工作范围窄；无输入时就存在起始电流，因此不能实现零输入时零输出的要求，且激磁电流产生的磁场使衔铁产生附加位移将引起测量误差。将简单自感传感器的自感量转换成电的频率变化的设想是：将简单自感传感器与电容器构成一振荡器的线路，于是振荡器的振荡频率便是传感器自感量的函数。实现上述设想的典型线路如图 5-11 所示，这是一个电容三点式振荡器。

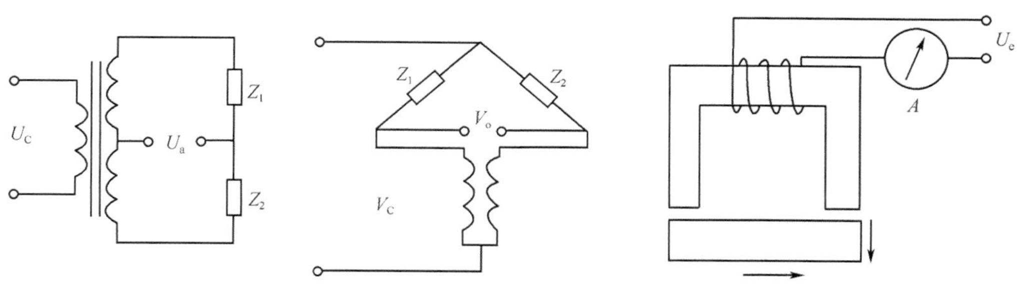

图 5-9　电感传感器测量线路图

图 5-10　自感传感器测量线路

设振荡器的振荡频率为

$$f = \frac{1}{2\pi}\frac{1}{\sqrt{LC_{eq}}} = \frac{1}{2\pi}\frac{1}{\sqrt{L\left(\dfrac{C_1C_2}{C_1+C_2}\right)}} \tag{5-30}$$

式中，f为振荡器的频率(Hz)；L为自感传感器的自感量(H)；C_1、C_2为电容三点式振荡器的电容(F)。

式(5-30)表明电感传感器频率转换线路将位移转换成与之对应的频率，这是传感器数字化的一种方法。

差动电感式传感器的测量线路可以用图 5-12 中的两种方法表示，图中点划线框内是第一种方法，虚线框内是第二种方法。

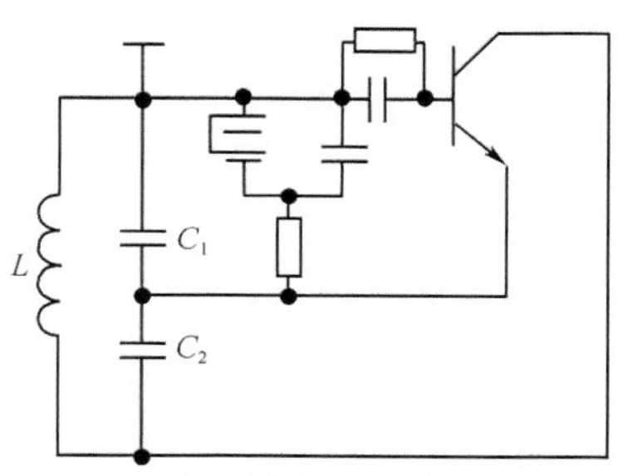

图 5-11　电感传感器频率转换电路

电感式传感器的铁芯和衔铁可以用软磁性材料如工业纯铁、坡莫合金、铁氧体等制成，对于不同的材料应该选用不同的电源(或振荡)频率。

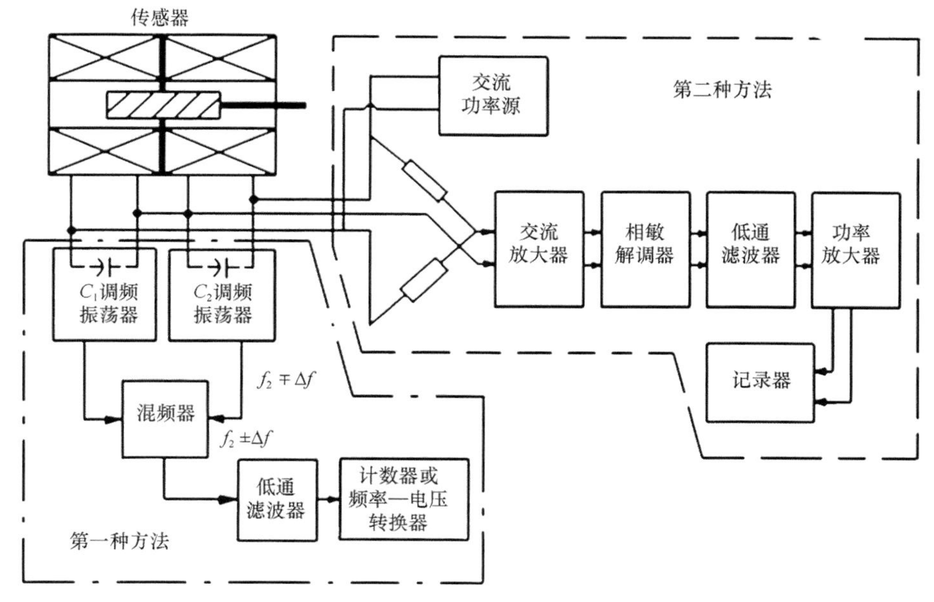

图 5-12　电感式传感器的测量线路原理图

第一种方法的作用原理如下：传感器的两个独立线圈分别与电容器 C_1 和 C_2 相连，并且被接于两个调频振荡器中。线圈电感量的变化各自控制了振荡器的频率变化。当传感器没有输入信息作用时，两个振荡器的频率均为固定值，当有位移信息作用时，它们的振荡频率 f_1 和 f_2 分别增加或减小了 Δf 的频率变量。两个振荡器送出的频率变化信号经一个混频器以后就得到了 $(f_1 - f_2 \pm 2\Delta f)$的频率信号，如果两个线圈及振荡器中的其他元件都是严格对称的，则 $f_1 - f_2=0$，此时输出的差频信号为$\pm 2\Delta f$，此信号与传感器电感量的变化成正比，因此也就与输入信息量成正比关系。如果用频率计监测输出信号，可以直接读出频率变化的输出量。如果增加频率-电压转换电路，就可以输出电压供多种记录器记录。

第二种方法是将传感器的两个线圈分别作为交流电桥的两个臂，另外两个臂可以用标准电阻或电容代替，调节电桥达到初始状态(无输入信号)下的平衡。在有输入信息时，电桥的不平衡输出经交流放大、相敏解调(phase-detecting demodulation)等过程即可输出电压或电流信号。

电感式传感器交流电源频率或振荡电路频率应根据所选用的铁芯和衔铁材料频率特性以及线圈电感量大小来决定，一般铁氧体材料可选用几十千赫至几百千赫，其他材料可选几百赫至几千赫。

电感式传感器便用时不应使衔铁位移量太大，否则会出现较大的非线性误差；电源电压的波动也会直接影响到传感器的输出量，铁芯的磁感应强度应选择在磁化曲线的线性段，因为在非线性段材料的导磁率变化较大；电感式传感器的线圈匝数较多，分布电容会影响到测量电桥的不平衡输出；另外线圈不对称，电源中的高次谐波也可能影响输出信号。

第五节　电感式传感器的医学应用

从原理上讲，无论是自感式传感器还是差动式传感器都只能用于位移的检测；然而根据传感器组合技术原理，如果将电感传感器的输入信号位移看做是中间量，那么原则上任意一个可以实现其他物理量到位移转换的环节 A 与电感传感器(即环节 B)相结合，就能将电感传感器的应用范围扩展到其他物理量的检测中。如果环节 A 是对压力敏感的弹性元件膜片、膜盒、弹簧管，就能实现压力的检测；如果环节 A 是一个能将力、振动转换为位移的力学系统，则能实现力、振动的检测。

图 5-13 是用于血压测量的电感传感器的原理图。图中的导磁金属膜片既是压力的敏感元件，又是差动电感的公用衔铁。二差动电感线圈绕制在罐状铁氧体磁芯上，磁芯的孔作压力传递用。为便于清洗，传感器的内、外腔利用塑料薄膜隔开，内腔充满硅油。当膜片两侧压力不相等时，膜片凹向压力小的一边引起位于膜片两侧的二电感线圈自感量的差动变化。

用于肢体震颤测量的电感传感器也是按照差动电感器原理设计的，如图 5-14 所示。它的两个电感线圈也是绕制在具有环形气隙的罐状铁氧体磁芯上的。该差动电感传感器的公用衔铁是固定在圆形的螺旋弹簧膜片上的铁氧体质量块。弹簧膜片和铁氧体质量块与空气阻尼构成一个二阶力学系统。忽略弹簧膜片的质量，力学系统的固有频率 $f_0 = \dfrac{\omega_0}{2\pi} = \dfrac{1}{2\tau}\sqrt{\dfrac{k}{m}}$，$m$ 为铁氧体质量块的质量，k 为弹簧的刚度。当传感器的外壳(固定在被测肢体上，如指端)的振动频率远小于 f_0 时，公用衔铁相对传感器外壳的位移正比于被测加速度，于是传感器的输出正比于肢体震颤的加速度。

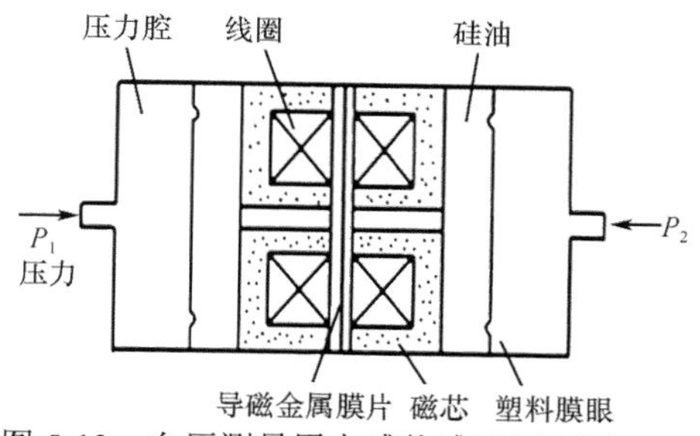

图 5-13 血压测量用电感传感器原理图

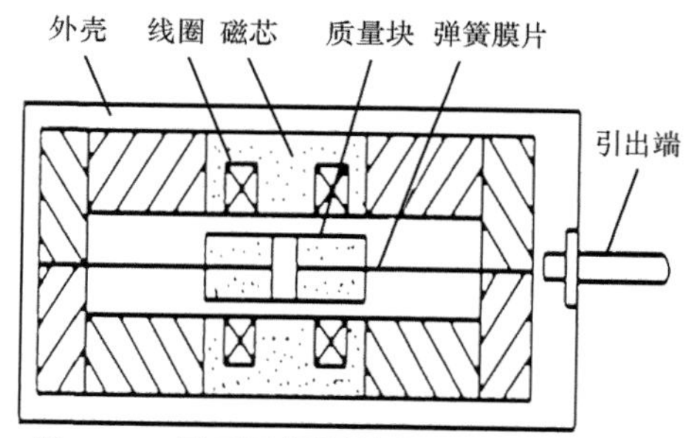

图 5-14 用于震颤测量的电感传感器

思 考 题

1. 电感式传感器有哪些种类？它们的工作原理是什么？
2. 推导差动自感式传感器的灵敏度，并与单极式相比较。
3. 试分析差动变压器相敏检测电路的工作原理。
4. 分析电感传感器出现非线性的原因，并说明如何改善？
5. 简述电涡流效应及构成电涡流传感器的可能的应用场合。

第六章 电阻式传感器

电阻式传感器(resistive sensor)是一种把生物体生理参数的非电量(如位移、振动、加速度、力、压力……)转换为电阻改变量的传感器变换单元，它在人体生理参数的测量中获得了广泛的应用。

电阻式传感器大体上可分为两类：一类是金属应变片型，它是用金属丝或金属箔敏感元件制成的片状传感器。金属应变片贴在弹性元件或被测物体上，在弹性元件或被测物体变形时，应变片电阻发生相应变化，另一类是半导体固态压阻传感器，是近些年来发展起来的新型传感器。它是在半导体膜片上扩散成电阻的方法制成的。膜片发生变形时，电阻值也会发生变化。

第一节 金属应变片式传感器

金属应变片(metal strain gauge)传感器主要包括弹性元件、金属应变片。在弹性元件产生变形时，粘贴其上面的金属应变片随之变化，并把变形转化为电阻值的变化。其主要工作机理是金属应变片的电阻应变效应。

一、金属应变片的结构与种类

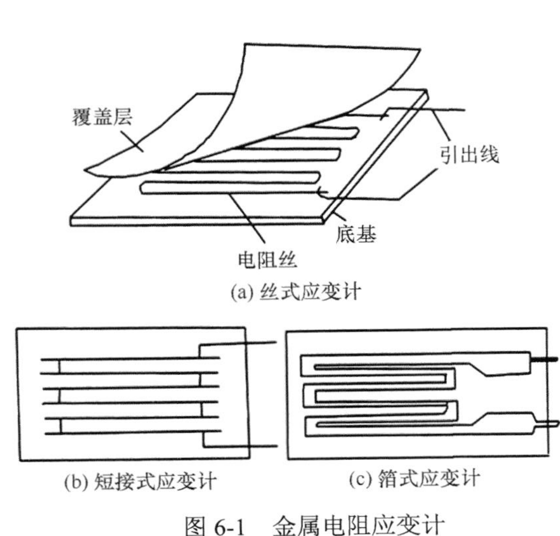

图 6-1 金属电阻应变计

用金属应变片制作的生理传感器品种繁多，形式多样。通常在仪器中采用的应变片有两种类型，一种是丝式应变计(wire strain gauge)，另一种是箔式应变计(foil strain gauge)。这两种应变计在国内主要使用的材料是康铜合金。

丝式应变计如图 6-1(a)、(b)所示，其基本结构主要由电阻丝、底基、覆盖层和引线构成。栅格状电阻丝在一定的应力作用下均匀地排列在底基和覆盖层之间，应变丝的引出线用铜丝或银线。应变片底基作为栅状电阻丝依托层，同时又具有电绝缘特性的材料，底基一般可以采用酚醛树脂、环氧树脂、聚乙烯醇缩甲乙醛、聚酰亚胺等材料制成。特别应该指出的是聚酰亚胺具有良好的绝缘电阻和温度变化特性，并且还有蠕变小、线性、迟滞误差小、长时间使用零点稳定性最好、灵敏度高等特点。

短接式应变片如图 6-1(b)所示，敏感栅由电阻丝平行排列，两端用比栅直径大 5 ~10 倍的镀银丝短接构成，目的是为了使非敏感方向的测量误差减小。例如我们需要应变片在其纵向的应变作为有用信号，因此就希望它的横向应变输出为最小。如果把栅状电阻丝的转弯处的一小段短路以后，就可以大大地消除此项误差的来源。

箔式应变片如图 6-1(c)所示。它是利用光刻、腐蚀等工艺制成的一种很薄的金属箔栅，其厚度一般在 0.003～0.01mm，其优点是由于接触面积大，它的散热条件比丝式应变片好得多，因为这种应变片可以采用光刻工艺制作，因此有利于大批生产。目前采用这种元件制成的传感器比较多。

应变片是用粘贴剂粘贴到试件上的。粘贴剂形成的胶层必须准确迅速地将试件应变传递到敏感栅上。粘贴一般可以采用下列程序：零件表面清理、涂胶、加压固化、粘贴质量检查、防潮处理。

黏合剂选择应考虑如下要素：①应变片材料特征和被测材料性能；②黏结力强，黏结后机械性能可靠；③黏合层要有足够大的剪切弹性模量；④良好的电绝缘性，蠕变和滞后小；⑤耐湿，耐油，耐老化；⑥应变片的工作条件，如温度、相对湿度、稳定性要求；⑦贴片固化时加热加压的可能性。

常用的粘贴剂类型有硝化纤维素型、氰基丙烯酸型、聚酯树脂型、环氧树脂型和酚醛树脂型等，粘贴良好的传感器在 50～100V 的电压下，绝缘电阻可达 100MΩ至数百兆欧。此外，要注意测量有关参数时，不能用过高电压以防止击穿胶膜层。

二、金属应变式传感器工作原理

在拉伸金属材料使之产生机械变形的同时，测量其被拉伸部分的电阻值，可以发现：在金属导体的拉伸比例极限内，金属导体电阻的相对变化与应变成正比，即

$$\frac{\mathrm{d}R}{R}=k_0\varepsilon \tag{6-1}$$

式中，R 为无应变时电阻值；$\mathrm{d}R$ 为产生应变时电阻变化量；ε为应变；k_0 为金属材料灵敏系数。

公式(6-1)中 k_0 为一常数，它表示该种材料固有特性。设有一段金属电阻丝，当它没有受到外力作用时其电阻为：

$$R=\rho\frac{L}{A} \tag{6-2}$$

其截面积为 A，电阻率为 ρ，长度为 L。

在金属丝受外部拉力作用时，A、L 和ρ都随形变而改变，从而导致 R 发生变化。为了研究在外部拉力下电阻丝阻值的变化，将(6-2)式取自然对数：

$$\ln R=\ln\rho+\ln L-\ln A \tag{6-3}$$

再对(6-3)式取全微分：

$$\frac{\mathrm{d}R}{R}=\frac{\mathrm{d}\rho}{\rho}+\frac{\mathrm{d}L}{L}-\frac{\mathrm{d}A}{A} \tag{6-4}$$

上式中 $\mathrm{d}R$ 为金属丝在拉力作用下电阻值变化量，而 $\mathrm{d}R/R$ 为电阻丝阻值在拉力作用下的相对变化率。从上式可以看出，电阻值的相对变化率取决于三个基本因素：

(1) 电阻丝电阻率相对变化量($\mathrm{d}\rho/\rho$)。

(2) 电阻丝长度相对变化量($\mathrm{d}L/L$)。

(3) 电阻丝截面积相对变化量($\mathrm{d}A/A$)。　轴向应变相对变化量 $\mathrm{d}L/L$ 用应变 ε 表示为

$$\varepsilon=\frac{\mathrm{d}l}{l} \tag{6-5}$$

设 r 为电阻丝的半径，微分后得到 $dA=2\pi r dr$，则：

$$\frac{dA}{A}=2\frac{dr}{r} \tag{6-6}$$

由材料力学可知，在弹性范围内，金属丝受拉力时，沿轴向伸长，沿径向缩短，令 $dl/l=\varepsilon$ 为金属电阻丝的轴向应变，dr/r 为径向应变，那么轴向应变和径向应变关系可以表示为

$$\frac{dr}{r}=-\mu\frac{dl}{l}=-\mu\varepsilon \tag{6-7}$$

式中，μ 为电阻丝材料的泊松比，负号表示应变方向相反。

将式(6-5)和式(6-7)代入式(6-4)中得出：

$$\frac{dR}{R}=(1+2\mu)\varepsilon+\frac{d\rho}{\rho} \tag{6-8}$$

式中右侧第一项是因形变直接引起的电阻相对变化量，常称其为尺寸效应(dimension effect)；第二项是因应变使电阻率变化而引起的电阻相对变化量，常称其为压阻效应(piezoresistive effect)。当然，对于某一应变元件来说在某一温度下，在其弹性范围内，其压阻效应大小也取决于应变大小，所以应变电阻器件的电阻相对变化量与应变量在形变较小范围内呈线性关系。

通常把单位应变引起的电阻值变化称为电阻丝的灵敏系数，其物理意义为单位应变所引起的电阻相对变化量，其表达式为：

$$k_0=\frac{dR/R}{\varepsilon}=(1+2\mu)+\frac{d\rho/\rho}{\varepsilon} \tag{6-9}$$

由式(6-9)可知，金属材料的灵敏系数受两个因素的影响：一是受力后因材料的尺寸变化而引起的，即$(1+2\mu)$项；二是受力后材料电阻率发生变化而引起的，即$\left(\frac{d\rho/\rho}{\varepsilon}\right)$项，这是由于材料发生形变时，其自由电子的活动能力和数量发生变化的结果。

金属电阻材料制成的金属丝应变片和金属箔式应变片，因电阻率的变化而引起的电阻值变化是较小的，其灵敏系数 k_0 主要取决于第一项。金属材料在弹性形变时，μ 约为 0.3，所以 k_0 的第一项约为 1.6。根据对各种材料进行的试验，可以看出 k_0 受$\left(\frac{d\rho/\rho}{\varepsilon}\right)$项的影响情况。

三、金属应变片的特性

1. 最高工作频率 电阻应变片在测量频率较高的动态应变时，应变是以应变波的形式在材料中传播的，它的传播速度与声波相同(对钢材 V=5000 m/s)，因此应变片要反映应变的变化是需要经过一定时间的，只有在应变波通过敏感栅全部长度后，应变片所反映的波形经过一定时间的延迟，才能达到最大值。应变片的最高工作频率与应变片线栅的长度(或称基长)有关。

2. 应变片电阻值 应变片电阻是指应变片没有粘贴且未受应变时，在室温下测得的电阻值。目前国内应变片电阻系列尚无统一标准，习惯上选用 60Ω、120Ω、200Ω、350Ω、500Ω、1000Ω，其中以 120Ω 的为最常用。电阻值大，应变片承受的电压可以加大，输出信号得到增强。

3. 最大工作电流 最大工作电流指已安装的允许通过敏感栅而不影响其工作特性的最大电流。工作电流大，应变片输出信号就大，因而灵敏度高。通常允许电流值在静态测量时约取 25mA，动态测量时可高一些可取 75 ~100mA，箔式应变片可取更大一些。但过大的工作电流会

使应变片本身过热，使灵敏系数变化，零漂和蠕变增加，甚至把应变片烧毁。

4．零漂和蠕变　粘贴在试件上的应变片，温度保持恒定，在不承受机械应变时，其指示应变随时间而变化的特性，称为该应变片的零漂(strain gauge zero shift)。在温度保持恒定时，如果使其承受一恒定的机械应变时，指示应变随时间变化的特性，称为应变片的蠕变(strain gauge creep)。

这两个指标都是衡量应变片特性对时间的稳定性的，对于长时间测量的应变片才有意义，实际上，蠕变中已包含零漂，因为零漂是不加载的情况，它是加载情况的特例。

5．应变片的灵敏系数　具有初始电阻 R 的应变片粘贴于试件表面时，试件受力引起的表面应变传递给应变片的敏感栅，使其电阻相对发生变化 $\Delta R/R$，应变片的单位电阻变化率与该试件上应变片沿灵敏轴线方向所产生的单位变形之比，其数学表达式为:

$$k=\frac{\Delta R/R}{\Delta L/L} \tag{6-10}$$

或

$$\frac{\Delta R}{R}=k\varepsilon(\text{其中}\varepsilon=\Delta L/L) \tag{6-11}$$

实验证明，$\left(\frac{\Delta R}{R}\right)$与$\varepsilon$的关系在很大范围内有很好的线性关系。金属线材的电阻相对变化与它所受的应变之间具有线性关系，并且用 k_0 表示线材的灵敏系数。必须注意到当用金属线材作成金属应变片后，由于形成了部件，应变片的灵敏系数就不再是k_0值，而是k值，且k值小于k_0。应变片的灵敏系数 k 是通过特定的试验求得的，又称为“标称灵敏系数”。

6．横向效应和横向灵敏度(transverse sensitivity)　金属丝应变片的横向效应表现得最为典型，当金属线材受单向拉力时，线材的任一微段的应变都是相同的。由于每段都受到同样大小的拉应力，其应变也相同，故线材总电阻的增加值为各微段电阻增量之和。但线材弯折成格栅状制成应变片后，如也按应变片的灵敏轴向施以拉力，则直线段部分的电阻丝仍产生沿轴向的拉应变，其电阻是增加的，问题在于各圆弧段。如图 6-2 所示。由于沿 x 方向拉伸，除有沿 x 方向产生的应变ε_x外，还有在与 x 方向相垂直的 y 方向产生压缩应变ε_y，使圆弧段截面积增大，电阻值减小。敏感栅的电阻虽然总的表现为增加，但因存在各圆弧段电阻值减小的影响，故应变片的灵敏系数 k 要比同样长度单纯受轴向力时的灵敏系数为小。这种因弯折处应变的变化使灵敏系数减小的现象称之为应变片的横向效应。

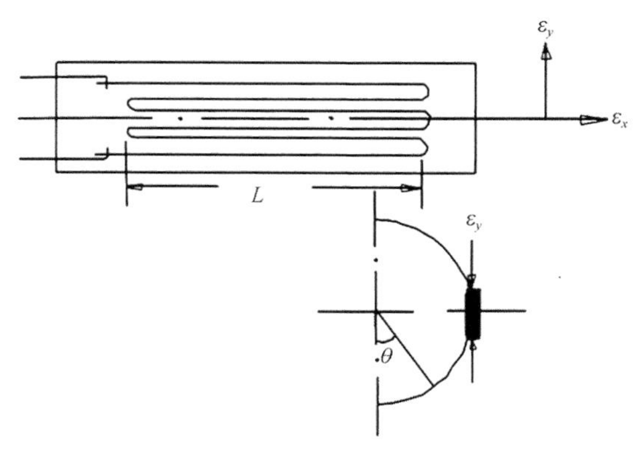

图 6-2　横向应变

设 k_x 为应变片对轴向应变的灵敏系数，它表示当ε_y=0 时，敏感栅电阻相对变化与ε_x 之比；设k_y为应变片对横向应变的灵敏系数，它表示当ε_x=0 时，敏感栅电阻相对变化与ε_y之比，k_y和 k_x 之比称为横向系数 k_k，即

$$k_k = \frac{k_y}{k_x} \tag{6-12}$$

当把金属应变丝、应变片粘贴在被测件上，并使其受敏感轴向拉力时，沿与敏感轴垂直的 y 方向也产生应变，则电阻按下式关系变化：

$$\frac{\mathrm{d}R}{R} = k_x\varepsilon_x + k_y\varepsilon_y \tag{6-13}$$

$$\frac{\mathrm{d}R}{R} = k_x(\varepsilon_x + k_k\varepsilon_y) \tag{6-14}$$

考虑到$\varepsilon_y=-\mu\varepsilon_x$ 则(3-14)可改写成

$$\frac{\mathrm{d}R}{R} = k_x\varepsilon_x(1-\mu k_k) = k\varepsilon_x \tag{6-15}$$

则

$$k = k_x(1-\mu k_k) \tag{6-16}$$

式中，ε_x为应变片沿敏感轴方向的应变；ε_y为应变片沿敏感轴垂直方向的应变；k为应变片的灵敏系数。

上式说明了应变片的标定灵敏系数 k 与 k_x 及 k_k 间的关系，标定灵敏系数 k 要比应变片的轴向灵敏系数 k_x 为小。

为了减小横向效应所造成的误差，从(6-16)式可以看出，必须减小横向灵敏系数 k_k 或 k_y 值。经分析，应变丝的圆弧半径越小，基长 l 越长，则 k_k 值越小。就是说，敏感栅越窄，基长 l 越长的应变片，其横向效应越小，引起的误差也越小。实验表明，当基长 l <10 mm 时，k_k 值甚大，应变片灵敏系数 k 下降很快。当 l >15 mm 时，k_k 值大大减小，并趋于稳定值。因此使用大基长的应变片时，横向效应引起的误差小。由于箔式应变片的弯折处甚宽，其横向效应要比金属丝应变片小。

7．应变片的应变极限(strain limit)　随应变加大，应变器件输出的非线性加大，如图 6-3 所示，特性曲线随真实应变增加而出现向下弯曲，指示应变偏离要求的直线特性(虚线所示)而产生非线性误差，这种非线性误差达到规定值时所对应的真实应变，即为应变片的应变极限。

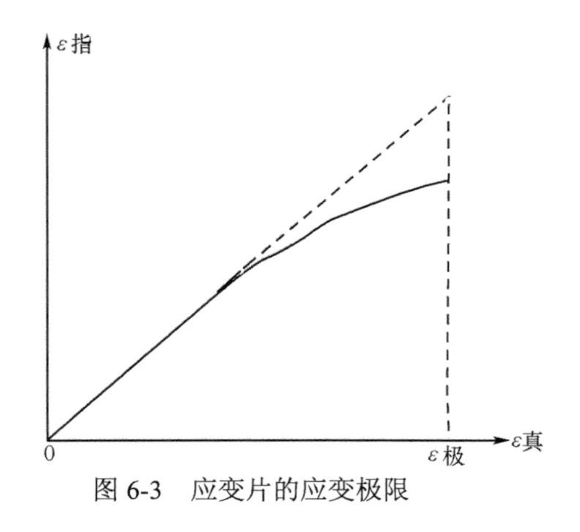

图 6-3　应变片的应变极限

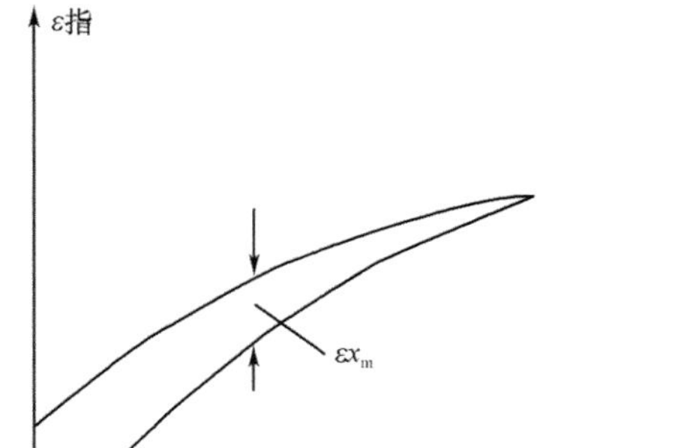

图 6-4　应变片的机械滞后

图 6-3 中指示应变$\varepsilon_{指}$是经过校准的应变仪的应变读数，它是与应变片的 $\Delta R/R$ 相对应的。真实应变$\varepsilon_{真}$是应变片的实际应变值。一般情况下，影响应变极限大小的主要因素是黏合剂和基底材料的性能，在结构的真实应变增大时，它传递形变的能力逐渐下降，使指示应变不再随真实应变而成线性变化。

8．机械滞后(mechanical hysteresis)　敏感栅、基底和覆盖层承受机械应变后，一般都会存在残余变形，造成应变器件的机械滞后。已经安装好的应变片，在一定温度下，其 $\Delta R/R(\varepsilon_{指})$与$\varepsilon_{真}$的加载特性与卸载特性不重合，如图 6-4 所示，因此在同一真实应变值下，其对应的 $\Delta R/R(\varepsilon_{指})$值不一致，这个加卸载差值$\varepsilon_{xm}$称为应变片的滞后值。因此，要选用性能良好的黏合剂与基底材料，敏感栅材料(如金属丝或金属箔)要经过适当的热处理，这样可以减少应变片的机械滞后。

9．金属应变片的温度特性　把应变片粘贴在自由膨胀的试件上，如果环境温度发生变化，在不受任何外力的作用时，应变片的电阻值将随之发生变化。在测量中，应变片电阻必然造成误差，称这种误差为应变片的温度误差。金属应变片由温度引起的电阻变化与试件应变引起的电阻变化几乎具有相同的数量级，必须采取补偿措施，以便测量能正常进行。

应变片电阻变化受环境温度改变影响的原因有两个：一是应变片的金属敏感栅电阻本身随温度变化；二是由于试件材料和敏感栅材料的线膨胀系数不同而造成应变片的附加变形使得电阻变化。

当环境温度变化 Δt℃时，由上述两种原因造成的应变片电阻的增量可用下式表达：

$$\Delta R_{\mathrm{t}} = R_{\mathrm{a}}\Delta t + R_{\mathrm{k}}(\beta_{\mathrm{s}} - \beta_{\mathrm{g}})\Delta t = R[\alpha + k(\beta_{\mathrm{s}} - \beta_{\mathrm{g}})]\Delta t \tag{6-17}$$

令 $\alpha_{\mathrm{t}} = \alpha + k(\beta_{\mathrm{s}} - \beta_{\mathrm{g}})$，则

$$\Delta R_{\mathrm{t}} = R \cdot \alpha_{\mathrm{t}} \cdot \Delta t \tag{6-18}$$

$$\alpha_{\mathrm{t}} = \frac{\Delta R_{\mathrm{t}}}{R \cdot \Delta \mathrm{t}} \tag{6-19}$$

式中，α_{t} 为金属应变片的电阻温度系数；R 为金属应变片的电阻值；α为电阻丝或箔的电阻温度系数；β_{S} 为试件材料的线膨胀系数；β_{g} 为电阻丝材料的线膨胀系数；k 为应变片的灵敏系数。

由上式可知，因环境温度改变而引起的附加电阻变化除与环境温度变化有关外，还与应变片本身的性能参数 k、α、β_{g} 以及被测试件材料的线膨胀系数β_{s} 有关。由于温度误差相当大，在测量中必须进行补偿，通常采用的是线路补偿法。把受力的工作应变片 R_1 贴在受力件上，把补偿应变片 R_{B} 贴在不受力但环境温度相同的材料上，然后把工作片和补偿片接入电桥线路，使之处于相邻的桥臂上，如图 6-5(a)所示。显然，由于温度变化而引起的工作片电阻变化 $\Delta R_{1\mathrm{t}}$，将与补偿片的电阻变化 ΔR_{Bt} 相等，因而相互补偿。电桥输出将只反映 R_1 的应变大小，而与温度无关。

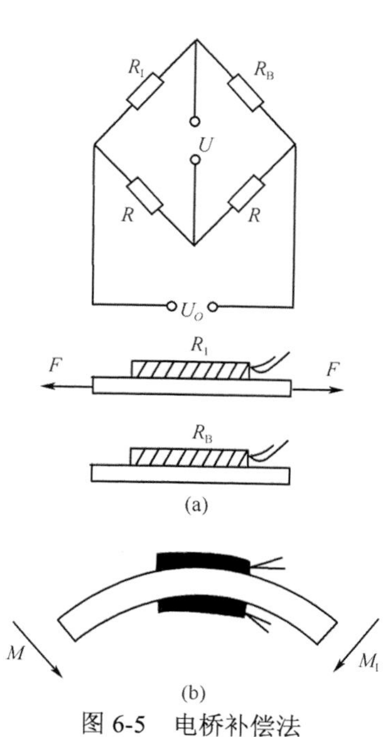

图 6-5　电桥补偿法

在测量弯曲应变时，试件上表面受拉力，下表面受压力，电阻值变化符号相反而绝对值相等。此时，可将工作应变片 R_1 贴在上表面，把 R_{B} 贴在对应的下表面上，弯曲时，R_1 增加，R_{B} 减小，仍把 R_1 和 R_{B} 接在电桥的相邻两臂。其结果是，既

使电桥的输出增加一倍，提高了输出灵敏度，又可补偿环境温度造成的误差，如图 6-5(b)所示。

第二节 半导体固态压阻式传感器

半导体固态压阻式传感器(solid-state piezoresistive sensor)是近年来发展起来的新型传感器。半导体材料在机械应力的作用下，使得材料本身电阻率发生了较大的变化，这种现象叫做压阻效应。半导体晶片压阻效应的方向性很强，对于一个给定半导体晶片来说，在某一晶格方向上压阻效应最显著，而在其他方向上压阻效应就较小或不会出现。

晶体在应力作用下，晶格间的载流子(空穴、电子)的相互作用发生了变化，从能量的角度来看，原子结构中导带和价带之间禁带宽度发生了变化，这就影响了导带中载流子数目，同时又使载流子的迁移率发生变化，晶体的电阻率发生了变化，半导体应变片的应变灵敏系数要比金属应变片大几十倍至一百多倍。

半导体应变元件主要有两大类型：①体型半导体应变片，这种元件和金属应变片一样需要胶水粘贴；②扩散式半导体应变片，这种元件又有两种型式，其一是不需粘贴片子，如半导体硅膜片，它既是敏感元件，又是换能元件；另一种是需要粘贴的片子，这种片子尺寸很小，只作换能元件使用。

一、体型半导体应变片

体型半导体应变片(bulk type semiconductor strain gauge)是一种将半导体材料按一定方向切割成的片状小条，经腐蚀压焊粘贴在基片上而成的应变片。

常采用 P 型或 N 型硅材料按其最强压阻效应的方向切割成厚度为 0.02～0.05mm，宽度为 0.2～0.5mm，长度为几个毫米的薄片，然后用底基、覆盖层、引出线将其组合成应变片。用半导体应变元件制成传感器以后，可以获得高灵敏度、低机械滞后、疲劳极限好、体积小、横向灵敏度接近为零(这是因为晶体本身具有定向灵敏的特点)等优点。

半导体应变片有下列 4 种典型的构成方法，如图 6-6 所示。图 6-6(a)是最普通的半导体应变片，它是将 P 型或 N 型单晶硅片切割成细条状，经腐蚀减小其断面尺寸，然后在此细条的两端蒸镀上一层黄金，这样两端可以形成重渗透以防止应变片与引出线间的二极管效应，并且还可以在两端焊接黄金丝内引线。将带有内引线的硅条进行第二次腐蚀达到所规定的尺度，最后将此硅条粘贴在带有引线焊接箔的底基上，焊接好内引线和外引线后，就成了半导体应变片，有些半导体应变片的上表面还加有一层覆盖膜作为保护层。

图 6-6(b)是由两种材料制成的半导体应变片，这种元件具有一定的温度补偿作用。图 3-6(c)是我国研究制成的一种无底基式的半导体应变片，它的基本形状与金属箔式金属应变片相似，这种应变片的厚度为 0.02～0.03mm，长度为 4.5 mm，电阻值为 120～240Ω，应变系数为 95%±5%，线性度较好，灵敏度温度系数为 0.1% / ℃，电阻温度系数为 0.04%～0.08%/℃。因为元件是无底基的，所以粘贴之前应先在敏感元件的表面涂一层绝缘胶水，待固化后再将无底基应变片粘贴上去。

图 6-6 (d)、(e)是用子流体压力测量的半导体应变片，它们具有一个金属片底基，在金属片底基上涂有一层耐高温的绝缘层，再采用真空蒸镀的工艺将半导体材料沉积在绝缘层上，这种方法可以一次制成完整的 4 个半导体电阻箔。半导体箔之间的连接及引出线的焊接片都是由蒸镀工艺在绝缘膜上涂覆的金属箔完成的，通过改变制作工艺过程中的条件还可以得到多种电阻

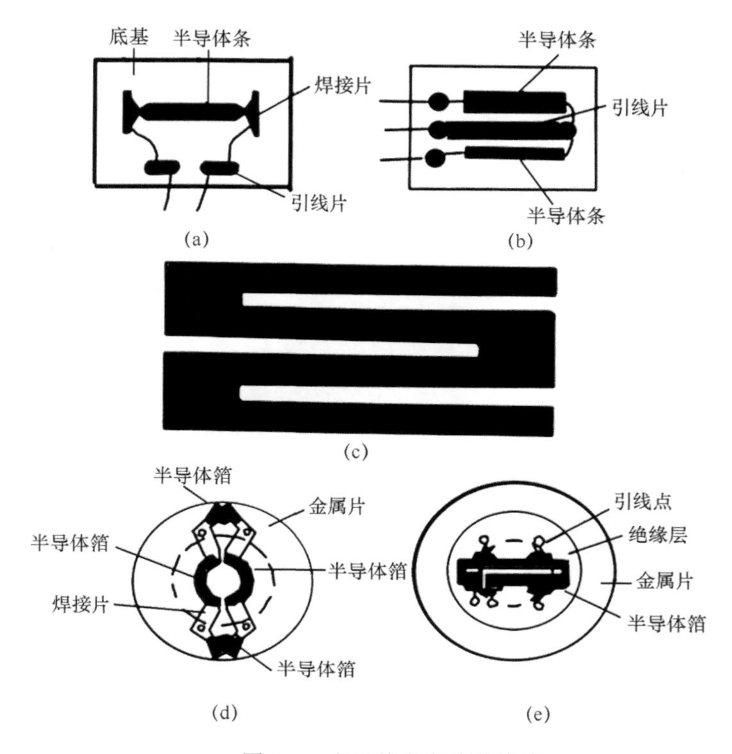

图 6-6　半导体应变片的构成

(a) 普通半导体应变片; (b) 补偿式半导体应变片; (c) 无底基半导体应变片; (d)、(e)金属片的半导体压力膜片

值的应变片。图 6-6(e)中的 4 个半导体箔的分布位置与本章第二节中的圆形压力膜片上的金属应变片的分布位置基本原则相同，这样的元件可用于多种测量目的，并且可以制成高精度、高灵敏度、超小型的传感器。

半导体应变片的电阻变化率可由下式表示：

$$\frac{\Delta R}{R}=(1+2\mu+\Pi_{e}y)\varepsilon \tag{6-20}$$

式中，μ为材料的泊松系数；Π_e 半导体材料的压阻系数；ε为沿半导体应变片横向的应变量 5；y 为杨氏模量。

(6-20)式括号内的第一、二两项是应变作用下半导体片的几何形状变化对电阻的影响，这两项的和比第三项小得多，因此上式可以简化为

$$\frac{\Delta R}{R}=\Pi_{e}y\varepsilon \tag{6-21}$$

或

$$k_{B}=\frac{\Delta R}{R}/\varepsilon=\Pi_{e}y \tag{6-22}$$

半导体应变片的应变系数 k_B 可以从 50 到 200。而一般的金属丝应变片的应变系数只有 2~4。

二、扩散式半导体应变片

扩散式半导体应变片(diffused semiconductor strain gauge)是随着近代半导体工艺的发展而

出现的新型元件，将 P 型半导体扩散到 N 型硅基底上，从而形成了一层极薄的 P 型层导电层，再通过超声波和热压焊法接上引线后就形成了扩散式半导体应变片。

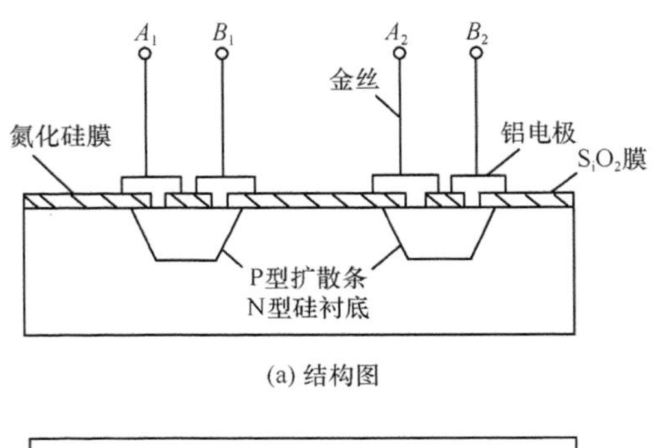

(a) 结构图

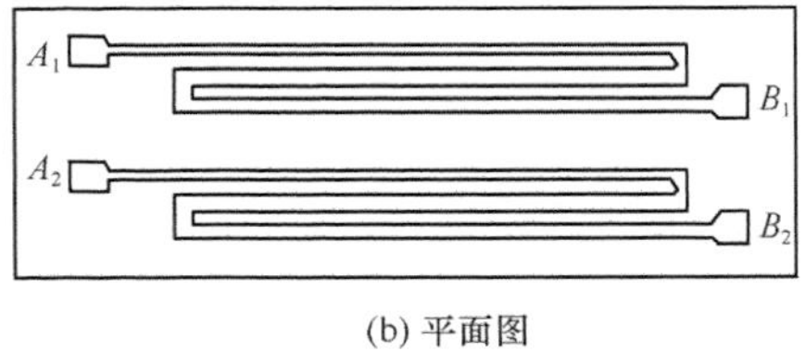

(b) 平面图

图 6-7 压敏电阻片

我国已制成如图 6-7 所示的半导体压敏电阻片，其典型尺寸为 1 mm×2 mm×0. 06 mm，此元件是在 N 型衬底上扩散了两条 P 型电阻条，然后把金丝的球端焊到应变片的铅压点上，为使元件能长期稳定工作，最后在其表面上生长一层氮化硅膜。图 6-7(a)表示了此元件的结构，图 6-7(b)表示此元件中的两条半导体电阻的分布情况。

此元件的主要指标如下：

电阻值：3000kΩ ± 10%。

P-N 结特性：BV≥50V(硬击穿电压)。

工作电流：2～4mA。

温度系数：≤30μV / ℃(−20~+60℃ 全桥)。

扩散式应变元件可制作在硅圆柱、硅块或硅膜片上。硅膜片是敏感元件和换能元件的组合体，真正摆脱了粘贴工艺，因此在压力测量中得到广范应用。

三、传感器电路

1. 恒压源供电 为了使灵敏度得到提高，把扩散式压敏电阻接成惠斯登全桥，同时把电阻值增加的两个电阻对接，阻值减小的两个电阻对接，电桥输出灵敏度达到最大，如图 6-8 所示。

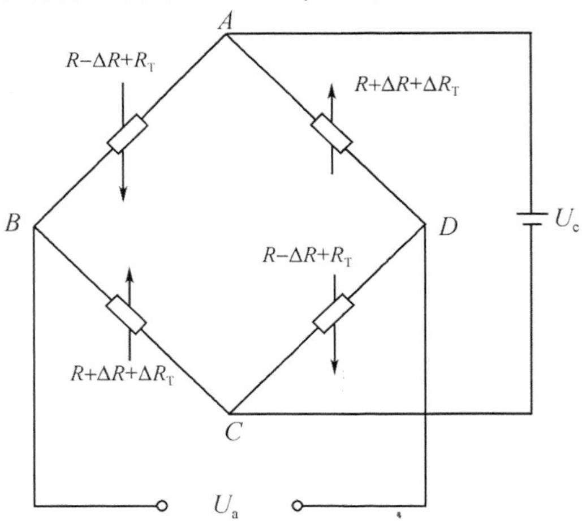

图 6-8 恒压源供电

当有应力作用时，两个电阻增量为 ΔR，另两个对接电阻减小量为$-\Delta R$，另外，由于温度的影响，使每个电阻都有 ΔR_T 的变化量。根据图 6-8，电桥输出为：

$$U_a = \frac{U(R+\Delta R+\Delta R_T)}{R-\Delta R+\Delta R_T+R+\Delta R+\Delta R_T} - \frac{U(R-\Delta R+\Delta R_T)}{R+\Delta R+\Delta R_T+R-\Delta R+\Delta R_T}$$

整理后得

$$U_a = U\frac{\Delta R}{R+\Delta R_T}$$

当 $\Delta R_T=0$ 时

$$U_a = U\frac{\Delta R}{R} \tag{6-23}$$

恒压源供电时，电桥输出与 $\Delta R/R$ 成正比，同时与恒压 U 成正比，也就是说电桥输出与电源电压精度有关。事实上，很难使 $\Delta R_T=0$，当 $\Delta R_T\neq 0$ 时，电桥输出和温度呈非线性关系，所以恒压源供电不能消除温度的影响。

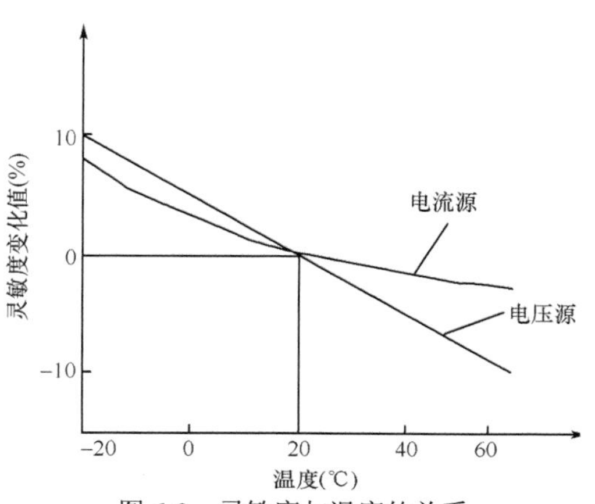

图 6-9　灵敏度与温度的关系

2．恒流源供电　恒流源供电时，假设电桥的两个支路电阻相等，即 $R_{ABC}=R_{ADC}=2(R+\Delta R_T)$，则有

$$I_{ABC}=I_{ACD}=\frac{1}{2}I$$

电桥的输出为：

$$U_a = V_{BD} = \frac{1}{2}I(R+\Delta R+\Delta R_T)-\frac{1}{2}I(R-\Delta R+\Delta R_T)$$

整理后得

$$Ua = I\cdot\Delta R \tag{6-24}$$

从(6-24)式可见，输出 U_a 和 ΔR 成正比，同时也和电源电流成正比，即和恒流源供给的电流大小与精度有关。恒流源供电的优点是不受温度变化的影响。

图 6-9 表示力敏电桥在恒压源供电和恒流源供电时，灵敏度与温度间的关系。由图可以看出，在恒流源情况下灵敏度受温度影响的程度要比恒压源时小得多。

3．温度补偿线路　为了进一步补偿温度对测量带来的影响，以获得较高的输出精度，需要采取温度补偿线路。办法之一是在电源回路中用串联二极管进行补偿。当温度升高时，传感器灵敏度降低。这时如果使电桥的电源电压相应提高些，使电桥输出变大些，就可以达到补偿目的。同理，在温度降低、灵敏度升高时，可以使电源电压降低，输出变小些，以进行补偿。一般是把具有负温度系数的二极管 PN 结扩散在电源回路中进行补偿，如图 6-10 所示。二极管的正向电压与温度的关系以−2mV/℃的速率变化，温度补偿二极管 D_1 通过 100μA 的电流，其信号经放大器 A_1、A_2、T_1 加到力敏电桥的电源端。实验结果，当温度从−10℃变到+60℃时，稳定度为 0.07%。

4．非线性补偿线路　图 6-11 为一种差压传感器非线性补偿线路，它采用从桥路输出正反馈到桥路电源上的方法。输出电压通过运算放大器 A_1 放大，再经运算放大器 A_2 正反馈到桥路电源电压上。当压力逐渐增加，作用在膜片上时，其输出变化趋向饱和，呈现出非线性。此非线性可通过增加电源电压使输出增加而呈线性关系。图 6-11（a）所示桥路满刻度时，电压为

$$U_a = U_e\cdot\frac{1+2L}{1-2L}$$

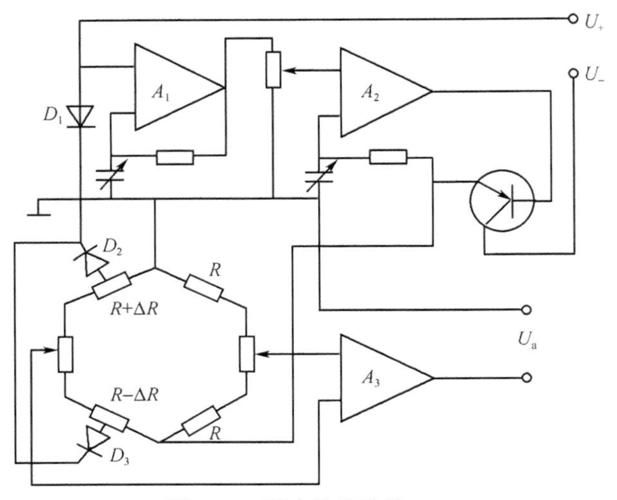

图 6-10　温度补偿线路

式中，U_e 为零压力时桥路的电源电压，L 为非线性度，用 $P/2$ 时的非线性误差与满刻度输出的比值表示。这种电路使非线性从 1%减小到 0.1%以内，如图 6-11(b)所示。

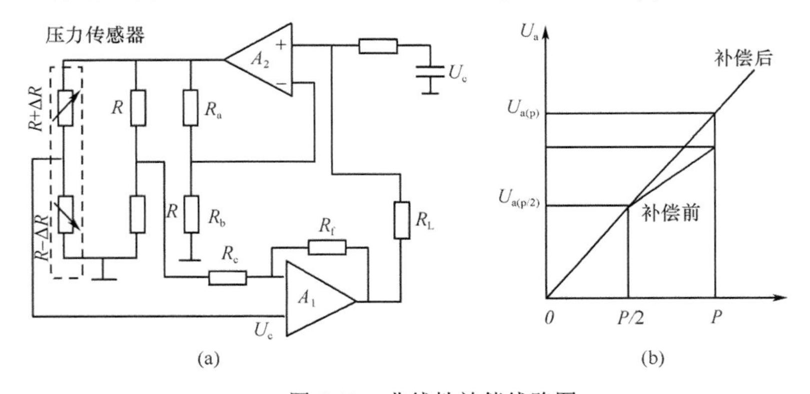

图 6-11　非线性补偿线路图

目前已出现了一种一体化补偿方法，可把有关线路、元件均做在传感器中。

第三节　电阻传感器测量电路

应变式传感器将被测的非电量转换为电阻变化，但作为微小变化的电阻在测量时存在精度不高、信号难以放大和传输等缺点，在使用时应变传感器的测量电路常采用直流电桥电路，将电阻的变化转换为电压变化。

1．直流电桥的特性方程　图 6-12 是典型的惠斯顿电桥。图中 R_1 是测量臂，R_2、R_3、R_4 是已知数值的固定电阻构成的臂。在测量某一生理量之前可以调整 R_2、R_3、R_4 的数值，使电桥的输出端 c、d 之间的电位差为零，若在 c、d 之间接入检流计，检流计中无电流通过，此时电桥达到平衡状态。可以根据 R_2、R_3、R_4 的调节值读出(或计算出)测量臂的阻值大小，这种电桥可称之为平衡电桥。生物医学仪器中的测量电桥一般都是不平衡电桥，无生理信息输入时电桥保持平衡状态，有信息输入时电桥将失去平衡，对角线 c、d 之间就产生电位差，检流计将随着输入信息量的变化而偏转，由此可记录或指示输出量的变化。

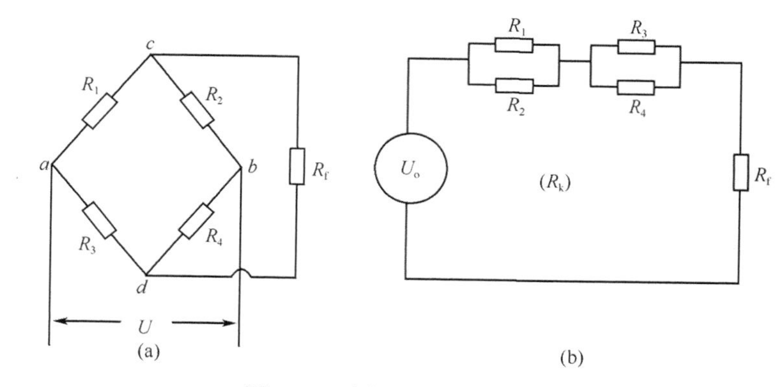

图 6-12　惠斯顿电桥及其等效电路

根据戴维南(Thevenin)定理，可以把惠斯顿电桥简化成图中的等效电路。首先把电桥输出端 c、d 之间看成开路状态，则 c、d 之间就有开路电压 U_o, c、d 之间的电阻为 R_k。

$$U_o = U\frac{R_1}{R_1+R_2} - U\frac{R_3}{R_3+R_4} \tag{6-25}$$

$$R_k = \frac{R_1R_2}{R_1+R_2} + \frac{R_3R_4}{R_3+R_4}$$

如果 c、d 之间接有负载电阻 R_f，则负载电流 I_f 为:

$$I_f = \frac{U_o}{R_k+R_f} = U\frac{R_1R_4 - R_2R_3}{R_f(R_1+R_2)(R_3+R_4)+R_1R_2(R_3+R_4)+R_3R_4(R_1+R_2)} \tag{6-26}$$

式(6-26)即为直流电桥的特性方程。由式(6-26)可以得到电桥的平衡条件:

$$R_1R_4 = R_2R_3 \tag{6-27}$$

如果将图 6-12 中的电源对角线与输出对角线交换位置，则电桥的平衡条件不变。但因 6-26 式电桥处于不平衡状态时，输出端电流取决于与其相连的所有电阻(包括桥臂电阻和负载电阻)，电桥对角线位置变换后，桥路组合状态发生变化，对不平衡输出电流会有一定影响，电桥特性方程发生变化。如果是严格等臂电桥，则上述影响可以不计。

电桥的输入电阻和输出电阻的计算在实际工作中常常会用到。如果我们把图 6-12 的 a、b 两点作为输入端，c、d 两点作为输出端，并考虑负载电阻 R_f，求输入电阻 R_{ab} 和输出电阻 R_{cd}。

将图 6-12 的电桥电路经过 Y 形或 Δ 形变换，经计算可得出:

$$R_{ab} = \frac{R_f(R_1+R_2)(R_3+R_4)+R_1R_2R_3+R_2R_3R_4+R_3R_4R_1+R_4R_1R_2}{R_f(R_1+R_2+R_3+R_4)+(R_1+R_3)(R_2+R_4)} \tag{6-28}$$

如果电桥处于平衡状态，即 $I_f=0$，则 $R_f\to\infty$，这时得:

$$R_{ab} = \frac{(R_1+R_2)(R_3+R_4)}{R_1+R_2+R_3+R_4} \tag{6-29}$$

如果图 6-12 电桥的电源内阻为 R_0，用同样变换方法可求出输出电阻如下:

$$R_{cd} = \frac{R_0(R_1+R_3)(R_2+R_4)+R_1R_2R_3+R_2R_3R_4+R_3R_4R_1+R_4R_1R_2}{R_0(R_1+R_2+R_3+R_4)+(R_1+R_2)(R_3+R_4)} \tag{6-30}$$

如电桥电源采用恒压源，则 R_0 很小，近似为零，因此输出电阻可以简化为:

$$R_{cd} = \frac{R_1R_2}{R_1+R_2} + \frac{R_3R_4}{R_3+R_4} \tag{6-31}$$

若为等臂电桥，即 $R_1=R_2=R_3=R_4=R$，则 $R_{ab}=R_{cd}=R$。

在传感器的设计或使用中，有时要计算功耗，以掌握测量元件的工作状态，这时就需要测量电桥中各桥臂电流的大小，特别是测量臂的电流值，因为它是保证敏感元件正常工作的重要参数，在设计或使用中都应严格掌握，桥臂电流可用网孔法求出，现将计算公式列出，推导从略。

$$\begin{aligned} I_1 &= I_0 \frac{R_3(R_2+R_4)+R_f(R_3+R_4)}{N} \\ I_2 &= I_0 \frac{R_4(R_1+R_3)+R_f(R_3+R_4)}{N} \\ I_3 &= I_0 \frac{R_1(R_2+R_4)+R_f(R_1+R_2)}{N} \\ I_4 &= I_0 \frac{R_2(R_1+R_3)+R_f(R_1+R_2)}{N} \end{aligned} \tag{6-32}$$

上式中 $N=R_f(R_1+R_2+R_3+R_4)+(R_1+R_3)(R_2+R_4)$。又因为 $I_0=U/R_{ab}$，代入式(6-32)可以得到另一种电流表达式，这些表达式在用于已知电源电压时，计算桥臂电流较为方便。

$$\begin{aligned} I_1 &= U \frac{R_3(R_2+R_4)+R_f(R_3+R_4)}{M} \\ I_2 &= U \frac{R_4(R_1+R_3)+R_f(R_3+R_4)}{M} \\ I_3 &= U \frac{R_1(R_2+R_4)+R_f(R_1+R_2)}{M} \\ I_4 &= U \frac{R_2(R_1+R_3)+R_f(R_1+R_2)}{M} \end{aligned} \tag{6-33}$$

式中 $M=R_f(R_1+R_2)(R_3+R_4)+R_1R_2(R_3+R_4)+R_3R_4(R_1+R_2)$。

2. 直流电桥的灵敏度 灵敏度是电桥测量技术的一个重要指标，电桥的灵敏度可以用电桥测量臂的单位相对变化量引出输出端电压或电流的变化来表示，即

$$S_u = \frac{\Delta U_o}{\frac{\Delta R}{R}} \tag{6-34}$$

其中 S_u 表示电桥的电压灵敏度。测量电桥的桥臂电阻一般都应该按最大灵敏度来选择，在什么状态下电桥可以获得最大灵敏度。

设电桥输出有固定阻值的负载(如指示器或放大器输入电阻)，其阻值为 r_0，在电工学中我们知道当电桥的输出电阻 $R_{cd}=r_0$ 时，负载上获得的功率为最大，这对需要一定功率记录的负载是有利的。

这时线路应满足:

$$R_{cd} = r_0 = \frac{R_1R_2}{R_1+R_2} + \frac{R_3R_4}{R_3+R_4} \tag{6-35}$$

对于测量电桥来说，由于工作时测量桥臂的变化，必然引起电桥输出电阻 R_{cd} 的变化。如我们选用了一个输出电阻变化较大的电桥，并且采用检流计作为指示器，那么为了使两者较好地匹配，应该使检流计的阻值尽可能地接近于测量电桥的平均输出电阻值。

如果电桥的输出端接有高输入阻抗的放大器或指示器，同时电桥的输出电阻又较小，则可

以近似地认为电桥处于开路输出状态。这时电桥的输出电压为:

$$U_o = \frac{R_1 R_4 - R_2 R_3}{(R_1 + R_2)(R_3 + R_4)} U$$

当组成电桥 4 个臂的应变电阻 R_1、R_2、R_3、R_4 因应变而产生增量 ΔR_1、ΔR_2、ΔR_3、ΔR_4 时，其输出电压的增量为:

$$\Delta U_o = \frac{R_1 R_2}{(R_1 + R_2)^2}\left(\frac{\Delta R_1}{R_1} - \frac{\Delta R_2}{R_2}\right) U - \frac{R_3 R_4}{(R_3 + R_4)^2}\left(\frac{\Delta R_3}{R_3} - \frac{\Delta R_4}{R_4}\right) U \tag{6-36}$$

如果电桥最初是平衡的(即 $R_1 R_4 = R_2 R_3$)，则输出为零时，因应变而产生的输出电压 U_o 为:

$$U_o = \frac{R_1 R_2}{(R_1 + R_2)^2}\left(\frac{\Delta R_1}{R_1} - \frac{\Delta R_2}{R_2} + \frac{\Delta R_4}{R_4} - \frac{\Delta R_3}{R_3}\right) U = \frac{R_1 R_2}{(R_1 + R_2)^2} U \sum_{n=1}^{4} \frac{\Delta R_n}{R_n} \tag{6-37}$$

可见这个输出电压的大小除和电阻变化量(应变) ΔR_n 有关外，还和电源电压和桥臂上的电阻有关。并且输出电压和应变成比例，和电源电压成比例。下面以生物医学中常用的等臂电桥为例，即 $R_1 = R_2 = R_3 = R_4 = R$。应用上面公式，分别求算单臂电阻变化和多臂电阻变化时的输出电压和灵敏度公式。

(1) 单臂变化($R_2 \pm \Delta R$)时，即电桥中的各臂电阻只有 R_2 随待测信号变化，其他值是固定的。由公式(6-37)

$$U_o = \frac{R_1 R_2}{(R_1 + R_2)^2} U \left(\mp \frac{\Delta R_2}{R_2}\right) = \mp 0.25U \frac{\Delta R}{R} \tag{6-38}$$

$$S_u = 0.25U \tag{6-39}$$

(2)两臂变化时，即电桥中的 R_2 与 R_4 同时随待测信号变化，但 $R_2 \pm \Delta R$, $R_4 \pm \Delta R$，其他元件值固定。由公式(6-37)

$$U_o = \frac{R_1 R_2}{(R_1 + R_2)^2} U \left(-\frac{(\pm \Delta R_2)}{R_2} + \frac{(\mp \Delta R_4)}{R_4}\right) = \mp 0.5U \frac{\Delta R}{R} \tag{6-40}$$

$$S_u = 0.5U \tag{6-41}$$

(3) 4 个桥臂同时变化时，如 R_1 和 R_4 随信号同样变化，R_2 和 R_3 同样变化，即 $R_1 \pm \Delta R$, $R_4 \pm \Delta R$，而 $R_2 \mp \Delta R$, $R_3 \mp \Delta R$。由公式(3-13)

$$U_o = \frac{R_1 R_2}{(R_1 + R_2)^2} U \left(\frac{(\pm \Delta R_1)}{R_1} - \frac{(\mp \Delta R_2)}{R_2} + \frac{(\pm \Delta R_4)}{R_4} - \frac{(\mp \Delta R_3)}{R_3}\right) = \mp U \frac{\Delta R}{R} \tag{6-42}$$

$$S_u = U \tag{6-43}$$

由上述计算可知，测量电桥输出给放大器(在放大器的输入电阻很大的条件下)的电压大小，是由驱动电源电压 U 和桥臂电阻的相对变化量决定的，而且是正比关系。此外，输出电压大小还和桥臂阻抗变化元件多少有关联；桥臂阻抗变化越多，输出电压越大。由电桥灵敏度的公式可知，提高测量电桥的灵敏度，靠提高驱动电源电压和增加变化的桥臂即可达到。

但是不能靠无限增大驱动电源电压方法来提高灵敏度，因为桥臂变换元件耗散功率有限，过大将被烧坏。采取增加桥臂变化元件数是一个较好的办法，但有时因测量条件的限制不易完全做到。在这种情况下，还得主要靠提高元件本身的灵敏度。在实际使用中，要根据具体情况全面考虑后作出最好的选择。

3. 直流电桥的各种补偿　直流电桥的各种补偿作用，对于很多生物医学测量仪器的性能有较大的影响，有很多仪器如果不进行电桥补偿则其技术性能很差，甚至根本不能用于测量，但经过补偿后可以大大改善其性能。所以这一技术在实际应用中得到了足够的重视。直流电桥补偿大体上分为下列几个方面。

(1) 直流电桥的零位补偿：在实际操作仪器时，总希望仪器在没有输入信号的状态下具有尽可能小的输出信号，通常将此输出信号称为零位输出。

电桥在组装之前其元件应当进行严格的挑选。例如由金属应变片组成的电桥可以选择 4 个应变片组成全桥电路，它们之间阻值差通过精细的测量控制在 0.1 Ω之内。这样再将其组装成电桥后就可以控制到较小的零位输出。但尽管如此，元件之间的阻值总是难以做到绝对一致；另外元件在安装工艺过程中还会出现阻值的变化，这将导致零位输出不能达到理想状态，因此有必要对电桥的零位输出作进一步的补偿。图 6-13 是直流电桥平衡补偿的几种方法。

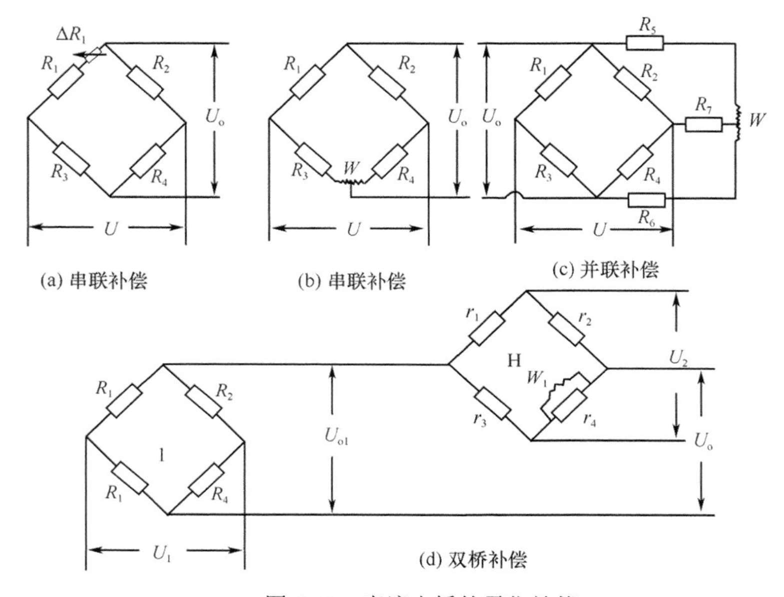

图 6-13　直流电桥的零位补偿

在图 6-13(a)中，如 $R_1 = R_3 = R_4 = R_1 + \Delta R_1$，显然，因为 R_1 比其他的三个桥臂的阻值小 ΔR_1，则电桥就会产生零位输出电压如(6-38)式。因此我们可以首先测得 ΔU_{o}，然后计算出 R_1 桥臂应该增加的补偿电阻 ΔR_1 的值。

即

$$\Delta U_{\mathrm{o}} = 0.25U\frac{\Delta R}{R}$$

则

$$\Delta R = 4R\frac{\Delta U_{\mathrm{o}}}{U} \tag{6-44}$$

式中，ΔU_{o} 即为电桥输出电压，在图中用 U_{o} 表示，因为相对平衡状态来说两者是相等的。

在计算出 ΔR 的值后，选用温度系数极小的锰铜电阻丝，使其值略大于 ΔR，串入桥臂 R_1，并仔细观察输比电压，调节锰铜丝的长度，从而得到理想的零位输出电压。如果桥臂电阻相差很大，则 ΔR 的值可能比较大，因此应选用一般的金属膜电阻代替才能满足要求。

在图 6-13(b)中，电位器 W 为串接于桥臂 R_3 和 R_4 中间，电位器的滑动臂作为一个输出端，当改变电位器滑动触点的位置后，桥臂 R_3、R_4 的阻值同时变化，连续调节电位器并观察输出电压，直到零位输出达到理想值后，调节结束。

图 6-13(a)所示的调节法适用于桥臂电阻小的直流电桥，例如金属电阻应变计组成的电桥。这种方法简便，电阻丝体积小，往往可以安放在传感器的壳体内。但是这种方法不能随时调节零位输出，如传感器使用一段时间以后，其应变计阻值发生了一定的变化，这时就要重新调节平衡电阻丝才能满足零位输出要求。如果改用一个电位器来调节，调试难度很大，因为金属电阻应变计电桥中，桥臂电阻较小，桥臂不平衡电阻只有零点几欧，这样小阻值的电位器是难以制作的。

图 6-13(b)所示的方法适用于桥臂电阻较大电桥线路，例如半导体压阻电桥，桥臂电阻大于 1000Ω，因此可以选用一个可调范围为几十欧电位器接入电桥，可以方便地调节零位输出。用电位器调节零位输出的缺点是滑动触头容易接触不良；电位器的体积较大，一般不能放入传感器内；传感器到电位器间的连线容易产生干扰或带来引线电阻的温度漂移影响。

图 6-13(c)表示一种常用的并联调节零位输出的方法，电位器 W 通过 R_5、R_6 跨接于电桥的输出端，其滑动臂通过电阻 R_7 接于电桥的一个输入端。这样的连接法就相当于在桥臂 R_2 和 R_4 上各并联了一个电阻，通过电位器的调节就可以同时改变 R_2 和 R_4 的并联电阻值，并观察零位输出使之达到理想的范围。R_5、R_6、R_7 的作用是在调节电位器时，使电桥平缓地到达预定的零位输出，同时防止电位器滑臂到达端头时使桥臂短路而损坏元件，或使放大器及记录设备受到过负荷的冲击。有时也可不用 R_5 和 R_6，只在滑动臂与电桥输入端接有 R_7。其余两端直接于电桥输出端相接，这样可以使电位器的调节作用加大。一般以选用绕线式电位器为好。

这种方法在仪器中用得较多，零位调节方便、稳定，但要注意连接线应该短而对称。零位输出还可以采用双桥平衡法，如图 6-13(d)中的电桥 Ⅰ 为工作电桥，它的输出端残存有一零位输出电压 ΔU_{o1}，另外用补偿电桥 Ⅱ，电桥 Ⅰ 所产生的零位输出电压，可用这个电桥并联电位器 W_1 连续调节，使 Ⅱ 电桥不平衡输出。因此就可以用 Ⅱ 的不平衡输出去抵消 Ⅰ 的零位输出。由图 6-13(d)可见，电桥 Ⅱ 串联在 Ⅰ 的输出端，即两个电桥的输出是串接的，用 Ⅱ 补偿 Ⅰ 的零位输出。

这种调节零位输出的方法精确，稳定，但采用的元件多一些，对于要求较高的仪器可以考虑采用这种方法。

(2) 直流电桥的温漂补偿：温度漂移对于电桥长时间连续测量影响较大，温度漂移的补偿是一项难度较大的工作。

温度漂移产生的原因与电桥元件的温度系数不一致，环境温度的变化，结构零件(如传感器壳体等)的热膨胀系数不一致，焊点及引出线的电阻值不对称或不稳定等都有关系。

直流电桥的元件通过精选，使其阻值和温度系数尽可能一致，组装电桥时，尽量保证电桥的布置和连接线对称并保持焊点的一致性，这样就可利用电桥各桥臂的对称性，在电路中抵消一部分温度漂移，即达到一定的自补偿效果。但对于精密测量来说，仅仅如此是不够的，还必须采取专门的补偿措施。常用的补偿方法(图 6-14)有：

1) 热敏补偿法：在电桥的某一个臂串接阻值较小的热敏元件，如用铜、镍、铬等温度系数较大的金属电阻、热敏电阻，还可以采用半导体二极管的正向电阻。有时选用的热敏电阻的温度系数非常大，其阻值也比需要量大得多，因此常在热敏电阻上再并接一个非热敏的小电阻 r_1，使得 r_1 与热敏电阻 R_t 并联后达到实际所需的补偿范围，如图 6-14(a)。如果在接受热敏补偿元件以前电桥是处于平衡状态的，那么为了使补偿后电桥仍处于平衡状态，在 R_2 桥臂中又串入了

r_2，并使 $r_2 = r_1 R_t / (R_t + r_1)$。

近年来有一些单位在制作传感器时研制了一种箔式补偿片，其形状如图 6-14(b)中接入的两片所示。这种箔式补偿片采用了温度系数较大的金属箔光刻成型，在补偿调节过程中通过实际试验观察，用小刀切去这个补偿片的一些网格，以此使补偿片的有效电阻发生变化，直到达到所希望的补偿范围。

上述补偿方法都是用热敏元件的阻值变化去补偿桥臂电阻的温度变化，从而达到温度补偿的效果。在选择热敏元件时，需要注意元件本身应该具有较好的温度重复性，否则将会出现新的问题。

2) 非热敏元件补偿法：对于有些结构非常紧凑的仪器，在其内部不能设置补偿元件，在这种情况下可以用非热敏补偿法在仪器外通过引出线接入补偿元件。这些补偿元件是温度系数很小的电阻材料制成的，其补偿作用原理如下：

在图 6-14(c)中，如果传感器桥臂 R_1 的电阻温度系数比 R_2 大，即 $\alpha_1 > \alpha_2$。当我们在 R_1 桥臂中串入了 R_s，又并联了 R_c 这两个电阻以后，则 R_1 所在桥臂的阻值发生了变化，我们用 R_D 表示这三个电阻的等效值。R_D 的电阻温度系数为 α_D。

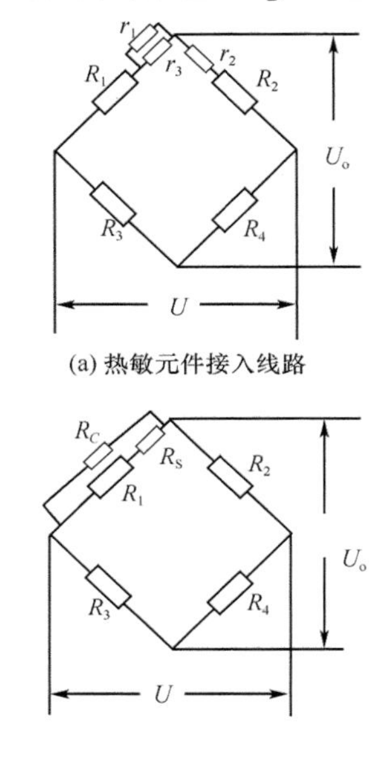

(c) 非热敏补偿法，得到温度补偿作用

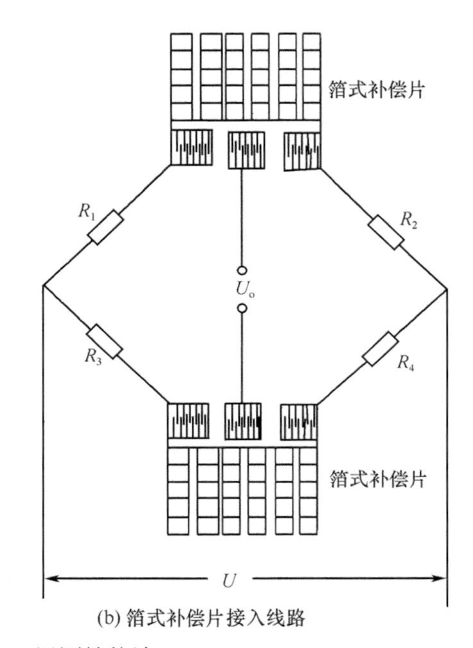

(b) 箔式补偿片接入线路

图 6-14 温漂补偿法

因为 R_s、R_c 是温度系数很小电阻，所以其微分式如下：

$$\frac{dR_s}{dt} = \frac{dR_c}{dt} \approx 0$$

因为

$$R_D = \frac{R_c(R_s + R_1)}{R_c + R_s + R_1} \tag{6-45}$$

又因电阻的温度系数为 $\alpha = \dfrac{dR}{Rdt}$，所以得到

$$\alpha_D = \frac{dR_D}{R_D dt}$$

将(6-45)式对 R_1 求微分得

$$\mathrm{d}R_\mathrm{D}=\frac{{R_\mathrm{c}}^2}{(R_\mathrm{c}+R_\mathrm{s}+R_1)^2}\mathrm{d}R_1$$

代入上式中得出

$$\alpha_\mathrm{D}=\left(\frac{\mathrm{d}R_1}{R_1\mathrm{d}t}\right)\left(\frac{R_\mathrm{c}R_1}{(R_\mathrm{s}+R_1)(R_\mathrm{s}+R_\mathrm{c}+R_1)}\right)=\alpha_1\frac{R_\mathrm{c}R_1}{(R_\mathrm{s}+R_1)(R_\mathrm{s}+R_\mathrm{c}+R_1)} \tag{6-46}$$

由上式显而易见

$$\frac{R_1R_\mathrm{c}}{(R_\mathrm{s}+R_1)(R_\mathrm{s}+R_\mathrm{c}+R_1)}<1$$

所以电桥接入 R_s 和 R_c 以后使得 $\alpha_\mathrm{D}<\alpha_1$，通过选择 R_s 和 R_c 的数值就可以达到补偿目的。但这种方法只能在电桥的温漂较小的情况下使用。如果电桥的温漂很大，则用此法达不到预期的补偿效果。而且这种补偿法也只能用于温度变化范围较小的仪器中。如果电桥的温漂大，要求补偿的温度范围宽，仪器的体积允许增设补偿元件，则应该选用热敏补偿法。很多热敏元件的温度-电阻曲线是非线性的，因此在使用时是需要作一些挑选的，另外如果需要补偿温度范围很宽则可以采用分段补偿法。

(3) 直流电桥的灵敏度温漂补偿：灵敏度温漂在直流电桥中也是普遍存在的，其产生的原因较多，一般可认为是测量臂电阻本身的灵敏度随温度而变化；电桥的有关机械结构的弹性模数随温度而变化；系统的热膨胀系数的影响等因素所引起。

这一指标可以用一些热敏元件串入电桥的输入端来进行补偿，如图 6-15 中的 R_s。

这种方法的原理是用热敏元件控制供给电桥的电源电压的变化，从而使电桥的测量灵敏度随温度而变化。这一变化量仔细调整后可以与电桥本身的灵敏度温漂相抵消，从而达到补偿目的。

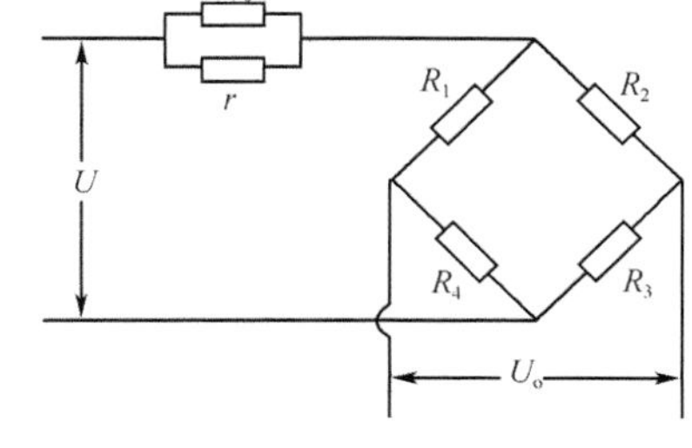

图 6-15　灵敏度温漂的补偿

如果电桥的灵敏度温漂是非线性的，则可以选用非线性的特性曲线弯曲方向相反的热敏元件进行补偿，并通过并联电阻 r 来控制补偿作用的大小。

在一些功率较小的直流电桥中，用半导体应变片作灵敏度温漂的非线性补偿是较合适的，因为半导体应变片的温度系数也是非线性的，这种元件体积小、使用方便。

(4) 直流电桥的非线性补偿：电桥的输入-输出关系曲线的非线性产生原因有：电桥线路本身非线性；电桥元件非线性；机械结构非线性。这一误差可以通过控制电桥的电源随输入信号变化而进行补偿。

一般说来，电桥输入-输出关系曲线容易出现抛物线状，因此我们可以选择一种半导体应变片，将它与传感生理信号桥臂器件安置在一起，例如在应变式传感器中就可以把两同样的应变片都安置在同一个弹性敏感背衬基片上，但这一半导体补偿应变片被接在电桥输入端，如图 6-16 所示。为了控制补偿作用大小，用一个小电阻 r_1 与半导体补偿片并联，仔细调节 r_1 的数值，可以在较大范围内补偿电桥非线性。

用上述元件来补偿非线性，会使电桥灵敏度有所下降，这只能用提高电源电压来弥补。

(5) 直流电桥的标准化补偿：同一批元件制作的测量电桥，由于元件本身性能不会绝对一致，同时加工工艺也有一些差别，因此电桥灵敏度会存在一定的差异，这样，仪器的互换性很差。为此需要对电桥的灵敏度作标准化补偿(图 6-17)。

图中 R_k 为灵敏度标准化补偿电阻，这是采用温度系数很小的电阻，如锰铜丝，接入电桥的输入端用以微调电源的实际供给电桥的电压，从而达到微调电桥实际灵敏度的目的。

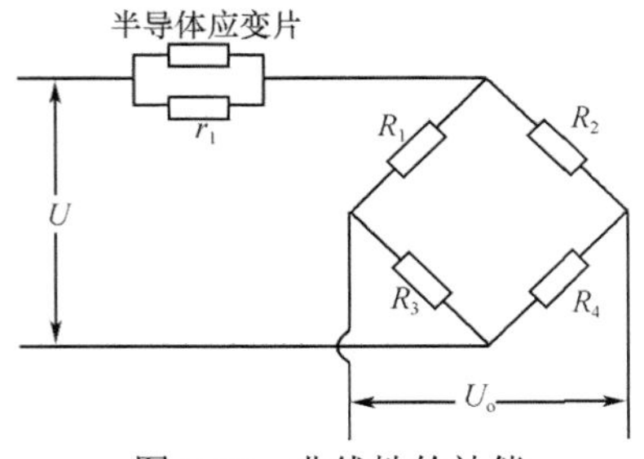

图 6-16　非线性的补偿

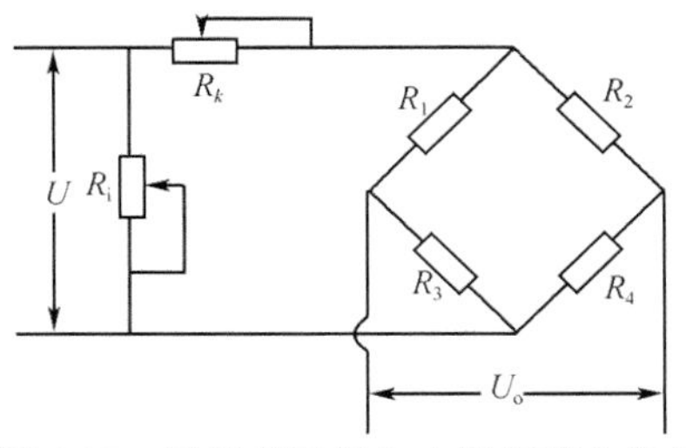

图 6-17　灵敏度及输入电阻标准化补偿

在电桥的补偿过程中，因为电桥串、并联了一些电阻，因此其输入电阻的差异较大，为了使用时输入电阻变化较小，可以接入一个电阻 R_i，这样由 R_i 与电桥的输入等效电阻相并联，从而得到了电桥的最终输入电阻，微调 R_i 可以使电桥输入电阻达到较好的一致性。

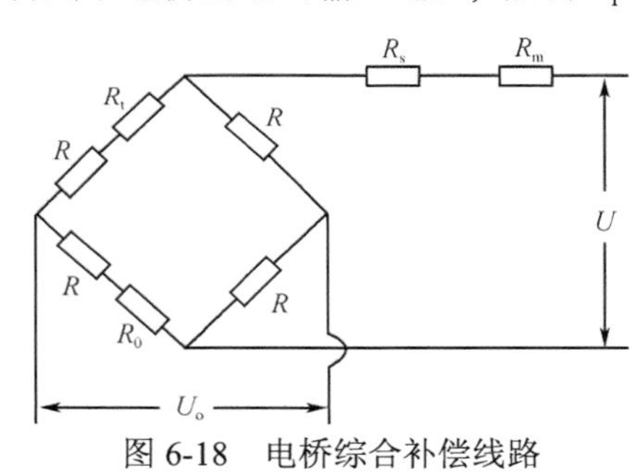

图 6-18　电桥综合补偿线路

综上所述，电桥的补偿是一件细致而又费时的工作。在电桥设计时通常留有一定的灵敏度余量供补偿时耗用。

电桥在实际补偿时往往选择误差影响较大的指标，并不是对所有指标一一补偿，如果要求作较综合的补偿可以用图 6-18 中所示的线路及其估算公式。

图中，R_m 为灵敏度温漂补偿电阻；R_s 为灵敏度标准化补偿电阻；R_t 为温漂补偿电阻；R_0 为零位平衡补偿电阻。

则

$$R_m = \frac{R(K_2 - K_1)}{K_1\left(\dfrac{1+\alpha_m \Delta T}{1+\alpha_g \Delta T}\right) - K_2} \tag{6-47}$$

式中，K_1 为温度 T_1 时的电桥灵敏度；K_2 为温度 T_2 时的电桥灵敏度；$\Delta T = T_2 - T_1$；α_m 为 R_m 的电阻温度系数；α_g 为电桥敏感元件的电阻温度系数。

$$R_s = \frac{R(K_1 - K_2)}{K_2} - R_m \tag{6-48}$$

$$R_t = \frac{4X_t(R + R_m + R_s)}{1000\Delta T_\alpha} \tag{6-49}$$

式中，X_t 为温度变化 ΔT 电桥的温漂；α为 R_t 的电阻温度系数。

$$R_0 = \frac{4X_0(R + R_m + R_s)}{1000} \tag{6-50}$$

X_0 为未加 R_0 时，电桥原始不平衡输出。在图 6-18 中，R_s 和 R_m 也可以将它们各平分成两个电阻，其中 $R_s/2$、$R_m/2$ 接入电桥的一个输入端，另一半接入电桥的另一输入端，其目的是为了保持电路的对称。

第四节　电阻式传感器的医学应用

一、金属应变片式传感器的医学应用

金属应变片式传感器是医学中应用颇为广泛的一种传感器，例如用来测量脉象、脉搏、呼吸流量、血压等。下面举一些典型例子加以说明。图 6-19 中画出了两种用箔式应变片制成的压力传感器的感压膜片的组成情况。图 6-19(a)中 1 为金属膜片，2、3、4、5 分别为 4 组金属电阻应变箔的栅丝。6、6′、7、7′ 为 4 个很宽的引线片，由于它们的面积很宽，所以引线片部分的电阻值十分小。这样的应变片通常又称之为“应变花”(strain rosette)，它与金属膜片粘贴在一起，四组应变箔被连接成一个完整的四臂电桥。图 6-19(b)中 1 为金属膜片，2、3、4、5 为箔式应变片，它们按一定的位置粘贴在膜片 1 上。

网形压力膜片的应变片的粘贴位置是很关键，圆膜片的周边如果按图 6-19(c)中所示的方法作刚性固定时，膜片受到来自一侧的血压均匀作用将会发生弯曲变形，则膜片另一侧不同的点上所出现的应变分布状态如图 6-19(c)中的曲线 ε_r 和 ε_t 所示。ε_r 称之为径向应变曲线，也就是在膜片的平面内沿半径方向的应变；ε_t 称之为切向应变曲线，也就是在膜片的平面内以中心点为圆心的同心圆的切线方向的应变。由图中可以看出从膜片的边缘到中心，切向应变由零变到最大值，而径向应变是由负的最大值逐渐变为零，然后在膜片的中心点达到最大值。膜片上任意一点的径向应变和切向应变可以分别用下式表示：

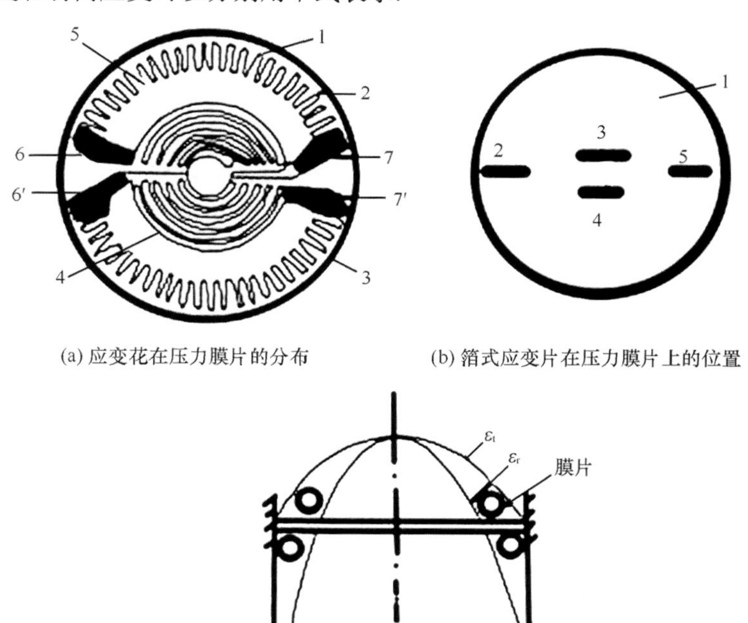

(a) 应变花在压力膜片的分布　　(b) 箔式应变片在压力膜片上的位置

(c) 压力膜片上的应力分布情况

图 6-19 箔式压力传感器的膜片

$$
\begin{aligned}
\varepsilon_{\mathrm{r}} &= \frac{3P}{8h^2 y}(1-\mu^2)(R^2-3x^2) \\
\varepsilon_{\mathrm{t}} &= \frac{3P}{8h^2 y}(1-\mu^2)(R^2-x^2)
\end{aligned} \tag{6-51}
$$

式中, P 为单位面积上的压力; μ为膜片材料的泊松系数; y 为膜片材料的杨氏模量; h 为膜片的厚度; R 为膜片的半径; x 为膜片中心到应变计算点的距离。

从上式可以看出在膜片的中心(即 X=0 处), 径向应变和切向应变都达到了最大值, 即

$$
\varepsilon_{\mathrm{r}} = \varepsilon_{\mathrm{t}} = \frac{3P}{8h^2 y}(1-\mu^2)R^2 \tag{6-52}
$$

在膜片边缘处ε_{t}=0; ε_{r}达到了负最大值。

在半径 $r=\dfrac{R}{\sqrt{3}}$ 处ε_{r}=0。

因此将一片应变片贴在靠近中心正应变区, 另一片贴在靠近边缘负应变区, 当压力作用于膜片一侧时, 两片应变片应变将向着相反方向变化, 将它们组合在电桥中就可以得到更大信号。

在图 6-19(a)、(b)两种情况下, 应变片的粘贴部位都考虑了上述原理。在图 6-19(a)中周边的辐射状的栅箔承受负的径向应变; 中部圆弧状的栅箔则受到了较大正切向应变。在图 6-19(b)中, 3、4 应变片承受了较大的正切向应变, 而 2、5 应变片承受了较大的负径向应变。可见, 这两种设计中都考虑了最有利的测量条件。但是应该注意到这类压力膜片的应变输出量与输入的压力信号只有在膜片的中心位移较小的情况下才能保持线性关系, 否则将会出现较大的非线性。

圆形平膜片的自然频率为:

$$
f_0 = \frac{2.56h}{\pi a^2}\sqrt{\frac{y}{3(1-\mu^2)\rho}} \tag{6-53}
$$

式中, h 为厚度; a 为有效半径; y 为杨氏模量; μ 和ρ分别为材料的泊松系数和密度。另外介绍一种高灵敏度的血压传感器, 国内外都有产品, 其结构如图 6-20 所示。

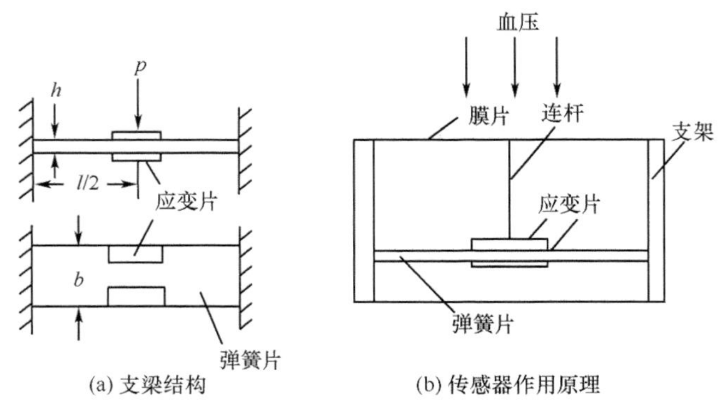

(a) 支梁结构　　(b) 传感器作用原理

图 6-20 支梁结构血压传感器原理

此传感器内具有两个弹性元件, 其一是矩形金属弹簧片构成的支梁, 如图 6-20(a)所示。在此弹簧片中心处的两侧可以粘贴四片应变片, 这里可以获得最大的灵敏度。也可以在弹簧片的

近根部粘贴四片应变片，粘贴时应注意对称分布。在其中心处还有一根连杆与另一弹性元件相连接，此弹性元件是一圆形的膜片，如图 6-20(b)所示。当血压作用于膜片以后，压力被集中于连杆，并由连杆传递到弹簧片上，从而使弹簧片发生挠曲变形，应变片接成全桥电路输出电信号。此传感器可以获得高灵敏度的原因是：①膜片具有较大的面积，它可以把均匀分布于膜片上的血压量通过连杆使简支梁式的弹簧片接收到较大压力信号，图 6-20(a)中的 P 表示集中压力信号。②应变片集中于弹簧片中心处，这里具有最大应变量。

此结构传感器如果作为半桥使用，则其输出量为：

$$\Delta U = \frac{1}{2}k\left(\frac{3}{4}\cdot\frac{PS}{bh2Y}\right)U = \frac{3}{8}k\left(\frac{SP}{bh^2Y}\right)U \tag{6-54}$$

式中，b 为支梁宽度；h 为支梁厚度；s 为膜片面积；Y 为材料杨氏模量；U 为电桥驱动电源电压；k 为应变片灵敏系数。

因为实际设计膜片时选用的刚度极小，所以上述估算中可以忽略膜片刚度这一因素。此传感器具有较高的灵敏度，不但可以用于血压测量，还可以用于测量颅内压和眼压。

二、半导体固态压阻式传感器的医学应用

半导体固态压阻式传感器特点是体积小、精度高、频响范围大，目前在医学中的应用日益广泛。图 6-21 为扩散硅型脉搏计结构图。其核心为一扩散硅膜片，硅膜片上扩散有 4 个接成全桥电阻，引线由导线管引出，脉搏计的室内充有硅油，以传递由硅橡胶膜感受到压力变化。压阻效应引起力敏电阻的变化，此变化经测量电路产生输出。这种传感器体积小，重量仅有 2.5g，各向异性小，而且重复性好。这种传感器还可以测量指尖、桡骨、手腕上部等部位的脉搏。

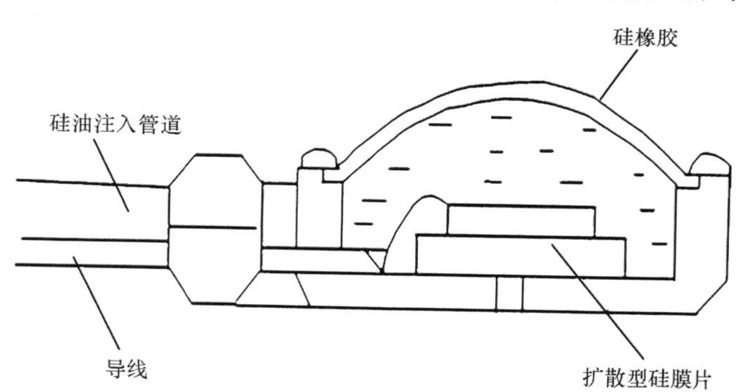

图 6-21　扩散硅型脉搏传感器

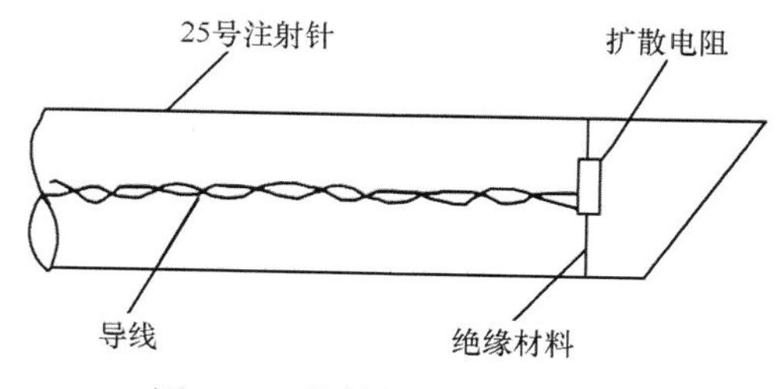

图 6-22　注射针型压阻传感器

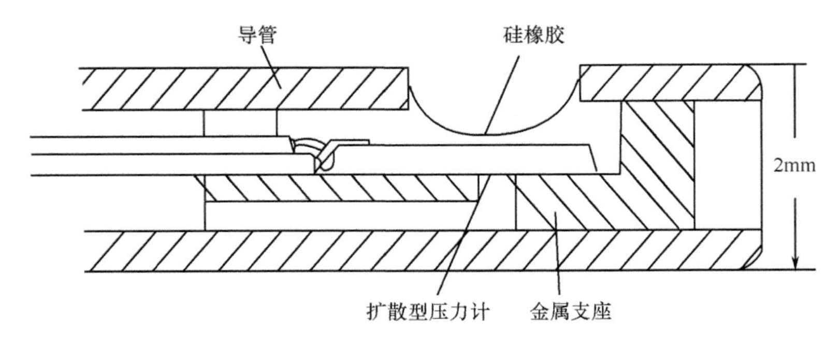

图 6-23 心导管式扩散硅压阻传感器结构示意图

由于扩散硅膜片是用半导体工艺制成的，故可以做得极小，可以装在 7 号和 9 号导管的管内，膜片直径小于 1 mm。目前已有把扩散硅膜片装入注射针头内传感器，它可以用来插入血管内直接测量血压，也可测量胆道压力。图 6-22 就是这种传感器结构示意图。

图 6-23 为心导管式压阻传感器结构图。在心导管端部装有扩散型压阻传感器，扩散膜片装在金属支座上，导线由导管引出，在导管侧面开一个小孔，在小孔上涂有硅橡胶膜，此膜一方面起传递心内压力作用，另一方面起封闭作用。工作时，心内压力是通过硅橡胶膜传递给扩散硅膜片，从而引起扩散电阻变化的。导管外径小于 2 mm，导管则通过静脉导入心脏内部。

思 考 题

1. 什么是应变效应？试说明金属应变片与半导体应变片的相同和不同之处。

2. 应变片产生温度误差的原因是什么？减小或补偿温度误差的方法是什么？

3. 有一电阻阻值为 R=120Ω，灵敏系数 k=2.0，电阻温度系数 $\alpha=2.0\times10^{-6}/℃$，线膨胀系数 $\beta_1=12\times10^{-6}/℃$的电阻应变片，贴于线膨胀系数为 $\beta_2=14.2\times10^{-6}/℃$的工件上，如果工件在外力作用下产生应变量为 200με，试问：

(1) 当温度改变 40℃时，如果未采取温度补偿措施，电阻变化量为多少？

(2) 由于温度影响会产生多大的相对误差？

第七章　磁电式传感器

磁电式传感器(电动式传感器或者感应式传感器)，它是通过电磁感应原理将运动速度转换成线圈的感应电动势输出的一种传感器组件，基本原理是法拉第电磁感应定律。它具有输出功率大，性能稳定，又具有一定的带宽，所以在生物医学工程上拥有广泛的应用。磁电式传感器一般分为两种：磁电感应式传感器、霍尔式传感器。

第一节　磁电感应式传感器

磁电感应式传感器又称磁电式传感器，是利用电磁感应原理将被测量(如振动、位移、转速等)转换成电信号的信号变换单元。它不需要辅助电源就能把被测对象的机械量转换成易于测量的电信号，是无源传感器。

一、磁电感应式传感器的工作原理

电磁感应原理是磁电式传感器的基本原理，根据法拉第电磁感应定律可知，N 匝线圈在磁场中运动切割磁力线或线圈所在磁场的磁通变化时，线圈中所产生的感应电动势 E(V)的大小取决于穿过线圈的磁通 φ(Wb)的变化率，即

$$E = -N\frac{\mathrm{d}\varphi}{\mathrm{d}t} \tag{7-1}$$

磁通量的改变可以有很多方法，如磁铁与线圈之间作相对运动；磁路中磁阻的变化；恒定磁场中线圈面积的变化等，一般可将磁电感应式传感器分为恒磁通式和变磁通式两类。

1. 恒磁通式磁电感应传感器结构与工作原理　恒磁通式磁电感应传感器的工作气隙中的磁通保持恒定，感应电动势是由于永久磁铁与线圈之间有相对运动，通过线圈切割磁力线而产生的。这类结构有动圈式和动铁式两种，如图 7-1 所示。

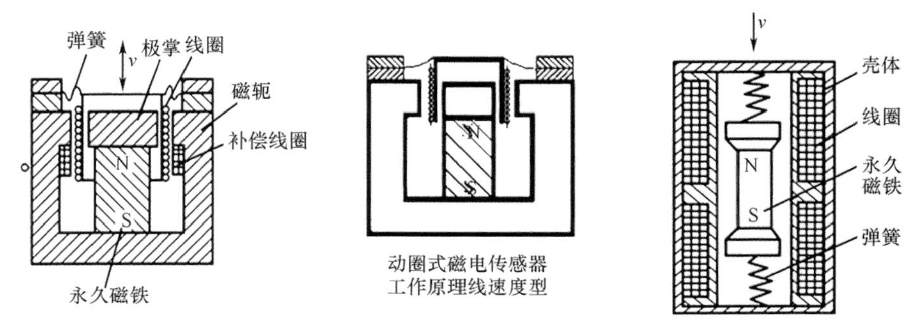

图 7-1　动圈式及动铁式感应传感器原理

磁铁与线圈相对运动使线圈切割磁力线，产生与运动速度 $\frac{\mathrm{d}x}{\mathrm{d}t}$ 成正比的感应电动势 E，其大小为

$$E=-NBL\frac{\mathrm{d}x}{\mathrm{d}t} \tag{7-2}$$

式中，N 为线圈在工作气隙磁场中的匝数；B 为工作气隙磁感应强度；L 为每匝线圈平均长度。

当传感器结构参数确定后，N、B 和 L 均为恒定值，E 与 $\frac{\mathrm{d}x}{\mathrm{d}t}$ 成正比，根据感应电动势 E 的大小就可以知道被测速度的大小。

此外，当振动频率低于传感器的固有频率时，这种传感器灵敏度是随振动频率而变化的；当振动频率远大于固有频率时，传感器的灵敏度基本上不随振动频率而变化，而近似为常数；当振动频率更高时，线圈阻抗增大，传感器灵敏度随振动频率增加而下降。不同结构的恒磁通磁电感应式传感器的频率响应特性是有差异的，但一般频响范围为几十 Hz 至几百 Hz。低的可到 10Hz 左右，高的可达 2kHz 左右。所以在选择相应传感器组件时，必须考虑实际环境中系统运行时的动态频响范围。

2. 变磁通式磁电感应传感器结构与工作原理　变磁通式磁电感应传感器一般做成转速传感器，产生感应电动势的频率作为输出，而电动势的频率取决于磁通变化的频率。变磁通式转速传感器的结构有开磁路和闭磁路两种。

如图 7-2 所示为开磁路变磁通式转速传感器原理图，其中测量齿轮 4 安装在被测转轴上与其一起旋转。当齿轮旋转时，齿的凹凸引起磁阻的变化，从而使磁通发生变化，因而在线圈 3 中感应出交变的电势，其频率等于齿轮的齿数 Z 和转速 n 的乘积，即

$$f=\frac{nZ}{60} \tag{7-3}$$

式中，Z 为齿轮齿数；n 为被测轴转速(r/min)；f 为感应电动势频率(Hz)。因此当已知 Z 和 f 就可以求出 n。

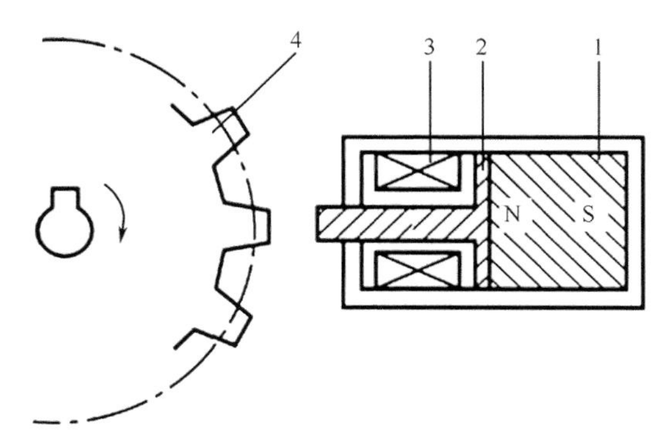

图 7-2　开磁路变磁通式转速传感器原理图

1. 永久磁铁；2.软磁铁；3.感应线圈；4.铁齿轮

开磁路式转速传感器优点是结构比较简单；缺点是输出信号小；当被测轴振动比较大时，传感器输出波形失真较大。在振动强的场合往往采用闭磁路式转速传感器。

如图 7-3 所示为闭磁路变磁通式转速传感器。其频率与转速成正比。

二、磁电感应式传感器基本特性

当测量电路接入磁电传感器电路时，如图 7-4 所示，磁电传感器的输出电流为

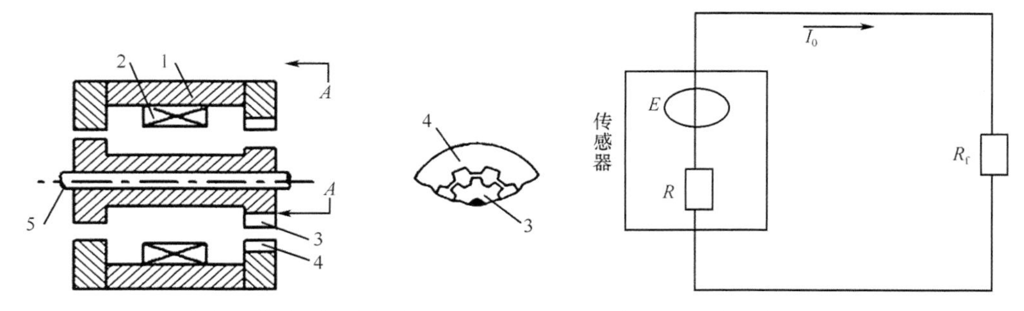

图 7-3　闭磁路变磁通式转速传感器

1.永久磁铁；2.感应线圈；3.内齿轮；4.外齿轮；5.转轴

图 7-4　磁电式传感器测量回路

$$I_0 = \frac{E}{R+R_f} = \frac{NB_0lV}{R+R_f} \tag{7-4}$$

式中，R_f 为测量电路输入电阻；R 为线圈等效电阻。

传感器电流灵敏度:

$$S_I = \frac{I_0}{V} = \frac{NB_0l}{R+R_f} \tag{7-5}$$

而传感器的输出电压和电压灵敏度分别为

$$U_o = I_0R_f \tag{7-6}$$

可得:

$$U_o = \frac{NB_0lVR_f}{R+R_f} \tag{7-7}$$

$$S_U = \frac{U_o}{v} = \frac{NB_0lR_f}{R+R_f} \tag{7-8}$$

当传感器的工作温度发生变化或受到外界磁场干扰、受到机械振动或冲击时，其灵敏度将发生变化，从而产生测量误差，其相对误差为

$$\gamma = \frac{dS_I}{S_I} = \frac{dB_0}{B_0} + \frac{dl}{l} - \frac{dR}{R+R_f} \tag{7-9}$$

三、磁电式传感器的测量电路

1. 非线性误差　磁电式传感器产生非线性误差的主要原因是：由于传感器线圈内有电流 I 流过时，将产生一定的交变磁通 I，此交变磁通叠加在永久磁铁所产生的工作磁通上，使恒定的气隙磁通变化，如图 7-5 所示。

根据楞次定律可知，当传感器线圈相对于永久磁铁磁场的运动速度增大时，将产生较大的感生电势 e 和较大的电流 i，由此而产生的附加磁场方向与原工作磁场方向相反，减弱了工作磁场的作用，从而使传感器的灵敏度随被测速度的增大而降低。当线圈的运动速度与图 7-5 所示方向相反时，则感应电动势 e、线圈感应电流 i 反向，所产生的附加磁场方向与工作磁场同向，从而增大了传感器的灵敏度。其结果是线圈运动速度方向不同时，传感器的灵敏度具有不同的数值，使传感器输出基波能量降低，谐波能量增加，即这种非线性特性同时伴随着传感器输出的谐波失真。显然，传感器灵敏度越高，线圈中电流越大，则这种非线性将越严重。

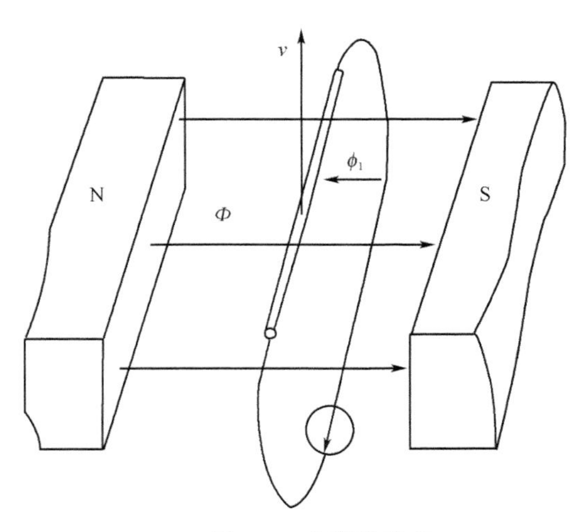

图 7-5 电流磁效应

为了补偿上述附加磁场干扰，可以在传感器中加入补偿线圈。补偿线圈通以放大 K 倍的电流。适当选择补偿线圈参数，可使其产生的交变磁通与传感线圈本身所产生的交变磁通互相抵消，从而达到补偿的目的。

2. 温度误差 当温度变化时，公式(7-9)右侧 3 项均不为零。对于铜线而言每摄氏度的变化量为：$\mathrm{d}l/l \approx 1.67\times10^{-3}$；$\mathrm{d}R/R \approx 4.3\times10^{-3}$；$\mathrm{d}B_0/B_0$ 每摄氏度的变化量决定于永久磁铁的材料，对于铝镍钴永久合金，$\mathrm{d}B_0/B_0 \approx -2\times10^{-4}$，这样可得到近似值如下：$\gamma_t \approx \dfrac{-4.5\%}{10°\mathrm{C}}$。这个数值是可观的，所以需要进行温度补偿。补偿通常采用热磁分流器。热磁分流器由具有很大负温度系数的特殊磁性材料制成。它在正常工作温度下已将空气隙磁通旁路一部分。当温度升高时，热磁分流器磁导率显著下降，经它分流掉的磁通占总磁通的比例较正常工作温度下显著较低，从而保持空气隙工作磁通不随温度变化，维持传感器灵敏度为常数。

3. 磁电感应式传感器测量电路 磁电式传感器直接输出感应电势，且传感器通常具有较高的灵敏度，所以一般不需要高增益放大器。但磁电式传感器是速度传感器，若要获取被测位移或加速度信号，则需要配用积分或微分电路。图 7-6 为一般测量电路方框图。

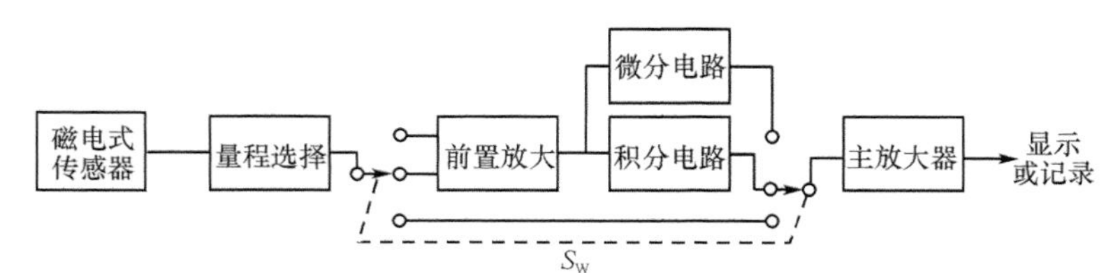

图 7-6 磁电式传感器测量电路方框图

四、磁电感应式传感器的应用

1. 动圈式振动速度传感器 图 7-7 为动圈式振动速度传感器的结构示意图。其结构主要特点是，钢制圆形外壳，里面用铝支架将圆柱形永久磁铁与外壳固定成一体，永久磁铁中间有一小孔，穿过小孔的芯轴两端架起线圈和阻尼环，芯轴两端通过圆形膜片支撑架空且与外壳相连。工作时，传感器与被测物体刚性连接，当物体振动时，传感器外壳和永久磁铁随之振动，而架空的芯轴、线圈和阻尼环因惯性而不随之振动。因而，此路空气隙中线圈切割磁力线而产生正比于振动速度的感应电动势，线圈的输出通过引线输出到测量电路。该传感器测量的是振动速度参数，若在测量电路中接入积分电路，则输出电势与位移成正比；若在测量电路中接入微分电路，则其输出与加速度成正比。

2. 磁电感应式传感器　图 7-8 为磁电式扭矩传感器工作原理图。在驱动源和负载之间的扭转轴两侧安装有齿形圆盘。它们旁边装有相应的两个磁电传感器。磁电传感器的结构如图 7-9 所示。传感器检测元件部分由永久磁铁、感应线圈和铁芯组成。永久磁铁产生的磁力线与齿形圆盘交链。当齿形圆盘旋转时，圆盘齿凸凹引起磁路气隙变化，于是磁通量也发生变化，在线圈中感应出交流电压，其频率在数值上等于圆盘上齿数与转数的乘积。

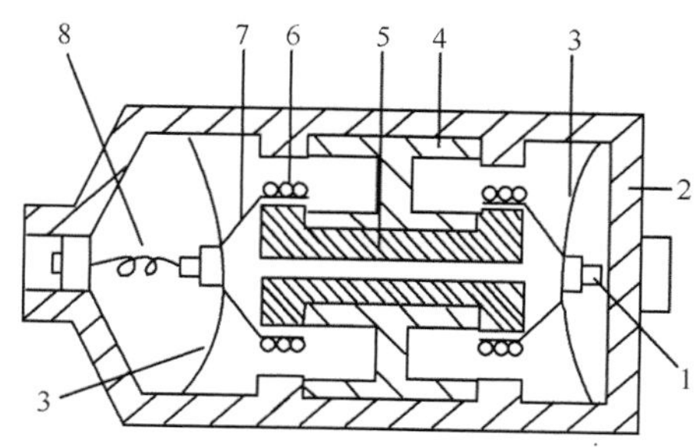

图 7-7　动圈式振动速度传感器

1.芯轴；2.外壳；3.弹簧片；4.铝支架；5.永久磁铁；6.线圈；7.阻尼环；8.引线

当扭矩作用在扭矩轴上时，两个磁电传感器输出的感应电压 u_1 和 u_2 存在相位差。这个相位差与扭转轴的扭转角成正比。这样，传感器就可以把扭矩引起的扭转角转换成相位差的电信号。

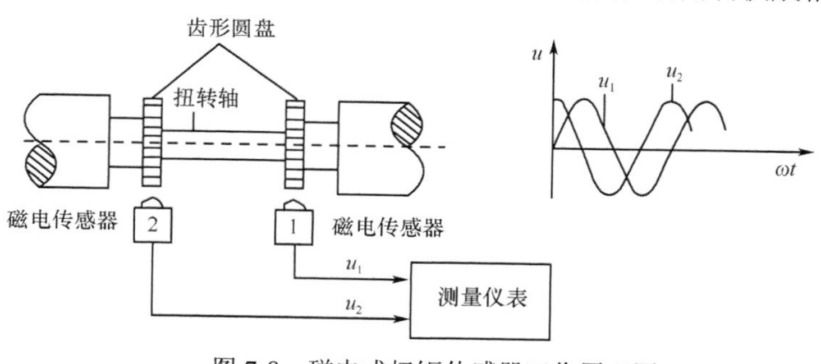

图 7-8　磁电式扭矩传感器工作原理图

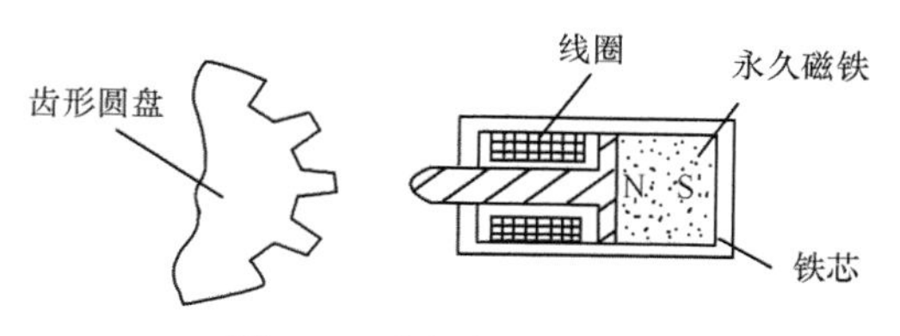

图 7-9　磁电式传感器结构图

第二节　霍尔式传感器

霍尔式传感器是基于霍尔效应而将被测量转换成电动势输出的一种传感器。它可以检测磁场及其变化，并且可以在各种与磁场有关场合中使用。霍尔器件具有许多优点，它们的结构牢固，体积小，重量轻，寿命长，安装方便，功耗小，频率高(可达 1 MHz)，耐振动，不怕灰尘、油污、水汽及盐雾等的污染或腐蚀。按照霍尔器件的功能可将它们分为：霍尔线性器件和霍尔开关器件，前者输出模拟量，后者输出数字量。霍尔线性器件的精度高、线性度好；霍尔开关器件无触点、无磨损、输出波形清晰、无抖动、无回跳、位置重复精度高(可达 μm 级)。采用了各种补偿和保护措施的霍尔器件的工作温度范围宽，可达−55～+150℃。

一、霍尔效应及霍尔元件

1. 霍尔效应 置于磁场中的静止载流导体，当它的电流方向与磁场方向不一致时，载流导体上平行于电流和磁场方向上的两个面之间产生电动势，此现象称为霍尔效应。该电势称为霍尔电势。其工作原理如图 7-10 所示，假设在 N 型半导体薄片上通以电流 I ，则半导体中的自由电荷沿着和电流相反的方向运动，由于在垂直于半导体薄片平面的方向施加磁场 B ，所以电子受到洛伦兹力 f_L 的作用向一边偏转，并使该边形成电子积累，而另一边则为正电荷的积累，于是形成电场，该电场阻止运动电子的继续偏转。

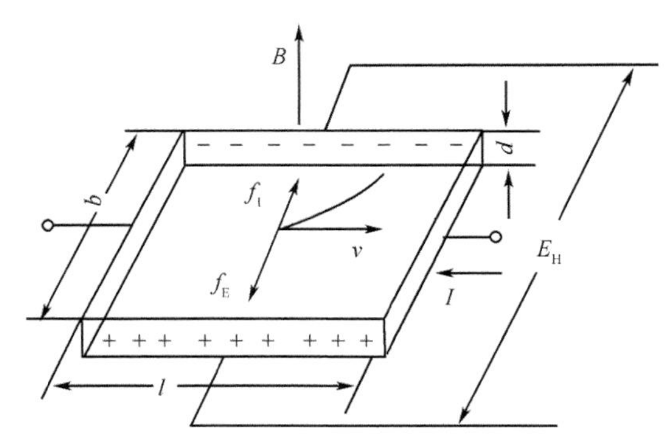

图 7-10 霍尔效应原理图

每个电子收到的洛伦兹力大小:

$$f_L = eBv \tag{7-10}$$

式中，e 为电子电荷；B 为磁场的磁感应强度；v 为电子运动平均速度。

f_L 的方向如上图所示，此时电子除了沿电流反方向做定向运动外，还在 f_L 的作用下漂移，结果使金属导电板内侧面积累电子，而外侧面积累正电荷，从而形成了附加内电场 E_H ，称霍尔电场，该电场强度为

$$E_H = \frac{U_H}{b} \tag{7-11}$$

式中，U_H 为电位差。

霍尔电场的出现，使定向运动的电子除受洛伦兹力作用外，还受到电场力作用，其力大小为 eE_H ，此力阻止电荷继续积累。随着内、外侧面积积累电荷的增加，霍尔电场增大，电子受到的霍尔电场力也增大，当电子所受洛伦兹力与霍尔电场作用力大小相等方向相反，即

$$eE_H = eBv \tag{7-12}$$

时，则

$$E_H = Bv \tag{7-13}$$

此时电荷不在向两侧面积累，达到平衡状态。

若金属导电板上单位时间积累内电子数为 n ，电子定向运动平均速度为 v ，则激励电流为

$$I = nevbd \tag{7-14}$$

得出:

$$U_H = \frac{IB}{ned} \tag{7-15}$$

式中令 $R_H=1/(ne)$，称之为霍尔常数，其大小取决于导体载流子密度，则

$$U_H=\frac{R_H IB}{d}=K_H IB \tag{7-16}$$

式中，$K_H=R_H/d$ 称为霍尔片的灵敏度。

因此，霍尔电势与输入电流 I 、磁感应强度 B 成正比，且当 B 的方向改变时，霍尔电势的方向也随之改变。如果所施加的磁场为交变磁场，则霍尔电势为同频率的交变电势。另外，霍尔元件越薄(d 越小)，K_H 就越大，所以通常霍尔元件都较薄，薄膜霍尔元件的厚度只有 1 μm 左右。

2. 霍尔元件基本结构　霍尔元件结构很简单，它是由霍尔片、四根引线和壳体组成。霍尔片是一块矩形半导体单晶薄片(一般为 4mm×2mm×0.1mm)，经研磨抛光，然后用蒸发合金法或其他方法制作欧姆接触电极，最后焊上引线并封装。而薄膜霍尔元件则是在一片极薄的基片上用蒸发或外延的方法做成霍尔片，然后再制作欧姆接触电极，焊上引线最后封装。一般控制端引线采用红色引线，而霍尔输出端引线则采用绿色引线。霍尔元件的壳体用非导磁金属、陶瓷或环氧树脂封装。 在电路中，霍尔元件一般可用两种符号表示，如图 7-11 所示。

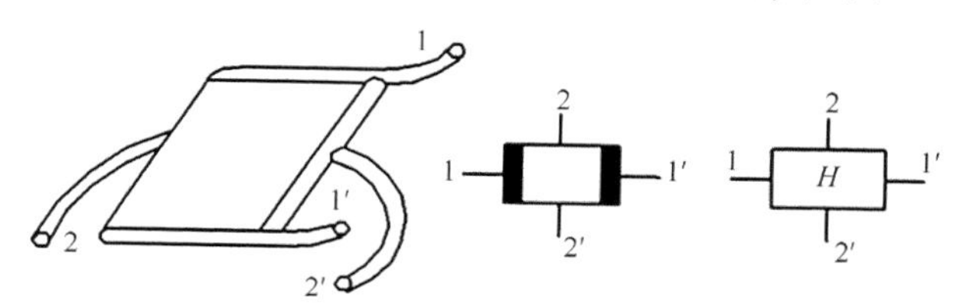

图 7-11　霍尔元件结构示意图及符号

1′ 为激励电极；2、2′ 为霍尔电极

3. 霍尔元件基本特性

(1) 额定激励电流与最大允许激励电流：额定激励电流：当霍尔元件自身温度升 10℃时所流过的激励电流称为额定激励电流。最大允许激励电流：以元件允许最大温升为限制所对应的激励电流称为最大允许激励电流。

(2) 输入电阻与输出电阻:霍尔输入电阻 R_{in}：激励电极间的电阻值。霍尔输出电阻 R_{out}：霍尔电极输出电势对电路外部来说相当于一个电压源，其电源内阻即为输出电阻。以上电阻值是在磁感应强度为零，且环境温度在 20℃ ± 5℃时所确定的。

(3) 不等位电势和不等位电阻:磁感应强度为零时，空载霍尔电势称为不等位电势，如图 7-12 所示。 其产生原因: ①电极不对称或不在同一等电位面上。②材料不均匀。③电极接触不良造成电流不均匀。不等位电势也可用不等位电阻表示，即

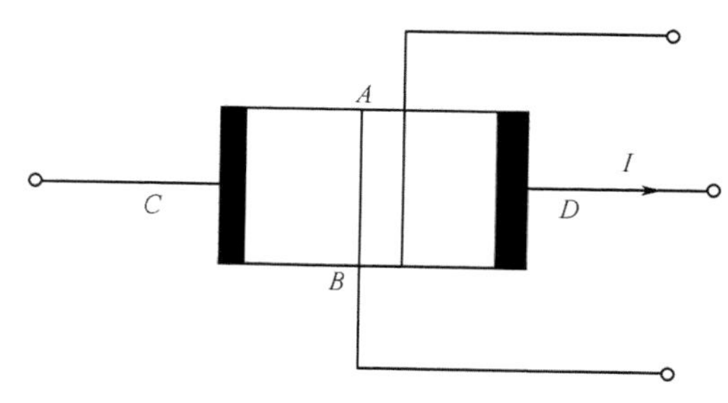

图 7-12　霍尔元件不等位电势示意图

$$r_0 = \frac{U_0}{I} \tag{7-17}$$

式中，U_0 为不等位电势；r_0 为不等位电阻；I 为激励电流。

(4) 寄生直流电势：外加磁场为零，激励为交流激励时，存在的直流电势称为寄生直流电势。寄生直流电势一般小于 1mV，它是影响霍尔片温漂的原因之一。其产生原因：电极接触不良，造成整流效果；霍尔电极不对称，形成极间温差电势。

(5) 霍尔电势温度系数：在一定磁感应强度和激励电流下，温度每变化 1℃时，霍尔电势变化的百分率称为霍尔电势温度系数。

(6) 霍尔元件材料：锗(Ge)、硅(Si)、锑化铟(InSb)、砷化铟(InAs)和砷化镓(GaAs)是常见的制作霍尔元件的几种半导体材料。表 7-1 所列为制作霍尔元件的几种半导体材料主要参数。

表 7-1　制作霍尔元件的几种半导体材料主要参数

材料(单晶)	禁带宽度 Eg/(eV)	电阻率 /(Ω·cm)	电子迁移率 /(cm^2/V·s)	霍尔系数 R_H/(cm^3·C^{-1})	$\mu p^{1/2}$
N 型锗(Ge)	0.66	1.0	3500	4250	4000
N 型硅(Si)	1.107	1.5	1500	2250	1840
锑化铟(InSb)	0.17	0.005	60000	350	4200
砷化铟(InAs)	0.36	0.0035	25000	100	1530
磷砷铟（InAsP）	0.63	0.08	10500	850	3000
砷化镓（GaAs）	1.47	0.2	8500	1700	3800

4. 不等位电势补偿　不等位电势与霍尔电势大小相当，有时甚至超过霍尔电势，而实用中要消除不等位电势是极其困难的，因而必须采用补偿的方法。分析不等位电势时，不等位电势补偿的方法可以通过电桥平衡来实现。

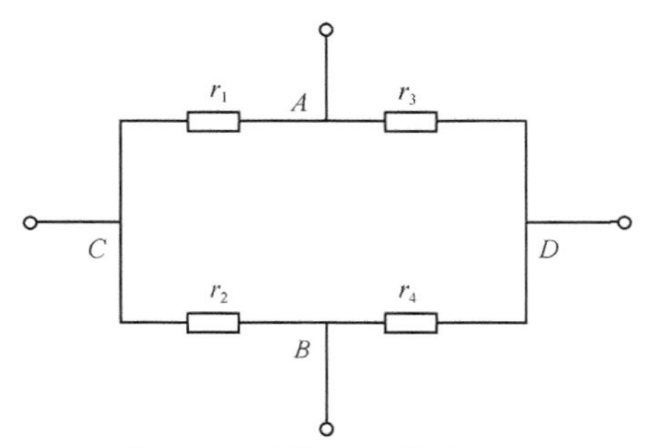

图 7-13　霍尔元件等效电路

如图 7-13 所示，电桥臂的四个电阻分别是 r_1、r_2、r_3、r_4，当两个霍尔电极 C、D 处在同一等位面上时，$r_1=r_2=r_3=r_4$ 这时电桥平衡，不等位电势 $U_0=0$，当两个霍尔电极不在同一等位面上时，电桥不平衡，不等位电势不等于零，此时可根据 C、D 两点电位的高低，判断应在某一桥臂上并联一定电阻，使电桥达到平衡，从而使不等位电势为零。

图 7-14 为几种补偿线路图，(a)、(b)为常见的补偿电路，(b)、(c)相当于在等效电桥的两个桥臂上同时并联电阻，(d)用于交流供电的情况。

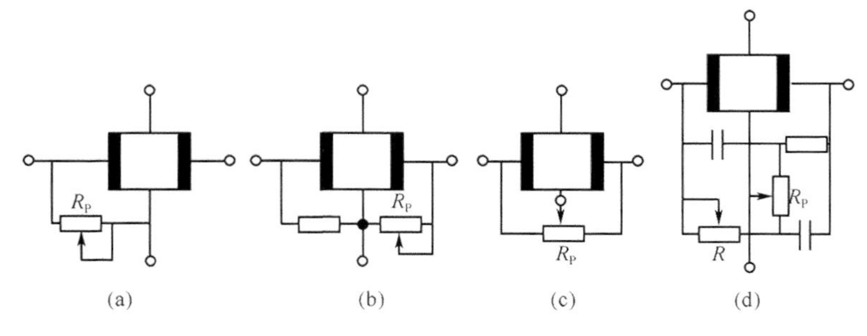

图 7-14　不等位电势补偿电路

5. 霍尔元件温度补偿　霍尔元件基片是半导体材料，因而对温度的变化很敏感。其载流子浓度和载流子迁移率、电阻率和霍尔系数都是温度的函数。当温度变化时，霍尔元件的一些特性参数，如霍尔电势、输入电阻和输出电阻等都要发生变化，从而使霍尔式传感器产生温度误差。

(1) 采用恒流源供电：霍尔元件灵敏系数也是温度的函数，它随温度变化引起霍尔电势的变化，霍尔元件的灵敏系数与温度的关系：

$$K_{Ht} = K_{H0}[1+\alpha(T-T_0)] = K_{H0}(1+\alpha\Delta T)$$

式中，K_{H0} 为温度 T_0 时的 K_H 值；ΔT 为温度变化量；α 为霍尔元件的温度系数。

大多数霍尔元件的温度系数 α 是正值时，它们的霍尔电势随温度的升高而增加 $(1+\alpha\Delta T)$ 倍。如果让控制电流 I 相应地减小，能保持 $K_H I$ 不变就抵消了灵敏系数值增加的影响。图 7-15 就是按照此思路设计的一个既简单、补偿效果又较好的补偿电路。电路中 I_s 为恒流源，分流电阻与霍尔元件的激励电极相并联。当霍尔元件的输入电阻随温度升高而增加时，旁路分流电阻 R_p 自动地增大分流，减小了霍尔元件的激励电流 I_H，从而达到补偿的目的。

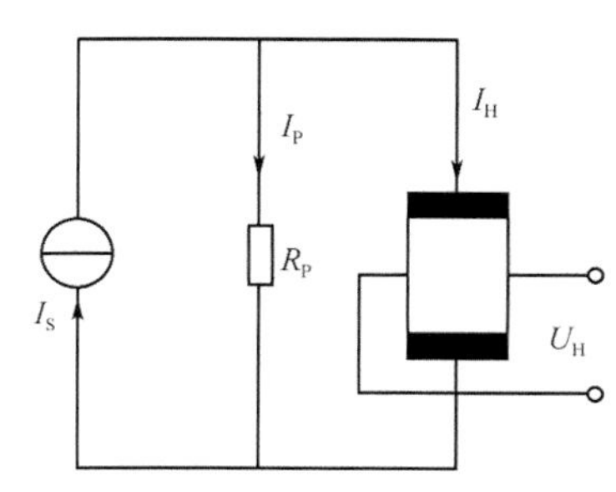

图 7-15　恒流温度补偿电路

初始温度 T_0 时，分流为：

$$I_{H0} = \frac{R_{p0}I_s}{R_{p0}+R_{i0}} \tag{7-18}$$

温度增加 ΔT 时：

$$\begin{aligned} R_i &= R_{i0}(1+\delta\Delta T) \\ R_p &= R_{p0}(1+\beta\Delta T) \end{aligned} \tag{7-19}$$

式中，δ 为霍尔元件输入电阻温度系数；β 为分流电阻温度系数。

$$I_H = \frac{R_p I_s}{R_p + R_i} = \frac{R_{p0}(1+\beta\Delta T)I_s}{R_{p0}(1+\beta\Delta T)+R_{i0}(1+\delta\Delta T)} \tag{7-20}$$

为了使霍尔电势不变，即

$$U_{H0} = U_H \tag{7-21}$$

则

$$K_{H0}I_{H0}B = U_H I_H B \tag{7-22}$$

得出

$$R_{p0} = \frac{(\delta-\beta-\alpha)R_{i0}}{\alpha} \tag{7-23}$$

(2) 采用恒压源和输入回路串联电阻：如图 7-16 所示。
霍尔电压随温度变化关系式为

$$U_H = \frac{R_{Ht}}{R+R_{it}}\cdot\frac{EB}{d} \tag{7-24}$$

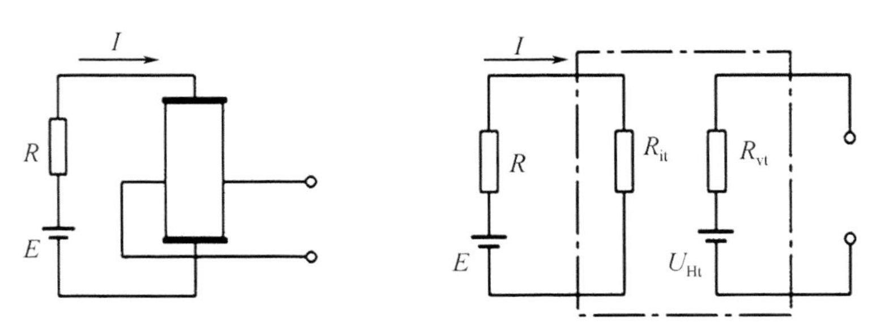

图 7-16 补偿基本电路及等效电路

对上式求温度导数得

$$R = \frac{R_{i0}(\beta - \alpha)}{\alpha} \tag{7-25}$$

(3) 合理选择负载电阻 R_L 的阻值: 霍尔元件的输出电阻 R_o 和霍尔电动势 U_H 都是温度的函数(设为正温度系数), 当霍尔元件接有负载 R_L 时, 在 R_L 上的电压为:

$$U_L = \frac{R_L U_{H0}[1+\alpha(T-T_0)]}{R_L + R_{o0}[1+\beta(T-T_0)]} \tag{7-26}$$

为了负载上的电压不随温度变化, 应使 $\mathrm{d}U_L/\mathrm{d}(T-T_0)=0$, 即

$$R_L = R_{o0}\left(\frac{\beta}{\alpha} - 1\right) \tag{7-27}$$

式中, R_{o0} 为温度 T_0 时的霍尔元件输出电阻。

实际工作时, 可采用串、并联电阻方法使上式成立来补偿温度误差, 但霍尔元件灵敏度将会降低。

(4) 采用温度补偿元件(如热敏电阻、电阻丝): 这是一种常用的温度误差补偿方法。由于热敏电阻具有负温度系数, 电阻丝具有正温度系数, 可采用输入回路串接热敏电阻, 输入回路并接电阻丝, 或输出端串接热敏电阻对具有负温度系数的锑化铟材料霍尔元件进行温度补偿。可采用输入端并接热敏电阻方式对输出具有正温度系数的霍尔元件进行温度补偿。一般来说, 温度补偿电路、霍尔元件和放大电路应集成在一起制成集成霍尔传感器。

二、霍尔传感器的应用

1. 霍尔式微位移传感器 霍尔元件具有结构简单、体积小、动态特性好而且寿命长的优点, 它不仅用于磁感应强度、有功功率和电能参数的测量, 也在位移测量中得到了广泛应用。图 7-17 给出了一些霍尔式位移传感器的工作原理图。

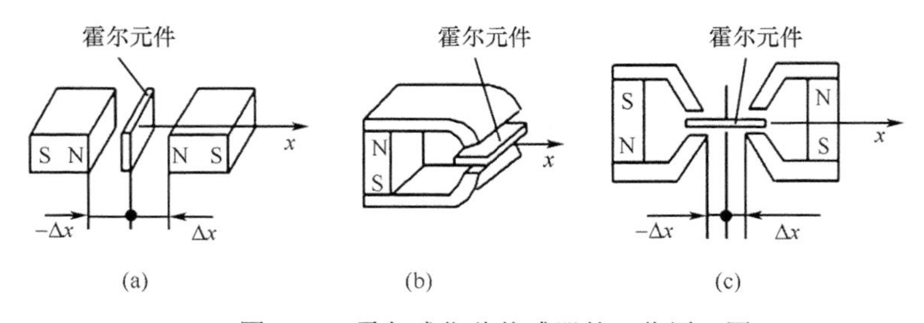

图 7-17 霍尔式位移传感器的工作原理图

图 7-17(a)是磁场强度相同的两块永久磁铁, 同极性相对地放置, 霍尔元件处在两块磁铁的

中间。由于磁铁中间的磁感应强度 $B=0$，因此霍尔元件输出的霍尔电势 U_H 也等于零，此时位移 $\Delta x=0$。若霍尔元件在两磁铁中产生相对位移，霍尔元件感受到的磁感应强度也随之改变，这时 U_H 不为零，其量值大小反映出霍尔元件与磁铁之间相对位置的变化量。这种结构的传感器，其动态范围可达到 5mm，分辨率为 0.001mm。

图 7-17(b)是一种结构简单的霍尔位移传感器，是由一块永久磁铁组成磁路的传感器，在霍尔元件处于初始位置 $\Delta x=0$ 时，霍尔电势 U_H 不等于零。

图 7-17(c)是一个由两个结构相同的磁路组成的霍尔式位移传感器，为了获得较好的线性分布，在磁极端面装有极靴，霍尔元件调整好初始位置时，可以使霍尔电势 U_H=0。这种传感器灵敏度很高，但它所能检测的位移量较小，适合于微位移量及振动的测量。

2. 霍尔转速传感器　图 7-18 是几种不同结构的转速传感器。转盘的输入轴与被测转轴相连，当被测转轴转动时，转盘随之转动，固定在转盘附近的霍尔传感器便可在每一个小磁铁通过时产生一个相应的脉冲，检测出单位时间的脉冲数，便可知被测转速。根据磁性转盘上小磁铁数目的多少，就可确定传感器测量转速的分辨率。

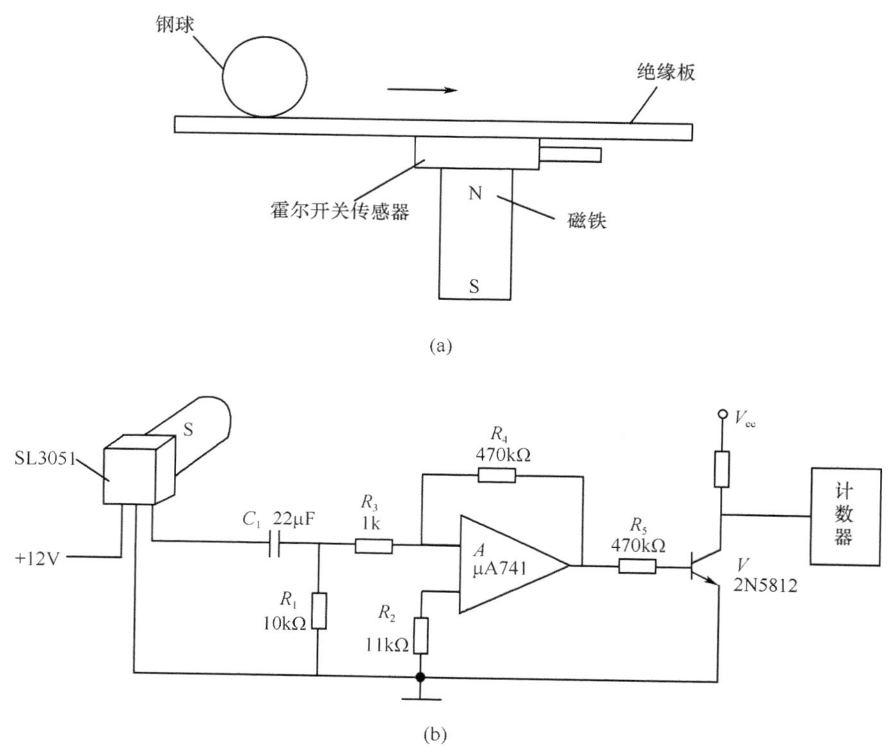

图 7-18　霍尔计数装置的工作示意图及电路图

3. 霍尔计数装置　霍尔集成元件是将霍尔元件和放大器等集成的一块芯片上。它由霍尔元件、放大器、电压调整电路、电流放大输出电路、失调调整及线性度调整电路等级部分组成，有三端 T 形单端输出和八脚双列直插型双端输出两种结构。它的特点是输出电压在一定范围内与磁感应强度呈线性关系。霍尔开关传感器 SL33501 是具有较高灵敏度的集成霍尔元件，能感受到很小的磁场变化，因而可对黑色金属零件进行计数检测。图 7-18 是对钢球进行计数的工作示意图和电路图。当钢球通过霍尔开关传感器时，传感器可输出峰值 20mV 的脉冲电压，该电压经运算放大器(μA741)放大后，驱动半导体三极管 V(2N5812)工作，V 输出端便可接计数器进行计数，并由显示器显示检测数值。

4. 钳形电流表原理 通常用普通电流表测量电流时，需要将电路切断停机后才能将电流表接入进行测量。此时，使用钳形电流表就显得方便多了。钳形电流表与普通电流表不同，它可在不断开电路的情况下测量负荷电流，这是它最大的优点。

(1) 互感式钳形电流表的构造与原理：常见的钳形电流表主要由电流互感器和整流系电流表组成，原理图如下图 7-19 所示。

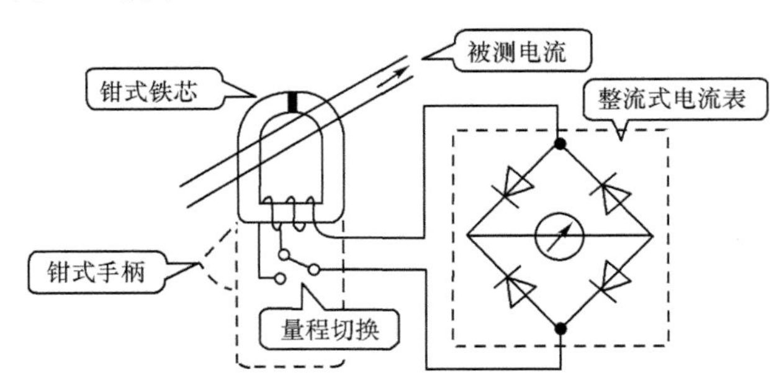

图 7-19 互感式钳形电流表原理图

互感式钳形电流表是利用电磁感应原理来测量电流的。电流互感器的铁芯呈钳口形，当紧握钳形电流表的把手时，其铁芯张开，将被测电流的导线放入钳口中。松开把手后铁芯闭合，通有被测电流的导线就成为电流互感器的原边，于是在变压器次级就会产生感生电流，并送入整流系电流表进行测量。电流表的标度是按原边电流刻度的，所以仪表的读书就是被测导线中的电流值。需要注意的时，互感型钳形电流表只能测量交流电流。

(2) 电磁系钳形电流表工作原理：电磁系钳形电流表主要由电磁系测量机构组成。处在铁芯钳口中的导线相当于电磁系测量机构中的线圈，当被测电流通过导线时，在铁芯中产生磁场，使可动铁片磁化，产生电磁推力，带动指针偏转，指示出被测电流的大小。由于电磁系仪表可动部分的偏转方向与电流极性无关，因此它适用于交直流两用的环境。由于这种钳形电流表属于电磁系仪表，指针转动力矩与被测电流的平方成正比，所以标度尺刻度是不均匀的，并且容易受到外磁场影响。

(3) 采用霍尔电流传感器的钳形电流表：针对霍尔传感器的电路形式而言，人们最容易想到的是将霍尔元件的输出电压用运算放大器直接信号放大，得到所需要的信号电压，由此电压值来标定原边被测电流大小，这种形式的霍尔传感器通常称为开环霍尔电流传感器。开环霍尔传感器的优点是电路形式简单、成本相对较低；其缺点是精度、线性度较差；响应时间较慢；温度漂移较大。为了克服开环传感器存在的不足，20 世纪 80 年代末期，国外出现了闭环霍尔电流传感器。磁平衡式(闭环)电流传感器(CSM 系列)的原理图如图 7-20 所示。

磁平衡式电流传感器也称补偿式传感器，即原边电流 I_p 在聚磁环处所产生的磁场通过一个次级线圈电流所产生的磁场进行补偿，其补偿电流 I_s 精确的反映原边电流 I_p，从而使霍尔器件处于检测零磁通的工作状态。

具体工作过程为：当主回路有一电流通过时，在导线上产生的磁场被磁环聚集并感应到霍尔器件上，所产生的信号输出用于驱动功率管并使其导通，从而获得一个补偿电流 I_s。这一电流再通过多匝绕组产生磁场，该磁场与被测电流产生的磁场正好相反，因而补偿了原来的磁场，使霍尔器件的输出逐渐减小。当与 I_p 与匝数相乘所产生的磁场相等时，I_s 不再增加，这时的霍尔

器件起到指示零磁通的作用。当原副边补偿电流产生的磁场在磁芯中达到平衡时:

$$N \times I_p = n \times I_s \tag{7-28}$$

式中，N 为原边线圈的匝数; I_p 为原边电流; n 为副边线圈的匝数; I_s 为副边补偿电流。由次看出，当已知传感器原边和副边线圈匝数时，通过在 M 点测量副边补偿电流 I_s 的大小，即可推算出原边电流 I_p 的值，从而实现了原边电流的隔离测量。

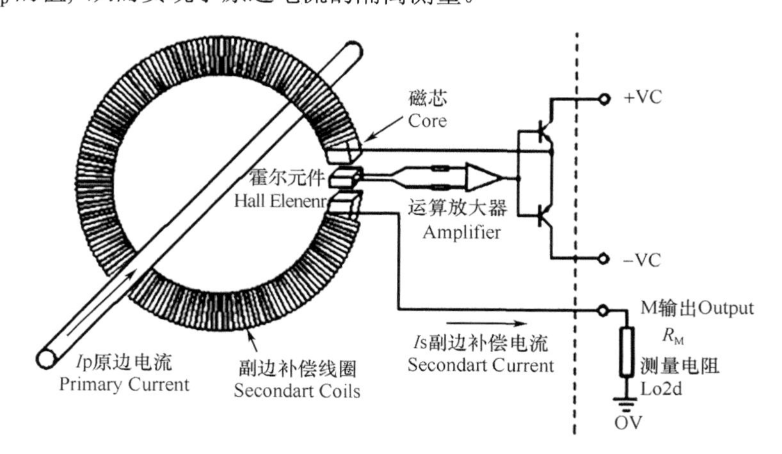

图 7-20 磁平衡式(闭环)电流传感器(CSM 系列)的原理图

当平衡受到破坏，即 I_p 变化时，霍尔器件有信号输出，即重复上述过程重新达到平衡。被测电流的任何变化都会破坏这一平衡。一旦磁场失去平衡，霍尔器件就有信号输出。经功率放大后，立即就有相应的电流流过次级绕组以对失衡的磁场进行补偿。从磁场失衡到再次平衡，所需的时间理论上不到 1μs，这是一个动态平衡的过程。因此从宏观上看，次级的补偿电流安匝数在任何时间都与初级被测电流的安匝数相等。

此种钳形电流表测量方式无测量插入损耗，线性度好，可测量直流电流、交流电流及脉冲电流，且原边电流与副边输出信号高度隔离，不引入干扰。

思 考 题

1. 简述变磁通式和恒磁通式磁电传感器的工作原理。

2. 磁电式传感器的误差及其补偿方法是什么?

3. 简述霍尔效应及霍尔传感器的应用场合。

4. 霍尔元件能够测量哪些物理参数?霍尔元件的不等位电势的概念是什么，温度补偿的方法有哪几种?

5. 某动圈式速度传感器弹簧系统的刚度 k=3200N / m，测得其固有频率为 20Hz，今欲将其固有频率减小为 10Hz，问弹簧刚度应为多大?

6. 已知恒磁通磁电式速度传感器的固有频率为 10Hz，质量块重 2.08N，气隙磁感应强度为 1T，单匝线圈长度为 4mm，线圈总匝数 1500 匝，试求弹簧刚度 k 值和电压灵敏度 K_u 值(mV/(m/s))。

7. 某种磁电式传感器要求在最大允许幅值误差 2%以下工作，若其相对阻尼系数 ξ=0.6，试求 ω/ω_n 的范围。

8. 若一个霍尔器件的 KH=4mV/mA·kGs，控制电流 I=3mA，将它置于 1Gs~5kGs 变化的磁场中(设磁场与霍尔器件平面垂直)，它的输出霍尔电势范围多大?并设计一个 20 倍的比例放大器放大该霍尔电势。

9. 有一霍尔元件，其灵敏度 $KH=1.2mV/mA \cdot kGs$，把它放在一个梯度为 5kGs/mm 的磁场中，如果额定控制电流是 20mA，设霍尔元件在平衡点附近作±0.1mm 的摆动，问输出电压范围为多少?

10. 阐述基于霍尔传感器的钳形电流表工作原理。

第八章　热电式传感器

热电式传感器是利用某些材料或元件的物理特性与温度有关这一性质，将温度的变化转化为相关电量的变化，从能量转换角度，它是一种把内能转换为电能的工作单元。因此，也称为温度传感器(temperature sensor)。据统计热电式传感器数量约占各种传感器使用数量的一半左右。

在生物医学领域里，温度是一个非常重要的生理参数。例如，病人的体温为医生提供了生理状态的重要信息。体表体温是诊断休克病人的一种重要参数，因为休克病人的低血压引起末梢的低血流量。在儿童科学方面，精确控制调节温度的保温箱为新生儿提供所需要的环境温度，稳定新生儿体温。医生们已经证明关节温度与局部发炎程度的密切关系，由关节炎和慢性炎症所引起的血流量增加，能通过对温度的测量反映出来。感染通常也由体温的升高反映出来，并且由皮肤发热涨红和失水来反映。当高烧破坏了对温度敏感的酶和蛋白质时，就会使呼吸次数增加。麻醉抑制了体温调节中枢，因而使体温下降。在外科手术时，医生常使用低温麻醉技术，以期降低病人的新陈代谢作用和血液循环。

第一节　热敏电阻式传感器

绝大多数物质的电阻率都随其本身的温度的变化而变化，这一物理现象称为热电阻效应。利用这一原理制成的温度敏感元件称为热电阻(thermistor)。常用热电阻传感器分为金属热电阻和半导体热电阻两大类，一般把金属热电阻称为热电阻，而把半导体热电阻称为热敏电阻。

在一定的温度范围内，大多数金属材料电阻与温度的关系为:

$$R_{\mathrm{T}} = R_0\left[1+\alpha(T-T_0)\right] \tag{8-1}$$

式中，R_{T}为元件在温度为 T 时的电阻; R_0为元件在温度为 T_0时的电阻; α 为 T_0时电阻温度系数。

温度系数是当温度变化时对应量值是如何变化的比例值，当材料阻值随温度正向变化时，我们称之具有正温度系数，反之为负温度系数。金属的温度系数一般为正，单晶半导体的温度系数也为正，但随掺杂浓度的增加而减小。陶瓷半导体温度系数为负，并且非线性较大。电阻温度系数的绝对值越高，则该元件的灵敏度就越高。各种材料的温度系数和电阻率见表 8-1。

表 8-1　几种金属和半导体在室温时的温度系数和电阻率

材料	A(℃$^{-1}$)*	ρ，电阻率(Ω·cm)
金	+0.0040	2.4×10^{-6}
Nichrome(一种镍铬合金)	+0.0004	1.0×10^{-4}
镍	+0.0067	6.84×10^{-5}
铂	+0.00392	1.0×10^{-6}
银	+0.0041	1.63×10^{-6}
硅(掺杂 10^{16}cm^{-3})	~+0.007	1.4(P 型)0.6(N 型)
	−0.04	~10^3(负温度系数型)
热敏电阻	+0.1	10^2~10^4(正温度系数型)

*乘以 100 即得 1℃的电阻百分变化

一、金属热电阻

大多数金属热电偶具有正温度系数。用于制造热电阻的金属应具有尽可能大和稳定的电阻温度系数和电阻率，R-t 关系最好成线性，物理化学性能稳定，复现性好等。目前最常用的热电阻有铂热电阻和铜热电阻。

1. 铂热电阻 铂热电阻的特点是精度高、稳定性好、性能可靠，即便在氧化性介质中，其物理和化学特性也比较稳定；易提纯，复现性好，拥有良好的工艺性。它在温度传感器中得到了广泛应用。按 IEC 标准，铂热电阻的使用温度范围为−200~+850℃。铂热电阻的特性方程为：

$$在-200\sim0℃的温度范围内：R_t=R_0[1+At+Bt^2+Ct^3(t-100)] \tag{8-2}$$

$$在\ 0\sim850℃的温度范围内：R_t=R_0(1+At+Bt^2) \tag{8-3}$$

式中，R_t 和 R_0 分别为 t℃和 0℃时对应的铂电阻值；A、B 和 C 为常数。在 ITS-90 中，这些常数规定为：$A=3.9083\times10^{-3}(℃)^{-1}$；$B=-5.775\times10^{-7}(℃)^{-2}$；$C=-4.183\times10^{-12}(℃)^{-3}$。从上式看出，热电阻在温度 t 时的电阻值与 R_0 有关。铂热电阻不同分度号亦有相应分度表，这样在实际测量中，只要测得热电阻的阻值 R_t，便可从分度表上查出对应温度值。

2. 铜热电阻 由于铂是贵重金属，因此可采用铜热电阻进行测温，一般来讲，铜热电阻测量精度略低于铂。铜金属在−50~150℃范围内铜电阻化学、物理性能稳定，输出-输入特性接近线性。铜电阻阻值与温度变化之间的关系可近似表示为：

$$R_t=R_0(1+At+Bt^2+Ct^3) \tag{8-4}$$

式中，$A=4.288\ 99\times10^{-3}(℃)^{-1}$；$B=-2.133\times10^{-7}(℃)^{-2}$；$C=1.233\times10^{-9}(℃)^{-3}$。

金属丝热电阻温度传感器根据不同的需要可设计成各种不同的结构形式。例如，薄片式、棒式、笼式等。薄片式金属丝热电阻是由热电阻丝绕制在一个特制云母薄片上，为在使用中方便，它还需要被封装在一个特制保护套内。金属丝热电阻传感器在生物医学上常被用于测量体表温度。因此，要求传感器体积小，并易于与体表紧密接触，所以薄片式金属丝热电阻比较适宜此种测量。

金属热电阻的常用测温电路是桥式测量电路。因为铜和铂的温度系数较小，并且其电阻值低，所以，应特别注意测量电路中的误差源。首先是在温度梯度作用下由引线电阻所引起电阻误差。采用图 8-1 所示是三线制原理接线图可有效消除该误差。由图 8-1(a)看出电源通过 C 线接入测量桥路，这时电路就可以等效为图 8-1(b)。从图 8-1(b)得知，A 线和 B 线的线路电阻 r 被分别连接到上、下桥臂中。由于这两根导线的长度一样，既电阻一样，这样就消除了线路电阻的影响。其次是各个触点上产生的热电动势而造成的误差，将所有触点置于同一温度下可减小这种误差。采用交流电激励桥路，再通过窄带放大器和相敏检波可消除这种影响。最后是在热

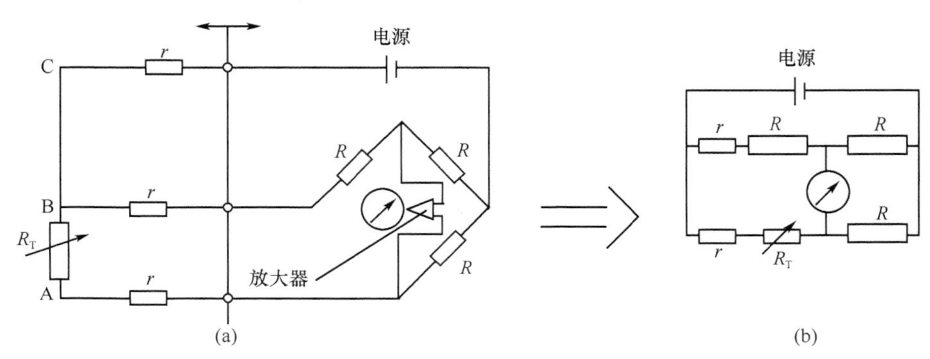

图 8-1 热电阻测温中的平衡电桥

电阻测温中，当电流流过电阻元件所产生的自热效应而产生的误差。降低电桥激励电压并增加放大器增益可避免自热。也可采用脉冲源激励电桥来减小电阻产生的热量以消除自热的影响。但这将增加测量电路的复杂性。

用金属热电偶测量温度采用非线形补偿后，铂热电阻测温误差可降到0.01℃。其优点是测量精度高，线形度好，稳定性好，在0~100℃范围内。

二、半导体热敏电阻

半导体热敏电阻是采用半导体材料制作成的温度传感器。半导体热敏电阻其灵敏度高，体积小，长期稳定性好；电阻率高，热惯性小，比较适宜动态测量，因此在生物医学的温度测量中得以广泛应用。热敏电阻分为三类：正温度系数(positive temperature coefficient, PTC)型；负温度系数(negative temperature coefficient, NTC)型；临界温度系数热敏电阻(critical temperature resistor, CTR)型。单晶掺杂的半导体(通常是硅)，温度系数为正。

PTC 型热敏电阻主要采用 $BaTO_3$(钛酸钡)系列材料制成，当温度超过某一数值时，其电阻值朝正的方向快速变化，温度系数可达到10%~60%/℃。其用途主要是用于彩电消磁、各种电器设备的过热保护、发热源的定温控制，也可作限流元件使用。

CTR 型热敏电阻采用 VO_3(钒酸)系列材料制作，在某个温度值上电阻值，电阻值可在某特定温度范围内随温度升高产生而降低3~4个数量级的急剧变化，因此其也称突变型负温度系数热敏电阻。其用途主要用作温控开关，用于自动控制电路中控温或者报警。

NTC 型热敏电阻是负温度系数很大的半导体材料或元器件，它以锰、钴、镍、铜等金属氧化物为主要材料，采用陶瓷工艺制造而成。这些金属氧化物材料都具有半导体性质。温度低时，这些氧化物材料中的载流子(电子和空穴)数目少，所以其电阻值较高；随着温度的升高，载流子数目增加，电阻值降低。NTC 热敏电阻器在室温下温度系数比金属的温度系数大 10 倍左右，一般为–3%~6.5%，阻值的变化范围从数欧到几兆欧。某些玻璃封装的器件，稳定度可达±0.2%/年。用钛酸钡烧结的 PTC 型热敏电阻温度系数更大(10%~60%/℃)，特别适用于–100~300℃的温度测量用。NTC 型热敏电阻的温度系数比金属的温度系数大 10 倍左右。某些玻璃封装器件稳定度可达±0.2%/年。

1. 电阻-温度特性(R_T-T)　NTC 性热敏电阻在温度低于 450℃时，热敏电阻的电阻-温度特性符合指数规律，即：

$$R_T = R_0 e^{B\left(\frac{1}{T}-\frac{1}{T_0}\right)} \tag{8-5}$$

式中，T 为热力学温度，T=273+t(t 为摄氏度)；R_T 为温度 T(绝对温度)时的阻值；R_0 为参考温度 T_0(绝对温度)时的阻值；B 为热敏电阻的材料系数，常取 2000~6000K。

$$B = \frac{T_0 T}{T_0 - T}\ln\frac{R_T}{R_0}$$

电阻-温度特性曲线见图 8-2。

根据定义，由式(8-5)可得电阻温度系数 α_T 为：

$$\alpha_T = \frac{1}{R_T}\cdot\frac{dR_T}{dT} = -\frac{B}{T^2} \tag{8-6}$$

由(8-6)式可见，NTC 型热敏电阻的温度系数与温度的平方成反比。

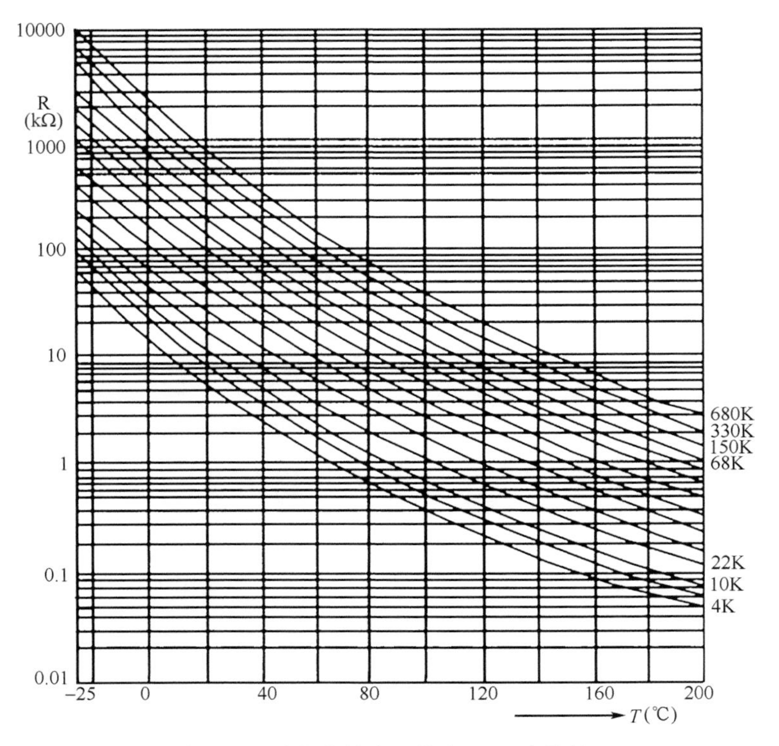

图 8-2　珠状热敏电阻的电阻-温度特性

2. 伏安特性(*U-I*)　热敏电阻的伏安特性是指在稳定情况下，热敏电阻两端的电压与流过电阻的电流之间的关系，是热敏电阻工作性能的重要特性，了解它有助于正确选择热敏电阻的正常工作范围。

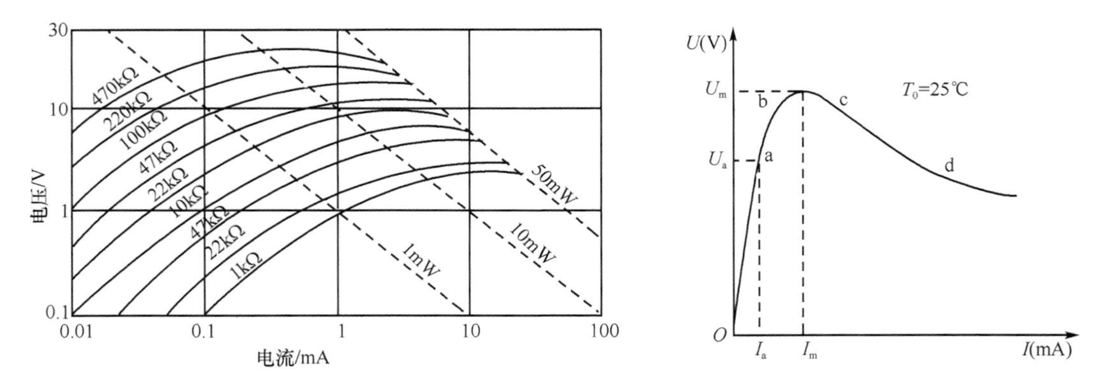

图 8-3　热敏电阻的伏安特性

如图 8-3 所示，伏安特性曲线分为三段：第一段为线性段(oa)，这一段的热敏电阻功率小于 1mW，电流不足以引起热敏电阻发热，热敏电阻的温度基本上就是环境温度，此时热敏电阻相当于一个固定电阻，其伏安特性服从欧姆定律，曲线在此段呈现线性关系。工程上经常使用这一区段来进行测温、控温和补偿，这样就可以忽略电流加热引起的热敏电阻阻值变化，而使热敏电阻的阻值仅与被测环境温度有关。第二段为非线性正阻区(ab)，随着电流增加，热敏电阻的功耗增加，电流加热使热敏电阻的自身温度超过环境温度，热敏电阻阻值降低，这时电流的增加，使电压的增加逐渐变缓，出现非线性。该段耗散功率为 1~10mW。第三段为非线性负阻区段(cd)，在这一阶段中，当电流持续增加，电压却逐渐减小，因为电阻自身加温加剧，阻值迅速减小，当阻值减小的速度超过电流增加的速度时，即会出现电压随电流增加而降低的负阻区。这一段热敏电阻的耗散功率超过 10mW。若电流增加到超过某一允许值时，热敏电阻将被损坏。利用热敏电阻测量流量、真空、风速时，热敏电阻应选择工作在伏安特性的负阻区和非线性段。

3. 半导体热敏电阻的结构 根据不同的使用要求，半导体热敏电阻可以做成各种不同的形状。生物医学测量中常用珠状或薄片状的热敏电阻作为温度测量探头。因为这两种结构都可以做得很微小，而且热惯性小，响应时间很短。图 8-4 是几种常见的半导体热敏电阻和测温探头的结构外形。

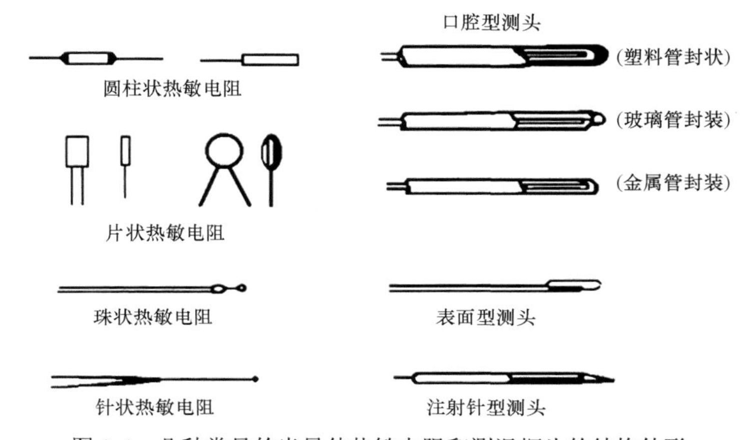

图 8-4 几种常见的半导体热敏电阻和测温探头的结构外形

珠状热敏电阻通常采用金属氧化物混合材料制成的，它的外层用玻璃粉烧结成很薄的防护层，并用杜美丝与铂丝相接引出，外面再用玻璃管作保护套管。珠状热敏的探头尺寸最小可做到 0.15mm，能在其他温度计无法测量的腔体，内孔狭小处测温。如人体血管内的温度等。薄片状热敏电阻常用单晶体材料(如碳化硅)制作，其外面覆之以高强度绝缘漆一类材料作为防护绝缘层。这种形状的热敏电阻很适合于测量表面温度和皮肤温度等。

4. 热敏电阻的线性化 如图 8-5 所示。

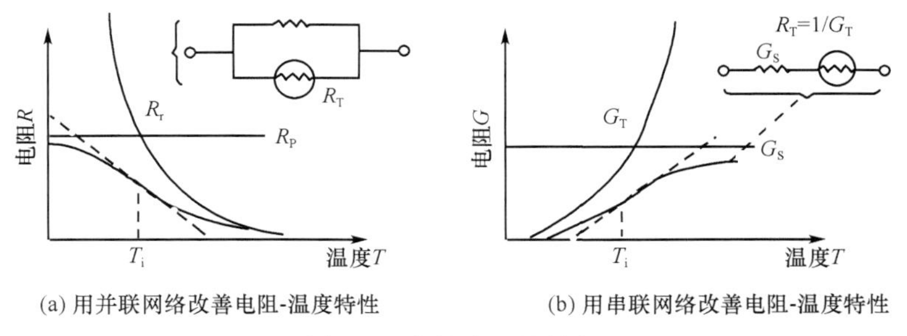

(a) 用并联网络改善电阻-温度特性　(b) 用串联网络改善电阻-温度特性

图 8-5 热敏电阻线性化

在线性读数的温度计设计中，当所需的温度量程比较大时，热敏电阻的电阻-温度特性的固有非线性将严重影响测温精度。在一定温度范围内，有两种方法线性化。其一是若用恒流源供电，热敏电阻两端电压作温度指示，则可用一适当电阻 R_p 与热敏电阻 R_T 并联进行线性化，如图 8-5(a)所示。另一种是以恒压源供电，把热敏电阻电流作为温度指示，则可在 R_T 上串联电导 G_s 进行线性化，如图 8-5(b)所示。

从图中可以看出，在曲线的拐点附近，曲线近似为线性，因此，可以把测量温度范围的中点设在拐点处，或根据测温范围，设置电阻 R_p 值，使拐点在测温范围中点 T_i 上。由于 $R_T=R_0e^{B/T}$，故对于并联情况可采用如下计算方法选择并联电阻 R_p 值：

$$R = R_p // R_0 = \frac{R_p R_0^{B/T}}{R_p + R_0^{B/T}} \tag{8-7}$$

对上式求两阶导数并使之等于零得到：

$$R_p = R_{Ti}\left(\frac{B-2T_i}{B+2T_i}\right) \tag{8-8}$$

式中 R_{Ti} 为热敏电阻在中点温度 T_i 的阻值。

类似地，很容易求出所需串联电阻的阻值 R_s：

$$1/R_S = G_S = G_{Ti}\left(\frac{B-2T_i}{B+2T_i}\right) \tag{8-9}$$

其中 G_{Ti} 为热敏电阻在中点温度 T_i 的电导。线性化后引起的不利后果是将使温度系数减小。并联后的温度系数为 a_p，通过对式(8-7)微分可得出：

$$a_p = -\frac{B}{T_i^2} \cdot \frac{1}{1+R_{Ti}/R_p} \tag{8-10}$$

与并联前比较，温度系数 a_p 减小了 $\frac{1}{1+R_{Ti}/R_p}$ 倍。同理，串联的温度系数 a_s

$$a_s = \frac{-\left(B/T_i^2\right)}{1+G_{Ti}/G_s} \tag{8-11}$$

5. 热敏电阻测温电路 在生物医学研究中，经常需要测量很小温度差。在这种情况下，常采用桥路进行测温。用两个热敏电阻接成差分形式可以获得高的灵敏度和精度，测温电桥分为直流温差电桥和交流温差电桥。直流温差电桥如图 8-6 所示，R_{T1} 和 R_{T2} 为两个匹配的珠状热敏电阻，若 R_{T1} 和 R_{T2} 有温差，放大器就会输出与温差有关的信号。由于这个电路结构简单，一般情况下可测出 0.01℃的温差，所以它被普遍使用。

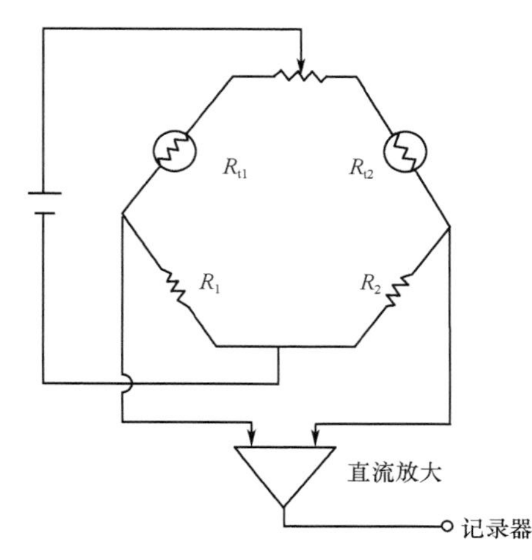

图 8-6 用直流电源的差分温度电桥

图 8-7 是用串联电阻线性化的测温电路，R_S 串联 R_t 是将电导温度特性线性化，为消除自热误差，串联电路采用 50mV 的电压源供电，输出电压 V_0 与 R_S 和 R_T 串联的电导成正比，调整调零电位器使温度为 0℃时输出为零。在一定范围内由于串联电导与温度成正比，因此，输出电压与温度也呈线性关系。在 0~40℃范围内该电路最大测量偏差约为 0.15℃。

图 8-8 所示为一种灵敏度更高，采用交流供电的温差电桥。在交流电桥中，使用交流窄带放大器和相敏检波，并使交流放大器的中心频率远离低频端，消除了直流放大器的直流漂移和 1/*f* 噪声的影响，从而使测量精度提高。由于采用交流激励，分布电容会影响电桥平衡，所以必须采取电容平衡和电阻平衡的措施，以达到温差为零时，输出为零。

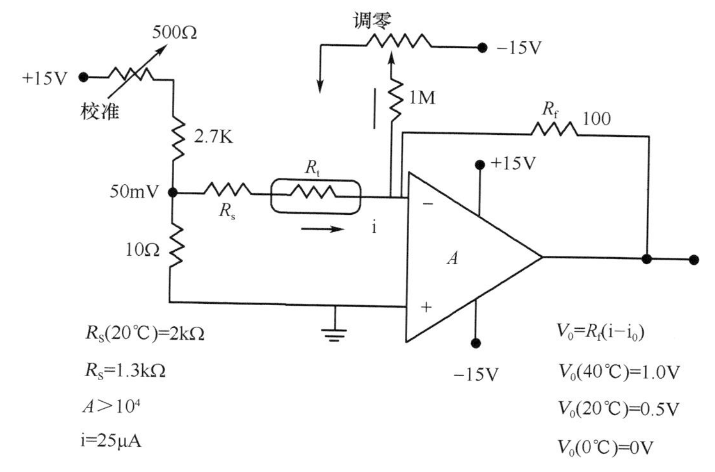

图 8-7　采用运算放大器的线性化热敏电阻测温电路

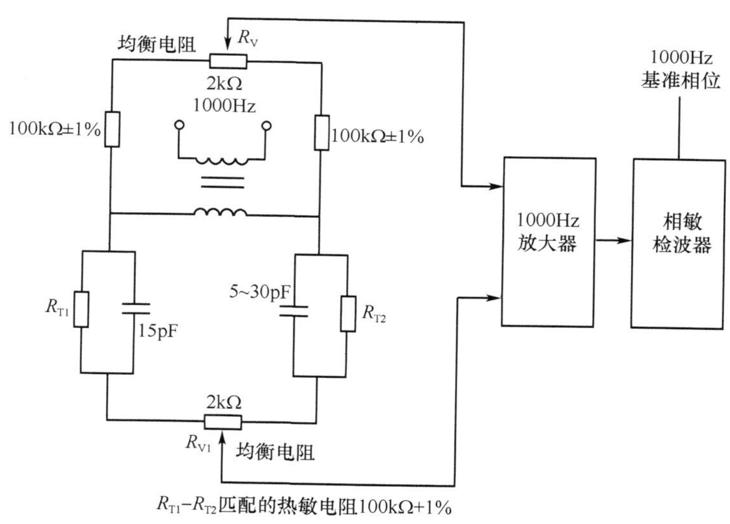

图 8-8　测量很小温差所用的交流差分电桥

第二节　热电偶式传感器

热电偶(thermocouple)是温度测量仪表中常用测温元件，它直接测量温度，并把温度信号转换成热电动势信号，通过电气仪表转换成被测介质温度。

一、工 作 原 理

1821 年赛贝克发现两种不同金属组成回路时，若两个接触点的温度不同，则回路中就有电流通过，这种现象被称为热电效应或塞贝克效应(Seeback)。热电偶传感器就是利用热电效应制成的热敏传感器。它具有测温范围宽、性能稳定、准确可靠等优点，在生物医学领域中应用十分广泛。

1. 热电效应　在热电效应效应中，若维持两个接触点的温度差，这种回路就可作为电源，

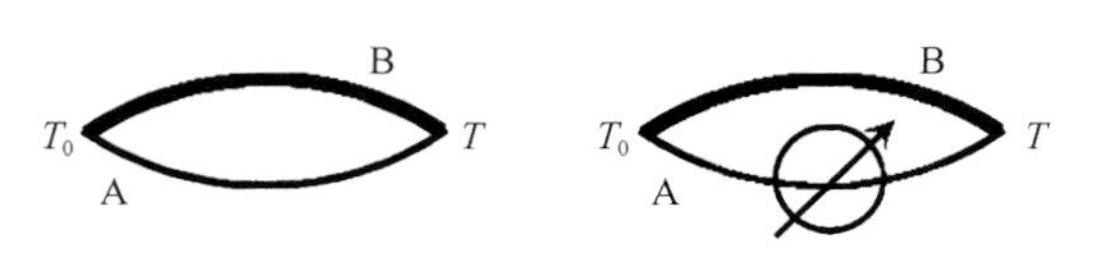

图 8-9 热电偶和热电效应

称为热电偶(thermocouple)。热电偶的电动势，称为热电动势。如图 8-9 所示，热电效应中，在工作端 T(热端)吸收热量，而在自由端 T_0(冷端)放出热量。塞贝克效应主要用于测定温度。

温差电现象是可逆的。当电流通过两种不同金属接成的回路时，流过的电流造成一个接点吸收热，而同时另一接点放热，因此在两个接点处将产生温度差。如果改变电流方向，则温度差也改变符号。这种热电效应的逆效应称为珀耳帖效应(Peltier)，是热制冷的基础。

热电动势是由两部分电动势组成的。一种是接触电动势，它是由珀耳帖发现的。若金属 A 的自由电子浓度大于金属 B 的，则在同一瞬间由 A 扩散到 B 的电子将比由 B 扩散到 A 的电子多，因而 A 对于 B 因失去电子而带正电, B 获得电子而带负电，在接触处便产生电场。A、B 之间便产生了一定的接触电动势。接触电动势的大小与两种金属的材料、接点的温度有关，与导体的直径、长度及几何形状无关。对于温度为 T 的接点，有下列接触电动势公式:

$$e_{\mathrm{AB}}(T)=\frac{kT}{e}\ln\frac{N_{\mathrm{A}}}{N_{\mathrm{B}}} \tag{8-12}$$

式中, K 为波尔兹曼常数; e 为单位电荷电量; N_{A}、N_{B} 为温度为 T 时 A、B 两种材料的电子密度。接触电动势近似地与两接点的温度差成正比。

第二种是温差电动势，对于任何一种金属，当其两端温度不同时，两端的自由电子浓度也不同，温度高的一端浓度大，具有较大的动能；温度低的一端浓度小，动能也小。因此高温端的自由电子要向低温端扩散，高温端因失去电子而带正电，低温端得到电子而带负电，形成温差电动势，又称汤姆森电动势。温差电动势的大小取决于导体的材料及两端的温度。导体 A 两端的温差电动势可用下式表示:

$$e_{\mathrm{A}}(T,\ T_0)=\int_{T_0}^{T}\sigma_{\mathrm{A}}\mathrm{d}T \tag{8-13}$$

$e_{\mathrm{A}}(T, T_0)$为导体 A 两端温度分别为 T、T_0 时形成的温差电动势; T、T_0 为高、低温端的绝对温度; σ_{A} 为汤姆逊系数，表示导体 A 两端的温度差为 1℃时所产生的温差电动势。

同样导体 B 两端的温差电动势为:

$$e_{\mathrm{B}}(T,\ T_0)=\int_{T_0}^{T}\sigma_{\mathrm{B}}\mathrm{d}T \tag{8-14}$$

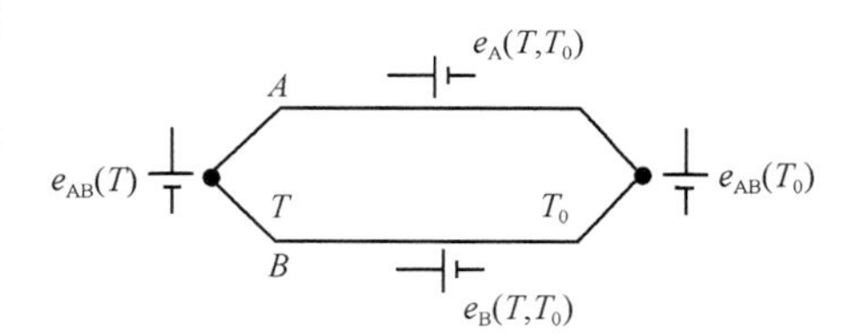

图 8-10 闭合回路总的热电势

由图 8-10 闭合回路总的热电势为:

$$\begin{aligned}E_{\mathrm{AB}}(T,T_0)&=\left[e_{\mathrm{AB}}(T)-e_{\mathrm{AB}}(T_0)\right]+\left[e_{\mathrm{B}}(T,T_0)-e_{\mathrm{A}}(T,T_0)\right]\\&=\frac{kT}{e}\ln\frac{N_{\mathrm{AT}}}{N_{\mathrm{BT}}}-\frac{kT_0}{e}\ln\frac{N_{\mathrm{AT0}}}{N_{\mathrm{BT0}}}+\int_{T_0}^{T}(\sigma_{\mathrm{B}}-\sigma_{\mathrm{A}})\mathrm{d}T\end{aligned} \tag{8-15}$$

由于在金属中自由电子数目很多，温度对自由电子密度的影响很小，故温差电动势可以忽略不计，在热电偶回路中起主要作用的是接触电动势。N_{AT} 和 N_{AT0} 可记做 N_{A}, N_{BT} 和 N_{BT0} 可记做 N_{B}, 则有

$$E_{\mathrm{AB}}(T,T_0)\approx e_{\mathrm{AB}}(T)-e_{\mathrm{AB}}(T_0)=\frac{k}{e}(T-T_0)\ln\frac{N_{\mathrm{A}}}{N_{\mathrm{B}}} \tag{8-16}$$

在标定热电偶时，一般令 T_0 为常数，则

$$E_{AB}(T,T_0)=e_{AB}(T)-e_{AB}(T_0)=f(T)-C \tag{8-17}$$

也可把一些实验校准数据用一个幂级数表达式来拟合，以给出热电势：

$$E_{AB}=\alpha(T-T_0)+\beta(T-T_0)^2 \tag{8-18}$$

式中，α 和 β 为与导体 A、B 材料有关的热电偶常数[V/(℃)^2]；T 为被测温度(℃)；T_0 为参比温度(℃)，通常令 T_0=0℃。

由式(8-18)可知，第一，温差电动势只与组成热电偶材料及两端温度有关，与热电偶长度、粗细无关。第二，只有用不同性质导体(或半导体)才能组合成热电偶，相同材料不会产生温差电动势。第三，只有当热电偶两端温度不同，才能有热电势产生。也就是热电势不仅与结点温度有关，也与绝对温度值有关。因常用热电偶材料 β 值不大，故在($T-T_0$)不太大时，一般可近似用线性来逼近。如康铜热电偶量程 0~50℃，其线性度为±0.5℃。

对式(8-18)微分，可求得热电灵敏度 S(亦称热电势率或塞贝克系数)：

$$S=\frac{\mathrm{d}V}{\mathrm{d}T}=\alpha+\beta T \tag{8-19}$$

热电灵敏度以 μV/℃为单位。α 通常是温度的函数，随温度升高而变大。表 8-2 列出常用热电偶的特性。普通热电偶的灵敏度在 20℃时，变化范围是 6. 5~80μV/℃，精度为 0.25%~1%。

表 8-2　常用热电偶的特性

热电偶	灵敏度(20℃)μV/℃	有用量程℃	说明
铁/康铜	52	−150~+1000	精度约为±1%
铜/康铜(Cu100/Cu57Ni43)	45	−150~+350	精度约为±0.5%
铬镍合金/镍铬合金 ($Ni_{90}Cr_{10}/Ni_{94}Mn_3Al_2Si_1$)	40	−200~+1200	恶劣环境中稳定性好，精度约为±0.5%
铬镍合金/康铜	80	0~+500	恶劣环境中稳定性好，普通材料中最灵敏之一
铂/铂铑合金(Pt100/Pt90Ph10)	6.5	0~+500	很稳定；昂贵；灵敏度低；精度约为±0.25%
铋/锑	100		

表中数据的参比(自由端)温度为 0℃，并以高纯度和高均匀度标准热电偶材料为依据。若要达到高于 0.5%的精度，必须对每一热电偶单独进行校准。在实际情况下，参比接点应保持在已知的恒定温度下(用冰槽或受控恒温箱)作为基准，以便测定要测的未知温度。

2. 热电偶的基本定则　为了正确地使用热电偶，必须掌握它的四个基本定则。

(1) 均质回路定则：如果热电偶回路中两个热电极材料相同，无论两接点温度如何，热电动势均为零；反之，如果有热电动势产生，两个热电极材料则一定是不同的。根据这一定律，可以检验两个热电极材料的成分是否相同(称为同名极检验法)，也可以检查热电极材料均匀性。

(2) 中间金属定则：在热电偶回路中接入第三种金属材料，只要该第三种金属材料两端温度相同，则热电偶所产生的热电势保持不变。即不受第三种金属材料接入的影响。由此推论，连接热电偶的许多引线，只要新形成的各个连接点均处在同一温度下，就不会影响被测热电势的精度。图 8-11(a)中回路中的总电动势为：

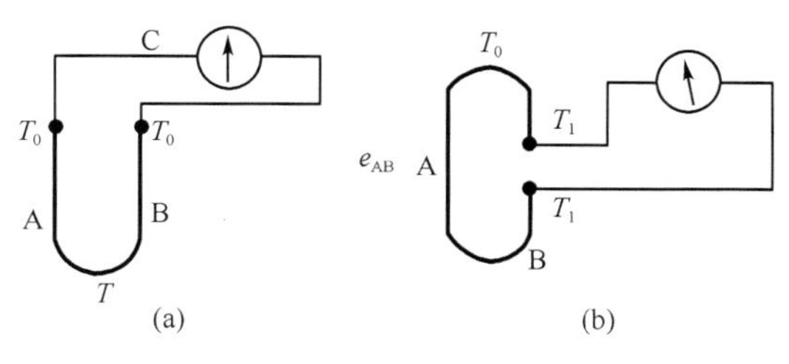

图 8-11　中间金属定则

$$E_{ABC}(T,\ T_0)=e_{AB}(T)+e_{BC}(T_0)+e_{CA}(T_0) \tag{8-20}$$

如果按图 8-11(b)接入第三种导体 C，则回路中总电动势为:

$$E_{ABC}(T,\ T_0)=e_{AB}(T)+e_{BA}(T_0)+e_{BC}(T_1)+e_{CB}(T_1) \tag{8-21}$$

而 $e_{BC}(T_1)=-e_{CB}(T_1)$ 所以

$$E_{ABC}(T,\ T_0)=e_{AB}(T)+e_{BA}(T_0)=e_{AB}(T)-e_{AB}(T_0)=E_{AB}(T,\ T_0) \tag{8-22}$$

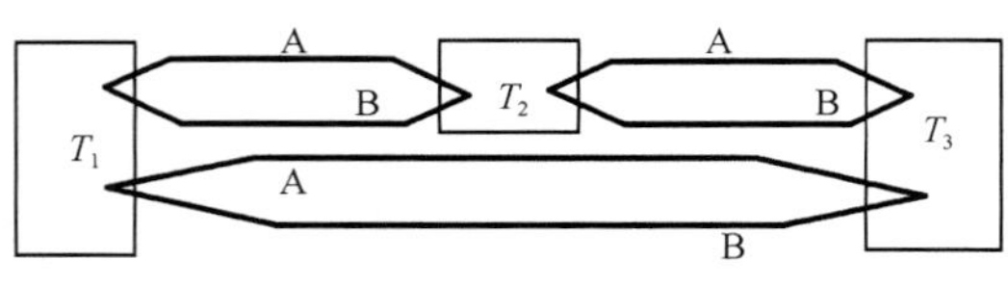

图 8-12　中间温度定则

(3) 中间温度定则：热电偶在两接点温度分别为 T、T_0 时的热电动势等于该热电偶在接点温度分别为 T、T_n 和接点温度分别为 T_n、T_0 时相应热电动势的代数和。

如图 8-12 所示:

$$\begin{aligned}E_{AB}(T,\ T_n)+E_{AB}(T_n,\ T_0)&=\left[e_{AB}(T)-e_{AB}(T_n)\right]+\left[e_{AB}(T_n)-e_{AB}(T_0)\right]\\&=e_{AB}(T)-e_{AB}(T_0)=E_{AB}(T,\ T_0)\end{aligned} \tag{8-23}$$

即

$$E_{AB}(T,\ T_0)=E_{AB}(T,\ T_n)+E_{AB}(T_n,\ T_0) \tag{8-24}$$

该定则对于冷端温度不是零度时，热电偶如何分度表的问题提供了依据。当 T_n=0℃时，则

$$E_{AB}(T,\ T_0)=E_{AB}(T,\ T_0)+E_{AB}(0,\ T_0)=E_{AB}(T,\ 0)-E_{AB}(T_0,\ 0) \tag{8-25}$$

上式说明：只要 A、B 组成的热电偶在冷端温度为零时的“热电动势-温度”关系已知，则它在冷端温度不为零时的热电动势即可知。该定则为补偿导线的引入提供了理论依据。

(4) 标准电极定则(组成定则)：如果两种导体分别与第三种导体组成的热电偶所产生的热电动势已知，则由这两种导体组成的热电偶所产生的热电动势也就可知。图 8-13 所示:

$$E_{AC}(T,\ T_0)=e_{AC}(T)-e_{AC}(T_0) \tag{8-26}$$

$$E_{BC}(T,\ T_0)=e_{BC}(T)-e_{BC}(T_0) \tag{8-27}$$

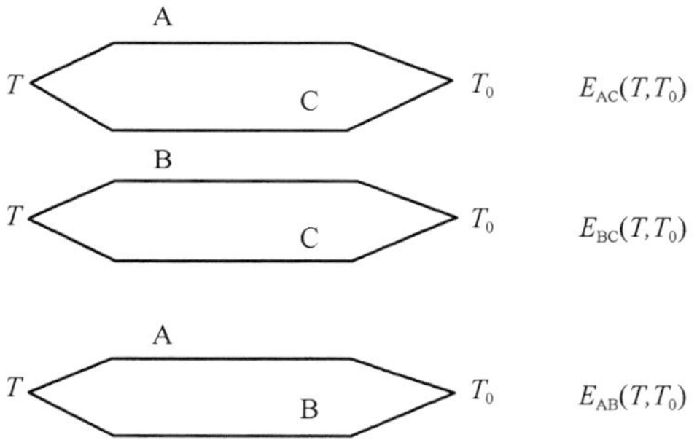

图 8-13　标准电极定则

两式相减得:

$$\begin{aligned}E_{AC}(T,\ T_0)-E_{BC}(T,\ T_0)&=e_{AC}(T)-e_{AC}(T_0)-e_{BC}(T)+e_{BC}(T_0)\\&=\left[e_{AC}(T)-e_{BC}(T)\right]-\left[e_{AC}(T_0)-e_{BC}(T_0)\right]\end{aligned} \tag{8-28}$$

标准电极定则大大简化了热电偶选配工作。根据该定则，通常选择纯度很高，物理化学性能非常稳定的材料铂作为标准电极 C。只要获得与标准铂电极配对的热电势，任何两个热电极配对的电势便可按下式求得，而不需逐个进行测定。$E_{AB}(T, T_0)=E_{AC}(T, T_0)-E_{BC}(T, T_0)$。

[例 7]　热端为 100℃、冷端为 0℃时，镍铬合金与纯铂组成的热电偶的热电动势为 2.95mV，而康铜与纯铂组成的热电偶的热电动势为−4.0mV，求镍铬和康铜组合而成的热电偶所产生的热电动势。

解：由标准电极定律，镍铬合金和康铜的热电偶的热电动势应等于镍铬合金与纯铂的热电偶与康铜与纯铂的热电偶的热电动势的差，即 2.95mV−(−4.0mV)=6.95mV。

上述四个热电偶的基本定律是使用热电偶测温的理论依据，它可指导热电偶的实际应用和

回路电势分析。

二、热电偶参比端的温度补偿

参比温度的准确性对热电偶温度计的测量精度影响很大，且热电动势只与热端和冷端温度有关。因此只有当冷端温度恒定时，热电偶的热电动势和热端温度才有单值的函数关系。用热电偶的分度表查毫伏数-温度时，必须满足 T_0=0℃的条件。在实际测温中，冷端温度常随环境温度而变化，这样 T_0 不但不是 0℃，而且也不恒定，因此将产生误差。一般情况下，冷端温度均高于 0℃，热电势总是偏小。应想办法消除或补偿热电偶的冷端损失。热电偶参比端的温度补偿方法一般有冷端恒温法、电桥补偿法、冷端温度修正法、修正系数法和补偿导线法等。

1. 冷端恒温法　将热电偶的冷端置于装有冰水混合物的恒温容器中，使冷端的温度保持在 0℃不变。此法也称冰浴法，它消除了 T_0 不等于 0℃而引入的误差。专门设计的保持 0℃的恒温器(冰点槽)内，冰槽的精度为±0.05℃，而恒温控制箱能使参比温度控制在±0.4℃精度范围内。如图 8-14 所示，为了避免冰水导电引起两个连接点短路，必须把连接点分别置于两个玻璃试管里，浸入同一冰点槽，使相互绝缘。这种装置通常用于实验室或精密的温度测量。

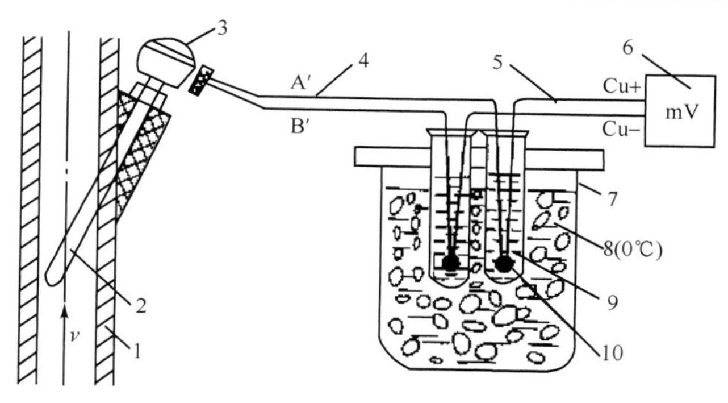

图 8-14　冷端恒温法

1.被测流体管道; 2.热电偶; 3.接线盒; 4.补偿导线; 5.铜质导线; 6.毫伏表; 7.冰瓶; 8.冰水混合物; 9.试管; 10.新的冷端

2. 电桥补偿法　电桥补偿法是利用不平衡电桥产生的不平衡电压来自动补偿热电偶因冷端温度变化而引起的热电势变化值，可购买与被补偿热电偶对应型号的补偿电桥。图 8-15 是应用电桥补偿法的 XC 系列动圈式仪表测量机构，其补偿电路中热电敏电桥设计得能产生一个电势，它随着盒内温度 t_0(即参比温度，通常就是环境温度)而变，正好补偿由于 t_0 变化而产生的电势。如果参比温度要求模拟冰点，则桥路应该在 t=0℃时，调整 R_{t1} 到总的线路输出为零。这样的系统在环境温度为±5℃的中等波动时，有效参比温度稳定性为±0.2℃。

3. 冷端温度修正法　当冷端温度 T_0 不等于 0℃，需要对热电偶回路的测量电势值 $E_{AB}(t、t_0)$ 加以修正。当工作端温度为 t 时，由分度表可查 $E_{AB}(t、0)$与 $E_{AB}(t_0、0)$。再通过中间温度定则中 $E_{AB}(t、0)=E_{AB}(t、t_0)+E_{AB}(t_0、0)$的关系，即可算出被测温度。

[例 8]　用镍铬-镍硅热电偶测某一水池内水的温度，测出的热电动势为 2.436mV。再用温度计测出环境温度为 30℃(且恒定)，求池水的真实温度。

解：由镍铬-镍硅热电偶分度表查出 $E(30, 0)$=1.203mV，所以 $E(T, 0)=E(T, 30)+E(30, 0)$ =2.436mV+1.203mV=3.639mV，查分度表知其对应的实际温度为 T=88℃。即池水的真实温度是 88℃。

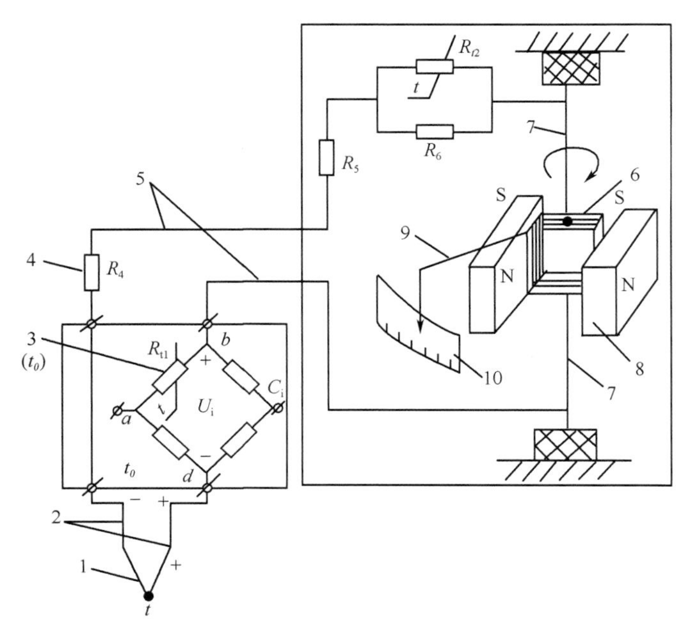

图 8-15　XC 系列动圈式仪表测量机构

1.热电偶; 2.补偿导线; 3.冷端补偿器; 4.外接调整电阻; 5.铜导线; 6.动圈; 7.张丝; 8.磁钢(极靴); 9.指针; 10.刻度面板

4. 补偿导线法　热电偶一般做得较短，一般为 350~2000mm，而在实际测温时，需要把热电偶输出的电势信号传输到远离现场数十米远的控制室里的显示仪表或控制仪表，这样，冷端温度 T_0 比较稳定。热电偶的材料通常为贵重金属，直接连接到远处指示仪表上，很不经济，常用廉价的冷端补偿导线来完成这种远距离的连接。中间温度定律表明：如图 8-16 所示，当在原来热电偶回路中分别引入与导体材料 A、B 相同热电特性材料 C、D，引入所谓补偿导线(表 8-3)时，只要它们之间连接的两点温度相同，则总回路的热电动势与两连接点温度无关，只与热电偶两端的温度有关。工程中采用一种补偿导线，在 0~100℃温度范围内，要求补偿导线和所配热电偶具有相同的热电特性，两个接点温度必须相等，正负极性不能接反。

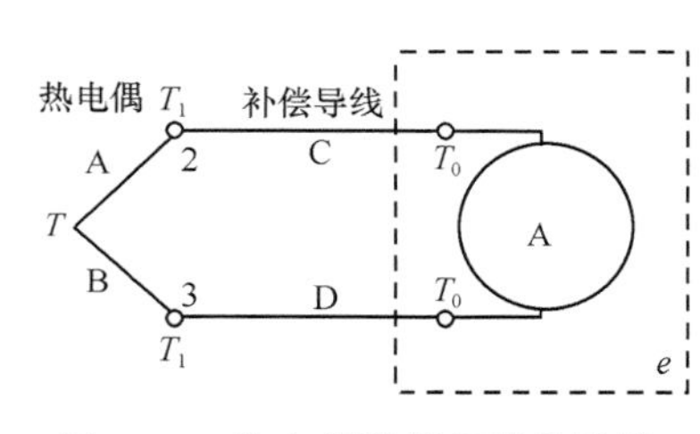

图 8-16　热电偶补偿导线的连接

表 8-3　常用的补偿导线

热电偶类型	补偿导线类型	补偿导线	
		正极	负极
铂铑 10-铂	铜-铜镍合金	铜	铜镍合金(镍的质量分数为 0.6%)
镍铬-镍硅	Ⅰ型:镍铬-镍硅	镍铬	镍硅
镍铬-镍硅	Ⅱ型:铜-康铜	铜	康铜
镍铬-康铜	镍铬-康铜	镍铬	康铜
铁-康铜	铁-康铜	铁	康铜
铜-康铜	铜-康铜	铜	康铜

5. 补正系数修正法　利用中间温度定律可以求出 $T_0 \neq 0$℃时的电势，该法较精确，但烦琐。因此，工程上常用补正系数修正法实现补偿。设冷端温度(一般为环境温度)为 T_n(一般在室温附

近，可通过其他温度传感器测出)时测得温度为 T_1(指示值)，其实际温度 T 应为：

$$T=T_1+kT_n \tag{8-29}$$

式中，k 为热电偶的补正(修正)系数，由热电偶的种类和被测温度范围决定，如表 8-4 所示。

表 8-4　铬-康铜热电偶修正系数表

工作端温度(℃)	热电偶种类				
	铜-康铜	镍铬-康铜	铁-康铜	镍铬-镍硅	铂铑-铂
0	1.00	1.00	1.00	1.00	1.00
20	1.00	1.00	1.00	1.00	1.00
100	0.86	0.90	1.00	1.00	0.82
200	0.77	0.83	0.99	1.00	0.72
300	0.70	0.81	0.99	0.98	0.69
400	0.68	0.83	0.98	0.98	0.66
500	0.65	0.79	1.02	1.00	0.63
600	0.65	0.78	1.00	0.96	0.62

［例 9］用镍铬-康铜热电偶测得未修正的介质温度为 600℃，此时冷端温度 T_n=30℃，求实际温度 T。

解：通过查表得 $k=0.78$，由 $T=T_1+kT_n$，则实际温度为：T=600℃+0.78×30℃=623.4℃

6. 显示仪表零位调整法　当热电偶通过补偿导线连接显示仪表时，如果热电偶冷端温度不是0℃，但十分稳定(如恒温车间或有空调的场所)，可预先将有零位调整器的显示仪表的指针从刻度的初始值调至已知的冷端温度值上，这时显示仪表的示值即为被测量的实际温度值。数字电压表是直接记录热电势的最简便方法。用自动平衡式电位差记录仪可以实现自动记录，其线性度仅决定于热电偶和电位器，与其他电路无关。

第三节　晶体管与集成温度传感器

利用半导体材料 PN 结的伏安特性与温度有关这一特点，可以制成各种温度传感器，典型的 PN 结型温度传感器(PN temperature sensors)有二极管温度传感器，三极管温度传感器和集成电路温度传感器。

一、二极管温度传感器

二极管有一个PN结，从其伏安特性曲线可知，当流过二极管电流恒定时，二极管两端电压随着温度升高近似线性地降低。如图 8-17 所示，温度每升高 1℃，电压降低约 2mV。PN 结二极管温度传感器的线性范围较宽，上限温度不能太高，一般约为 120℃，特殊的碳化硅温度敏感二极管的工作温度上限可达 500℃。一般为−40~100℃，如果采取适当校正措施，可以用作温度低至 4K 的温度传感器。

对于理想二极管，两端的电压只要大于几个 K_T/q，其正向电流 I_F 与正向电压 V_F 和温度 T 的关系为：

$$I_F = I_S \exp(qV_F / K_T) \tag{8-30}$$

式中，T 为绝对温度; q 为电子电荷量; k 为波尔兹曼常数; I_S 为 PN 结反相饱和电流。

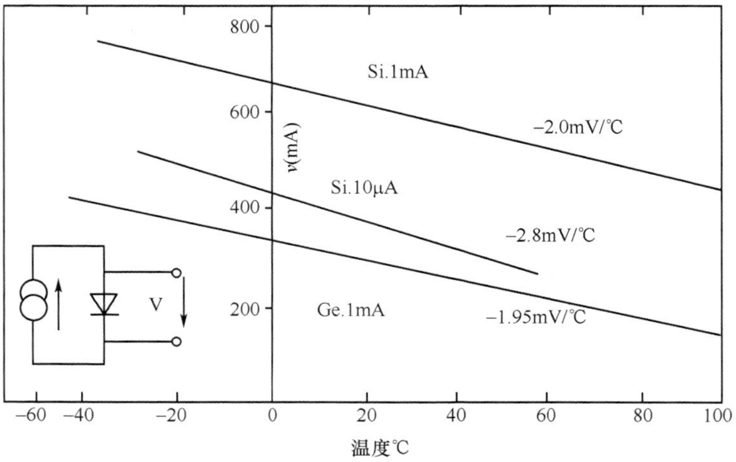

图 8-17　工作于恒流源情况下的 De、Si 二极管温度特性

$$I_S = \alpha T^{\gamma} \exp(-E_{g0} / kT) \tag{8-31}$$

式中，γ 为与迁移率有关的常数(一般 γ1.5~3); α 为与温度无关的常数; E_{g0} 为外推的绝对零度(0K)下的材料禁带宽度。

由式(8-30)和式(8-31)可得:

$$V_F = \frac{E_{g0}}{q} - \frac{kT}{q} \ln\left(\alpha T^{\gamma} / I_F\right) \tag{8-32}$$

式中 ln$T$ 是温度的缓变函数，ln$T$ 的变化相对于 T 的变化来说可以忽略不计。特别是在 230K<T<373K 范围内，即在−40~100℃范围内，可近似认为是一个常数。因此，只要 I_F 恒定，就可认为二极管的正向电压 V_F 是温度 T 的线性函数。

从式(8-32)可知，随着温度升高，在恒定电流 I_F 情况下，正向电压 V_F 将下降，即温度系数为负。电流增加会使灵敏度降低。例如，当正向电流 I_F=10μA 时，灵敏度为−2.8mV/℃，当 I_F=1mA 时，灵敏度降到−2mV/℃。

对于实际二极管，只要它们工作在一定温度范围内，PN 结空间电荷区中复合电流和表面漏电流可以忽略，而且未发生大注入效应的电压，它们的特性就与理想二极管相符。

V_F 与 T 在一定的温度范围内呈线性关系。采用特性相同的差分对管可以扩大其线性范围。如果流过一个二极管的电流为 I_{F1}，另一个为 I_{F2}，则两只二极管的电位差可由式(8-32)得知，即

$$\Delta V_F = \frac{kT}{q} \ln \frac{I_{F1}}{I_{F2}} \tag{8-33}$$

只要 I_{F1} 和 I_{F2} 恒定，则 ΔV_F 与绝对温度 T 成正比，其线性度明显优于单个二极管。若一只二极管采用阶跃电流激励，其效果与差分对二极管相同，但这时要用低电流为 I_{F2} 高电流为 I_{F1} 的脉冲恒流源，同时需测电压脉冲幅度。这种方案传感器的灵敏度要降低。

在二极管测温中，经常采用的是恒流源激励电路，如图 8-18 所示，为避免自热效应，I_F 为恒流源，其值一般取 10~100μA。调节 R_2 和 R_3 可以改变输出零位和灵敏度，以得到摄氏和华氏温度显示。

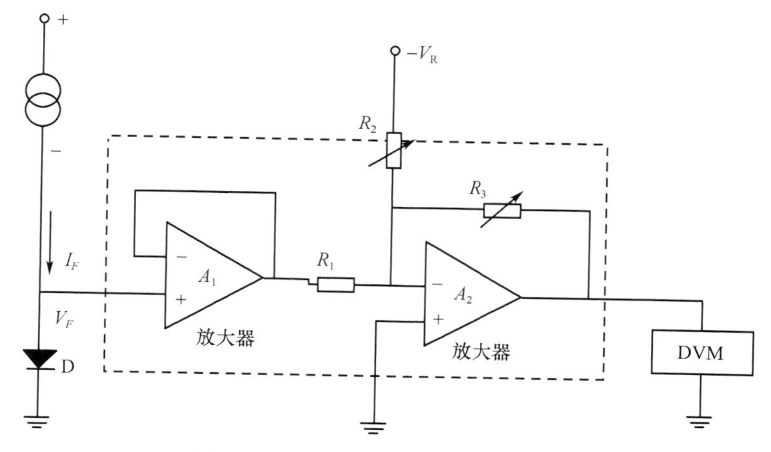

图 8-18　二极管温度传感器电源电路

二、三极管温度传感器

在一定的温度范围内，且在小注入情况下(例如，室温时，KT/Q=36mV 左右)，一般发射结正向偏置时，都能满足 qV_{BE}/KT»1 的条件，则不管集电结是反偏还是零偏，NPN 型晶体三极管的集电极电流 I_c 与基极-发射极电压 V_{BE} 及温度 T 的关系为：

$$I_c = \alpha T^{\gamma}\exp\left(-\frac{E_{g0}}{KT}\right)\exp\left(-\frac{qV_{BE}}{KT}\right) \tag{8-34}$$

式中，E_{g0} 为 0K 下硅的外推禁带宽度，常取 1.205eV；a 为与温度无关的常数，但与面积和基区宽度有关；γ 为常数，其值一般在 3~5(取决于基区中少数截流子迁移率对温度的依赖性)。

式(8-34)可改写为：

$$V_{BE}=V_{g0}-(KT/q)\ln(aT\gamma/I_c) \tag{8-35}$$

式中，$V_{g0}=E_{g0}/q$，从上式可知，若 I_c 为常数，则 V_{BE} 仅随温度单调和单值变化。

如在某已知温度 T_1 下，测得 V_{BE} 和 I_c 值分别为 V_{BE1} 和 I_{c1}，则

$$V_{BE1}=V_{g0}-(KT_1/q)\ln(aT_1\gamma/I_{c1}) \tag{8-36}$$

式(8-36)两边乘以 T，将式(8-35)两边乘以 T_1，然后两式相减可得：

$$V_{BE}=V_{g0}-V_{g0}-V_{BE1})T/T_1-(KT/q)\ln[(T/T_1)\gamma(I_{c1}/I_c) \tag{8-37}$$

如果集电极电流 $I_c=I_{c1}$，则：

$$V_{BE}=V_{g0}-(V_{g0}-V_{BE1})T/T_1-(\gamma KT/q)\ln[(T/T_1) \tag{8-38}$$

温敏三极管在典型工作温度范围−50~150℃内，当取 T_1 为此温区中值附近某值时，上式中的第二项远大于第三项，说明 V_{BE} 随温度升高而近似线性减小，其温度系数为$(V_{g0}- V_{BE1})/T_1$，大小约为 2.2mV/K。由于 V_{BE1} 对集电极电流的对数存在依赖关系，因此，V_{BE} 的温度系数会随 I_c 的增加而缓慢减小。

图 8-19 所示为常用的温敏三极管测温电路。

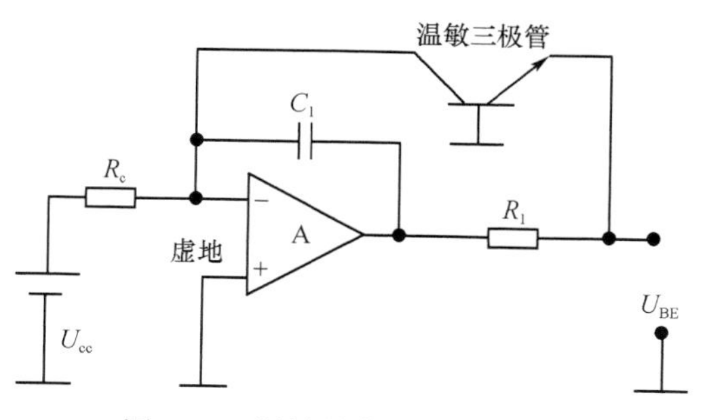

图 8-19　温敏晶体管的基本电路

电容 C_1 的作用是防止寄生振荡。在运放器 A 的反相输入端和输出端跨接温敏三极管作为负反馈元件，基极接地，发射结正偏，集电极零偏。集电极电流 $I_c=V_{cc}/R_c$，若 V_{cc} 恒定，则 I_c 也恒定，从而使温敏三极管工作在恒流状态。

由式(8-38)我们可知，在恒流工作状态下，V_{BE} 与 T 只是近似线性的，存在一定的非线性误差，若要求宽温度范围和高精度测温时，必须进行线性化补偿，常用的方法有反馈法、阶跃电流法、差分对管法。

图 8-20 所示为反馈法温度特性线性化电路，随温度变化的输出电压 V_0 经函数发生器产生一个随温度变化的集电极电流 I_c。

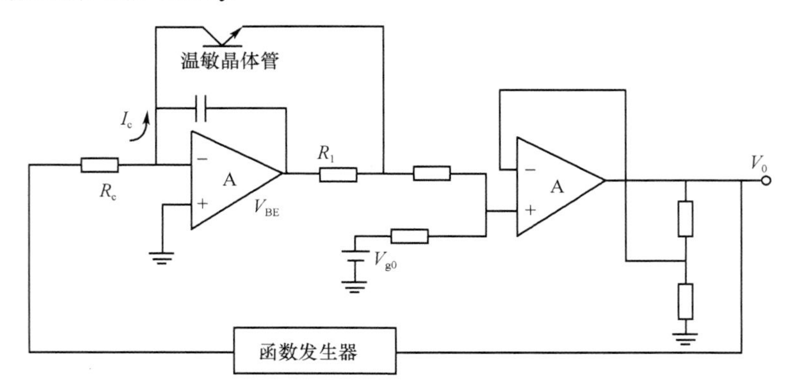

图 8-20　温敏晶体管的线性化电路示意图

$$I_c=I_{c1}(T/T_1)k \tag{8-39}$$

式中，T_1=25℃，I_{c1}=50μA，调整电路可以满足 T_1 和 I_{c1}。k 可取 1, 2 或 γ，当 $k=\gamma$ 时，非线性误差最小。

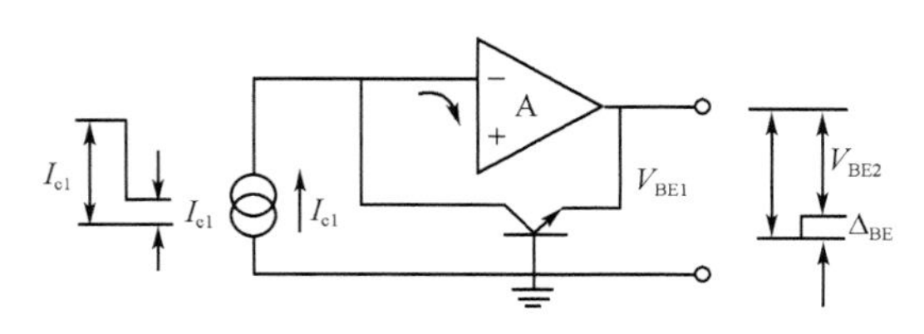

图 8-21　电流阶跃法原理示意图

如图 8-21 所示为电流阶跃法电路，此时所测的电压为 ΔV_{BE}。根据式(8-35)，当晶体管交替工作在不同的集电极电流 I_{c1} 和 I_{c2} 时，对应的基极与发射极电压差为：

$$\Delta V_{BE}=V_{BE1}-V_{BE2}=(KT/q)\ln(I_{c1}/I_{c2}) \tag{8-40}$$

由式(8-40)可见，ΔV_{BE} 和 T 表现为理想的线性关系，若设 I_{c1}/I_{c2}=10 时，ΔV_{BE} 的温度系数为 0.2mV/K，只为 V_{BE} 的温度系数 2. 2mV/K 的十分之一。可见 ΔV_{BE} 的温度系数远小于 V_{BE} 的温度系数。

把两个性能和结构完全相同的温敏晶体管置于相同温度下，使其分别在两个不同的恒定集电极电流 I_{c1} 和 I_{c2} 下工作，则两管基极与发射极电压之差 ΔV_{BE} 与单管电流阶跃法一样都同温度保持理想的线性关系：

$$\Delta V_{BE}=(KT/q)\ln(I_{c1}/I_{c2}) \tag{8-41}$$

由上分析可见，这种对管结构具有电流阶跃法的优点和特点，而且省去了脉冲发生器和脉冲幅度测量电路。

当然，两管之间在特性上的任何失配都可能引入实际的非线性误差。挑选两只在电学特性和热学特性上十分匹配的晶体管是难做到的，并且在使用中要使两管做到完全相同的热接触和处于全相同测温条件，特别是在温度梯度较大温度场中就更为困难。然而，采用封装在同一管壳内成熟的集成电路工艺可以做出性能和结构极为相近的对管管芯，这样制造的温敏差分对管不但保证了电学特性相匹配，也保证了热学特性相匹配。图8-22为典型差分对管测温电路。因为两集电极电位相等，所以

$$I_{c1}/I_{c2}=R_2/R_1 \quad (8\text{-}42)$$

$$V_0=(1+R_f/R_b)\Delta V_{BE} \quad (8\text{-}43)$$

由式(8-40)和式(8-41)可得：

$$\Delta V_{BE}=K/q\ln(R_2/R_1)T \quad (8\text{-}44)$$

把上式代入式(8-43)得到输出与 T 的关系：

$$V_0=[(K/q)(1+R_f/R_b)L=\ln(R_2/R_1)]T$$

其灵敏度为：

$$dV_0/dT=(K/q)(1+R_f/R_b)\ln(R_2/R_1) \quad (8\text{-}45)$$

很显然，改变反馈电阻 R_f 可以达到要求的灵敏度，这是常用的定标方法。

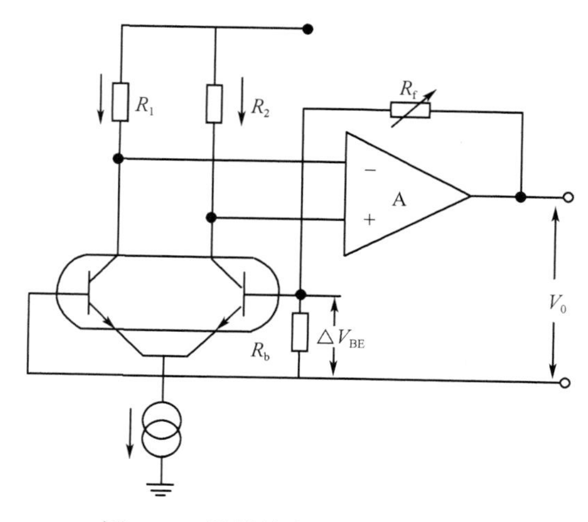

图 8-22　温敏差分对管电路示意图

三、集成电路温度传感器

集成温度传感器是利用晶体管PN结的电流与电压特性与温度的关系，把敏感元件(温敏三极管)、放大电路和补偿电路等部分集成化，并把它们装封在同一壳体里的一种一体化温度检测元件。这种传感器线性好，精度高，互换性好，并且体积小，使用方便，其工作温度范围一般为−50~150℃。

因为温敏三体管 V_{BE} 与绝对温度的关系并非绝对的线性关系，即使是同一批同型号的产品中，V_{BE} 值也可能有±100mV 的离散性，所以集成电路温度传感器的感温元件采用的是差分对晶体三极管，它能产生与绝对温度成正比的电流和电压，这部分被称为 PTAT(proportional to absolute temperature)。

图 8-23 是典型的电压型温度传感器感温部分电路，PNP 晶体管 Q3、Q4、Q5 结构性能完全相同，Q3 和 Q4 组成恒流源，且两者射极电流相同。可知其输出电压为：

$$V_0=\frac{R_2}{R_1}\cdot\frac{kT}{q}\ln n \quad (8\text{-}46)$$

式中 n 是 Q_2 和 Q_1 的发射极面积比。则上述电路的温度系数为：

$$\alpha_T=\frac{dV_0}{dT}=\frac{R_2}{R_1}\cdot\frac{k}{q}\ln n \quad (8\text{-}47)$$

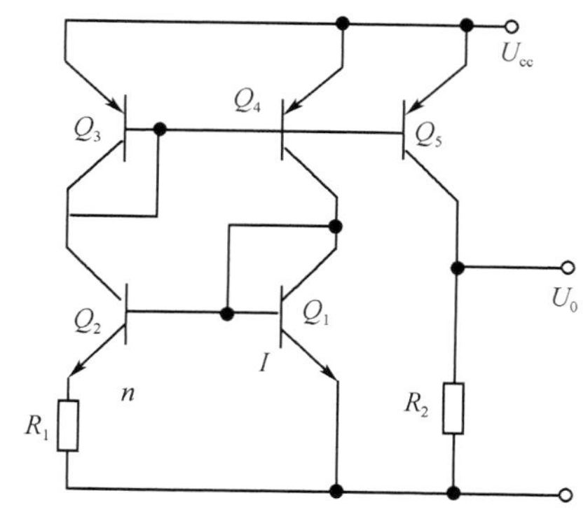

图 8-23　电压输出的 PTAT 电路

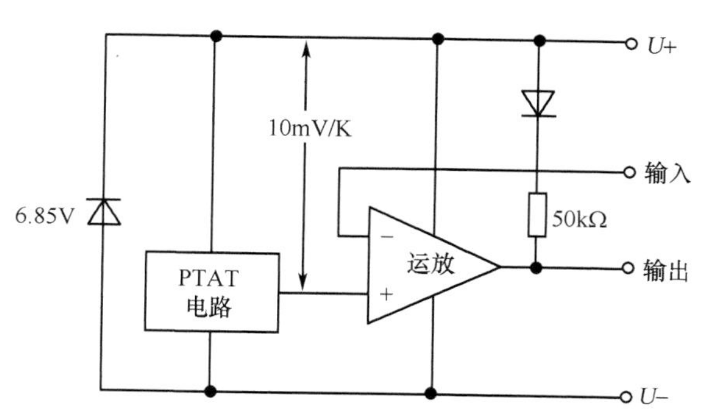

图 8-24　四端电压输出温度传感器框图

可见，只要两个电阻比 R_2/R_1 为常数，就可以得到正比于绝对温度的输出电压，而输出电压的温度灵敏度即温度系数 α_T 可由电阻比和 Q_1, Q_2 的发射极面积比来调整。若取 R_1 位为 940Ω, R_2 为 30kΩ, n 为 37，则 α_T 可以调整为 10mV/K。

集成电路温度传感器按其输出可分为电压型和电流型，典型的电压型集成电路温度传感器有 μPC616A/C、LM135、AN6701 等。典型的电流型集成电路温度传感器为 AD590、LM134。

μPC616A/C 为四端电压输出型温度传感器，其原理框图如图 8-24 所示。这种传感器的最大工作温度范围为−40~125℃，灵敏度为 10mV/K，线性偏差为 0.5%~2%，期稳定性和复现性为 0.3%。若将图中输入与输出短接，运算放大器起缓冲作用，输出为 10mV/K · T，即是 PTAT 的输出值。若给输入端加上偏置电压，那么传感器的零输出将由 0K 移到与偏置电压对应的温度。只要所选偏置电压为 T 设定 10mV/K，传感器的温度达到设定温度 T 时，输出为 0。为达到设定温度时输出不为 0，因此遇适当的控制电路相接，此电路可作为温度控制使用。图 8-25 为基本接线图。

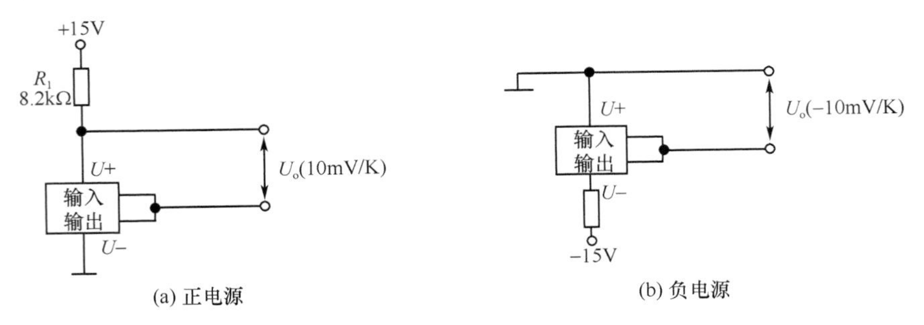

图 8-25　μPC616 基本应用电路

LM135 是美国国家半导体公司推出的一种精密的易于定标的三端电压输出型集成温度传感器，LM315 具有 LM315A、235、235A、335 和 335A 等几种型号，它们大多采用塑料封装。当它作为两端器件工作时，相当于一个齐纳二极管，其击穿电压正比于绝对温度，灵敏度为 10mV/K，当工作电流在 400μA~5mA 范围内变化时，并不影响传感器的性能。该传感器的工作温度范围为−55~150℃，且具有 1℃的精度和小于 1Ω 的动态阻抗，可直接在绝对温标校准。典型的测量电路如图 8-26 所示，调节 10kΩ 的电位器实现定标，以减小工艺偏差产生的误差。例如，在 25℃下，调节电位器，使 V_0=2.982V。经过定标，传感器的灵敏度达到设计值 10mV/K，从而提高了传感器的测温精度。

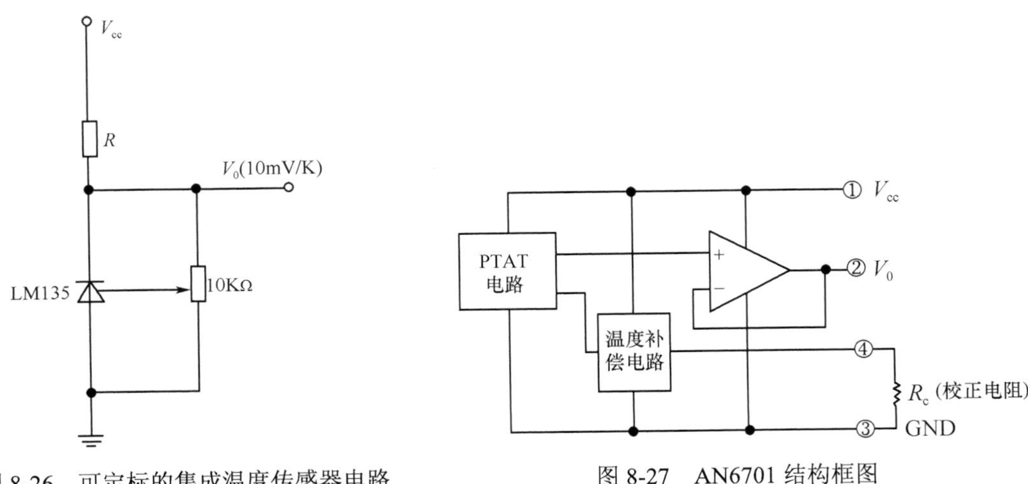

图 8-26　可定标的集成温度传感器电路

图 8-27　AN6701 结构框图

AN6701 是一种新型的高灵敏度电压输出型集成温度传感器。该传感器非线性误差为 0.5%，校正后精度为±1%，灵敏度为 109~110mV/℃，约为其他集成传感器的 10 倍。AN6701 的工作电压 V_{cc} 可在 5~15V 范围内选取，需要注意的是，输出电压 $V_{OUT}=V_{cc}-V_0$ 是以 V_{cc} 为基准而非地电位。且当 V_{cc} 为 5V 时，测温范围为−10~20℃。仅当取 $V_{CC}\geqslant 12V$ 时，其测温范围才能达到−10~80℃，典型工作电压为+15V。图 8-27 为 AN6701 的电路结构，输出 V_{OUT} 为 V_0 与 V_{cc} 的电位差。调节 R_c 可以使在某一指定温度下，输出为零，该温度称为补偿温度，补偿温度 T_c 的范围为−30~−10℃。即在某一温度下，改变 R_c 阻值也就改变了输出电压 V_{OUT}，或者也可以说，在相同输出电压 V_{OUT} 情况下，不同的 R_c 值对应不同的温度，R_c 越大，输出电压 V_{OUT} 也越大。同时，R_c 也对灵敏度有影响，R_c 越大灵敏度越高。例如，R_c 为 1kΩ，灵敏度约为 105mV/℃；R_c 为 100kΩ 时，灵敏度约为 109mV/℃。则图 8-28 为基本电路。由于这种传感器灵敏度高、线性好、精度高、热响应快等优点，它的应用很广泛。并且由于体积小和高达 0.1℃的分辨率，AN6701 可用作精度较高的体温计。

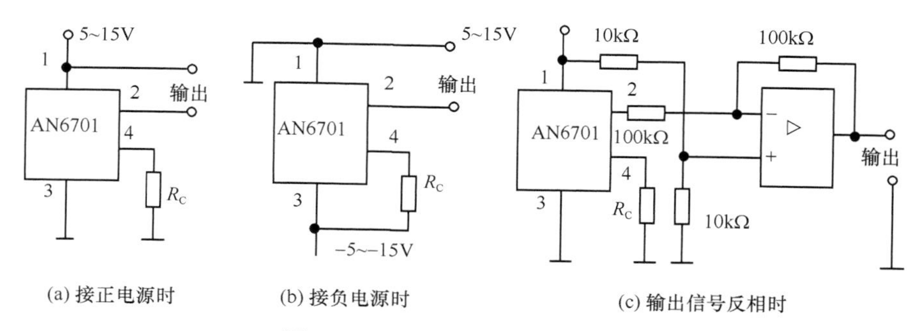

图 8-28 AN6701 基本应用电路图

AD590 是应用广泛的一种电流输出型集成电路温度传感器。它是一个两端器件，内部有放大器，实际工作时输出阻抗大于 10Ω，实际上可以等效为电流随温度变化的高阻抗恒流源，图 8-29 为典型的 AD590 在不同温度下的电流-电压关系曲线，显然，传感器在 3V 左右就进入线性区(该区为恒流区)。在恒流区内，输出阻抗极高，在 5V 时约为 5MΩ，15V 以上可超过 20MΩ，在 15~30V 的电源范围内，电源电压变化 1V 引起的电流变化小于 0.1μA。因此，可以有效地减少电源电压波动而产生的温度误差。

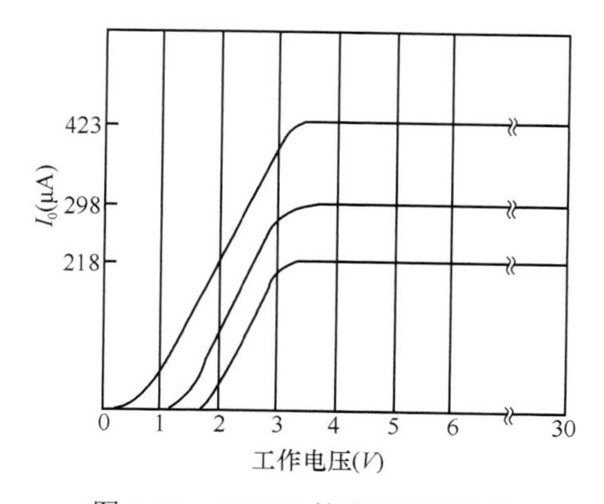

图 8-29 AD590 的典型 I-V 特性

AD590 的输出电流 I_0(μA)与温度严格成正比，电流温度灵敏度为 IμA/K，工作温度范围−55~150℃，由于采用了最新的薄膜电阻激光微调技术作最后定标，这种传感器的精度可达±0.5℃(在整个工作温度范围内)，而且线性误差小于±0.5℃。

AC590 的内部如图 8-30 所示。R_1 和 R_2 是采用激光修正的校准电阻，它能使 25℃以下的输出电流恰好为 298.15μA。首先晶体管 VT_8、VT_{11} 能产生与温度成正比的电压信号，然后再经过 R_5、R_6 把电压信号转换为电流信号。R_5 和 R_6 的电阻温度系数非常小，这样可以保证具有良好的温度特性。R_5、R_6 是采用激光修正的 SiCr 薄膜电阻，且需要在标准温度下进行校正。VT_{10} 的集电极电流是能够跟随 VT_9 和 VT_{11} 的集电极电流变化而变化的，从而使总电流达到额定值。

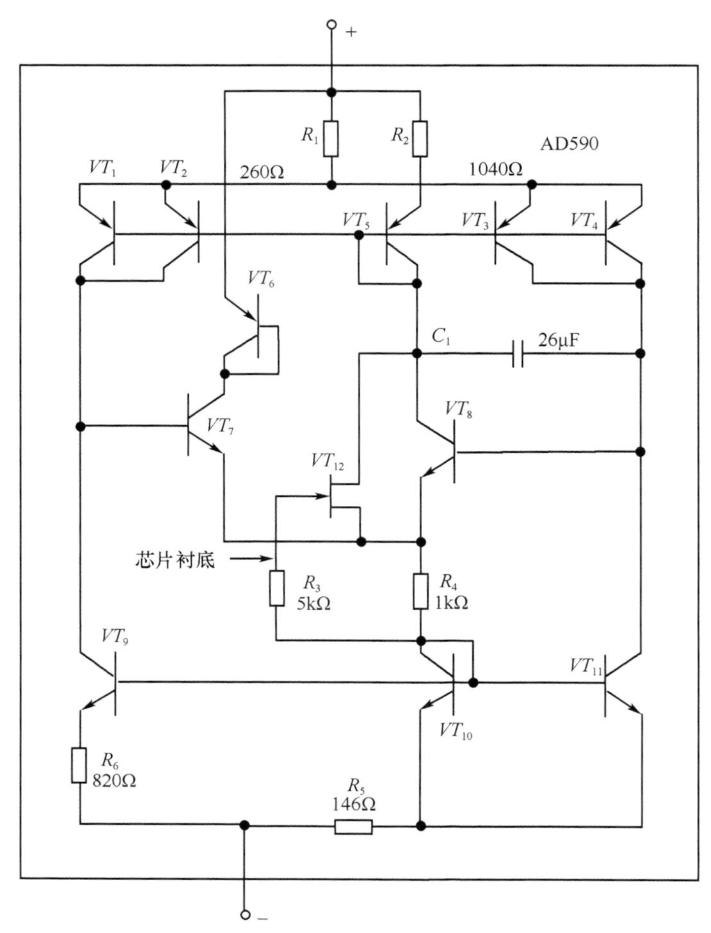

图 8-30　AD590 的内部电路

如图 8-31 所示，AD590 还常用在多点温度遥测，数字式绝对温度计和热电偶的冷端补偿中。因为该传感器为电流输出型，并且输出阻抗高，所以，它抗干扰能力强，用普通的绞合线就可以进行有线温度遥测。图 8-32 所示为一种数字绝对温度计，其中 ICL7106 为三位半 A/D 转换器。它包括参考电压源、时钟发生器、A/D 转换、BCD 码七段译码器和显示驱动器等，外接液晶显示器、电阻网络和 AD590 温度传感器后就可构成一个数字温度计。

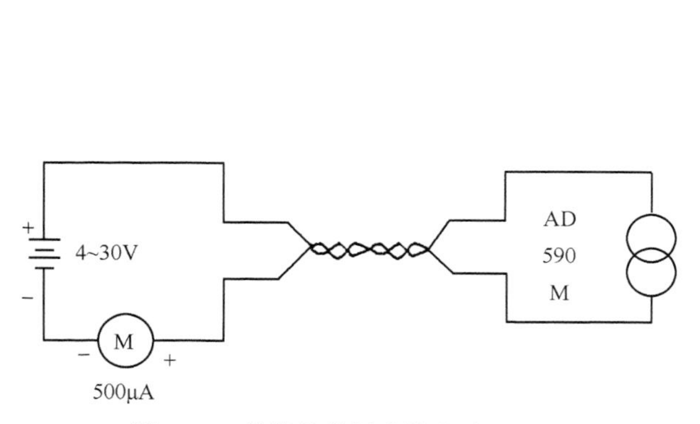

图 8-31　最简单的温度计电路

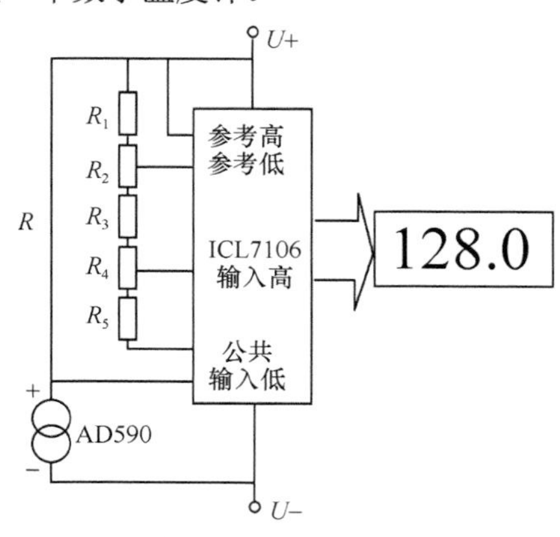

图 8-32　数字绝对温度计电路

第四节　其他类型的温度传感器

一、石英晶体温度传感器

石英温度传感器本质上是一种晶体振荡器，它的作用就是将被测的温度转换成频率的信号。利用其温度-频率特性做成传感器，可将温度的变化转换为频率调制型信号；而该信号在传送与接收过程中，有很好的抗干扰能力，可实现遥测与遥控，易于用数字式仪器测量，做成满足要求的数字温度计。在无线电通讯、计算机等领域中，石英晶体也较广泛用于高稳定度的振荡器中，提供频率稳定度很高的振荡信号。石英晶体的等效电路如图 8-33 所示，由于回路 Q 值高达 2×10^6，用晶体构成的振荡器的振荡频率主要取决于晶体的固有振荡频率，因此，晶体振荡器的稳定度极高。

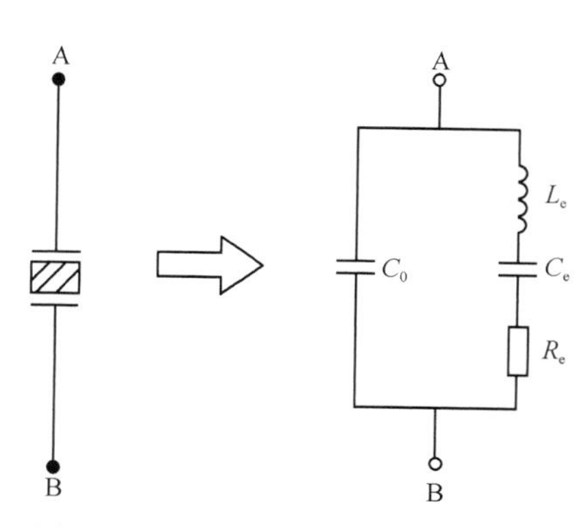

图 8-33　石英晶体谐振的等效电路

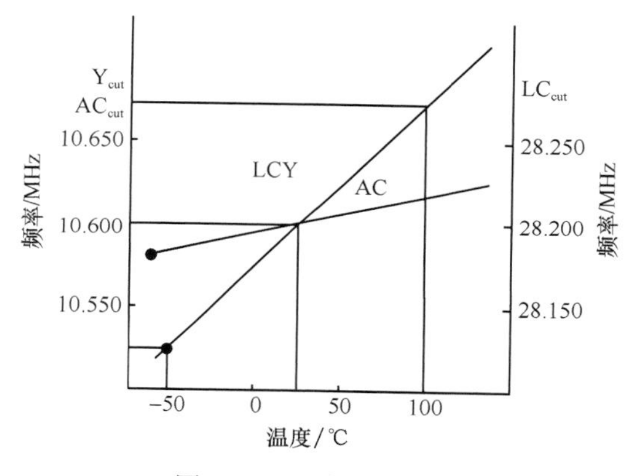

图 8-34　温度和频率关系

石英晶体的固有谐振频率与温度 T 的关系可以表示为:

$$f_{\mathrm{T}} = f_0\left[1 + A(T - T_0) + B(T - T_0)^2 + C(T - T_0)^3\right] \tag{8-48}$$

式中，f_{T} 为温度 T 时的频率；f_0 为温度 T_0 时的频率；T 为任意温度；T_0 为基准参考温度；A、B、C 为温度系数，随石英晶体的切割角度改变而变。

如果方程的 2、3 次项的温度系数近似为零，就可以得到线性晶体温度传感器。图 8-34 中可见各种切型的石英晶体频率温度特性，Y 切型、LC 切型、AC 切型的石英晶体具有良好线性频率温度系数。对于 LC 和 Y 切型石英晶体，其频率温度灵敏度约为 1000Hz/K，AC 切型的灵敏度约为 200~300Hz/K，石英晶体的测量范围内−40~250℃，在此温度范围内，线性误差在±0.05%以内。

图 8-35 是石英晶体数字温度计的原理框图。利用具有线性频率温度特性的石英振子，把温度的变化转化为振荡频率变化，可以制成具有测温精度高、稳定性好、灵敏度高、线性好、重复性好、功耗低等突出优点的精密测温元件。由于振荡频率随温度变化相对于中心频率 f_0 较小，将测温振荡器的信号与频率稳定的基准振荡器混频后，取差频 $f-f_0$ 进行计数，得到与温度成正比的计数值。

在市售产品中，基准振荡频率为 28. 2MHz。由于频率温度系数为 3.54×10^{-5}/℃，每变化 1℃的温度引起的频率变化为: $\Delta f=2.82\times10^7\times3.54\times10^{-5}\approx1000$Hz。若 0.1s 计数一次，则 100 个计数脉冲代表 1℃。温度分辨率可达到 0.01℃；若以 1s 为计数间隔，则分辨率可达 0.001℃；不过这种方案要求基准振荡器频率稳定度很高。

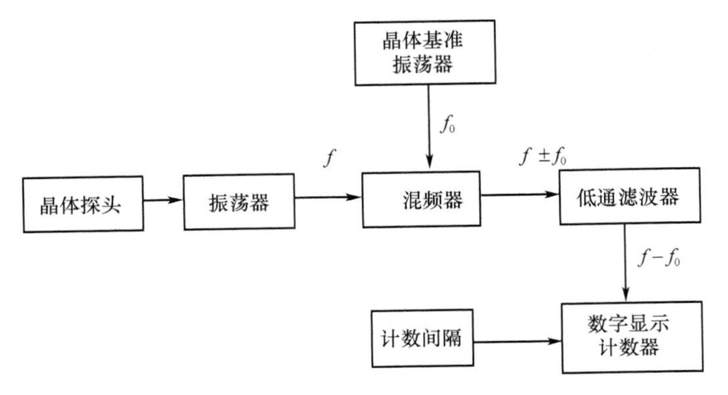

图 8-35 石英晶体数字温度计框图

二、热释电传感器

1. 热释电效应(pyroelectric effect) 热释电效应指的是极化强度随温度改变而表现出的电荷释放现象。晶体被均匀加热时，会在晶体的某些方向会产生等量异号的电荷。而晶体冷却时，电荷变化与加热时相反。这是因为晶体结构在某些方向上正负电荷重心不相重合，产生了自发极化。自发极化矢量的方向由负电荷重心指向正电荷重心。温度变化会引起晶体结构内正负电荷重心相对位移，从而使自发极化改变。一般情况下，晶体自发极化所产生的束缚电荷被来自空气中附着在晶体表面的自由电荷所中和，其自发极化电矩不能表现出来。而温度变化时，晶体结构中的正负电荷重心发生相对移位，自发极化发生变化，晶体表面就会产生电荷耗尽，电荷耗尽的状况正比于极化程度。

热释电效应的强弱用热释电系数来表示。假设整个晶体温度均匀的改变了一个小量 ΔT，则极化的改变可由下式给出：

$$\Delta P_s = p\Delta T \tag{8-49}$$

式中 P 是热释电系数，它是一个矢量，一般有三个非零分量 $p_i = \dfrac{dP_{si}}{dT}$ [C/(m^2·K)], (i=1, 2, 3)。

图 8-36 所示为 P_s 与 T 的关系。P_s 是与热释电晶体的自发极化 $\vec{P}s$ 轴垂直的表面内出现的束缚电荷面密度。束缚电荷被晶体内部自由电荷中和的平均时间为 $\tau=\varepsilon/\gamma$。其中，ε 为晶体的介电常数，γ 为晶体的电导率。多数热释电晶体 τ 值在 1~1000s。

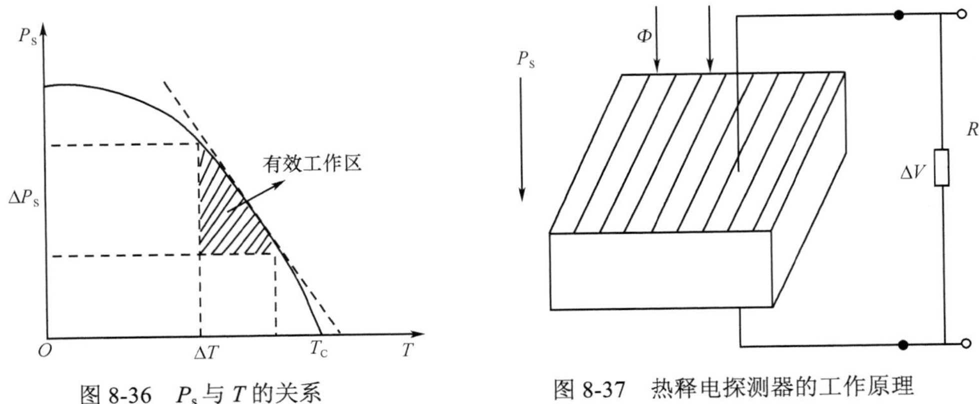

图 8-36 P_s 与 T 的关系

图 8-37 热释电探测器的工作原理

2. 热释电探测器 人体都有恒定的体温，一般在 37℃，所以会发出特定波长 10μm 左右的红外线，被动式红外探头就是靠探测人体发射的 10μm 左右的红外线而进行工作的。人体发射的 10μm 左右的红外线通过菲涅尔滤光片增强后聚集到红外感应源上。红外感应源通常采用热释电元件，这种元件在接收到人体红外辐射温度发生变化时就会失去电荷平衡，向外释放电荷，后续电路经检测、处理后就能产生相应信号。

热释电探测器是以热释电晶体为电介质的平板电容器。因热电晶体具有自发极化性质，自发极化强度能够随着温度变化，结果在垂直于自发极化方向的晶体两个外表面之间出现感应电压。从而可利用这一感应电压的变化探测光辐射的能量。光辐射照射时热释电晶体温度升高，自发极化强度降低，因此电极表面感应的电荷减少，相当于“释放”了一部分电荷。如果把热电体放进一个电容器极板之间，把一个电流表与电容两端相接，就会有电流流过电流表，这个电流称为短路热释电流。

如图 8-37 所示，被检测物体(或人体)所辐射的红外辐射 Φ，经过遮光盘将其频率调制成为 $f(>1/\tau)$照射在极板上，此时，晶体内自由电荷就来不及中和表面束缚电荷的变化。结果就使住垂直于 P_s 的两端间出现交流电压。在端面上敷以电极，并接上负载电阻，就会有电流流过。在负载 R 两端就有交流电压输出。设温度变化率为 $\mathrm{d}T/\mathrm{d}t$，P_s 对时间的变化率为 $\mathrm{d}P_s/\mathrm{d}t$，电极面积为 A，则 $A\dfrac{\mathrm{d}P_s}{\mathrm{d}T}$ 就相当于电路上的电流，于是在负载 R 上的电压为

$$\Delta V = AR\left(\frac{\mathrm{d}P_s}{\mathrm{d}t}\right) = AR\left(\frac{\mathrm{d}P_s}{\mathrm{d}T}\right)\left(\frac{\mathrm{d}T}{\mathrm{d}t}\right) \tag{8-50}$$

可见，输出电压 ΔV 正比于温度变化速率而与时间无关，温度变化速率与材料的吸收率、热容有关，吸收率越大，热容越小，则温度变化率就越大，而不取决于晶体与辐射是否达到热平衡。

3. 热释电材料的主要特性

(1) 传感器对热释电材料的要求：用于制作红外探测的热释电材料，要求有大的热释电系数，即 $\left|\dfrac{\mathrm{d}P_s}{\mathrm{d}T}\right|$ 值要大。常用的材料如硫酸三甘肽(TGS)晶体，掺 α-丙氨酸改性后的硫酸三甘肽(LATGS)晶体，钽酸锂($LiTaO_3$)晶体，锆钛酸铅(PZT)类陶瓷，聚氟乙烯(PVF)和聚二氟乙烯(PVF_2)聚合物薄膜等。不论哪种材料都有一个特定温度，称居里点(或居里温度)。当温度高于居里点时，自发极化矢量为零，只有低于居里点时，材料才有自发极化性质。正常使用时，都是使器件工作于离居里点稍低一点的温区。因此要求制作材料对红外线吸收大，热容量小。居里点应比室温高得多以为避免退极化。此外在选择材料时还应考虑介电常数和介质损耗 $\tan\delta$ 要小，这一点在高频应用时尤其重要。同时还要注意材料的成本和易加工性以及物理化学性能稳定等因素。

(2) 热释电材料的性能：见表 8-5。

表 8-5　部分热释电材料的主要性能

材料	居里点 T_c/℃	相对介电常数 $\varepsilon/\varepsilon_0$	介电损耗 Tanδ%	比热容 C' J/(cm²·℃)	密度 ρ 10^3kg/m³	热释电系数 P C/(cm³·K)
$BatiO_3$	125	160	—	3.0	6.02	4×10^{-10}
TGS	49	35	2.5	2.5	1.69	3.5×10^{-8}
$PbTiO_3$ 陶瓷	490	~200	0.1	3.1	7.78	6×10^{-8}
PLZT(8/65/35)	~100	~3800	—	2.6	7.80	1.7×10^{-7}

现有热释电晶体，大都是透明的，且在波长为几微米时有强烈的吸收，接近10μm时吸收也是较高，一直延伸到亚毫米范围。如要求探测器在可见光或近红外范围有最佳性能，可用涂黑表面的方法增加吸收。

表 8-5 列出一些主要的热释电材料的性能，并给出一些计算值。$PbTiO_3$系陶瓷和 PZT(锆酸盐-钛酸盐铅)系陶瓷的特性优良，居里点高，易加工，成本低，是很好的热释电材料。最常用的热释电材料是单晶硫酸三甘肽 (TGS)，其热释电系数、介电常数、介质损耗和比热等性能都很好，且制造工艺简单，红外吸收的光谱范围较宽。但其居里点低，为水溶性，易潮解，制成器件必须密封，这就限制了它的使用。

4. 热释电传感器的结构和应用 图 8-38 是一种热释电探测器的结构示意图。热电元件相当于一个平板电容器，晶体薄片两面各有一个金属面电极。一面电极上受光照射。由于涂有黑色，吸收全部入射辐射，加热了电极和元件，引起温升，在电极上产生变化的电荷。由于热电元输出的是电荷信号，并不能直接使用，因而需要用电阻将其转换为电压形式，该电阻阻抗高达104MΩ，故引入的N沟道结型场效应管应接成共漏形式即源极跟随器来完成阻抗变换。滤光窗能有效地让人体辐射的红外线通过，而最大限度地阻止阳光、灯光等可见光中的红外线的通过，以免引起干扰。热释电传感器一般有三个引脚，其中 G、R 端接后续放大电路的电源正、负极，电压由 S 端经放大器放大后输出。

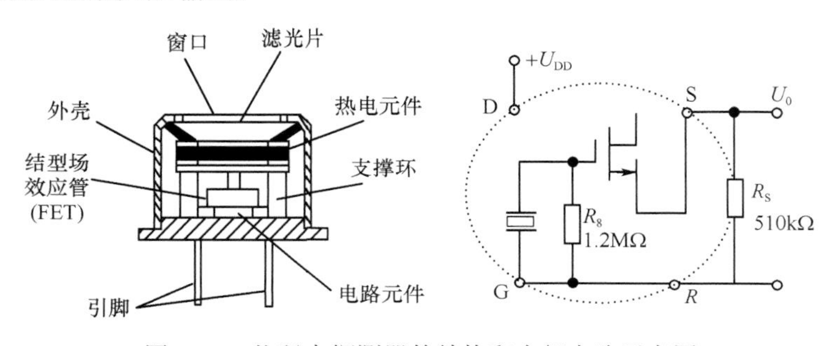

图 8-38 热释电探测器的结构和内部电路示意图

三、热电式传感器在医学中的典型应用

临床中对于温度的测量主要可分为两种方式：接触式和非接触式。接触式温度测量主要将热敏电阻、热电偶等传感器放置于目标部位，利用热的传导作用达到直接测量温度的目的。非接触式温度测量主要利用热释电传感器，通过所接收到的由被测部位辐射出热(红外线)而达到间接测量温度的目的。根据传感器各自特点，在临床中发挥着不同的作用。

1. 热敏电阻在生物医学测量中的应用 热敏电阻具有尺寸小、响应速度快、阻值大、灵敏度高等优点，因此它在许多领域得到广泛应用。在生物医学测量中，以半导体热敏电阻作为温度敏感元件的测温探头形式根据实际需要有很多种形式。图 8-4 中给出了几种常见形式。第一种是主要用于检测体表温度的表面型探头。将薄片型热敏电阻粘贴在底基片上，底基形状一般为圆片或长方片。第二种是口腔型探头，口腔型测头的尺寸相似于常用的水银温度计。热敏电阻的引出线采用柔软的铜导线。外面整个用软塑料套保护，然后再在外面加一个硬质塑料套管，套管头部有一个铝质圆头以利于导热。这种硬质塑料套管可以在每次使用完毕后取下消毒。当然也可以用口腔型测头也可用于测量腋温或直肠温度。第三种是可用来测量肌肉温度或浅表血管内的血液温度的注射针型测头。它是将微型的珠状热敏电阻封装在注射头的顶端。考虑到针

管内径很小，常把热敏电阻的其中一根引线直接与针管内壁相连。另一根引出线穿过针头管引出，这样针管内只需要通过一根引线就可以了。注射针型测头通常用于动物实验。

在实际工作中，还有各种不同形式的热敏电阻测温探头用以满足不同的测温要求。例如，将热敏电阻安装在呼吸传感器内用来测定呼吸气流温度；将热敏电阻组装在心导管端部，用于测定血液温度；还有将集成发射电路同热敏电阻一同组装成微型温度遥测发射机，做成药丸状吞服，用来遥测体内温度。图 8-39 是一种测量呼吸曲线和呼吸次数的热敏电阻传感器。在病人鼻孔出口处用胶布固定好传感器，可对呼吸率的进行连续检查。此外在热稀释法测心输出量中以及热式血流量计中，热敏电阻传感器也得到了广泛的应用。

图 8-39 测量呼吸曲线和呼吸次数的热敏电阻温度传感器

2. 热电偶在生物医学测量中的应用 生物医学中应用中玻璃水银温度计只能测量水银球所占有的空间的平均温度，而采用热电偶温度计则可测定空间任一点的温度。热电偶温度计是通过测量温差电动势，将两个接触端的温度差确定下来的。若参比端的温度已知，则另一端(测量端)的温度就可算出。设计热电偶温度计时要求其测量端热容量小，从而使受热面积可以做得很小。典型的测量端的形式如图 8-40 所示。为了消除传导和辐射误差，提高响应速度和分辨率，热电偶的接点应做得尽量小。一般采用聚焦的激光束焊接直径 13μm 的镍铬-康铜丝，这样可得到直径 30μm 的接点珠，其热时间常数小于 lms。在石英纤维上真空沉积两种金属，可制成更小的热电偶，热时间常数可达 μs 级，最小的热电偶直径可小于 12μm，它的响应时间短而且容易制造且稳定性好，可以用来测量细胞内瞬态温度。常见医用热电偶探头可做在导管内或注射针管内。热电偶温度计的缺点是需要一个参比温度，并且输出电压小，灵敏度低。

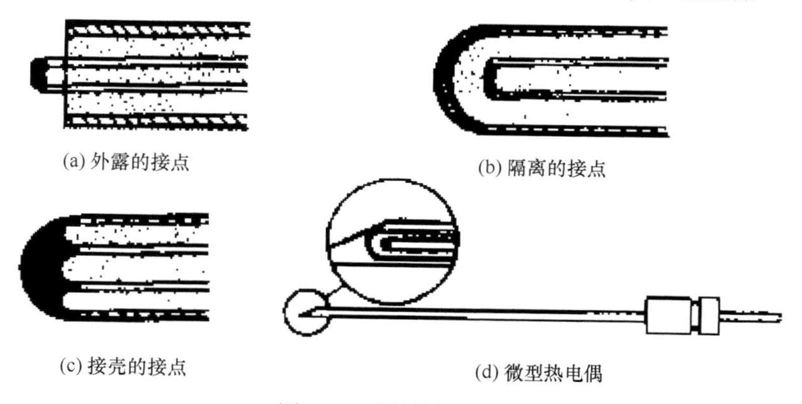

(a) 外露的接点　(b) 隔离的接点

(c) 接壳的接点　(d) 微型热电偶

图 8-40 测量端的形式

在实际使用中可把许多热电偶串联起来，使奇数的接触点都测量同一个温度，而使偶数的接触点保持同一参比温度，这样就可增加输出电压，提高灵敏度。多接点的热电偶叫做热电堆。许多热电偶的并联可以用来测量平均温度。

图 8-41 为热电偶温度传感器在超声加热治疗肿瘤领域中的应用示意图。肿瘤治疗实践证明，加热能增强放射性对肿瘤的杀灭。温度为 43℃时能使放射性剂量减少 1/3，减少了放射性的

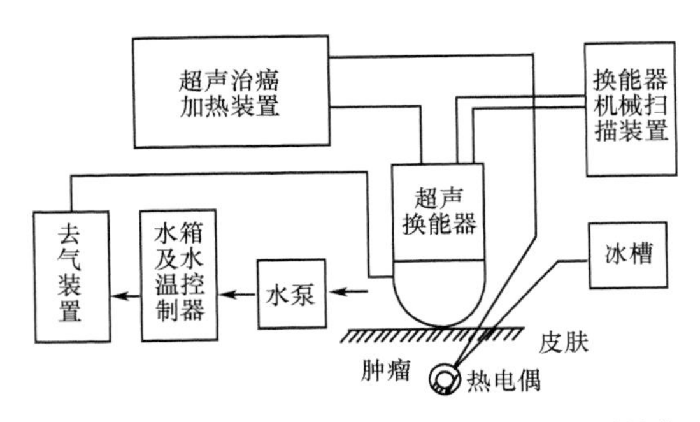

图 8-41 肿瘤受超声加热治疗时的热电偶测量装置示意图

副作用。深部肿瘤的加热以超声方法为好。但肿瘤区的温度测量精度要求较高，使用热电偶和冰槽恒温技术，可以把肿瘤加热区的温度控制在 43℃附近。

3. 热释电传感器在生物医学测量中的应用 在生物医学测量中，热释电传感器目前主要被广泛应用于各类辐射计、光谱仪及红外和热成像方面等红外辐射探测领域，尤其是用于非接触测温和热像仪方面。热像图法适用于诊断乳腺癌、甲状腺癌、皮肤癌、某种神经性疾病或末梢血管闭塞。尤其适用于乳腺癌的普查。最典型的例子为热光导摄像管。如图 8-42 所示，基于热释电效应，物体的红外辐射经锗透镜光学系统成像在用热释电材料薄片制作的靶面上，靶面吸收红外辐射，温度升高释放出电荷。然后产生的热释电电流用电子束扫描进行检测。这种摄像管制成的热像仪省去了常规热像仪的复杂的机械扫描机构系统，工作波段长，不用制冷，结构简单可靠，价格低廉。静止物体成像时，必须对物体的辐射进行调制；对于运动物体成像无须调制，适合于动态物体红外成像，因此，应用十分。$PbTiO_3$ 系陶瓷很适用于热光导摄像管。

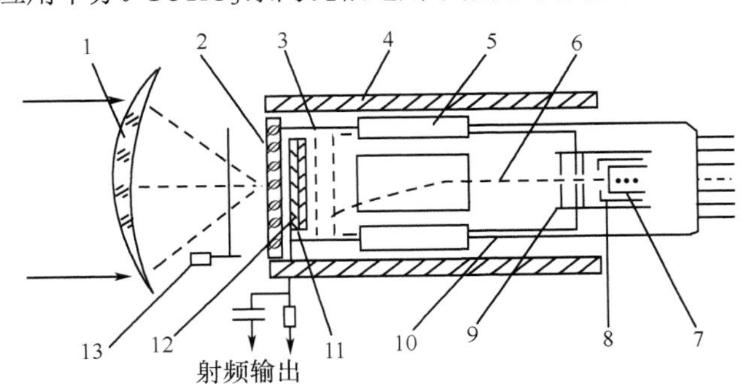

图 8-42 热光导摄像管

1.锗透镜; 2.锗窗口; 3.栅网; 4.聚焦线圈; 5.偏转线圈; 6.电子束; 7.阴极; 8.栅极; 9.第一阳极; 10.第二阳极; 11.热释电靶; 12.导电膜; 13.斩光器

热释电传感器比光探测器有更宽的光谱范围，它具有较高的频率响应，可用于 X 射线到毫米波段。同时热释电传感器具有较高的灵敏度，能在室温下工作。对于低于室温的黑体所辐射的大于 10μm 的红外辐射，其特性也很理想。这种传感器响应快，时间常数可达 ps 级，灵敏度超过许多其他热敏探测器，且结构紧凑牢固，应用范围广。其主要缺点是容易受震动的影响，不能对直流信号工作。

思 考 题

1. 举例说明热电偶温度计的原理。
2. 什么是热释电效应？
3. 在热传导式血流量计中，热敏电阻既作发热元件，又作测温敏感元件。试说明此时的热敏电阻的工作状态与通常测温热敏电阻的工作状态有何不同？
4. 临床中对于温度的测量主要可分哪两种方式？
5. 简述热电偶的基本定律。

6. 热电偶的热电势进行传输或用仪表显示时，要注意的核心问题是什么？试举例说明。
7. 总结热电偶的参比端温度补偿的方法。
8. 什么是热释电效应？热释电传感器在生物医学工程上有何用途？
9. 什么是热电阻效应？半导体热敏电阻如何分类？其各类电阻的主要特点？
10. 什么是温差电现象？什么是热电偶？什么是温差电动势？
11. 如何通过实验的办法来确定热敏电阻的材料系数 B？
12. 总结出热敏电阻线性化的实际工作步骤。
13. 现提供一支如图 8-4 中所示的玻璃管封装的口腔型测温探头，内装 R_0=500Ω 的珠状热敏电阻，再提供一个 50μA 的灵敏电流计，其余元件自选。试设计出一套测量体温的热敏电阻温度计，并说明定标过程以及使用方法。

第九章　光学传感器

光学传感器是以光电效应为基础，把光信号转换成电信号的元器件。它具有响应速度快，检测灵敏度高，可靠性好，抗干扰能力强，可进行非接触测量等特点。光学传感器不但可以直接检测光信号，还可以间接测量位移、加速度、温度、压力等物理量，因此它在检测技术、自动化装置及智能控制等领域应用非常广泛。

光学传感器可分为以下三类:

1. 光电传感器　光电传感器是以光为媒介，以光电效应为物理基础的一种能量转换器件，同时它也是应用光敏材料的光电效应制作的无源光敏器件。光电效应分外光电效应和内光电效应两种。入射光子使吸收光子能量的物质表面发射电子的效应称为外光电效应或光电发射效应。基于外光电效应的光电传感器有光电管、光电倍增管等。在光的作用下，使物体电导率发生变化或产生电动势的现象称为内光电效应，它又可分为光电导效应和光生伏特效应。光电导效应是在光的作用下物体的电导率发生变化，这类器件有光导管、光敏电阻等。光生伏特效应是在光的作用下，使物体内部产生一定方向电动势的现象，基于此种原理的器件有光电池、光电二极管、光电三极管等。

2. 辐射热探测器　辐射热探测器是对光谱中长波(红外线)敏感的器件。热探测器的工作原理是吸收光辐射后所产生的强度变化能够引起测量器件材料电阻的变化，而电阻的变化能够测量光辐射的大小。常用的辐射热探测器有金属、热敏电阻及半导体辐射热探测器。

3. 光纤传感器　光纤传感器是利用光纤技术与光学原理，将被测量转换为其他(如电)信号输出的器件或装置。它用发光管或激光管发射的光，经光导纤维传输到被检测对象，经调制后，光沿着光导纤维反射到光接收器，光接收器则将调制过的光束解调后变为电信号。

第一节　光电传感器的基本原理

光电传感器的基本工作物理基础就是光电效应。光具有波粒两重性，爱因斯坦的光粒子学说认为，光可视为具有一定能量的粒子流。这些粒子即为光子，每个光子所具有的能量 E 正比于频率 ω_c，即

$$E = h\omega_c \tag{9-1}$$

式中，h 为普朗克常数($h = 6.626\times10^{-34}\ \mathrm{J\cdot s}$)。所以光的波长越短，即频率越高，其单一光子的能量也越大，反之，光的波长越长，其单一光子的能量也越小。

光子的质量为

$$m = h\omega_c / C^2 \tag{9-2}$$

式中 C 为光速。

当光照射在物体上时，就可视为一连串的具有能量为 E 的粒子轰击物体表面，而所谓光电效应就是物体吸收光能并转换为该物体中某些电子的能量，从而产生的电效应。光电效应可分为内、外光电效应两大类。

一、外光电效应(external photo electric effect)

当光的作用下，物体的电子摆脱原子的约束，逸出物体表面向外发射的现象称为外光电效

应。向外发射的电子叫光电子。

有爱因斯坦的学说可知，一个电子只能接受一个光子的能量，所以要使一个电子从物体表面逸出，必须使光子的能量 E 大于该物体的表面逸出功 W_s。

根据爱因斯坦光电效应方程

$$E=h\omega_c=\frac{1}{2}mv^2+W_s \tag{9-3}$$

可见只有光子的能量大于逸出功，$h\omega_c > W_s$ 时，电子才能物体表面逸出，产生光电效应。当光的能量等于逸出功时，电子逸出的初速度为零，此时的光频率 ω_{c0} 为该物质产生外光电效应的最低频率，即临界频率。当入射光的频率小于物质的临界频率时，无论入射光多强都不会激发电子。当入射光的频率大于临界频率时，无论多微弱的光也能激发光电子，光照越强激发的光电子数量越多。

利用外光电效应光电器件有光电管和光电倍增管等。

二、内光电效应(internal photo electric effect)

内光电效应多产生于半导体材料中。半导体材料受到光的照射，当材料中处于价带的电子吸收的光子能量大于或等于半导体材料禁带宽度时，电子便通过禁带跃入导带，激发出光生电子-空穴对，从而使半导体材料产生内光电效应。内光电效应分为光电导效应和光生伏特效应。

1. 光电导效应(photo conductive effect)　光电导体受光线作用时，其电导率(电阻)发生变化的现象称为光电导效应。此时材料表面没有光电子向外发射。

利用光电导效应可制成半导体光敏电阻、光导管等器件。

2. 光生伏特效应　某些半导体材料或电介质材料，在光线作用下，产生一定方向的电动势的现象称为光生伏特效应。当光照射 PN 结时，PN 结附近被束缚的价电子吸收光的能量，产生光电子-空穴对，在 PN 结内电场作用下，空穴移向 P 区，电子移向 N 区，从而使 P 区带正电，N 区带负电，P 区和 N 区之间产生电动势，这就是光生电动势(图 9-1)。

另一种情况也属于光生伏特效应，处于反响偏置的 PN 结，当无光照射时，其 P 区电子和 N 区空穴数目都很少，反响电阻很大。当光照射时，能量足够大而产生光生电子-空穴对，在 PN 结电场作用下，电子向 N 区运动，空穴向 P 区运动，形成光电流，其电流方向和反响电流一致，且光照度越大，光电流越大。

利用光生伏特效应制成的光电器件有光电池、光电二极管和光电三极管等。

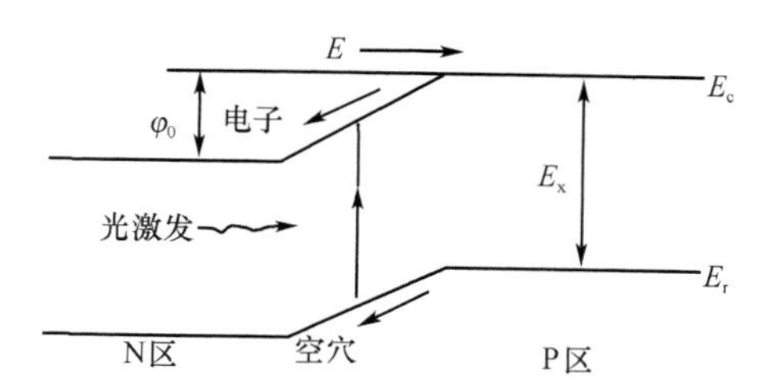

图 9-1　PN 结光生伏特效应光电转换效应示意图

第二节　光电器件的基本特性

光电传感器是将光辐射能量转换为电信号的器件，因此，光辐射能量的强度与光电器件产生的电学性能变化的大小、速度等的性能关系是每个光电器件的特性参数。虽然各类光敏器件有各自的特征参数。归纳起来有以下几种。

一、响 应 度 k

响应度大是光电器件的输出信号电压 V_s 与入射功率 P_s 之比，也就是单位入射光功率作用下器件的输出信号电压称为响应度。即:

$$k=V_s/P_s=V_s/(HA_d) \tag{9-4}$$

式中，V_s 是器件的输出电压，P_s 为入射光敏面上的辐射功率，A_d 是器件的受光面积，H 为光敏面上的辐射照度。k 的单位为(V/W)。

响应度 k 是表征光电器件输出信号能力的特征量。

二、光 谱 特 性

光电器件对于各种波长(λ)的同强度辐射所产生的响应度不同。某光电器件的响应度与入射波长的关系，是该光电器件的光谱特性。常用直角坐标的横轴表示输入辐射光的波长(λ)，而纵轴表示归一化的响应度。用不同辐射波长λ对某一器件的响应度描绘的曲线，就是该器件的光谱特性曲线。曲线峰值对应的波长称为峰值波长。越过峰值，响应度下降到一半时所对应的波长称为截止波长。

光谱特性曲线实际上给出了光电器件的工作范围。

三、等效噪声功率(noise equivalent power, NEP)和探测度 D

光电器件，除了由于入射光辐射引起的输出信号电压外，还有自由起伏的随机电压值，称为噪声电压。将入射光辐射强度不断减少时，输出光电信号也会相应下降。但是当光辐射强度减少到某一值后，在继续减小光辐射强度相应的输出信号也不会减小，这时的输出信号仅为噪声电压。光电器件的噪声电压与许多因数有关，对于某一种光电器件来说，噪声的本质是由其构造及使用条件决定。由于噪声的存在对任何一个光电器件来说，在检测信号时都有一个阀值，低于这个阀值的辐射信号将无法检测。

若入射到光电器件光敏面上的辐射功率所产生的响应电压，恰好等于该器件的噪声电压值，那么这个辐射功率为噪声等效功率，常用 NEP 表示。NEP 的单位是瓦(W)。

$$NEP=P_s/(V_s/V_n) \tag{9-5}$$

式中，V_s 为输出电压的有效值，V_n 为噪声均方根电压值；V_s/V_n 称为信噪比；P_s 是入射到器件上的光功率。

噪声等效功率是描述器件品质优劣的重要物理量。等效噪声功率越小，光敏器件的性能越好。但 NEP 这个参数与人们习惯上衡量探测器探测性能的概念相反，因此，通常用 NEP 的倒数，称为光电器件的探测度 D 来作为衡量光电器件探测能力的指标。

$$D=1/NEP \tag{9-6}$$

D 的单位为瓦$^{-1}$(W^{-1})。

各光电器件的光谱响应分布都有选择型，对响应度必须指出在某一标准光源下的响应度。光源光谱范围与光敏器件光谱响应匹配越好，探测度 D 也越高。此外，某些光敏器件的噪声也是与频率有关，所以具体器件选用时应注意各器件性能参数的测试条件。

四、响应时间τ

响应时间是描述光电器件对入射光辐射响应速度的参数，也称为响应时间常数(τ)。响应时间的物理意义有两种:

一是在阶跃输入功率条件下，光电器件输出电流 $i_s(t)$为:

$$i_s(t)=i_{inf}\left(1-e^{-t/\tau}\right) \tag{9-7}$$

$i_s(t)$上升到稳态值 (i_{inf}) 的 0.63 倍时的时间(即 $t=\tau$)，称为器件的响应时间。某些器件的参数介绍，对于响应时间是类似于脉冲电路中的参数 T_r (上升时间)、T_s (延迟时间)、T_d (存储时间)、T_f (下降时间)给出的。

二是当光辐射信号是脉冲连续信号时，在其光作用器件表面上，光敏器件的输出也是变化的电压信号。当辐射的信号频率 f 上升时，光敏器件的响应度 k 下降。从峰值处下降到 2dB 时所对应的频率称为截止频率 f_0。截止频率对应时间即为时间常数τ。即:

$$\tau=1/2\pi f_0 \tag{9-8}$$

τ的单位为秒(s)。时间常数 τ是衡量光电器件能否适用于变化的光辐射信号检测的一个重要指标。响应时间决定了器件频率响应的带宽。

五、线　性　度

线性度是指光电器件的输出光电流(或电压)与输入光功率成比例的程度和范围。一般来说，在弱光照射时光电器件的输出光电流都能在较大范围内与输入光功率(光辐射强度)呈线性关系。在光照射时就趋于平方根关系，这是就器件本身特性而言。有些器件在使用中由偏置电路输出的光信号电压，有时在弱光范围内也会出现非线性。

六、温　度　特　性

温度的变化，将会引起光电器件光、电性质的改变，是引起测量系统灵敏度不稳定的一个重要原因。使用中应注意其工作温度范围，并进行适当的补偿。

第三节　光电管、光电倍增管、光电编码器及其应用

光电管和光电倍增管属于光电效应器件。其内部的金属在受到光辐射后向外发射电子，反射电子的数量与光照强度有关。

一、光　电　管

1. 结构及原理　光电管(phototube)的基本结构如图 9-2 所示。在真空玻璃泡内有两个电极，阴极 K 和阳极 A。有些光电管的阴极是在半圆形的金属片上涂上感光材料，也有将感光材料贴附在玻璃泡内壁上。不同的感光材料所敏感的光波长不同，即具有不同的光谱特性。常用的感光材料有：银、钙、铯、锑等。在阴极前面的阳极是由环状的单根金属丝或金属板构成。

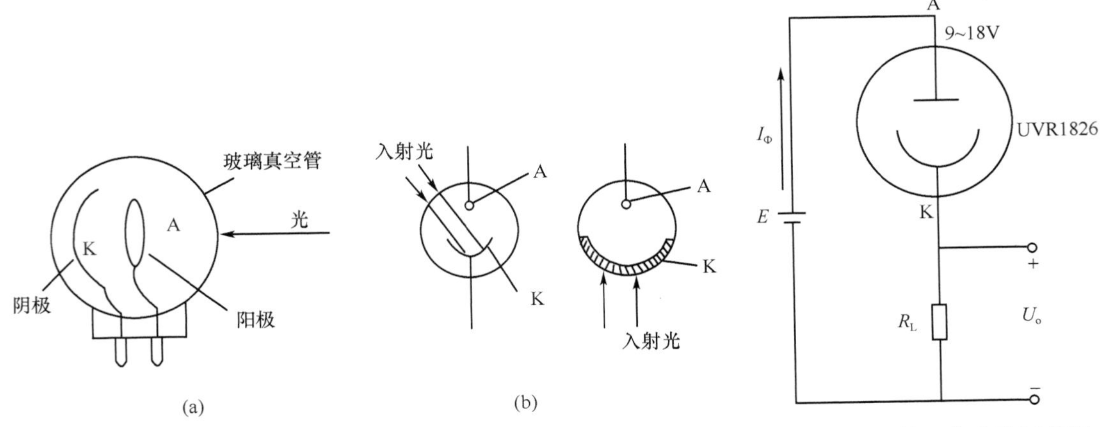

图 9-2　光电管的结构示意图　　　　图 9-3　光电管工作电路示意图

光电管的工作电路见图 9-3。在阴极和阳极之间供给直流电压 E，阳极结电源正极，阴极接电源负极。在受到光照射时，阴极发射电子，这些电子在阳极正电势吸引下形成电子流，使外电路中产生电流并在 R_L 中形成压降 U_o。U_o 将随光照的强弱而改变，光信号的变化被转换成电信号输出。

2. 光电管的特性　光电管的特性主要有：伏安特性、光电特性、光谱特性。

伏安特性是在照射的光通量一定时，阳极与阴极之间电压与光电流的关系曲线。图 9-4 为真空光电管的伏安特性。由图可见，对于一定的入射光，在极间电压较小时光电流随极间电压快速增加，当极间电压达到 40V 左右光电流进入饱和区，这时在增加极间电压对光电流增加影响很小，而且电压过高会使管子暗电流增大。所以使用真空光电管时，不应将极间电压设置过高。

光电特性是指光电管的阳极电压不变，光通量与光电流(输出电流)之间的关系曲线，因此也称输入-输出特性。真空光电管的光电特性如图 9-5 所示，光电流与入射光通量两者可视为线性关系。

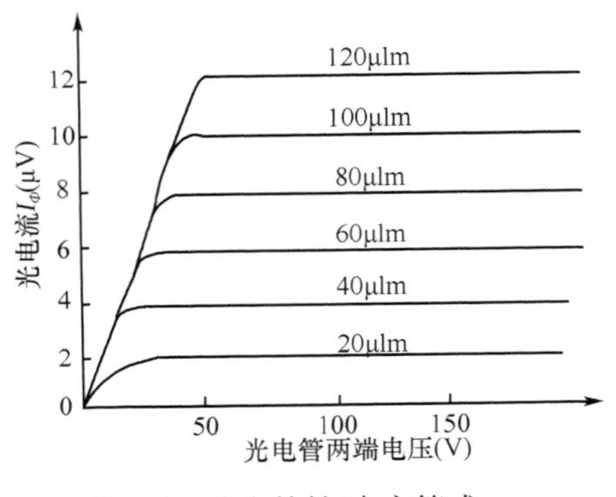

图 9-4　伏安特性(真空管式)

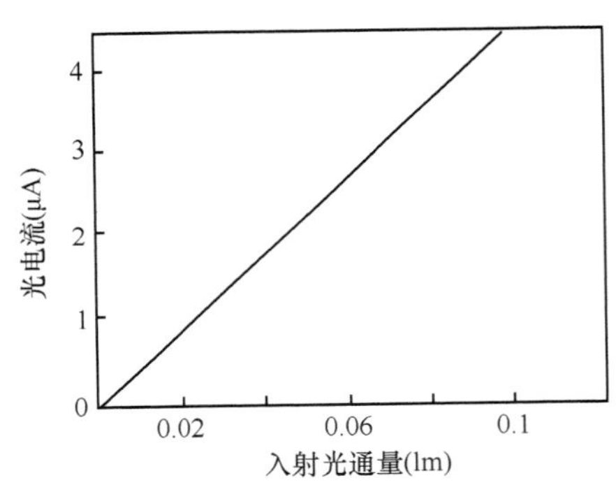

图 9-5　光电特性(真空管式)

光谱特性即单位辐射通量，不同波长的光照射光电管时，产生的饱和光电流与光波波长的关系曲线。光电管的光谱特性主要决定于阴极材料。图 9-6 中显示了几种不同材料光电管的光谱特性。Ⅰ是铯氧阴极光电管的特性；Ⅱ是锑铯阴极光电管的光谱特性；Ⅲ是人眼睛的视觉特性。由此特性可知，对不同颜色的光应选择不同材料的光电管。

3. 光电管的分类及特点　除真空光电管外，还有一种光电管为充气光电管，它是在真空玻璃泡中充入低压惰性气体，如氩、氖等气体。阴极发出电子后在向阳极运动的过程中撞击惰性气体原子，使其产生电离后正离子向阴极运动，使光电流增加，提高了光电管的灵敏度。

两种光电管比较，其特点如下：真空光电管的优点是在很宽的光强范围内，输入光强与输出电流成正比，测量精确度高；缺点是灵敏度低。充气光电管的优点是灵敏度较高，但稳定性差，线性度低，而且暗电流、噪声较大，响应速度低。为获得两者的优点，克服缺点，开发了以下介绍的光电倍增管。

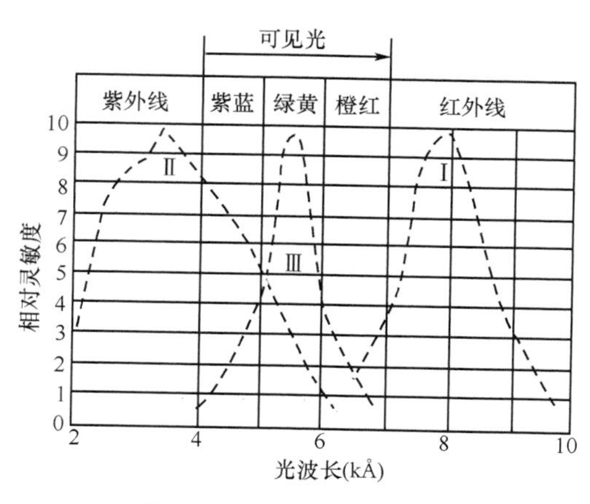

图 9-6　光电管的光谱特性

二、光电倍增管

1. 光电倍增管的结构和原理　光电倍增管(photomultiplier, PMT)是进一步提高光电管灵敏度的光电转换组件。当光电信号很微弱时，光电管所产生的光电流很小(一般为零点几微安)，为此常采用光电倍增管，对光电流进行放大以提高灵敏度。

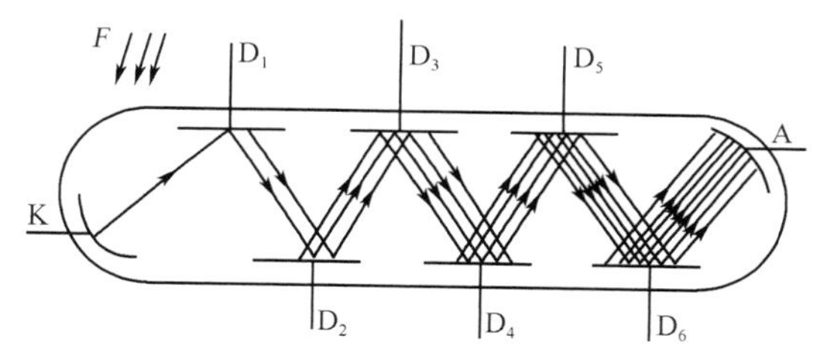

图 9-7　光电倍增管原理图

光电倍增管的原理见图 9-7。图中 K 为阴极，A 为阳极。在阴极和阳极之间的 $D_1, D_2, \ldots\ldots, D_n$ 为倍增极。倍增极是用次极发射材料制成，这种材料在受到一个带一定电量的电子轰击后，能释放出数个电子。工作时，各电极的点位从阴极到阳极逐级升高，一般每两个相邻电极间电位差约 100V 左右。当光线照射到光电阴极 K 后，光电阴极释放出光电子，在电场作用下射向第一倍增极 D_1 并引起电子的二次发射，这些二次发射的电子，在更高点位的 D_2 作用下，再次被加速入射到 D_2，又激发出更多的电子，在 D_2 级上又产生再次发射，这样逐级前进到阳极，电子数不断倍增，最后阳极收集到的电子数将达到阴极反射电子数的 10^5~10^7 倍。

假设每个电子落到任意倍增极上都激发出 δ 倍个电子，则阳极电流 I 为

$$I = i_0\delta^n \tag{9-9}$$

式中，i_0 为光电阴极发出的电流；n 为光电倍增管级数(一般 9~11 级)。

因此，光电倍增管的电流放大系数 $\beta = \delta^n$ 。

光电倍增管倍增极结构有多种多样，其基本构造是把光电阴极与各倍增极和阳极隔开。这样做可以防止光电子的散射和阳极附近形成的正离子向阴极返回，产生不稳定现象；也可使从上一级倍增极发射出来的电子无损失地到达下一级倍增极。光电倍增管的倍增极一般使用 Sb-Cs 或者 Ag-Mg 涂料。

2. 光电倍增管的特性参数

(1) 伏安特性：光电倍增管的伏安特性与光电管相似，参阅光电管的伏安特性。

(2) 光电特性：光电倍增管的伏安特性与光电管相似，一般在光通量为 10^{-10}~10^{-4}lm 时入射光通量与输出电流呈线性正比关系。

(3) 放大倍数：$M = C\delta^n$ 。C 为收集系数，反映了收集电子的能力。一般在正常工作条件下，M 值为 10^5~10^7，它与加在管子上的总电压(阴极-阳极之间的电压)成正比，稳定性为 1%左右。

(4) 灵敏度：光电倍增管的灵敏度是指照射的每单位光通量使阳极产生的饱和光电流值，

单位是μA/lm，也可理解为入射一个光子后在阳极上能收集的平均电子数。它是描述管子将光信号转变为电信号的能力，其大小与极间所加的电压有关。提到灵敏度时应注明何种光的灵敏度。图 9-8 为灵敏度、放大倍数与工作电压的关系曲线。

(5) 暗电流：当光电倍增管加有一定的工作电压，但完全没有入射光时，仍然有阳极电流输出，此电流的直流分量称为暗电流。暗电流的值与工作电压、温度有关，其形成原因有热电子发射等。光电倍增管的暗电流对于测量微弱的光强和确定器件灵敏度的影响很大。

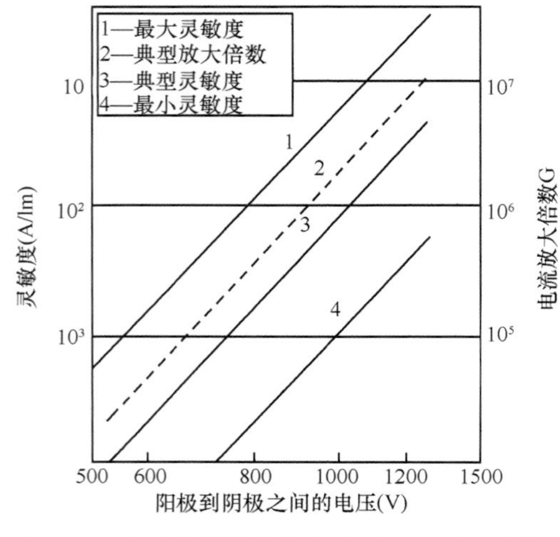

图 9-8　光电倍增管的阳极灵敏度、放大倍数与工作电压的关系

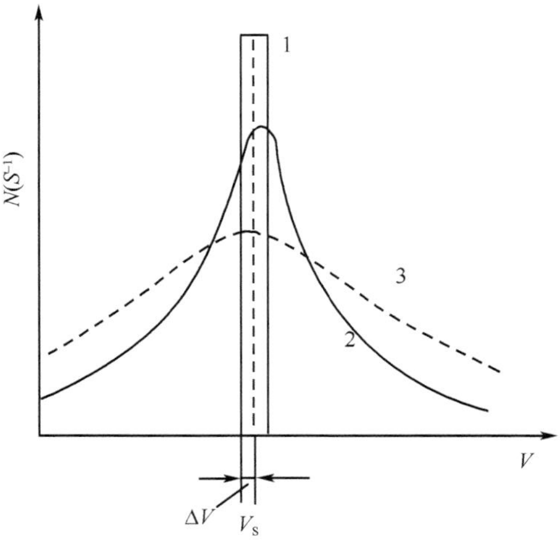

图 9-9　光电倍增管输出电脉冲的分布

(6) 本底电流和等效的噪声当量：相对于直流分量的暗电流，在无光照射时阳极电流的交流分量称为本底电流。它由管子附近的闪烁体激发，以脉冲形式出现。

等效噪声当量是本底电流引起噪声的一种表示方式，它决定了管子在闪烁计数中所测量的最小辐射能量。等效噪声当量 E_n 的定义为：

$$E_n = E(V_n / V_s) \tag{9-10}$$

式中，V_n 为等效噪声电压；V_s 为 γ 射线照射下输出的脉冲信号电压，对各种管型都有规定；E 为 Cs^{137} 的 γ 射线固有能量，其值为 661keV。

(7) 能量分辨率(脉冲幅度分辨率)：理想情况下，当用一定次数的固定幅度光脉冲照射光电管阴极时，应输出相同次数的等幅电脉冲。如图 9-9 中曲线 1 所示。图中横坐标 N 为输出脉冲次数。但实际上入射光脉冲能量相同时，阳极收集的电子数不能完全相同，即输出不同幅度的电脉冲，使曲线变成曲线 2 的形状。管子性能越差，在 V_s 处的脉冲集中度越差，如曲线 3 所示。能量分辨率 R_s 定义为：

$$R_s = (\Delta V / V_s) \times 100\% \tag{9-11}$$

式中，ΔV 为曲线的板宽度，V_s 为 N 峰值处输出脉冲幅度。此性能指标多用于 γ 射线检查仪的设计中衡量管子质量的参数之一。由式(9-11)可知，V_s 越小，能量分辨率越高。

3. 光电管、光电倍增管的应用　在生物医学工程领域，光电管、光电倍增管常用于生化仪器，医用射线仪器中。两者相比光电管成本低，要求加直流电压低且单一等优点，但灵敏度低，因此多用于光信号较强的生化测量仪器。光电倍增管结构复杂，要求加数种高压直流电源，但具有高灵敏度、高放大倍数、性能稳定等优点，所以广泛应用于弱光线测量，尤其是各种射线探测器中。

(1) 光电管、光电倍增管在分光光度仪中的应用：分光光度仪是测量溶液浓度的仪器，在生化分析中必不可少。其原理是用被测物质吸收光的量来测量物质的成分。

分光光度仪的原理方框图如图 9-10。

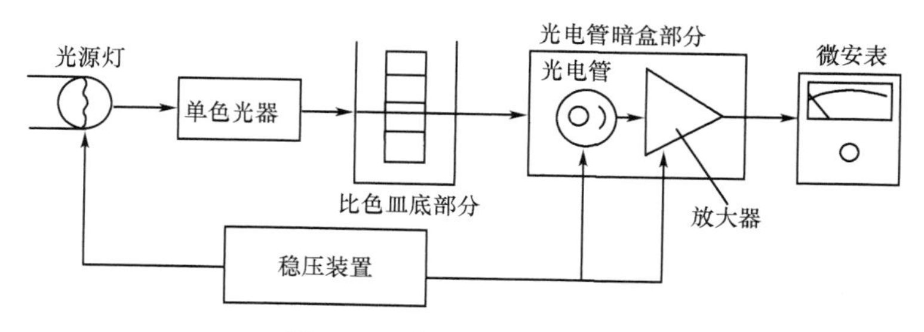

图 9-10　分光光度仪原理图

从光源灯发出的光经单色器色散后变为单色光，此单色光透过比色器皿内的待比色溶液，照射到光电管上。光电管将这一随溶液浓度不同而变化的光信号转换成电信号，再经放大器放大后，由微安表将透光度显示。

当测量较弱的光线，可将光电管换成光电倍增管，提高测量灵敏度。

(2) 光电倍增管在 γ 射线探测器中的应用：γ 射线探测器的原理图见图 9-11。γ 射线射入到受激后发光的碘化钠(NaI)晶体上，使晶体内闪烁，发生光脉冲［晶体内加有铊(TI)提高闪烁效率］，此脉冲光照射到光电倍增管的阴极打出光电子，光电子在光电倍增管放大 10^5~10^6 倍，在阳极输出脉冲电流，此脉冲电流可被再次放大并记录，用于反映入射 γ 射线的强度。这种记录仪器也称闪烁计数器。将这线探测器置于生物体外某一位置，可测出体内标记化合物发出的 γ 射线量。医学检查可根据 γ 射线量进行诊断。

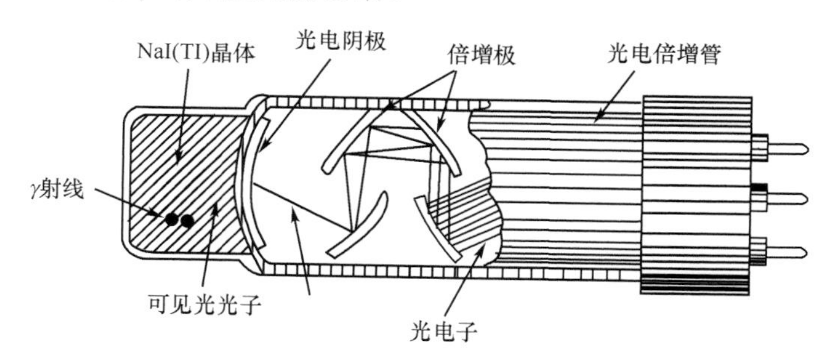

图 9-11　γ 射线探测器

第四节　光电池及其应用

一、光电池的定义及其特点

光电池(photocell)属于光电效应器件，它可以直接将光能转化为电能，类似于电池向外电路提供能量，故称光电池。光电池是一种光伏特效应元件，当它受到光照时不需外加其他任何形式的能量就会产生电流输出。其输出电流与接受的光照关联，利用这以性能可以反映光照强度及其量。

光电池是一种用途很广的光敏器件，其优点是体积小、重量轻、结构简单、寿命长、性能稳定、光照灵敏度较高、光谱响应频带较宽且无需外加电源，尤其在小型化和微功耗的仪器中，它是常用的换能器件。

二、光电池的分类及其原理

一般情况下，光电池按结构可分为两类：一类是利用 PN 结的光生伏特效应制成的光电池，另一类是利用半导体与金属接触产生光生伏特效应制成光电池。

PN 结类的光电池是在 P(或 N)型半导体表面上扩散一层 N(或 P)型杂质，形成 PN 结。当 PN 结受光照射后，产生光激发，形成电子-空穴对；在结电场作用下，电子和空穴分别向 N 区和 P 区移动，形成光电动势。这类光电池常用的有硅光电池和锗光电池。

金属-半导体类的光电池是在半导体材料上蒸发一层透明的金属薄层。这类光电池中常见的有硒光电池和氧化铜光电池。

光电池种类很多，其中硅光电池由于性能稳定，光谱范围宽，频率特性好，转换效率高及耐高温辐射，因此应用较广。图 9-12 所示为硅光电池的原理图。它具有一个大面积的 PN 结，当光照射在 PN 结的一个面上(例如 P 型面)时，若光子的能量大于半导体的禁带宽度，那么 P 型区每吸收一个光子就会产生一对自由电子和空穴，电子-空穴对从表面迅速扩散，在结电场的作用下，建立一个与光照度有关的电动势。光电池既可以作为能源器件使用，也可以作为检测元件用于检测、控制等方面。

以下以硅光电池和硒光电池为例，介绍光电池的基本性能。

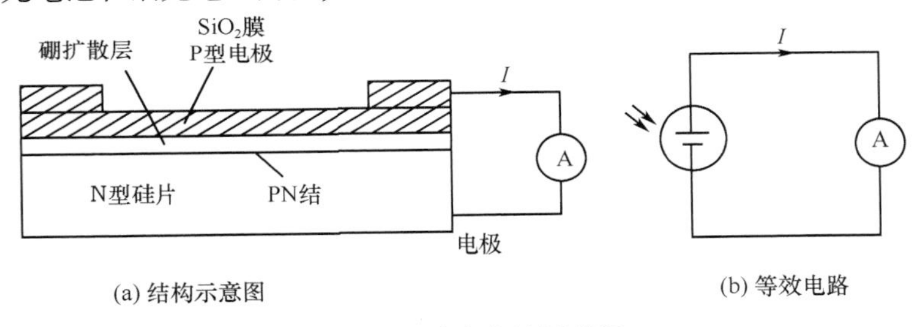

(a) 结构示意图　　(b) 等效电路

图 9-12　硅光电池原理图

1. 光照特性　光电池在不同光照度下，其光电流和光生电动势之间的关系就是光照特性。图 9-13 所示是硅光电池的光照特性曲线。光生电动势即开路电压与照度之间的关系为开路电压曲线；短路电流与照度之间的关系称为短路电流曲线。从图中可以看出短路电流基本上与光照度呈线性关系，而开路电压与关照度之间的关系是非线性的，并且照度为 2000lx 时趋于饱和，因此光电池用作测量元件时，应把它作为电流源使用(接较小的负载电阻)。光电池用作电源时，应把它作为电压源使用。

2. 光谱特性　光电池的光谱特性取决于所用材料，而且对不同波长的光，其灵敏度不同。图 9-14 为硅、硒光电池的光谱特性。不同材料的光电池，光谱响应峰值所对应的入射光波长不同，硅光电池波长在 800nm 附近，硒光电池在 500nm 附近。硅光电池的光谱响应范围为 400~1200nm，而硒光电池的光谱响应范围为 380~750nm。可见，硅光电池的响应范围较宽。实际应用时还应该注意温度对光电池的影响，光电池与光敏电阻一样，它的光谱峰值也随温度的变化而变化。

3. 频率特性　光电池的相对输出电流与光调制频率的关系曲线如图 9-15 所示。由图 9-15(a)可见，负载电阻越小，频率响应越好。由图 9-15(b)可见，硅光电池比晒光电池的频率响应高得多。

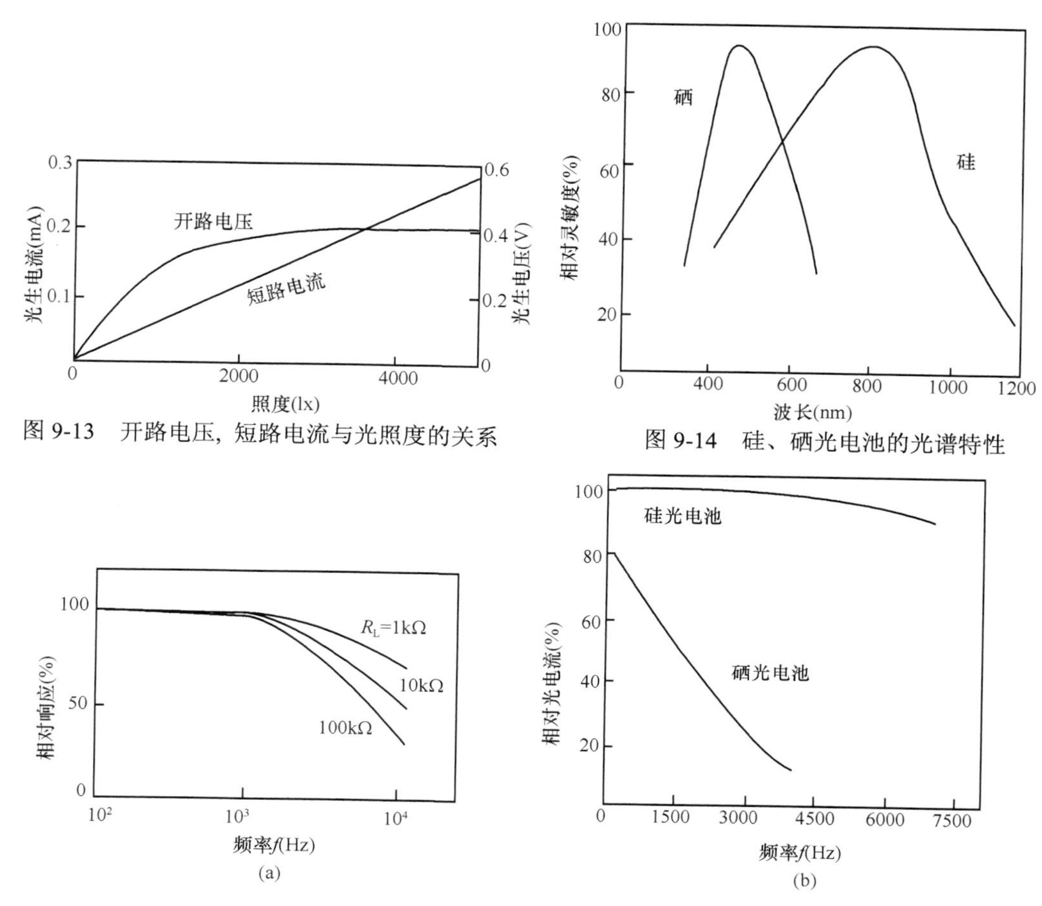

图 9-13　开路电压，短路电流与光照度的关系

图 9-14　硅、硒光电池的光谱特性

图 9-15　光电池的频率特性

4. 温度特性　光电池的温度特性是描述光电池的开路电压和短路电流随温度变化的情况。图 9-16 所示为硅光电池在 1000lx 照度下的温度特性曲线。由图示可知：一般开路电压随温度上升较快下降，约为 3mV/℃，而短路电流却随温度上升缓慢增加，约为每摄氏度几微安。这种变化会造成光电池仪器设备的温度漂移，影响精度等重要指示。因此若用光电池作检测元件，在电路设计中要考虑对光电池的温度漂移采取适当的补偿措施。

图 9-16　硅光电池的温度特性

三、光电池的应用

1. 应用简介　光电材料的种类很多，有锗、硅、砷化镓、硒、氧化亚铜、硫化铊、硫化镉等。较常用的是硅光电池和硒光电池。

PN 结型光电池常作为光电传感器使用，其中硅光电池性能稳定、光谱范围宽、频率特性好、传递效率较高，并能耐高温辐射，因此使用最广泛。

作为金属-半导体型的硒光电池，因为具有光谱峰值处于人的视觉范围内的特点，而且价格便宜，所以常常用于多种分析测量仪器中。

此外硅光电池的频率响应要比硒光电池高得多，因而在一些需要快速反应的场合，往往考虑采用硅光电池。如需高速计数的仪器上多用硅光电池。

2. 光电池的几种基本应用电路 图 9-17 为光电池应用中几种最基本的联接方法。图 9-17(a)仅与无源的电阻联接，光电池作为唯一的光控能源使用。当光照增加(减少)时，R_L 中的电流随之增加(减少)。

图 9-17(b)、(c)、(d)中光电池与有源的三极管联接，图中 *CG* 为硅光电池，*GG* 为锗光电池。光电池作为 I_b 的控制零件，即光照的变化直接使 I_b 变化，间接控制着 I_c 和电路的输出电压。

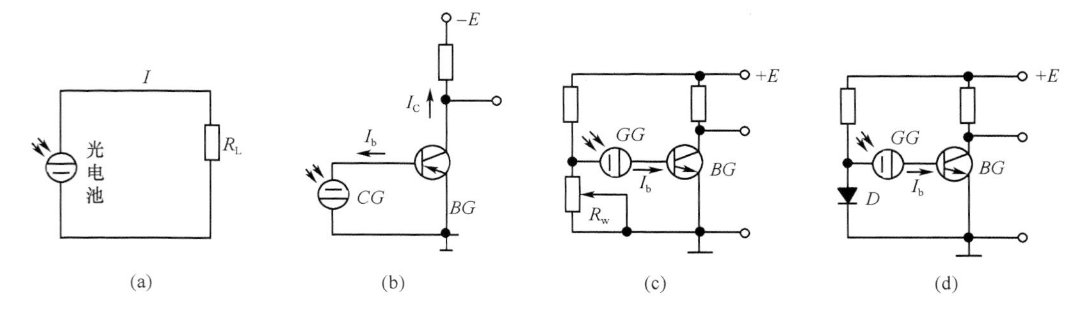

图 9-17 光电池的几种基本应用电路

3. 应用举例 光电比色计：光电比色计属于分析仪器，其原理图见图 9-18。从光源发出的光束分成左右两路，其中一路光程中就有标准样品，另一路光程中放有被测溶液。两光程的终点分别装有两个特性完全相同的光电池，两组光电池送出的信号输入差动放大器，其输出在表头上显示。显示值正比于被分析样品的某项指标，如颜色、浓度、混浊度等。

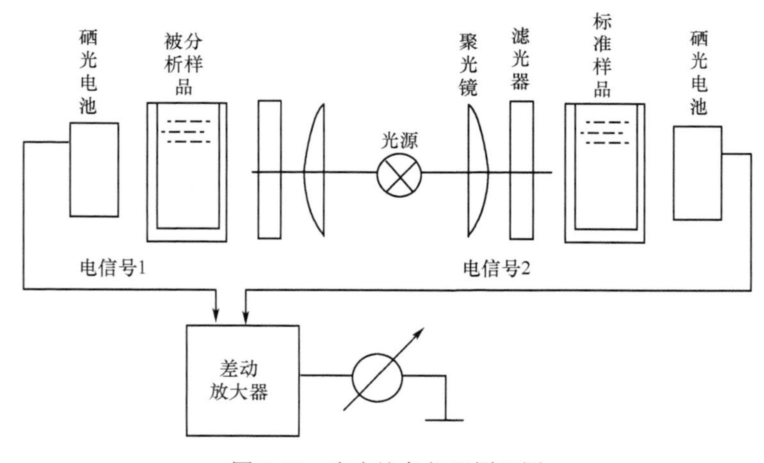

图 9-18 光电比色仪器原理图

第五节 光敏二极管及其应用

光敏二极管(photodiode) 亦称光电二极管，它是一种半导体光电变换器件，其基本工作原理是当光照射半导体的PN结时，在反向电压的作用下，其反向电流随光照强度变化而变化，由此来实现将光信号转换成电信号的功能。光敏二极管响应速度快，体积小，价格低，坚实耐用，从而得到广泛的应用。

一、光敏二极管的结构原理与等效电路

1. 结构与原理　光敏二极管的结构与普通二极管相似，如图 9-19 所示。不同的是光电二极管的 PN 结面积较大，而且装在透明管子的顶部，可直接接受光线照射，其接线形式如图 9-20。光电二极管在电路中必须处于反向偏置状态，无光照射时，与普通二极管一样，电路中仅有很小的反向饱和电流，称为二极管的暗电流。光照射光敏二极管时，光子打在 PN 结附近，使 PN 结空间电荷区产生电子-空穴对，它们在外电场的作用下，与 P 区和 N 区的少数载流子作定向运动而形成电流，此时的电流要比无光照时的漏电流大的多。这种因光照而大大增加的反向电流称为光敏二极管的光电流。光电流随入射光强度变化而作相应的变化，光照度越大，光电流越大。

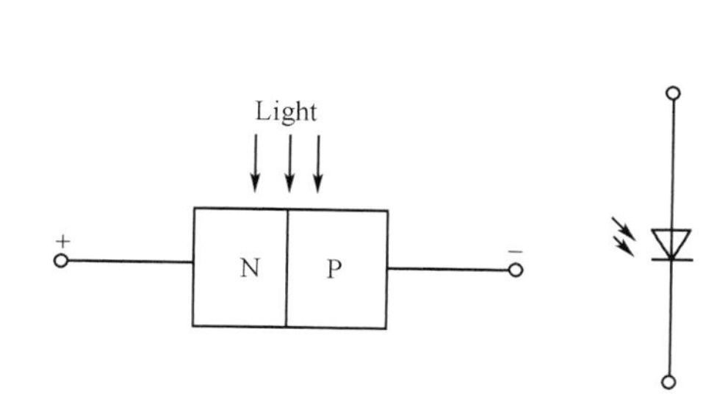

图 9-19　光电二极管结构简图

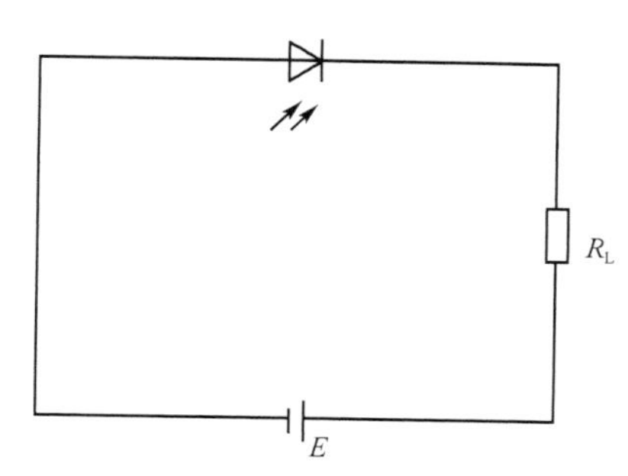

图 9-20　光电二极管的基本接线图

为减少无光照时反向漏电流(暗电流)的影响，有些光敏二极管(如 2DU 型)在制作 PN 结的同时，还做出一个环形的扩散层，引出的电极称为环极，如图 9-21 所示。

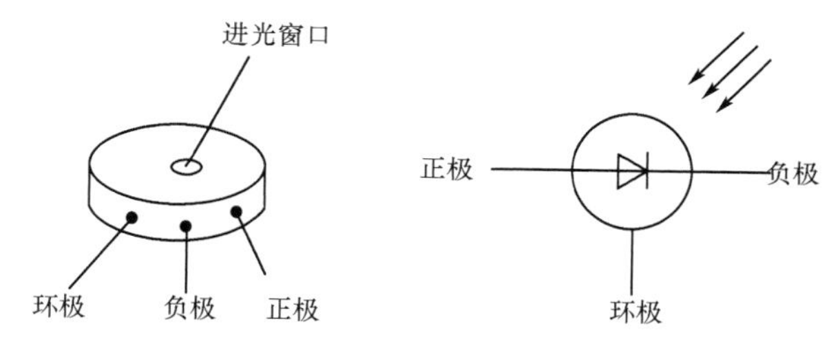

图 9-21　2DU 型光敏二极管的结构示意图及符号图

使用中，光敏二极管的正极与电路中电源的负极相连，负极通过负载电阻 R_L 接电源的正极，环极则直接与电源正极相接，这样，因环极电位比负极电位高，所以反向漏电流(暗电流)直接从环极流过而不再经过负极，从而可减少负极与正极之间的暗电流。

普通的 PN 结型光敏二极管(PD)的暗电流较大，响应速度也不快，在一些要求响应速度快，线性度好和微弱信号检测的模拟电路中常采用 PIN 型光敏二极管和雪崩型光敏二极管。PIN 型光敏二极管与 PN 结型光敏二极管不同之处在于它的 P 区和 N 区之间加入一层本征材料 I 层，以增加对光的本征吸收。因为 I 区相对 P 区和 N 区是高阻，在反向偏置的正常工作状态下，它承受极大部分电压降，使耗尽区增大，这样展宽了光电转换有效工作区，使灵敏度提高。因此，与 PN 结型光敏二极管相比，PIN 型光敏二极管具有灵敏度高，线性度好，响应速度快，噪声低，暗电流小的特点。

雪崩型光敏二极管(APD)是基于雪崩效应的光电二极管。它具有自身的电流增益。其基本

工作原理是利用高反向偏置电压，在 PN 结产生一个很强的电场，当光照射 PN 结并产生电子-空穴对时，在强电场区的光生载流子被加速运动而获得足够能量，由此发生雪崩效应而获得电流增益。雪崩光敏二极管的特点是非线性较大，容易受温度影响，其灵敏度和响应速度较 PIN 型光敏二极管要高，一般硅管的响应时间为 0.5~10ns，频率响应可达 1000MHz，灵敏度可达 106μs/lm。很适合于脉冲调制工作方式。使用雪崩光电二极管时，要求外加的反向偏压十分稳定，因为雪崩光电二极管输出电流对外加偏压的变化十分敏感，在它与负载电阻 R_L 串接的一般工作电路中，偏压波动会引起输出电流很大变化，在负载电阻上的电压降也变化很大，使器件工作状态出现严重的非线性。

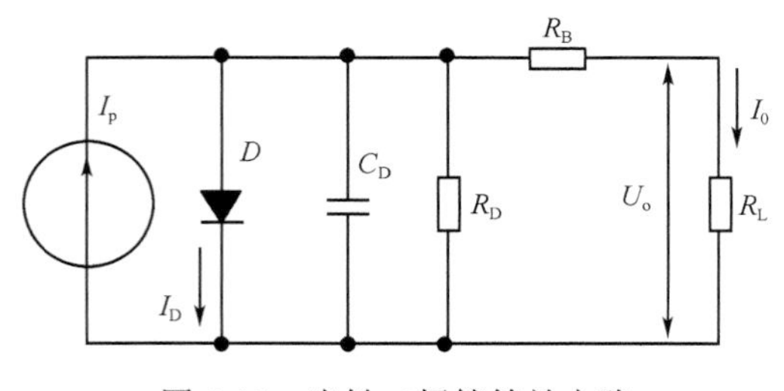

图 9-22　光敏二极管等效电路

2. 等效电路　光敏二极管的等效电路可用一个恒流源 I_p(光生电流)和一个理想二极管表示，如图 9-22 所示。图中，I_p 为入射光产生的电流，I_D 为二极管的正向电流，R_D 为反向偏置 PN 结泄漏电阻，C_D 为结电容(光生载流子瞬间通过结将改变耗尽区的宽度，其作用相当于改变电容上的存储电荷，可用等效结电容 C_D 表示)。R_B 为串联电阻(邻近 PN 结 P 区和 N 区的体电阻)。R_D 一般很大，约为 10^8 Ω，R_B 一般很小，为几十欧姆。R_L 为外加负载电阻。U_o 是输出电压，I_0 是输出电流。

高频时结电容的阻抗 $1/\omega C_D$ 远小于结泄漏电阻 R_D，而在低频时 R_D 远小于 $1/\omega C_D$。因此，高频和低频时的等效电路可简化为图 9-23 和图 9-24。由高频等效电路可以计算出光敏二极管的上限频率。

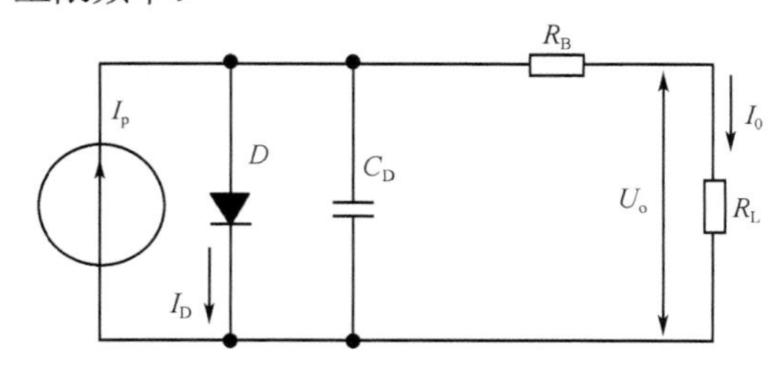

图 9-23　光敏二极管高频等效电路

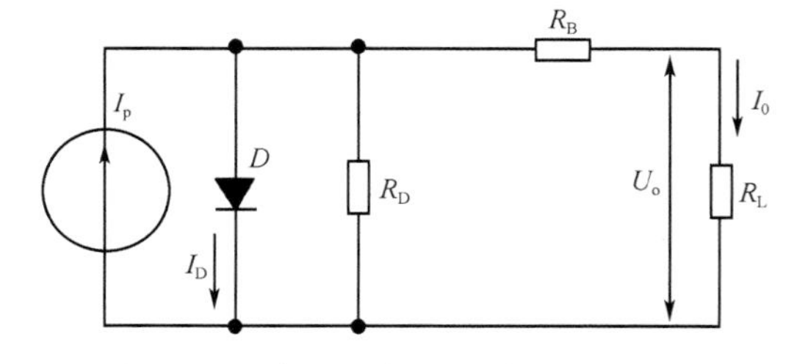

图 9-24　光敏二极管低频等效电路

二、光敏二极管的特征参数

1. 光谱特性　光敏二极管具有一定的光谱响应范围。图 9-25 所示为硅光敏二极管的光谱响应曲线。由图可知，在 0.4~1.1μm 范围内，硅光敏二极管对不同波长的入射光的光敏响应灵敏度是不同的。最高响应灵敏度所对应的入射光波长称为峰值波长。硅光敏二极管的峰值波长约为 0.9μm。

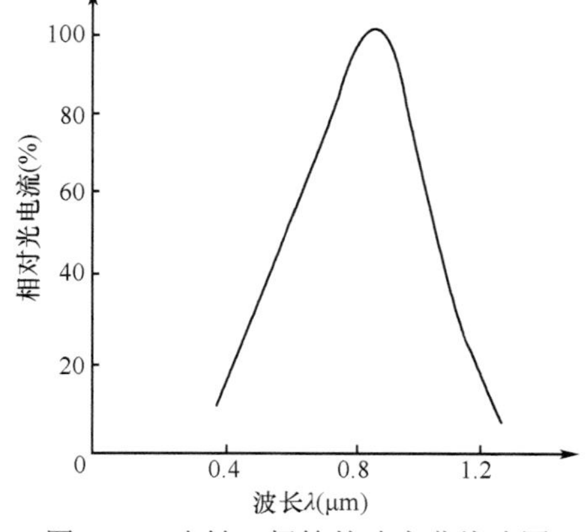

图 9-25　光敏二极管的响应曲线略图

2. 光照特性

(1) 暗电流 i_d：在无光照的条件下，加有一定的反向工作电压的光敏二极管的反向漏电流，称为光敏二极管的暗电流，其值等于反向饱和电流、复合电流、表面漏电流和热电流之和。管子的暗电流越小越好，暗电流小的管子性能稳定，噪声低，检测弱信号的能力强。通常 PN 结型光敏二极管在 50V 反向电压下的睹电流小于 100nA，PIN 型光敏二极管和雪崩型光敏二极管在 15V 反向电压下的暗电流小于 10nA。

光敏二极管暗电流的大小与管芯的受光面积，所加电压和环境温度有关，管芯的受光面积大，所加电压高和环境温度高都会使暗电流增大。一般环境温度每升高 30~40℃，暗电流增大 10 倍。

(2) 光电流 i_L：在受到一定光照的条件下，加有一定反向工作电压的光敏二极管中所流过的电流称为光敏二极管的光电流，记为 i_L。一般光电流越大越好。光电流的大小几乎不受外加电压的影响，光电流随环境温度升高而稍有增大，环境温度对光电流的影响远比其对暗电流的影响小。光电流主要受光照强度的影响。

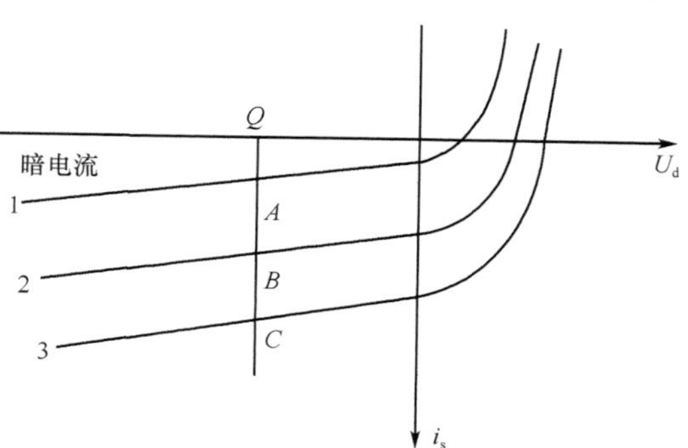

图 9-26　光敏二极管伏安特性曲线略图

3. 伏安特性(电压-电流特性)　光敏二极管的电压-电流特性如图 9-26 所示。

无光照时，光敏二极管的伏安特性与一般二极管相同。当反向电压的绝对值由零逐渐增大时，一开始反向电流略有增加，但随后即达到饱和。向管子施加正向电压时，正向电流将几乎随电压升高而按指数规律上升。

受光照后，光敏二极管的电压-电流特性曲线将沿电流轴向下平移，平移的幅度与光照强度的变化成正比。图中曲线 2 和曲线 3 即是两种光强下的光电流曲线。如果二极管的负偏压选取在 *Q* 点，则 *AB*、*AC* 就是光电流的大小，而 *QA* 就是暗电流。此曲线表明，反向电流随入射光照度的增加而增大。在一定的反向工作电压范围内，反向电流的大小几乎与反向电压的高低无关。这一区域就是光敏二极管用作光电转换时的工作区域，在入射光照度一定的条件下，光敏二极管相当于一个恒流源，其输出电压随负载电阻增大而升高。

4. 响应时间 *t*　光敏二极管对入射光信号的反应速度，可用响应时间 *t* 来表示。一般 PN 结型光电二极管的响应时间为 $t \leqslant 100$ns，PIN 型和雪崩型光电二极管的响应时间较 PN 型光电二极管的响应时间要小，一般在几个 ns 至十几 ns，这是由光敏二极管的结构确定，但在光敏二极管的使用中，外电路参数的选取，也会影响其响应时间。例如，硅光电二极管的响应时间由两方面决定，一是电荷在耗尽区的渡越时间，即等效电路中 C_D 的影响，另一方面是由负载电阻 R_L 和线路分布电容 C_0 决定的时间常数 R_LC_0 的影响。如图 9-27 所示(R_B 很小，通常可忽略)。

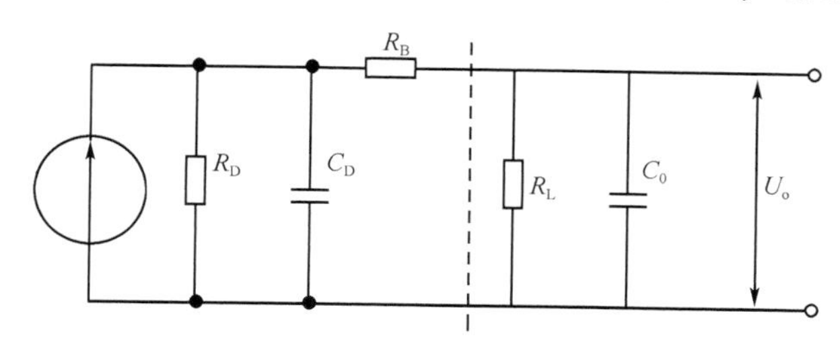

图 9-27　光电二极管简化的等效电路

由等效电路可得出负载电阻上得到的输出电压为：

$$U_o = \frac{I_p}{(1/R_L) + (1/R_D) + j\omega(C_D + C_0)} \tag{9-12}$$

R_D 为反向泄漏电阻，通常 $R_D \approx 10^8\ \Omega$，R_L 在 $10^3\Omega$ 数量级，所以，$(1/R_D) \ll (1/R_L)$，则上式可简化为：

$$U_o = \frac{I_p R_L}{1 + j\omega R_L (C_D + C_0)} \tag{9-13}$$

$$|U_o| = \frac{I_p R_L}{\sqrt{1 + \omega^2 \tau_{RC}}} \tag{9-14}$$

式中 $\tau_{RC} = R_L(C_D+C_0)$。

式中可看出，当负载电阻减小时，就能减小时间常数 τ_{RC}，从而减小响应时间，改善频率响应。

三、光敏二极管的典型应用电路

硅光电二极管常用电路如图 9-28 所示。光敏二极管和负载电阻 R_L 串接，外加稳定的反向电压 E，使光电流在负载电阻 R_L 上产生光信号电压，与电容耦合后接交流放大器。图 9-28(a)、(b)中输出信号电压与 R_L 的信号电压成正比。若输入光是正脉冲，图 9-28(a)接法在 R_L 上也得到正脉冲信号电压，而在图 9-28(b)接法中 R_L 上得到负脉冲电压。图 9-28(c)接法中放大器输出电压直接与管子光电流成正比，也就是与入射光功率成正比，线性较好，这种接法由于没有电容影响，所以响应速度快，适合于高频脉冲状态工作。

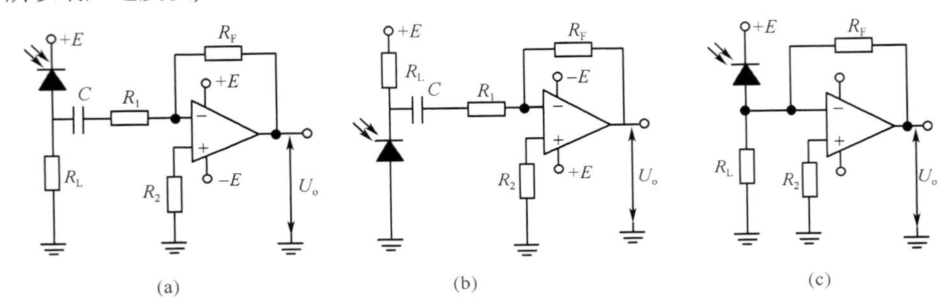

图 9-28　硅光电二极管应用单元电路

四、光敏二极管在生物医学测量中的应用

目前广泛应用于临床手术的麻醉监护及术后危重病人监护的无创、连续监测动脉血氧饱和度的脉搏血氧仪，是光敏二极管在生物医学测量中较为成功应用的例子之一。

人体中血氧浓度的高低，亦即指血液中氧合血红蛋白的多少，可用血氧饱和度 SaO_2 这个物理量来描述。血氧饱和度是指血液中单位体积内氧合血红蛋白(HbO_2)的数量与血红蛋白($Hb+HbO_2$)的总数之比。脉搏血氧仪测量氧饱和度的原理是根据血红蛋白的吸收光谱，即血红蛋白(Hb)和氧合血红蛋白(HbO_2)对不同波长的光有着不同的吸收系数。对波长为 805nm 的光，血红蛋白和氧合血红蛋白的吸收率是一样的，而对 660nm 左右的光，二者的吸收率相差最大。因此，用波长为 805nm 左右的光作为参考光，将 660nm 左右的光用作测量光，根据血红蛋白的吸收光谱特性，运用 Lambert-Beer 定律，建立经验公式，并在技术上解决光源、光电转换、测量方法等问题，便可测出血氧饱和度值。

目前应用最广的脉搏血氧仪是从人的手指尖部获取信息的透射式脉搏血氧仪，其仪器的结构框图如图 9-29 所示。

根据手指的吸光性、氧饱和度的定义，运用 Lambert-Beer 定律，可推导出 SaO_2 计算公式为:

$$SaO_2 = a + b\,(A_{\lambda1}/A_{\lambda2}) \tag{9-15}$$

式中，SaO_2 为动脉血氧饱和度；a, b 为仪器常数；$A\ A_{\lambda1}/A_{\lambda2}$ 为两种波长下的光吸收率之比。

通常，脉搏血氧仪的光源采用波长为660nm左右的红色发光二极管和940nm左右的近红外发光二极管。经脉冲调制驱动交替发光，而接收管则采用低噪声、暗电流小、响应速度快、光接收面积大的 PIN 型光敏二极管，经光电转换的信号再经电路处理，送单片机运算，得出血氧饱和度值。

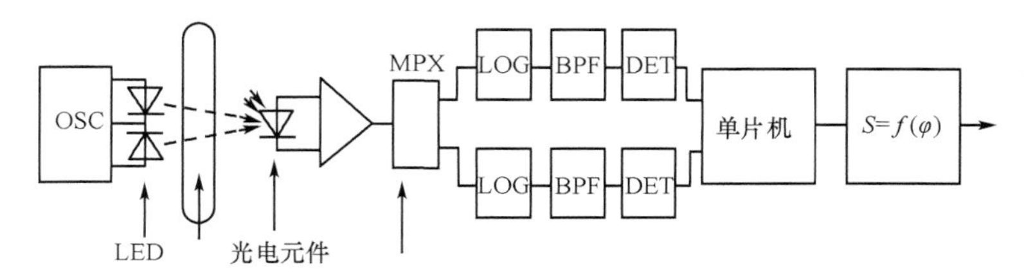

图 9-29　脉搏血氧仪结构方框图

OSC：振荡器；LED：发光管；MPX：多路开关；LOG：对数；BPF：带通滤波；DET：检波器

第六节　光敏三极管及其应用

光敏三极管(phototransistor)与光敏二极管一样，也是一种半导体光电转换器件，它兼有普通三极管的部分特点和对光敏感的特性，是最常用的光电转换器件之一。

一、光敏三极管的结构和原理

光敏三极管由两个 PN 结组成，有 NPN 型，也有 PNP 型。其中以 NPN 型为多见。与普通晶体三极管相比，在内部结面上，光敏三极管的集电结面积较大，发射结较小，目的是扩大光照面积 F 在外形上多数只有 C、E 两条腿，基极 B 作为光敏感极，无引线接出(有些光敏三极管为改善性能，也有把基极引出的，但信号的输入不是依靠基极引线，而是通过透光窗口引进的)。基极与集电极之间相当于反向偏置的光电二极管，光敏三极管的顶部有受光窗和透镜，以便接受光的照射。其结构原理图和电路图见图 9-30。

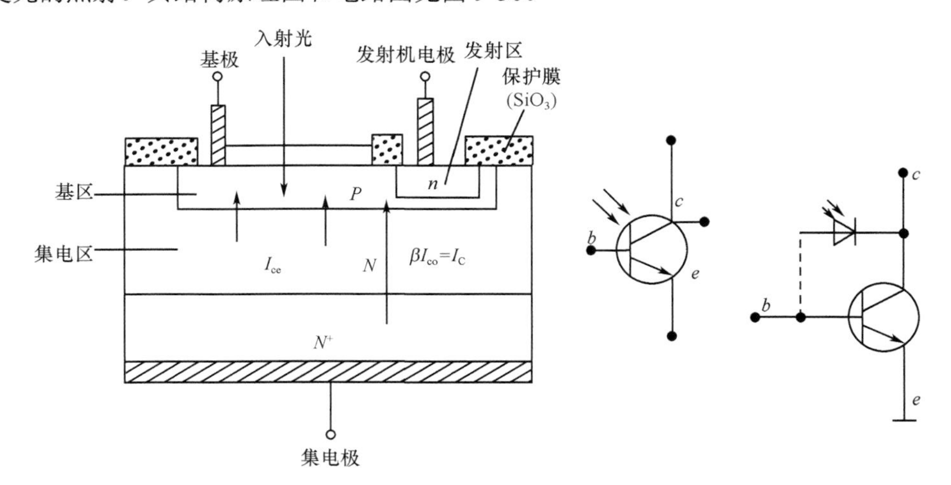

图 9-30　硅光敏三极管结构原理及符号

以 NPN 型光敏三极管为例，其结构是用 N 型硅基片作集电区，并在 N 型硅基片上构成 P 型层硅作为基区，同时在 P 型硅上制作发射区。当光照射基区时，集电区和基区的 PN 结相当于光敏二极管，产生的光电流 I_{c0} 类似于晶体管的基极电流。和普通三极管相同，I_{c0} 的 β 倍即为集电极电流 I_c。光敏三极管的电流放大系数 β 决定于基极的宽度和发射极的注入效率，一般为几十至几百，有的可达一千以上。由此可见，光敏三极管的灵敏度比光敏二极管要高，但比光敏二极管有更大的暗电流和较大的噪声，且响应速度较慢。与普通晶体管对应，常见的光敏三极管有硅光敏管和锗光敏管，二者相比，硅光敏管稳定性较好，最高使用温度大致为 125℃左右。锗光敏管一般暗电流较大，最高使用温度约 50℃。

二、光敏三极管的特性

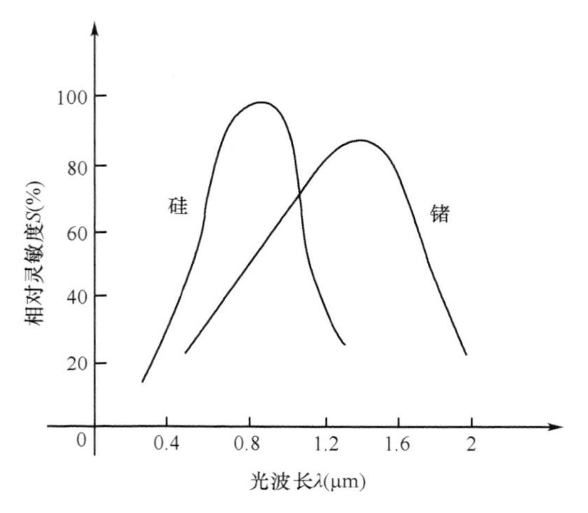

图 9-31　光敏三极管光谱特性

1. 光谱特性　在一定光照功率下光电灵敏度与光波长之间的关系，如图 9-31 所示。从图中可见硅光敏三极管的响应频段在 0.4~1.0μm 波长范围内，灵敏度峰值波长在 0.8μm 附近。锗光敏三极管的响应频段在 0.5~1.7μm 波长范围内，灵敏度峰值波长在 1.4μm 附近。

2. 光照特性

(1) 暗电流 I_{ce0}：在无光照条件下，e、c 极之间加有一定电压 U_{ce} 时，e、c 极之间的漏电流，称为光敏三极管的暗电流。实际上，暗电流 I_{ce0} 就是一般三极管的反向饱和电流，其值很小，一般都小于 0.3μA。但它对温度变化的感受很敏感，随着温度的升高，硅光敏三极管的暗电流将按指数规律增大。

(2) 光电流 I_c：在加有一定工作电压的条件下，受到一定的光照射(通常为 1000lx)时的集电极电流，称为光敏三极管的光电流，记为 I_c。在一定的光照强度范围内，硅光敏三极管的光电流与光照度之间呈线性关系。照度超过几千 lx 后，光电流会出现饱和现象。一般硅光敏三极管的光电流可达几毫安到几十毫安。

3. 伏安特性(输出特性)　在一定照度下输出电压和输出电流关系称作伏安特性，也叫输出特性(图 9-32)。光敏三极管的伏安特性与普通晶体三极管相似，不同之处是每条曲线的参变量不是基极电流而是入射光照度。由图可知，使用时应注意合理选择电源电压、负载电阻，以避免管子进入非线性工作区。

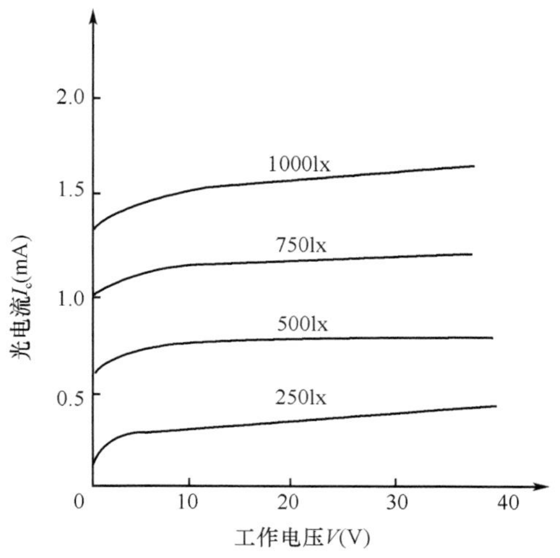

图 9-32　光敏三极管输出特性曲线

4. 温度特性　光敏晶体管的光电流对温度不很敏感，但其暗电流随温度的变化比较大。图 9-33 所示为光电流和暗电流随温度变化的关系曲线。从图中可看出，暗电流随温度上升而线增加的速度比光电流快得多。因此，在实际使用中，常常需采取温度补偿措施。

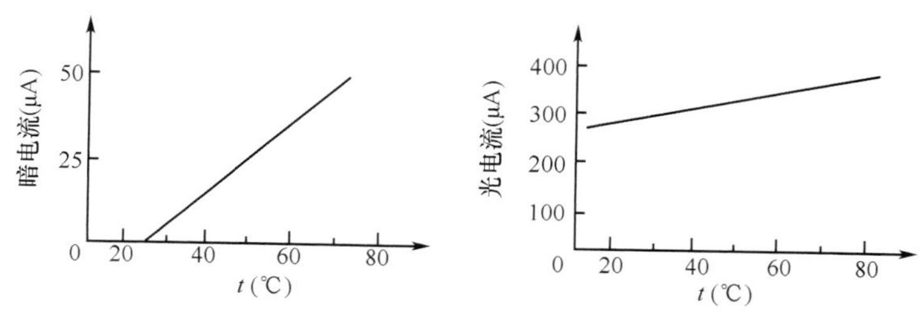

图 9-33 光敏三极管温度特性曲线

三、光敏三极管典型应用电路

图 9-34 所示为光敏三极管的基本应用电路，其中图 9-34(a)相当于一般三极管所组成的射极跟随器，有光照时输出高电位；图 9-34(b)相当于一般三极管所组成的共射极工作电路，无光照时输出高电位。

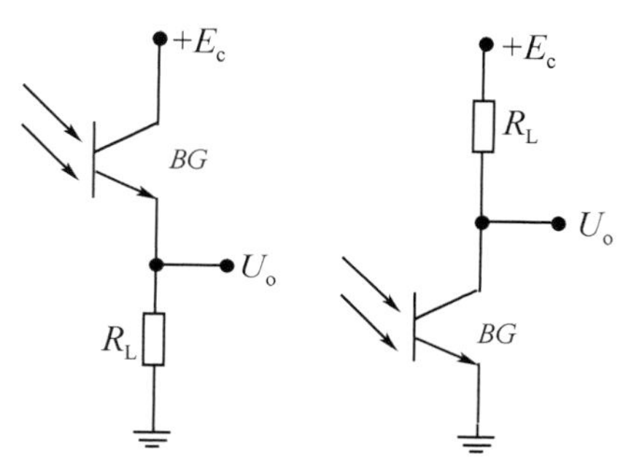

图 9-34 光敏三极管基本应用电路

图 9-35 所示为光敏三极管在直流放大器电路中的应用。图 9-35(a)为电流控制电路，电路中将光敏三极管 GB 的光电流作为放大级晶体管 BG 的基级信号电流；BG 按共射极连接；R_b 用以旁路光敏三极管的暗电流。改变基极电路中的电阻 R_b 可以改变电路的灵敏度和光敏三极管的响应时间，调节 R_e 可以克服分立元件的离散性。有光照时，电路的输出电压 U_0 将随光照增强而降低。图 9-35(b)为电压控制电路，电路中光敏三极管 GB 用以把光信号转变成电流信号，此电流信号在光敏三极管的负载电阻 R_b 上产生的电压用以控制下一级放大器，这下一级放大器就是晶体管 BG 所组成的射极跟随器。改变电阻 R_b 的值，便可以克服光敏三极管特性的离散性和改变光敏三极管的响应时间，电路的输出电压 U_o 将随入射光照度的增强而降低。

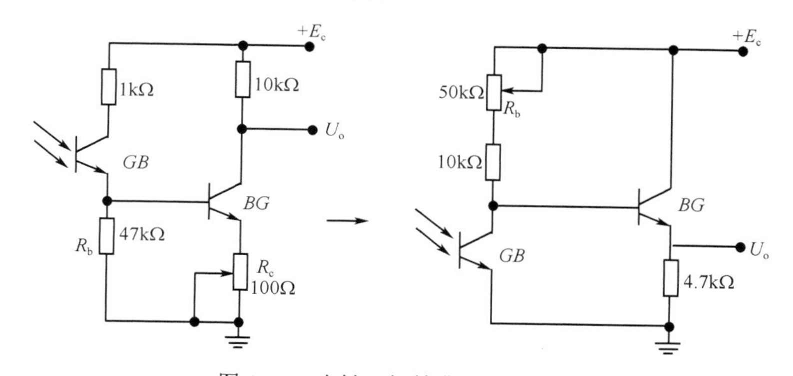

图 9-35 光敏三极管典型应用电路

四、光敏三极管在生物医学测量中的应用

光容积描记法测量脉搏波和血压的原理是利用光容积的变化来测量脉搏和血压的。当血管

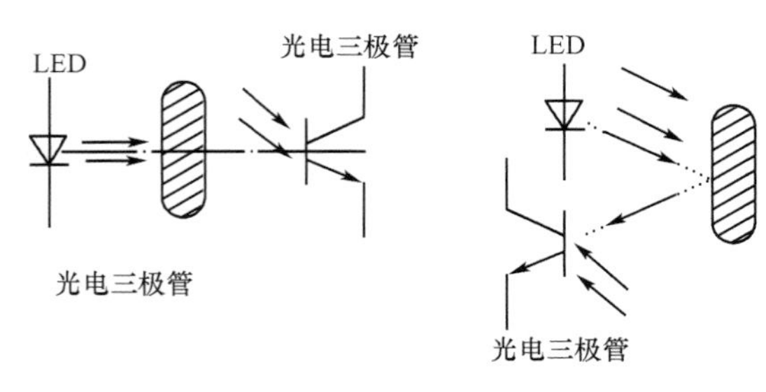

图 9-36 光电传感器

内血容量变化时，组织对光的吸收程度相应发生变化，利用光电传感器可测出这种变化，反映出血液脉动状况和压力情况。

图 9-36 为用发光二极管做光源，光敏三极管做光检测器件的光电传感器。将发光二极管和光敏三极管分别放在组织的两边(透射法)或同一侧(反射法)，当被测处血管中的血液流动改变时，此处组织的透光率和反射率随之变化，光敏三极管就可将此引起的光线变化转换为相应的电信号输出。

图 9-37 是在手指上测量脉搏波和血压的一个实际例子。在手指上套一筒状可加压套，透射式光电传感器和压力传感器置于套的内侧。加压时，血管容积改变，导致透光量变化，光敏三极管将这一光的变化转换成电信号输出，即是图中的容积脉搏波曲线。

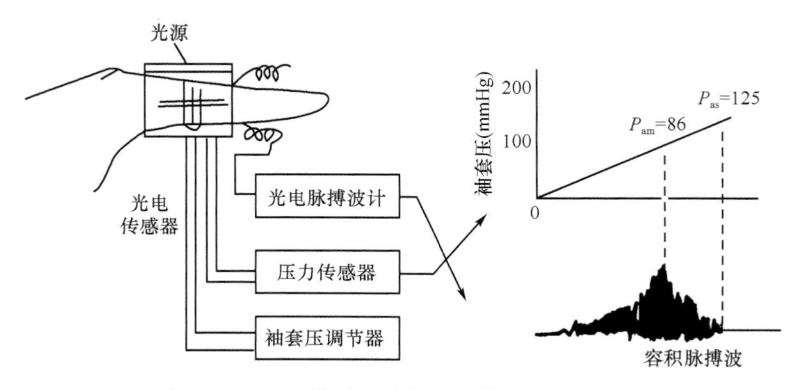

图 9-37 光电脉搏波法测量脉搏和血压示意图

当套内压超过动脉压时，动脉血管阻断，容积不变，脉搏波消失；当套内压等于动脉压时，脉搏波振幅最大，此点测得的压力为血压的平均值，脉搏波消失点对应的压力为最高血压。与有创测量对比说明，这种方法测得的平均压和高压较准确。类似的方法还可以测量血管弹性，说明血管的硬化程度。

第七节 光敏场效应管及其应用

光敏场效应管(photo FET)是光敏二极管和场效应晶体管原理上的结合。与普通的光敏三极管相比，光敏场效应管结电容小，光谱范围宽，输入阻抗高，输出阻抗低，灵敏度高，动态范围大。因此，在照度较低的场合和紫外光谱范围，越来越多的使用了光敏场效应管。

一、光敏场效应管的结构和原理

结型光敏场效应管的结构和等效电路原理图如图 9-38 所示。由结构图可见两个深浅不同的 P 区是电短路的，两个 PN 结相并联，还有与入射光相平行的表面 PN 结区，使得管子的各个深度分别吸收，从紫外到红光的各种波长的入射光，光谱响应较宽。由电路原理图可知，光敏场效应管工作时，栅极 G 由 R_G 加负压。无光照时，管子截止，在 R_D 上流过反向电流(栅漏 PN 结的暗电流)。当光照射管子时，栅源 PN 结产生的光生电子-空穴对在内部电场作用下分别向源极和栅极流动，形成电荷积累，引起光生电动势，产生栅流 I_G，在 R_G 上产生压降 U_{GS}，经场效应管放大后在负载电阻 R_D 上得到正比于入射光照度变化的输出电信号。

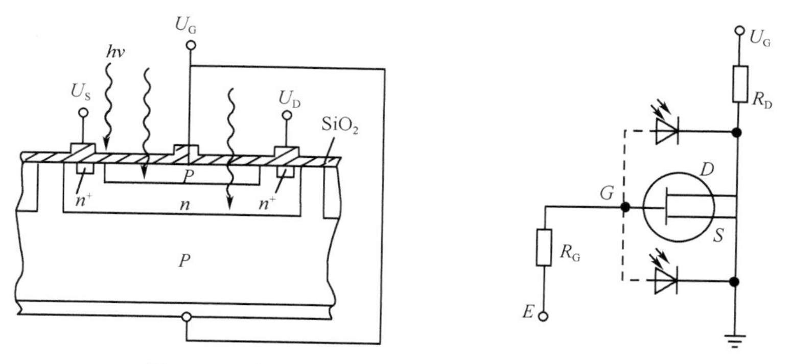

图 9-38　结型场效应管的结构图及电路原理图

二、光敏场效应管的特性

1. 光谱特性　光敏场效应管的光谱响应见图 9-39 中的曲线Ⅲ所示。图中曲线Ⅰ和Ⅱ分别为光敏二极管和光敏三极管的光谱响应特性。图中曲线可明显看出光敏场效应管的响应频段要比以上两者宽得多。

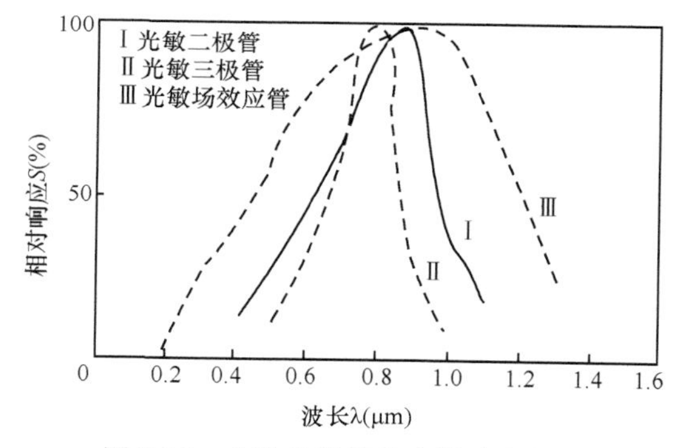

图 9-39　几种光敏管的光谱响应曲线

2. 光照特性　图 9-40 所示为几种光敏管的光照特性曲线。图 9-40(a)是光敏二极管的光照特性；图 9-40(b)为光敏三极管的光照特性曲线；光敏场效应管的光照特性曲线如图图 9-40(c)所示。区别于光敏二极管和光敏三极管，光敏场效应管的曲线是指管子加一定偏压后，光信号电压与光照度之间的关系，两者在一定范围内基本呈线性关系。另外，从光照特性曲线中可看出，光敏场效应管所敏感的照度比光敏二极管和光敏三极管低得多，因此，光敏场效应管常用于微光检测。

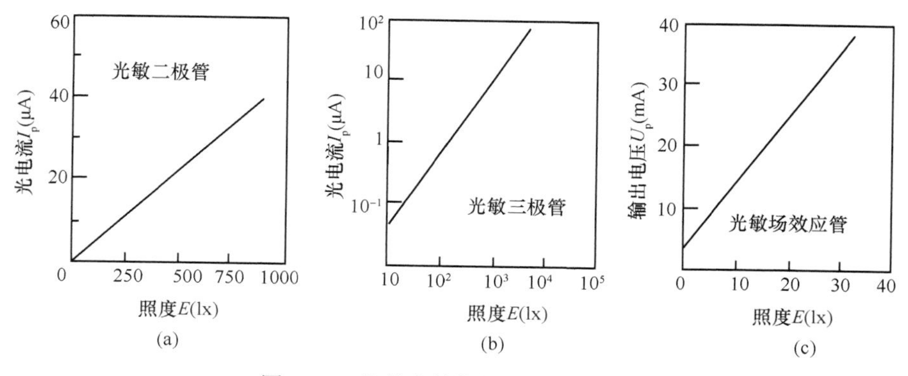

图 9-40　几种光敏管的光照特性曲线

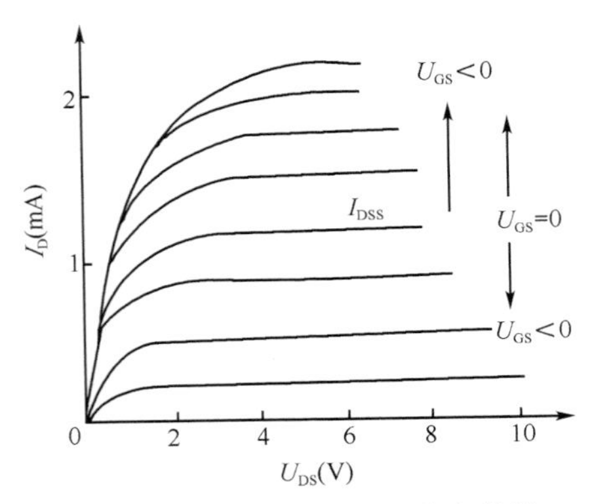

图 9-41 光敏场效应管的伏安特性

3. 伏安特性(输出特性) 光敏场效应管的伏安特性见图 9-41。从伏安特性上可看出，其线性区范围较窄，因此正确确定工作点非常重要。使用中应合理选择电源电压、负载电阻以及栅极负偏压，以免管子工作时进入非线性区。

第八节 光电耦合器件

光电耦合器(photo coupler)是近年发展起来的一种半导体器件。光耦是将发光源和光敏元件组合封装在同一个密封体内，发光源的管脚为输入端，而连续光敏元件的管脚为输出端。当从输入端加入信号时，发光源发光，光敏元件在光照作用下产生光电流，由输出端输出，从而实现了以光为媒介的电信号的传输。

一、光电耦合器件的结构与原理

在光电耦合元件中，发光器件一般选用发光二极管，光敏元件可用光敏二极管、光敏三极管等。光电耦合元件的内部电路常见的有三种类型：光敏二极管型、光敏三极管型和达林顿管型，其结构见图 9-42。

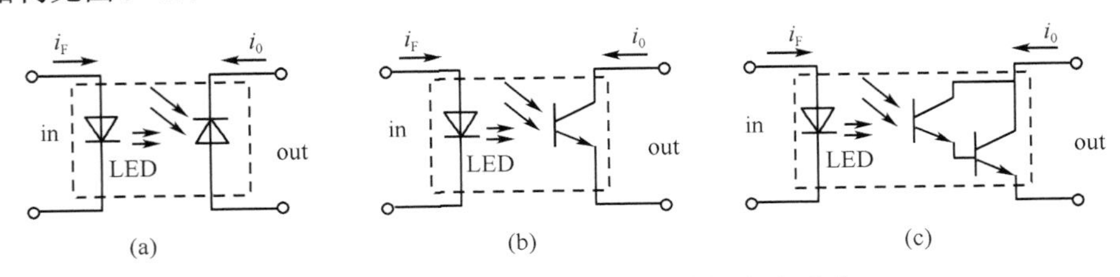

图 9-42 光电耦合元件常见的内部电路形式

图 9-42 中，(a) 为二极管型，其光源为发光二极管，接收是光敏二极管。这种耦合只完成光电耦合隔离的作用，没有放大功能。(b) 为三极管型，区别于 (a) 的是接收管为光敏三极管，由于三极管的放大作用，这种耦合器件除隔离外还具备放大功能。(c) 为达林顿管型，接收器件是复合三极管，使耦合的放大作用较 (b) 更强。

光电耦合元件的基本工作原理是：光耦中的发光二极管为输入端，如图 9-42 所示，当正向输入电流 i_F 流向其 PN 结时，发光管发光，发光的强度随电流的增加而增加。输出端为光敏元件，其作用是将光信号检测后变为电流输出 i_0。光电耦合元件的输入与输出端之间，从电气特性来说是完全隔离的，且具有单向传输特性。光电耦合器件可以用来传输数字信号，也能用来传输模拟信号，用作数字信号传输时，要求有高的传输速度，大的电流传输比(转换效率)，良好的隔离特性；用作模拟信号传输时，除上述要求外，还要求有良好的传输线性。

二、光电耦合元件的主要特性参数

光电耦合器件的特性参数分为三部分，即输入、输出和传输特性参数。

1. 输入特性参数 光电耦合元件的输入元件是发光二极管，因此，其输入特性参数就是普通发光二极管的特性参数。主要有最大工作电流 I_{FM}，正向压降 V_F 和反向漏电流 I_R。

2. 输出特性参数 光电耦合器的输出特性参数与输出侧所用的元件密切相关。以光敏二、三极管型的参数为例。

(1) 输出电流 i_0(光电流)：向光电耦合器的输入端注入一定的工作电流(一般为 10mA)，使发光二极管发光，在此情况下，接有一定的负载(约 500Ω)，并加一定电压(通常为 10V)的光耦合器输出端所产生的电流就是输出电流 i_0，亦称作光电流。以光敏三极管为光敏元件的耦合器的输出电流一般在几毫安以上，若以光敏二极管作光敏元件，则输出电流约为几十至几百微安。

(2) 饱和压降 V_{ces}：在输入端加一定电流，输出端加一定电压，接入负载电阻后，输出电流为一定值，此时，光耦合器两输出端之间的压降，即为饱和压降 V_{ces} 通常，光敏三极管型耦合器的饱和压降约为 0.4V；达林顿管型的光电耦合器其饱和压降约为 1.5V。

3. 传输特性 传输特性参数主要包括有电流传输比 CTR，传输线性，隔离静性，传输速度等。

(1) 电流传输比 CTR：在直流工作状态下光耦合器的输出电流 i_0 与输入电流 i_F 之比，称为电流传输比 CTR(或称转换效率)。

$$\mathrm{CTR} = (i_0 / i_F) \times 100\% \tag{9-16}$$

传输比的大小表明光耦合器传输能力的高低。在相同的 i_F 值下，传输比大，输出电流值就大，推动负载的能力就较强。

(2) 传输线性：图 9-43 给出了几种不同类型的光电耦合器的传输特性，由图中曲线可知，硅光敏二极管型光耦，由于没有任何放大环节，故电流传输比较小。硅光敏三极管型光耦和复合式达林顿型光耦都具有一定的传输增益，但其小电流增益与大电流增益严重不一致，将导致传输线性较差。因此，在使用硅光敏三极管或达林顿管型光耦合器作模拟信号传输时，应合理地选择工作点，并将其工作范围限制在近似的线性传输区。在要求低失真和宽频率的高性能传输时，宜采用光敏二极管型，再采用外接放大器来弥补其电流传输比低的缺点。

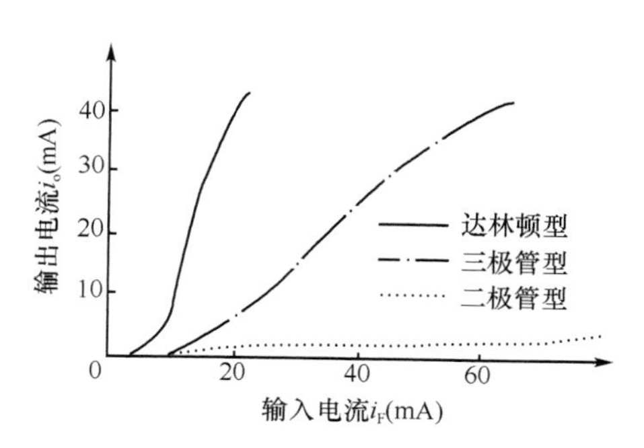

图 9-43 几种光电耦合器的传输特性

(3) 传输速度(响应速度)：光耦合器的传输速度是指信号由输入至输出所需要的传输时间，有时也用响应时间来描述，以传输脉冲信号来表征的响应时间包括：延迟时间 t_0，上升时间 t_r 和下降时间 t_f。无论是数字信号的传输，还是模拟信号的传输，都希望有较高的传输速度。几种光耦合器中，传输速度最快的是光敏二极管。光敏二极管型的光耦的 t_r 和 t_f 可小到几纳秒。光敏三极管型光电耦合器的响应时间(t_r 和 t_f)一般都小于几微秒，最慢的是达林顿管型，t_r 和 t_f 可达几十微秒。传输速度除与元件材料特性，电路结构有关外，也和元件的工作状态有关；例如光敏三极管的负载增大时，将导致传输速度变慢。

(4) 隔离特性：光电耦合器由于输入与输出间是通过光来耦合的，从原理上讲，输入与输出间有完全的电气隔离，但是由于结构材料的影响以及难免的漏电和分布电容存在，使输入与输出间的隔离特性不完全。光电耦合器隔离特性通常由隔离电阻 R_{ISO}(亦称作绝缘电阻)、隔离耐压 V_{ISO}(绝缘电压)和隔离电容 C_{ISO} 来描述，光电耦合器的 R_{ISO} 通常可达 $10^{11}\Omega$以上，V_{ISO} 可大于 2.5kV, C_{ISO} 主要取决于封装结构，一般可小于 1PF。

三、光电耦合器件的特点和用途

光电耦合器件具有以下特点：①光电耦合器件是以光为媒介实现信号传输，因而保证了输入与输出端在电气上的绝缘。其绝缘电阻一般都大于 $10^{10}\Omega$，耐压也较高，因此具有良好的隔离性。②光耦具有传输的单向性，信号只能从发光源单向传递到光敏元件而绝无反馈，传输信号不会影响输入端。③光耦的发光源为磷化镓发光二极管，是低阻抗电流驱动性元件，它的共模抑制比大，可以抑制干扰，消除噪声。④当使用不同类型的元件组成逻辑电路时，用光电耦合器可以很好解决电路中不能共电源和阻抗不同的相互隔离问题。⑤响应速度快，信号传输延迟时间从几微秒到几百微秒，最快的可达几十毫微秒。⑥结构简单、体积小、寿命长、无触点。

由于光电耦合器具有上述优点，因此它在电子电路中的用途极其广泛。在实际的应用中，它可以代替继电器、变压器、斩波器等，而被用于隔离电路、开关电路、数模转换、逻辑电路、长线传输、过流保护、高压控制、线性放大及电平匹配等方面。

四、光电耦合器件的应用电路

图 9-44 所示为光耦的基本应用电路。(a) 为常开隔离开关；(b) 为常闭隔离开关；(c) 为与门电路，其输出 $P=A\cdot B$。由于光电耦合器件的特点，它在生物医学仪器中也得到了广泛的应用。例如在医学信号处理中常用到的光隔离式放大器，就是采用光电耦合器件作为信号耦合器件，来将浮地放大器的输出信号传递至后继具有接地电源的放大和处理电路。采用光耦合器件后，由于前置放大器部分与地隔离，人体与大地之间没有电的通路，保证了人体安全，而且提高了抗共模干扰的能力。

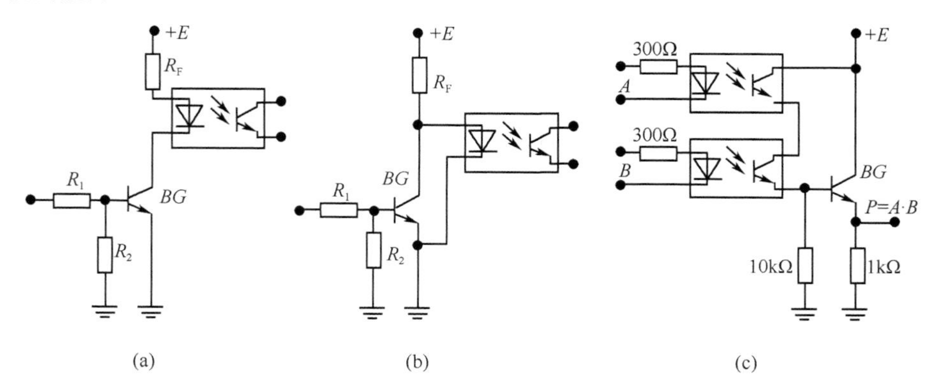

图 9-44 常用的光电耦合器应用电路

图 9-45 所示为光隔离式放大器中的光隔离耦合部分的电路，它置于前置放大器和后续电路之间，发光二极管将心电信号转换成光信号，该光信号被光敏三极管接收后再转换成相应的电流输出。A_2 作为电流-电压转换器，将电流信号转换成电压输出，图中晶体管用以校正光隔离器件的非线性，以实现整个光隔离电路的线性化，保证在传递信号时不产生失真。

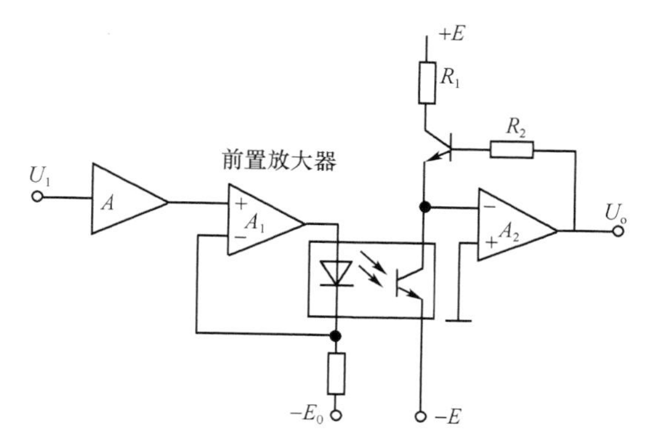

图 9-45 光隔离耦合电路

第九节 光纤传感器及其医学应用

光纤(optical fiber) 是光导纤维的简称。它是利用光的全反射原理，高效率地传输光能的玻璃或塑料纤维。利用光的形式，它可以传递多种信息，如光纤通讯等。大量的光纤在一起组成光纤束，甚至可以传递图像信息。在生物医学仪器中，利用光纤制成传感器观察体内器官，用光纤传输形态学检察的图像，如内镜等，都是它应用的重要方面。

一、光纤的结构和工作原理

光纤由纤维芯和覆盖层组成，如图 9-46 所示。纤维芯的直径一般为数微米至 200μm，光纤的直径多为 10~200μm，长度因用途而异。纤维芯的材料一般用多成分玻璃或透明塑料，覆盖层选用折射率低的玻璃或其他材料。

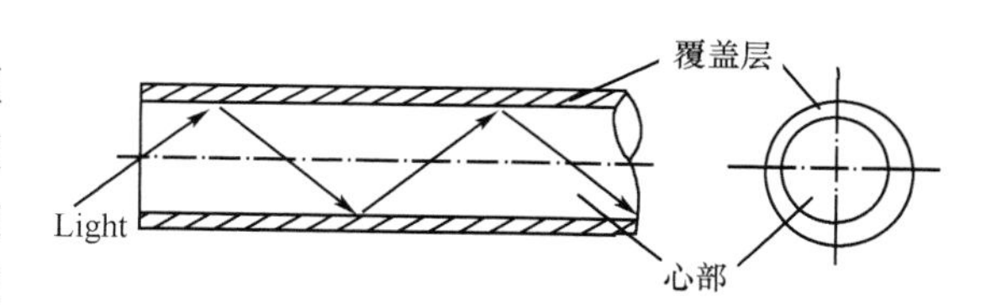

图 9-46 光纤的结构原理图

光纤将光从一端传导到另一端的原理如下。

如图 9-47 所示，纤维芯折射率为 n_1 的透明物质，覆盖层折射率为 n_2 的材料，$n_1 > n_2$，光线从折射率为 n_0 的介质中入射，在纤维和覆盖层的界面上有：

$$n_1 \sin\theta_1 = n_2 \sin\theta_2 \tag{9-17}$$

其中，θ_1 是光线由纤维芯射向覆盖层的入射角。

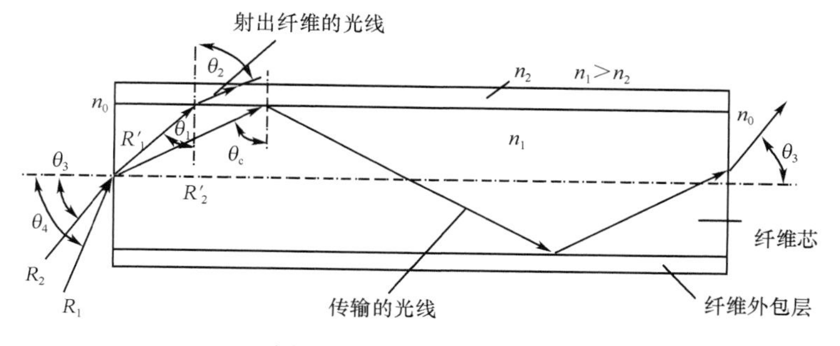

图 9-47 纤维光导示意图

为使光线不射出纤维芯有效地向前传输，应符合全反射条件: $\sin\theta_2=1$。因此，θ_1的临界角为:

$$\theta_c = \arcsin(n_2/n_1) \tag{9-18}$$

由于 $n_2<n_1$，所以θ_c必定存在。

上式说明: 在纤维内，射向覆盖层的入射角大于θ_c的光线，全部在内部反射后继续前行。为满足这一条件，要求从折射率为 n_0 的介质中入射的光线满足某一角度的限制。入射光线的角度需满足方程:

$$\sin\theta_3 = n_1\sin(\pi/2-\theta_c) \tag{9-19}$$

将式(9- 17)代入式(9-18) 解得:

$$\theta_3 = \arcsin\left[\frac{1}{n_0}\left(n_1^2-n_2^2\right)^{\frac{1}{2}}\right]$$

若视为空气中 $n_0=1$，光从空气中入射时，

$$\theta_3 = \arcsin\left(n_1^2-n_2^2\right)^{\frac{1}{2}} \tag{9-20}$$

θ_3为保证入射光线在光纤内的传输发生全反射的临界角。凡是入射角小于θ_3的入射光线，都能通过连续不断的全反射，从光纤的一端传到另一端入射角大于θ_3 的光线，将有部分透过内壁进入外层，在一定的距离内将能量逐渐通过折射能尽，不会继续传导下去。因此，设计光纤传导时应考虑入射角度这一基本条件。

需注意，即使满足全反射条件，光在光纤中的传播也是有损耗的。0.5m 长的玻璃纤维对 0.4~1.2μm 波长的光传输效率大于 60%。同样长度的塑料纤维对 0.5~0.85μm 波长的光传输效率大于 70%。

二、光纤的主要参数

1. 数值孔径

$$NA = \sin\theta_0 = \left(n_1^2-n_2^2\right)^{\frac{1}{2}} \tag{9-21}$$

其中，θ_0 为临界入射角；n_1、n_2 分别为纤维芯和覆盖层的折射率。

数值孔径 NA 反映了光纤对入射光的接收能力。NA 越大，说明光纤能够使光线全反射的入射角范围越大，即接收能力越强。

2. 传输损耗　由于纤维芯的吸收、散射及弯曲处的辐射效应，光纤传播光时会产生损耗。传输损耗是评价光纤质量的重要指标，常用衰减率表示。

$$A = -10\lg(I/I_0) \tag{9-22}$$

式中，I_0 为入射光强，I 为距光纤入射端 1 km 处的光强。

三、光纤传感器的分类

光纤传感器一般分为两类: 一类是利用光导纤维本身具有的某种性质构成的传感器，称为功能型光纤传感器。它主要依靠被测对象调制或影响光纤的传输特性，如相位、偏振光面等，一般使用性能较好的单模光纤。另一类是利用光纤的传递光的特性，在纤维面加装其他敏感元件一起构成传感器，称为非功能型光纤传感器，一般使用多模光纤。实际使用中，非功能型光纤传

感器多于功能型，而且制造、应用也较容易。生物医学领域中主要使用前者。因此，以下介绍一些非功能型光学传感器的实例。

四、光纤传感器及其在医学上的应用

在生物医学测量中，光纤传感器可用于测量压力、位移、温度及血流速度等。

1. 光纤压力传感器　光纤传感器中，最成熟的是压力传感器。光纤压力传感器的结构原理如图 9-48 所示。图 9-48(a)中，受力元件为液晶，光纤承担着传入、传出光线的作用，传入光纤将入射光传递到液晶面，传出光纤将液晶面反射的光线传出到探测器，传入、传出光纤均匀混合在一起，在液晶面端，光纤的受光面与液晶相对。当液晶受压力作用后，它的光散射特性发生变化，若输入光源功率一定，使反射光的光通量改变。因此，反射光的不同量值反映不同的受力程度。使用光探测器接受反射光并再进行一次换能，即可得到相对应的电压或电流输出。

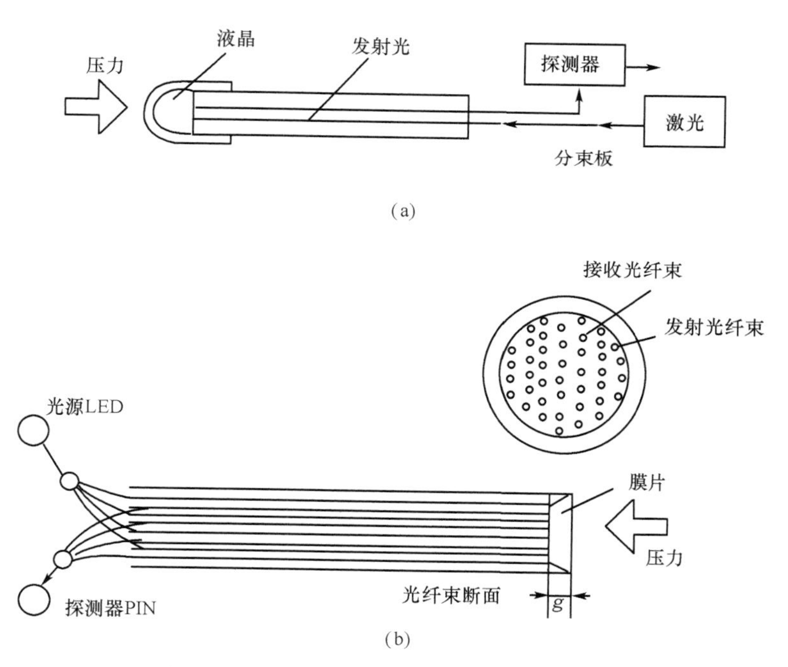

图 9-48　光纤血压传感器结构原理示意图

图 9-48(b)中，使用薄膜片代替了液晶，压力作用于薄膜片使其产生位移。因为传入光纤的位置一定，薄膜片的位置改变会导致反射光的角度改变，使传出光纤接收的光通量发生变化。在小压力下，经精确设计，能使反射光强度近似正比于膜片两边的压力差。也就是说，压力的大小由反射光的强弱来代表。同样，在接收光纤的末端加上光电换能器，压力的变化就可由电信号的形式体现出来。

薄膜片式压力传感器可用来测量血压。图 9-49 是一典型的光纤血压传感器的结构图。膜片为 6μm 的镀铜膜片，膜片、光纤束之间的空气隙相对外界密封。压力范围

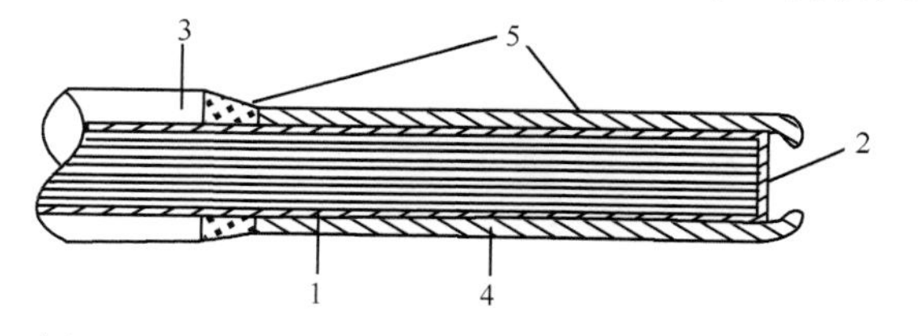

图 9-49　光导纤维导管端血压传感器结构示意图
1.导光纤维; 2.膜片; 3.导管; 4.保护罩; 5.环氧树脂密封结点

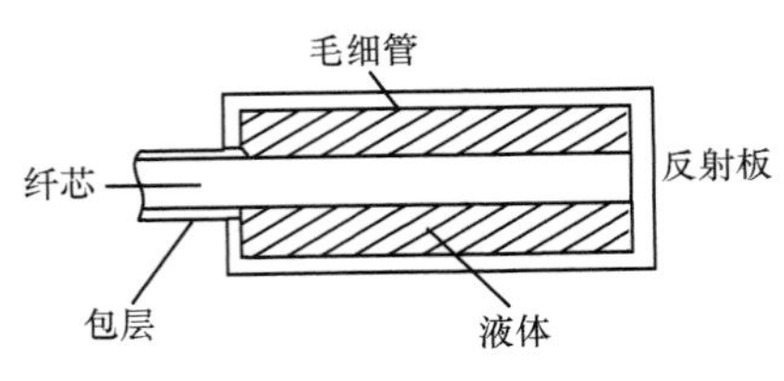

图 9-50 利用折射率变化的光纤温度传感器

$(16.67\sim26.7)\times10^3$Pa，线度 2.5%，分辨率 133.3Pa，频响 0~15kHz，外径 0.86~1.5mm。

测量时，将此传感器插入血管，测量的是所插入点局部的血压值。它还能做一些血管内血流参数的检测。这类传感器也可插入心腔测量，也称心内压传感器。

2. 光纤温度传感器 光纤温度传感器的类型有数种。图 9-50 所示的是一种光纤温度传感器的结构。使用的光导纤维的纤维芯为 SiO_2 材料，覆盖层为硅酮树脂，构成传感器时将光纤的覆盖层去掉，用对温度依赖性大的甘油等液体形成液态覆盖层。这样，温度变化引起覆盖层折射率改变，从而引起反射光量变化，即可达到测温的目的。

在强电磁场环境中，一般温度传感器测量误差较大，医学上的热疗过程往往是这种情况。这时常使用光纤温度传感器，它抗电磁干扰能力强，能较准确地指示温度，达到较好的治疗效果。

光纤传感器的特点是灵敏度高，体积小，线性度好，抗干扰能力强，光导管无电信号，不会造成电击，对生命体使用安全(对做与心脏相关的测量，这点尤为重要)。缺点是结构复杂，制造成本较高，可靠性也不太理想。随着科学技术的发展，制造工艺上的不断改进，光纤传感器会在生物医学领域得到越来越广泛的应用。

第十节 CCD 组件工作原理及其医学应用

CCD 是电荷耦合器(charge coupled devices) 的简称，它的基本功能是将动态的光学图像转换成电信号。CCD 组件作为特殊的光电转换器，即摄像器件，正广泛用于各种光电信息处理系统，尤其是计算机与摄像机结合的信息处理系统中。

一、CCD 器件的结构和原理

CCD 器件可以认为是 MOS 晶体管(MOS 电容)与 PN 结光电二极管的组合，所产生的光电荷存储在源极附近。为了使光电荷转移，源漏两极间加入了多个栅极，如图 9-52、图 9-54 所示，前者加入 8 个栅极，后者加入 64 个栅极。CCD 组件是集成化，结构精细、体积小、可在低电压下工作。

1. 电荷转移概念 MOS 电容携带的信息以电荷包的形式存在，如果在多个栅极形成的 MOS 电容阵列加上一定规律的时钟脉冲电压序列作为偏置电压，其中的电荷包能按预定的方式通过电容器阵列转移。

表面电荷转移器件的工作原理是将少数载流子电荷包从一个 MOS 势阱(空间区域)转移到另一势阱。这些势阱由耗尽型 MOS 电容产生。势阱的势能决定于栅极上的电压和氧化层厚度。

因为电荷总要移动到相邻的最小势阱的空间位置处。所以，当加到栅极上的电压连续变化时，电荷就会转移。图 9-51 为两个 MOS 电容，其中电容 2 下的耗尽区大于电容 1 的耗尽区，多数电子已移动到栅极 2 下的最小电势处。

了解了电荷转移的基本条件，我们来看一个一维的 CCD 阵列(MOS 电容阵列)，它可以看作一个特殊的金属-氧化物-半导体场效应管，如图 9-52 所示。该管子的特殊处在于有 8 个栅极而不是一个栅极。在源极处产生光电荷后，经过 8 个栅极的依次转移，最后进入漏极。实现转移的条件是：连续地按一定时间间隔依次偏置栅极 1~8。当正电压依次加到栅极上时，电荷逐步移动到电势极小值处，最后从漏极移出。很显然，这种方法可以扩展到任意多个栅极。这种 CCD 称为线性 CCD(一维)。上述栅极 1~8 的电压是被独立控制的，若每隔 4 个栅极同时加入相同的电压，则实现上述转移过程仅需要四个不同的电压(四个不同的相位)。

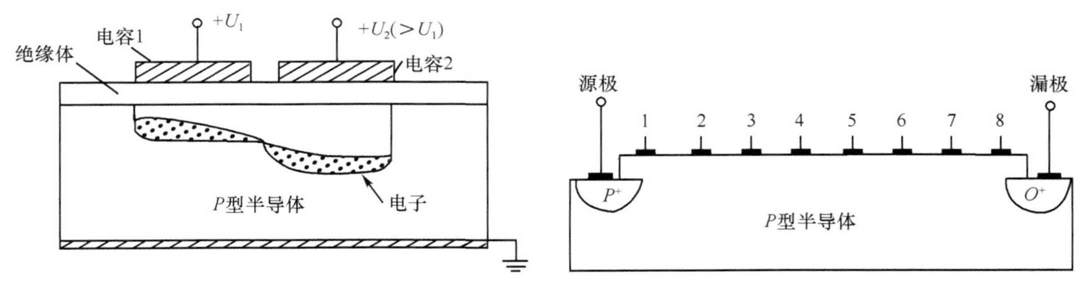

图 9-51 使电荷从 1 转移到 2 的两个 MOS 电容的偏置方法

图 9-52 具有 8 个栅极的 MOSFET

如果 MOS 电容阵列如图 9-53(a)所示，则形成一个四相 CCD，它的电荷转移过程和时间对应的时序见图 9-53(b)、(c)。在 t_1 时刻，电子都收集在栅极 φ_1 但下。到 t_2 时刻，当 φ_2 开始加压后，电荷包开始向栅极 φ_2 的位置转移。在时刻 t_3，栅极 φ_1 的电压消失，电荷更进一步移近 φ_2 下面。在 t_4 时刻，一次转移完成，电荷包完全在栅极 φ_2 下面，即它在空间已移动了一个栅极距离。

2. CCD 固态图像传感器 CCD 图像传感器是集光电转换、图像存储、电荷转移为一体的固态图像传感器。当光入射到光敏部分后，通过光电转换产生光电荷，其量值正比于入射光的强度，把以亮度描述的图像信息以电荷的形式反映出来，在进行电荷转移之前，这些电荷存储在光敏元件中。再经时钟脉冲作用，按一定的时间序列将光电荷进行转移，最后输出电脉冲形式的图像信息。图 9-54 是三相 64 位 CCD 转移电荷的原理图。

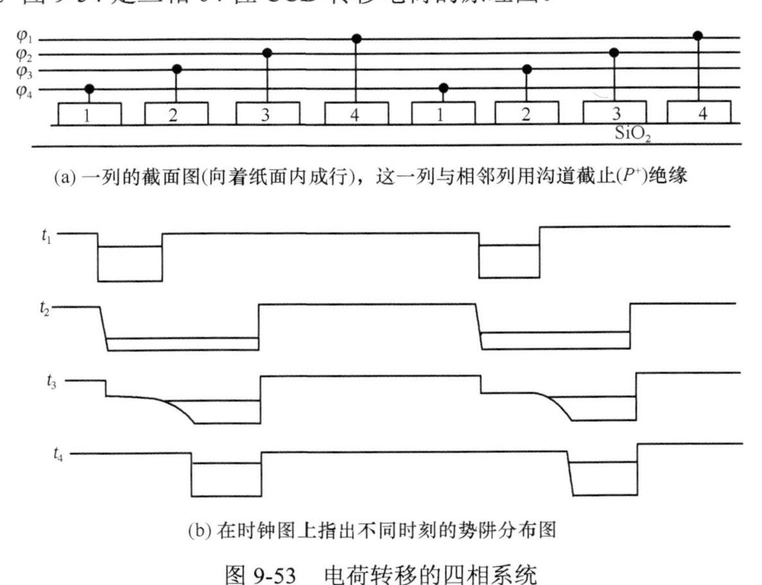

(a) 一列的截面图(向着纸面内成行)，这一列与相邻列用沟道截止(P^+)绝缘

(b) 在时钟图上指出不同时刻的势阱分布图

图 9-53 电荷转移的四相系统

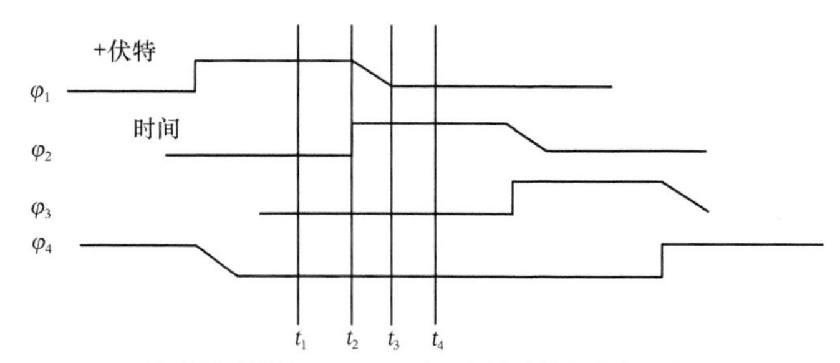

(c) 作用于栅极φ_1，φ_2，φ_3和φ_4上的时钟脉冲电压波形

图 9-53　电荷转移的四相系统(续)

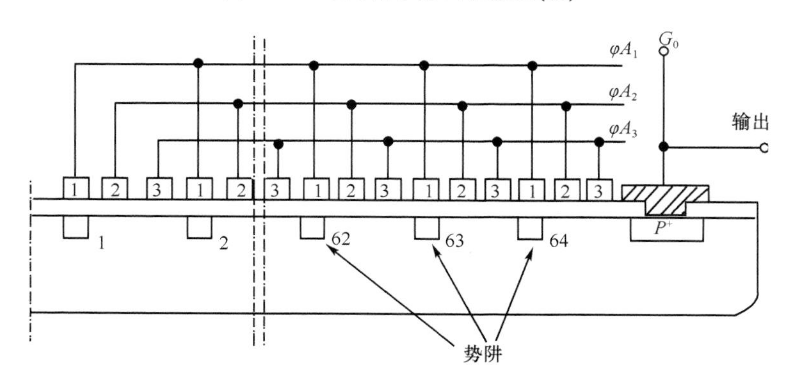

图 9-54　电荷转移原理示意图

三相 CCD 转移电荷的原理与前述四相 CCD 类似，只是脉冲个数不同。随着有序的外加的φ_1, φ_2, φ_3脉冲，光照产生的电荷逐步转移输出。对 64 位 CCD 来说，感光一次后，要完成 64 次的传输，即外加 64 个φ_1、φ_2、φ_3脉冲。若传输过程中光敏元件继续感光则会有新的光生电荷进入导致失真。因此，实际使用中，感光的 CCD 和传输的 CCD 是分开的。在 T_1 时间的感光产生的电荷在 T_2 时间内转移，在 T_2 时间的感光产生的电荷在 T_3 时间内转移……，其中 $T_1=T_2=T_3$。由此可见：转移后输出的电荷量反映了光照的强度，输出电荷的时间(64 次中的任意一个)反映了感光的位置。例如第一次输出的电荷量为 1 个单位，表示了 64 号光敏元件所受照射的光强；第二次输出的电荷量为 0，说明 63 号光敏元上无光照……。第十个周期输出的电荷量为 2 个单位，则表明 55 号光敏元上光照量是 64 号光敏元的两倍。依此类推，CCD 光敏传感器将不同位置、不同时刻的光照转变为对应强度的电脉冲信号。每一个脉冲反映一个光敏元的光照情况，脉冲幅度表示光照的强度，脉冲出现的序号表示光敏元的位置。每 64 个输出脉冲为一个周期，即 64 个脉冲可完整地表示同一时间内 64 个光敏元的受光情况。

二、CCD 组件的应用

CCD 组件主要用于各种摄像设备，自然也广泛应用于医学摄像系统中。与传统摄像管相比，它的突出优点是工作稳定、体积小、重量轻、功耗低、抗干扰能力强、寿命长。CCD 主要在以下几个方面有较强的应用优势：

(1) 如果希望对输出的图像进行计算机处理，CCD 是很好的摄像器件。它可以将拍摄的图像信息精确地转换为数字信号，以便对信号进行滤波、放大、三维重建等处理。多媒体系统中的摄像器件多数采用 CCD。

(2) CCD 组件多用于便携式的摄像系统中，如家用摄像机，它使得摄像部分体积很小，不怕震动和碰撞。另外，CCD 组件可配合控制电路构成电子快门，提高拍摄活动被摄体的清晰度，这一点是摄像管做不到的。

(3) 在要求摄像部件体积很小的影像系统中，CCD 组件也很有用处。它的体积可以做的很小。在电子内窥镜中和一些介入性治疗仪器中作为摄像部件，直接放入体内摄取信息，传出后通过屏幕显示，操作者可直接看到病人体内的图像，使诊断形态性病变和定位非常清楚。

思　考　题

1. 比较硅光电池、硒光电池在原理和性能上的异同。
2. 与普通光电管比较，光电倍增管有哪些优点?
3. 列表比较光敏二极管与光敏三极管的主要区别。
4. 选用光敏二极管或光敏三极管作为脉冲光源的接收元件时，应着重考虑管子的什么参数?
5. 简述光电耦合器的工作原理及单向传输特性。
6. 在大多数医学信号处理的仪器中，常采用光电耦合器来构成光隔离式放大器的目的是什么?
7. 利用光纤传导时，光线的入射角有何限制条件?
8. 简述光纤压力传感器的原理。
9. 论述 CCD 的工作原理，并总结 CCD 器件的优势有哪些?
10. 什么是光电效应?并说明光电效应的分类及各自主要应用典型器件?
11. 光导纤维为什么能够导光?光导纤维有哪些优点?光纤式传感器中光纤的主要优点有哪些?
12. 在自由空间，波长 λ_0=500μm 的光从真空进入金刚石(n_d=2.4)。在通常情况下当光通过不同物质时频率是不变的，试计算金刚石中该光波的速度和波长。
13. 求光纤 n_1=1.46, n_2=1.45 的 NA 值；如果外部的 n_0=1，求光纤的临界入射角。

第十章　化学传感器

化学传感器(chemistry sensor)主要包括电化学传感器以及半导体气敏传感器与半导体湿敏传感器三种。它们是一种对化学物质敏感并且能将其量值转变成相应大小电学信号的变换单元,在生物医学中主要用于生物特征检测，一方面能够监测生物离子浓度，另一方面测定溶解在生理液体中各种气体的含量，如血液中 O_2 以及 CO_2 含量。它们具有结构简单，取样少、测定快速以及灵敏度高等特点，因此得到了广泛应用。近年以来，伴随计算机和微电子集成技术的发展，化学传感器也逐步趋向微型化与智能化，可在体内或刺入细胞内进行测量与监控。此外，电化学传感器的电极又是酶、免疫、微生物传感器等的主要检测组件，而半导体气敏传感器及半导体湿敏传感器主要用于环境监测。总而言之，化学传感器在医用传感器中占有极其重要的地位。

第一节　电化学测量基本基础

一、电化学测量系统

待检化学量可以通过各种不同的方法转变成为电学量。依据转变方式和输出相关电学信号类型不同，可将电化学传感器分为电位型传感器、电流型传感器和电导型传感器三种。

1. 电位型电化学传感器(potentiometric electrochemical sensors)　电位型电化学传感器是在电极和溶液界面上发生可逆电极反应时把被测化学物质的相关量转变为电位信号的变换元件。平衡条件下，待检化学物质量与传感器输出电极电位的关系符合能斯特(Nernst)方程:

$$e = a + \lg C^b \tag{10-1}$$

式中，a 和 b 分别为与物质种类、温度有关常数；C 为待检溶液离子浓度；e 为电极电位，它与离子浓度 C 近似为对数关系，而且可以看出电极电位 e 随着离子浓度 C 成对数规律增长。PH 玻璃电极和其他离子选择电极就满足这种规律。测定离子浓度，需将该电化学传感器与参比电极组成电池，通过测定其电动势来测定离子浓度[图 10-l(a)]。

2. 电流型电化学传感器(amperometric electrochemical sensors)　电位型传感器其工作机理是基于离子/电子界面上的平衡态，这意味着没有净电流流过电池。而电流型电化学传感器是在外加电压下在离子/电子界面上发生化学反应将被测物质量转变成电流信号的测量组件。在外加电压下在电极上发生电化学反应的电池称为电解电池。电解电池有两种方法测量溶液中的离子浓度。一种是测量电流类型，称为伏安法测量系统，其中测量扩散电流的称为极谱法，另一种是测量电量类型，称为库伦法测量系统[图 l0-l(b)]。

3. 电导型电化学传感器(conductimetric electrochemical sensors)　化学反应通常伴有离子种类的变化，因此会导致反应溶液总电导度发生变化。因为溶液电导的测量不是特异的，所以这约束条件限定了它的广泛应用。但在不要求特异性时，可采用电导测量，而且它具有很高的灵敏度。

电导(S)是电阻(R)的倒数，以西门子(Siemens)为单位。在两个电极之间电解质溶液的电导可用下式表示:

$$S = R^{-1} = AKd^{-1} \tag{10-2}$$

式中，A 是两个平行电极相距为 d 的电极面积；K 是比电导，它代表在指定温度下电极面积为 A，电极相隔距离为 d 的电导。为防止电极双电层充电以及其他与直流电流有关现象的产生，一般采用交流电源测量溶液的电导[图 10-1(c)]。

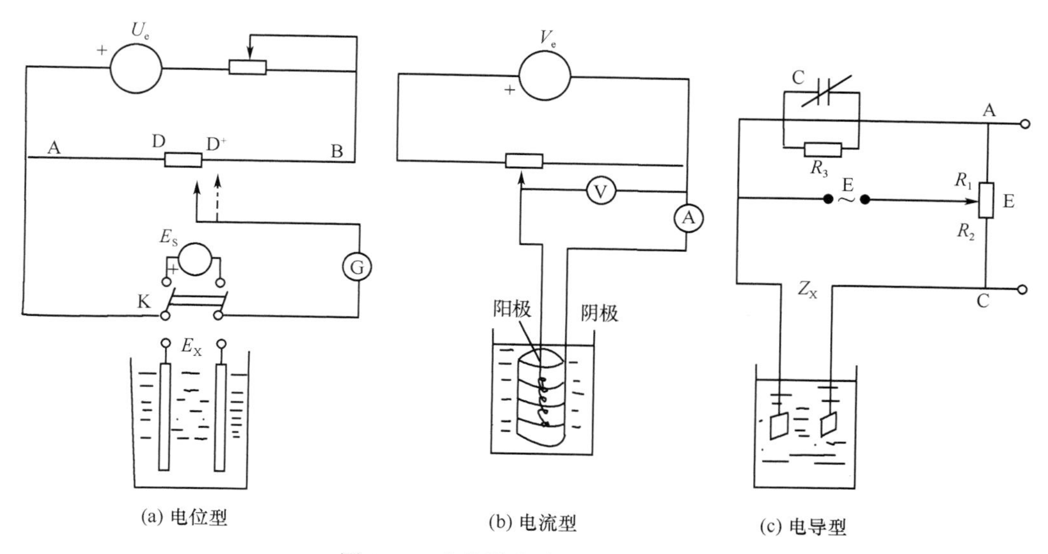

图 10-1　电化学传感器的测量电路

4. 电极的种类　电化学传感器最重要的感应组件是电化学电极，根据其在电化学传感器中所起的作用不同，可将电极分为四类。

(1) 参比电极：在测量电极电位时用作基准电位电极称为参比电极(reference electrode)。标准氢电极是一级标准参比电极。为制作和使用方便，常用 Ag/AgCl 电极和甘汞电极作为参比电极。

(2) 指示电极：依据电极电位的大小能显示溶液中物质含量的电极称为指示电极(indicating electrode)。离子选择电极和一些用金属或非金属构成的电极就属于此类电极，例如铜、金、铂、碳、石墨等制成的电极。

(3) 工作电极和辅助电极：有些物质的测定，需在电极上加一定的电压使其电解，然后根据其电解电流的大小测定物质含量。为形成有效电学回路，需要选取两个电极同时插入电解池中，其中一个电极是根据其电解电流的大小测定物质含量的，此电极称为工作电极(working electrode)，而另一个电极，是为测定电流构成回路所用的电极，该电极称为辅助电极(auxiliary electrede)或对电极。

有时候需要了解或者控制工作电极电极电位的大小，常在电解槽内插入一支参比电极，此时这个系统含有三个电极：参比电极，工作电极和辅助电极，于是形成了三电极系统。有时把参比电极既作辅助电极又作参比电极用，这种构成模式称为二电极系统。

二、电化学传感器有关的基础概念

1. 电解质溶液的性质

(1) 电离常数：将电解质溶于水中所构成的溶液称为电解质溶液。酸、碱和盐都是电解质，在水溶液中电离成正负离子，构成离子导体。电解质有强弱之分，强电解质在水溶液中全部电离成正负离子，而弱电解质在溶液中，电解质只有部分分子电离，未电离的分子与电离生成的离子之间存在着动态平衡：

$$[BA] \leftrightarrows [B^+] + [A^-]$$

以[BA]表示平衡时未电离的分子浓度，以$[B^+]$和$[A^-]$分别表示平衡时 B^+和 A^-离子浓度，根据质量作用定律，电离常数可写为

$$K = \frac{\left[A^-\right]\left[B^+\right]}{[BA]} \tag{10-3}$$

从中可以看出，K 值越大，达到平衡时离子浓度也越大，即电解质电离数目多，从而相应的电解质电离能力越强，因此电离常数的大小是表示电解质电离能力的一个主要参数。

(2) 活度和活度系数：在电解质溶液中，由于离子之间、离子与溶剂分子之间的相互作用，溶液浓度不能真正代表有效浓度，因此引入活度和活度系数这个概念。浓度 c 和活度 a 之间有如下关系：

$$a = rc \tag{10-4}$$

式中，r 称为活度系数，它是表示浓度有百分之几是有效的。通常 $0 < r \leqslant 1$。当溶液无限稀时 $r \to 1$。对正一价或负一价的电解质阳离子和阴离子的活度可分别表示为

$$a_+ = r_+ c$$

$$a_- = r_- c$$

对电解质而言，正负离子总是同时存在的，目前尚无法测定单个离子的活度系数，但从实验可测定 $\sqrt{(r_+ r_-)}$。$\sqrt{(r_+ r_-)}$ 是正负离子活度系数的几何平均数，故将它定义为离子平均活度系数，以 $r_\pm$ 表示，则

$$r_\pm = \sqrt{r_+ r_-} \tag{10-5}$$

将 $cr_\pm$ 定义为离子平均活度，记作 $a_\pm$，则

$$a_\pm = r_\pm c = \sqrt{a_+ a_-} \tag{10-6}$$

离子平均活度系数即可从实验测出，也可从理论推导公式求出，这个公式就是德拜-尤格尔(Debye-Huckel)公式：

$$r_\pm = 10^{[-A|Z_+ Z_-|\sqrt{I}](1+Bd\sqrt{I})^{-1}} \tag{10-7}$$

式中 $Z+$ 和 Z 分别为正负离子的价数；A 和 B 是与温度和溶剂介电常数有关的常数。对于25℃水溶液，A=0.509，B=0.330×10^8; d 为正负离子有效半径之和，d=(3~4)×10^{-8}cm；I 为离子强度，$I = 0.5\sum C_i Z_i^2$ 式中 C_i 和 Z_i 分别为第 i 种离子的浓度和价数。

对于稀溶液，两边取常用对数，再经过适当化简，德拜-尤格尔公式可简化为

$$\lg r_\pm = -A\,|Z_+ Z_-|\sqrt{I} \tag{10-8}$$

由公式可知，当 $C \to 0$ 时，$I \to 0 r_\pm \to 1$。由此可见，离子强度大小表示离子间相互作用的程度。

2. 电化学电池

(1) 电极电位的产生：当将金属 M 浸于其离子 M^{2+}的溶液中时，在金属与溶液的界面上发生反应产生电极电位。当将锌板插入 Zn^{2+}溶液中时，若锌板中 Zn^{2+}的电化学位 $\overline{\mu}_{Zn^{2+}(s)}$，大于溶液中 Zn^{2+}的电化学位 $\overline{\mu}_{Zn^{2+}(l)}$，则锌板上 Zn^{2+}进入溶液中，同时在锌板上留下两个电子，使锌板

带负电荷，溶液带正电荷。由于库仑引力的吸引，阻碍 Zn^{2+} 进一步迁移，达到平衡时 $\bar{\mu}_{Zn^{2+}(s)} = \bar{\mu}_{Zn^{2+}(l)}$。此时在两相的界面上形成一个双电层，在两相之间产生电位差。该电位差为电极电位，其大小和符号取决于电极的种类和溶液中金属离子浓度。

由于电极是良导体，所以在静电力的作用下，在电极上剩余电荷总是紧贴在电极与溶液的界面上，而在溶液中，由于离子的热运动和静电力作用，靠近电极附近离子分布得不均匀，形成双面扩散层。这个扩散层包括两个单元，第一单元是与电极紧密相连紧密层 d，其厚度为水化离子半径，其电位为电极电位 E 与电动电位 ϕ 之差；第二单元是扩散层，其电位是液相中的电位差，通常称为电动电位 ϕ。其电极-溶液界面电势分布图见图 10-2。

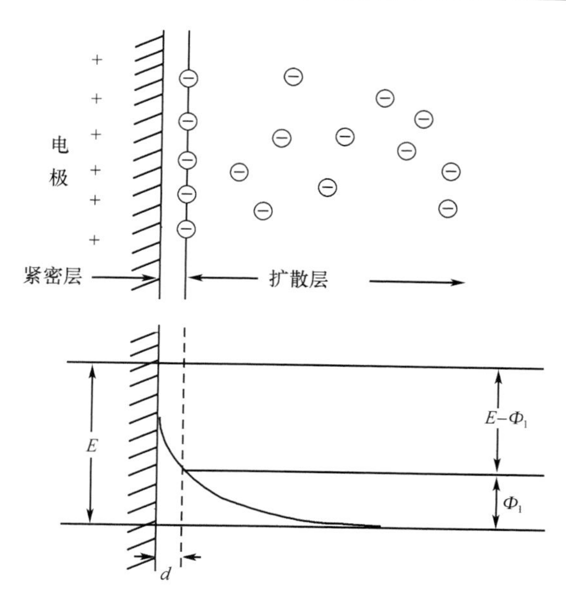

图 10-2 电极-溶液界面电势分布

(2) 电极电位的确定和能斯特(Nernst)方程：两个电极组成电池时，极间电位差可以测量出来。假设其中一个电极，其电极电位为零，则另一个电极电位便可确定。国际上规定标准氢电极的电位为零，因此电极电位都是相对于标准氢电极来确定的。所谓标准氢电极是由压力等于 1 大气压的氢气和活度为 1 的 H^+离子溶液，其中插入一支铂电极所构成。

电极电位的大小与温度、电极材料，以及与电极反应有关物质的活度有关。若在电极/溶液界面发生下列电极反应：

$$aA+bB+Ze \leftrightarrows gG+hH$$

则电极电位可按下列的一般式计算：

$$E = E^0 + \frac{RT}{ZF}\ln\frac{a_A^a \cdot a_B^b}{a_G^g \cdot a_H^h} \tag{10-9}$$

式中，E^0 为标准电极电位是在指定温度下与电极反应有关物质的活度等于 1 时的电极电位；R 为气体常数，R=8.314J·mol^{-1}·K^{-1}；F 为法拉弟常数，F=96500C·eq^{-1}；T 为开尔文温度 K；Z 为参加电极反应的电子转移数；a_A、a_B、a_G、a_H 分别为 A、B、G、V 的活度。25℃时，$2.303RTF^{-1} \approx 0.05916V$。式(10-9)是电极电位的一般式，通常称为能斯特方程，可以用此式直接计算电极电位。

在应用能斯特方程时，先将电极反应写成还原反应，然后将反应物的活度写在分子上，生成物的活度写在分母上，系数写成方次；纯固态、纯液态物质的活度都等于 1；如果是气体，则用分压代替活度。

(3) 电化学电池的电动势：如图 10-3 为丹聂尔电池结构示意图，在未接通电池外部导线时，在两个电极界面上分别存在下列平衡：接通外部导线后，由于 Cu^{2+}较 Zn^{2+}得电子的能力强，即 Cu^{2+}较 Zn^{2+}还原能力强，所以在铜电极上发生还原反应：

$$Cu^{2+}+2e \rightarrow Cu(\text{Anode})$$

在锌电极发生氧化反应：

$$Zn \rightarrow Zn^{2+}+2e(\text{Cathode})$$

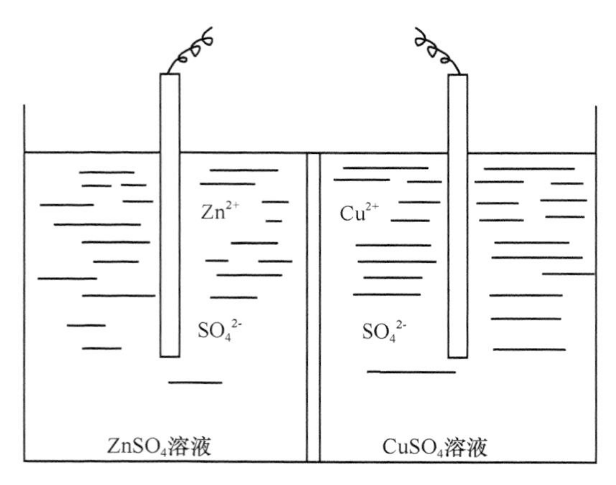

图 10-3 丹聂尔电池结构示意图

在电池里，SO_4^{2-} 由铜极半池流向锌极半池，而电极反应生成的 Zn^{2+}由锌极半池流向铜极半池，从而构成整个电池的电学回路，最终导致铜极为正极，锌极为负极，总的电池反应为：

$$CuSO_4 + Zn = ZnSO_4 + Cu$$

对应的离子方程式为

$$Zn + Cu^{2+} = Zn^{2+} + Cu$$

综上所述，产生电池电动势的原因是电极上发生氧化还原反应，而氧化还原反应的化学能是通过电极转变成电能的，因此电极实质上是一种换能单元。

式(10-10)表示电池结构与成分

$$(-)Zn \left|ZnSO_4(a_1)\right\| CuSO_4(a_2)\left|Cu(+)\right. \tag{10-10}$$

符号"|"表示两相界面；"||"表示盐桥。加接盐桥，可消除液接电位。此时，电池电动势 E 等于正极的电极电位 E_+ 与负极的电极电位 E_- 之差：

$$E = E_+ - E_- \tag{10-11}$$

计算电池电动势有两种方式：一是先算出各电极的电极电位，然后按式(10-11)计算电池电动势；另一是按照总的电池反应来计算。对于一个总电池反应为

$$aA + bB \to cC + dD$$

可按下式计算电池电动势：

$$E = E^0 + \frac{RT}{ZF}\ln\frac{a_A^a \cdot a_B^b}{a_G^g \cdot a_H^h} \tag{10-12}$$

式中，E^0 为两个电极的标准电极电位之差，称为电池标准电动势；Z 为电池反应时电子得失的数目；a_i 为参加反应各物质的活度。根据式(10-9)和式(10-11)。丹聂尔电池的电动势为

$$E = E_+ - E_- = \left(E^0_{Cu^{2+}/Cu} + \frac{RT}{2F}\ln\frac{a_{Cu^{2+}}}{a_{Cu}}\right) - \left(E^0_{Zn^{2+}/Zn} + \frac{RT}{2F}\ln\frac{a_{Zn^{2+}}}{a_{Zn}}\right) \tag{10-13}$$

因为 $a_{Cu} = a_{Zn} = 1$，令 $E^0 = E^0_{Cu^{2+}/Cu} - E^0_{Zn^{2+}/Zn}$，其中 $E^0_{Cu^{2+}/Cu}$ 和 $E^0_{Zn^{2+}/Zn}$ 的数值可以通过相应的图表查出，则有：

$$E = E^0 + \frac{RT}{F}\ln\frac{a_{Cu^{2+}}}{a_{Zn^{2+}}}$$

(4) 液接电位和盐桥：有些电池内部有两种溶液相互接触，则要产生相互扩散。由于正负离子扩散速度不同，在两液交界面上形成双电层，从而产生电位差，这种电位差称为液接电位 (liquid junction potential)或称扩散电位。通常液接电位的数值约为 30mV。为减小此电位，通常在两液间插入一个盐桥，这是一个由装有电解质和凝胶状琼脂的 U 形玻璃管所构成。盐桥所用的电解质通常是正负离子迁移速度相近的电解质如 KCl、KNO_3 或 NH_4NO_3 等，而且盐的浓度比较高。在它与电池中两溶液接触时，盐桥溶液的离子向两边溶液扩散。因盐桥中盐的正负离子迁移速度相近，所以液接电位很小，一般情况下它仅仅有几个毫伏，而且在两个新界面上产生的液接电位大小相同符号相反，可以互相抵消。

3. 参比电极

(1) 标准氢电极(standard hydrogen electrode): 标准氢电极的结构如图 10-4 所示。在电极瓶内装有 H^+离子。其活度等于 1 的盐酸溶液, 插入镀铂黑的铂片, 通入压力等于 1 大气压的氢气。在此条件下构成的氢电极称为标准氢电极。它的电极电位规定为零。镀铂黑工艺是在金属铂表面镀上一层黑色蓬松金属铂, 目的是为了减少极化效应。多孔的铂黑会增加电极的表面积, 使电流密度减小, 从而减少极化效应, 因此电容干扰也会降低。吸附了氢气的镀铂黑铂片可视为一个"氢气棒"。

氢电极式: $Pt\left|\mathrm{H}_2\left(1P_{\mathrm{atm}}\right)\right|\mathrm{H}+\left(a_{\mathrm{H}^+}\right)$

电极反应: $\mathrm{H}^+ + e \rightarrow \frac{1}{2}\mathrm{H}_2$

氢电极电位 E:

$$E=\frac{RT}{F}\ln\frac{a_{H^+}}{\sqrt{P_{\mathrm{H}_2}}}$$

由于 $E^0_{\mathrm{H}^+/\mathrm{H}_2}=0$, 因此在 $a_{\mathrm{H}^+}=1$, $P_{\mathrm{H}_2}=1$大气压时, $E=0$。这样, 只要把标准氢电极与被测电极组成一个化学电池, 在标准状态下就可测出被测的电极电位。

(2) 甘汞电极(calomel electrode): 甘汞电极是将 Hg 和氯化亚汞(Hg_2Cl_2)糊状物浸入含有Cl^-溶液中, 插入铂导线所构成。其结构如图 10-5。

电极式: $\mathrm{Hg}\left|\mathrm{Hg}_2\mathrm{Cl}_2\right|\mathrm{Cl}^-\left(a_{\mathrm{Cl}^-}\right)$

电极反应: $\mathrm{Hg}_2\mathrm{Cl}_2 + 2e \rightarrow 2\mathrm{Hg} + 2\mathrm{Cl}^-$

电极电位 E:

$$E=E^0_{\mathrm{Hg}_2\mathrm{Cl}_2/\mathrm{Hg}\cdot\mathrm{Cl}^-}-RT(F)^{-1}\ln a_{\mathrm{Cl}^-} \tag{10-14}$$

当温度不变而 Cl^- 离子固定时, 甘汞电极电位不变, 因此它可作为参比电极。常用甘汞电极的电极电位列于表 10-1。由表中数据可知, 甘汞电极电位随 KCl 浓度减小而增大。

表 10-1 常用甘汞电极的电极电位

KCl 溶液	名称	电极电位与温度函数	E(V, 25℃)
0.1mol/L	0.1mol/L 甘汞电极	$E=0.3338-7\times10^{-5}(t-25)$	0.3338
1mol/L	1mol/L 甘汞电极	$E=0.2800-2.4\times10^{-4}(t-25)$	0.2800
饱和	饱和甘汞电极	$E=0.2415-7.6\times10^{-4}(t-25)$	0.2415

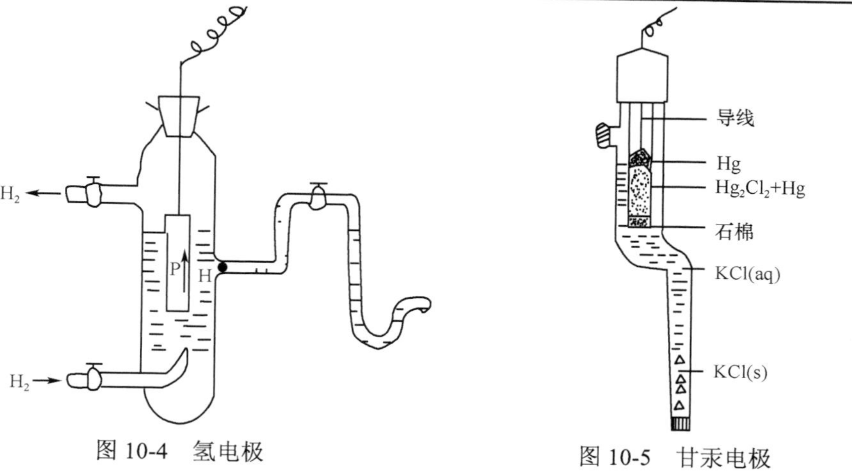

图 10-4 氢电极　　图 10-5 甘汞电极

(3) 银/氯化银电极(Ag/AgCl electrode): 这是一种性能较好参比电极, 结构比较简单, 只需在银丝(或银薄膜)上镀上一薄层氯化银, 并浸入一定浓度 KCl 溶液中便可初步制成, 其结构示于图 10-6。

电极式: $Ag\,|\,AgCl\,|\,Cl^-\left(a_{Cl^-}\right)$ 电极反应: $AgCl + e \rightarrow Ag + Cl^-$

$$\text{电极电位}\ E:\ E = E^0{}_{AgCl/Ag.Cl^-} - \frac{RT}{F} ln a_{Cl^-} \qquad (10\text{-}15)$$

可以得到, Ag/AgCl 电极电位取决于 Cl^- 活度, 在 25℃时,

$$E = \begin{cases} 0.0028V & 0.1\text{mol/L KCl} \\ 0.2355V & 1\text{mol/L KCl} \\ 0.2000V & sature \end{cases}$$

银/氯化银电极可作为无液接电位的参比电极使用, 但使用时, 要注意校准溶液和样品溶液中 Cl^- 浓度差会导致参比电极的电极电位不同。为进一步提高测量准确度, 电极常带有自身盐桥。它被用在各种离子选择电极中作内参比电极, 在心电和脑电检验中作为检测电极使用, 双盐桥 Ag/AgCl 电极结构如图 10-7 所示。

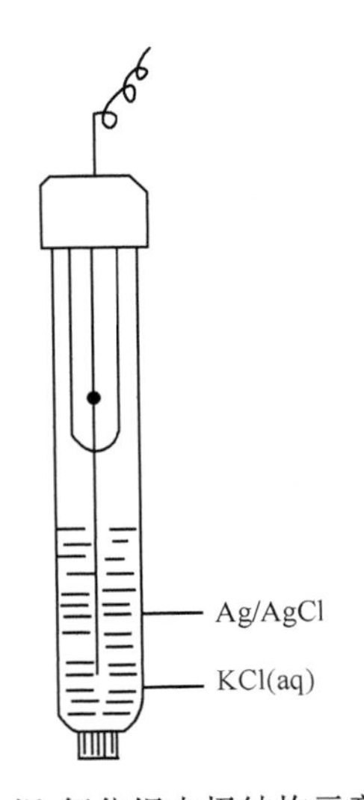

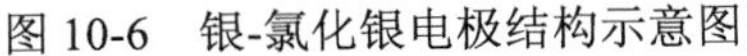
图 10-6 银-氯化银电极结构示意图

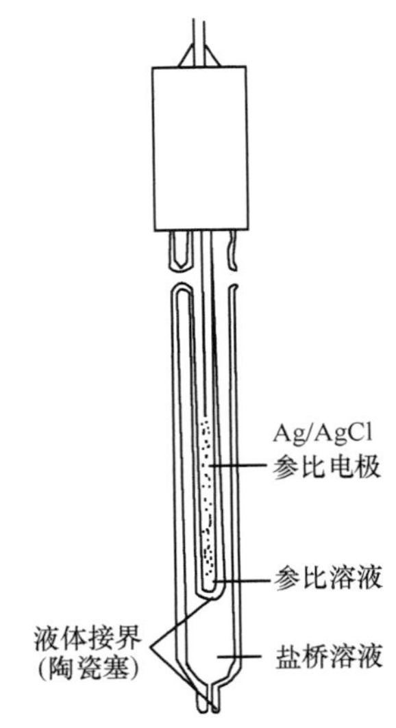

图 10-7 双盐桥参比电极

第二节 离子选择电极

离子选择电极(ion selective electrode)是一种用特殊敏感薄膜制成的, 对溶液中特定离子具有选择性的特殊电极。pH 玻璃电极离子就是一种选择电极, 它对 H^+具有选择性的响应。这类电极电位与特定离子的活度的对数呈线性关系, 故可作为指示电极测定溶液中离子的活度。其操作简单, 测定快速, 灵敏度高, 重复性好。

一、理论和特性

1. 理论 离子选择电极通常由电极管、内参比电极、内参比溶液以及敏感膜四个部分组成。

因为敏感膜是在被测溶液和内参比溶液之间，所以在两个相界面上进行离子交换和扩散作用。达到平衡时就会产生恒定相界电位。此时膜内外相界电位差就是膜电位。膜电位的大小写膜内外的离子活度有关。

现以 M^{2+}为敏感膜的选择性离子来说明膜电位与离子活度的关系。当相界面上交换和扩散达到平衡时，M^{2+}在相界面两侧的电化学位相等，$a_{M^{Z+}}(\text{inner})$和 $a_{M^{Z+}}(\text{out})$分别代表平衡时膜内和膜外溶液中 M^{2+}活度；$a_{M^{Z+}}(\text{inner})$和 $a_{M^{Z+}}(\text{out})$分别代表平衡时膜内靠近内部溶液和外部溶液 M^{Z+}活度；E_{inner}和 E_{out}分别代表平衡时内部和外部溶液的电位；E_1和 E_2分别代表平衡时膜内靠近外部和内部溶液的电位。根据达到平衡时相界面上电化学位相等，便可得

$$E_{\text{inner}} = E_2 + \frac{RT}{ZF}\ln\frac{a_{M^{Z+}}(\text{inner})}{a_{M^{Z+}}(\text{inner})}$$

$$E_{\text{out}} = E_1 + \frac{RT}{ZF}\ln\frac{a_{M^{Z+}}(\text{out})}{a_{M^{Z+}}(\text{out})}$$

膜电位被定义为两个相界电位之差

$$E_{\text{membrane}} = E_{\text{inner}} - E_{\text{out}}$$

$$E_{\text{membrane}} = E_2 - E_1 + \frac{RT}{ZF}\ln\frac{a_{M^{Z+}}(\text{out})}{a_{M^{Z+}}(\text{inner})} + \frac{RT}{ZF}\ln\frac{1}{a_{M^{Z+}}(\text{inner})} + \frac{RT}{ZF}\ln a_{M^{Z+}}(\text{out}) \tag{10-16}$$

当 $a_{M^{Z+}}(\text{inner}) = a_{M^{Z+}}(\text{out})$，而 $E_{\text{membrane}} \neq 0$ 时，此时的膜电位称为不对称电位，其数值大小为

$$E_{\text{membrane}} = E_2 - E_1 + \frac{RT}{ZF}\ln\frac{a_{M^{Z+}}(\text{out})}{a_{M^{Z+}}(\text{inner})}$$

式(10-16)右侧第四项与内部溶液的离子活度有关，针对离子选择电极，内部溶液为一定浓度的被测离子的强电解质溶液。第五项与被测离子浓度有关，对于指定离子选择电极，不对称电位是个常数，内部溶液浓度恒定已知，故公 (10-16)可写成：

$$E_{\text{membrane}} = \text{constant} + \frac{RT}{ZF}\ln a_{M^{Z+}} \tag{10-17}$$

$a_{M^{Z+}}$ 为被测离子的活度。

因为在离子选择电极膜内溶液中插入参比电极时电位恒定，所以离子选择电极的电位可写为

$$E_{\text{ISE}} = E_{\text{membrane}} - E_{\text{reference}} = \text{constant} + \frac{RT}{ZF}\ln a_{M^{Z+}} \tag{10-18}$$

若离子选择电极膜对阴离子 R^{Z-} 有选择性响应，则离子选择电极的电位为

$$E_{\text{ISE}} = \text{constant} - \frac{RT}{ZF}\ln a_{R^{Z-}} \tag{10-19}$$

2. 特性

(1) 检测极限：从离子选择电极的能斯特方程式(10-18)可以得到，离子选择电极的电极电位与被测离子活度的对数呈线性关系，但实验得到的曲线是在一定范围内与被测离子活度的对数呈线性关系，见图 10-8。

当被测离子活度逐渐减小时，曲线从 *CD* 段直线逐渐弯曲到 *EF* 段。这说明离子选择电极存在检测极限。确定检测极限是把 *CD* 与 *EF* 两条直线延长相交于 *A* 点，相当于 *A* 点的离子活度

称为离子选择电极的检测极限。例如，钠电极约为 10^{-6}mol/L，氯电极约为 5×10^{-6}mol/L。

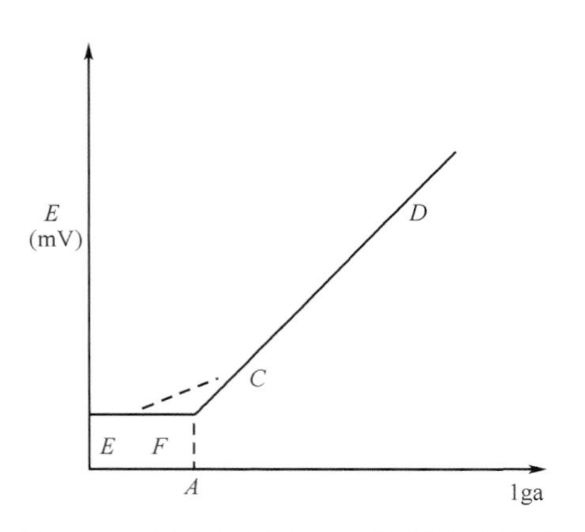

图 10-8　电极校正曲线和检测极限值的确定

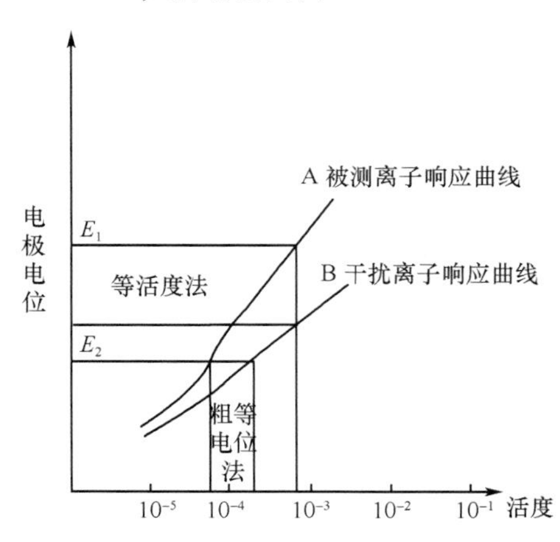

图 10-9　分离溶液图解法

(2) 选择性(potentiometric selective coefficient)：一支离子选择电极可以对不同离子有不同程度的响应，因此相互之间存在干扰。电极对各种离子选择性能的不同可用电位选择性系数 $K_{A,X}^{pot}$ 来表示。在 $K_{A,X}^{pot}$ 符号中，A 表示被测离子；X 表示干扰离子。例如，一组钙电极，它是用来测定 Ca^{2+}的，但对 Ba^{2+}也有响应，这就是说 Ba^{2+}是测定 Ca^{2+}时的干扰离子。若它的电位选择性系数 $K_{Ca^{2+},Ba^{2+}}^{pot}=0.01$，这说明这种钙电极对 Ca^{2+}灵敏度比对 Ba^{2+}大 100 倍。$K_{A,X}^{pot}$ 数值越小，说明干扰离子对电极干扰的影响越小。

当存在某种干扰离子时，离子选择电极的电极电位可以使用下式来描述，即：

$$E=\text{constant}+\frac{RT}{Z_A F}\ln\left(a_A+\sum K_{A,X}^{pot}a_X^{Z_A/Z_X}\right), X=B,C,\cdots \tag{10-20}$$

式中，a_A 和 Z_A 分别描述了被测离子的活度和电荷数；a_B、a_C和Z_B、$Z_C\cdots$分别描述干扰离子的活度和相应离子的电荷数。$K_{A,X}^{pot}$ 是个经验数值，只能从实验俘获。例如，钠玻璃 NAS11-18 对各种离子选择性大小的次序为：

$$Ag^+ > H^+ > Na^+ \geqslant K^+, Li^+$$

当溶液中存在 Na^+、H^+ 和 K^+ 时，电极电位为：

$$E=E^0+\frac{RT}{F}\ln(a_{Na^+}+10a_{H^+}+0.005a_{K^+})$$

可以得到，电极对钠灵敏度是对钾灵敏度的 200 倍。因此当测量哺乳动物细胞外液(K^+浓度为 5×10^{-3}mol/L, Na^+浓度为 1.53×10^{-3}mol/L, pH≈7)时，H^+和 K^+对电极电位的响应可完全忽略。

电位选择性系数确定方法：

分离溶液法：用同一支电极依次测定被测离子 A 和干扰离子 X 在不同活度时的电位，画出两条 E_{ISE} 对 lg$a$ 的关系曲线，然后用等活度法或等电位法求出电位选择性系数(图 10-9)。

等活度法：当 $a_A=a_X$, $Z_A=Z_X$ 时，可推导出

$$\lg K_{A,X}^{pot}=\frac{(E_2-E_1)Z_A F}{2.303RT} \tag{10-21}$$

将图中 E_1 和 E_2 数值代入(10-21)式中，便可求出 $K_{A,X}^{pot}$。

等电位法：当 $E_1=E_2$ 时，可推导出

$$K_{A,X}^{pot}=\frac{a_A}{a_x^{Z_A/Z_X}} \tag{10-22}$$

将图中 a_A 和 a_X 代入上式便可求出 $K_{A,X}^{pot}$。

混合溶液法：此法与上述方法不同，是将被测离子和干扰离子混合在一起，观察电极对它们的混合响应。在这种方法中也有如下两种确定 $K_{A,X}^{pot}$ 的方法。

1) 固定干扰法：在混合溶液中含有恒定活度的干扰离子，设其活度为 a_x。一方面改变被测离子活度，另一方面测定离子选择电极在相应的离子活度溶液中的电极电位，则可得到如图 10-10 中 *DCFE* 曲线。当被测离子活度诚少到曲线 *C* 点时，逐渐出现干扰，曲线上弯，一直到 *F* 点呈现完全干扰，形成 *EF* 段水平区。

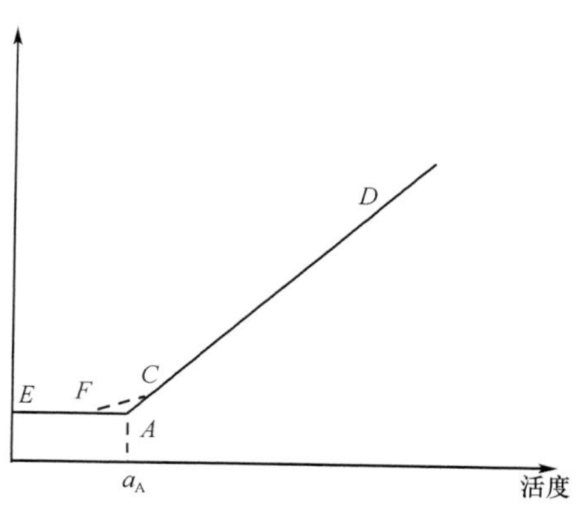

图 10-10　固定干扰图解法

将 *CD* 与 *EF* 两线分别延长，两线相交于 *A* 点。*A* 点的电位 E_A，可视为无干扰离子存在下被测离子活度为 a_A 时的电位，与此同时，这一点的电位也可视为无被测离子存在下干扰离子活度为 a_x 时的电位。因此被测离子活度为 a_A 时，干扰离子活度为 a_x 时二者电位相等，故可按等电位法公式计算 $K_{A,X}^{pot}$。

2) 固定活度法：此法是在混合溶液中固定被测离子的活度，改变干扰离子的活度，再测定其相应的电极电位。其原理和计算方法与固定干扰法相同。上述各种方法测定的 $K_{A,X}^{pot}$ 数值不完全相同，因此电位选择性系数不是一个常数，它只表示在特定条件下干扰离子对电极电位干扰的程度。

(3) 阻抗特性：离子选择电极直流电阻与电极材料有关。玻璃电极直流电阻约为几百兆欧，晶体膜电极约为几万欧。电阻大小决定着测定电位时所用放大器的输入阻抗。电极阻抗通常是通过测定电池阻抗来估算。电池的内阻是离子选择电极、电池液和参比电极三者电阻之和。因为离子选择电极阻值远大于电池液和参比电极二者电阻之和，故可将电池电阻近似视为离子选择电极电阻 R_{ISE}。

电池内阻 R_x 可按下式计算：

$$R_x=\frac{E_x-V}{V}R_e \tag{10-23}$$

(4) 响应时间：响应时间是指从电极插入溶液到电极达到平衡电位所需要的时间间隔。国际上规定：响应时间是指电极电位到达离最终平衡电位 1 mV 时所需的时间。一支好电极，响应时间小于 1s。

二、玻璃电极及其应用

1. 响应机理　玻璃电极(glass electrode)是由固态玻璃薄膜构成的电极。玻璃电极玻璃薄膜的组成不同，玻璃电极对离子产生选择性的响应也不同。玻璃电极玻璃膜是由前水化层(0.5~1μm)、干玻璃层(20~200μm)与后水化层(0.5~1μm)构成，其中玻璃膜把溶液分成内部溶液

与外部溶液两部分，规定 E_A 为内部溶液与水化层界面的相界电位；E_D 为玻璃膜扩散电位；E_B 为外部溶液与水化层界面的相界电位，则玻璃膜的电位等于这三部分电位之和。对指定的玻璃，E_D 是个常数。由于内部溶液离子活度为已知，故 E_A 电位也是个常数。因此玻璃膜的电位取决于 E_B，而 $E_B = f(a_{H^+})$。在膜内溶液中插入 Ag/AgCl 参比电极，便可组成一个测定 H^+ 浓度的玻璃电极，即 pH 玻璃电极。pH 玻璃电极电极电位式为

$$E_{glass}=E_{membrane}+E_{reference} = E_G^0 + \frac{RT}{F}\ln a_{H^+} = E_G^0 - 2.303\frac{RT}{F}\mathrm{pH} \tag{10-24}$$

不同玻璃电极，对应的 E_G^0 值也是不同的，所以在测定溶液 pH 之前需用已知 pH 的标准溶液测出 E_G^0。

2. 玻璃电极的类型和结构　玻璃电极大致可分为实验室用和医用两大类：

(1) 实验室用玻璃电极：其形状有多种，最常用的是球形(图 10-11)。玻璃电极的膜电位一般有两种引出方法。一种是以 Ag/AgCl 电极作为参比电极将其插入含有一定 Cl^- 活度的内参比溶液中，以便使 Ag/AgCl 电极产生恒定的电位。所用的内参比液，根据电极的种类不同而有所不同。根据经验，pH 玻璃电极常用 1mol/L HCl；钠电极常用 0.1 或 1mol/L NaCl；钾电极常用 0.1 或 1mol/L KCl。另一种方法是用导体直接连接，即在电极成型后使玻璃膜直接与 Hg、Ag 或 AgCl 接触。这种制作方法比较牢固，内阻较高，适于室外使用。

(2) 医用玻璃电极：有如下几种形式：

1) 毛细管型：图 10-12 为毛细管型电极的测量系统。pH 感应玻璃是一个毛细管，它被密封在参比溶液申。被测试样从毛细管右端吸入，通过其左端聚乙烯管与盐桥溶液接触。外参比电极采用甘汞电极。为了防止血液凝固和失去 CO_2，试样应该在恒温条件下测量。由于饱和 KCl 溶液会使红细胞收缩并使蛋白质凝固，所以用生理盐水作为盐桥溶液。该测量系统的测量精度在 ± 0.01pH。

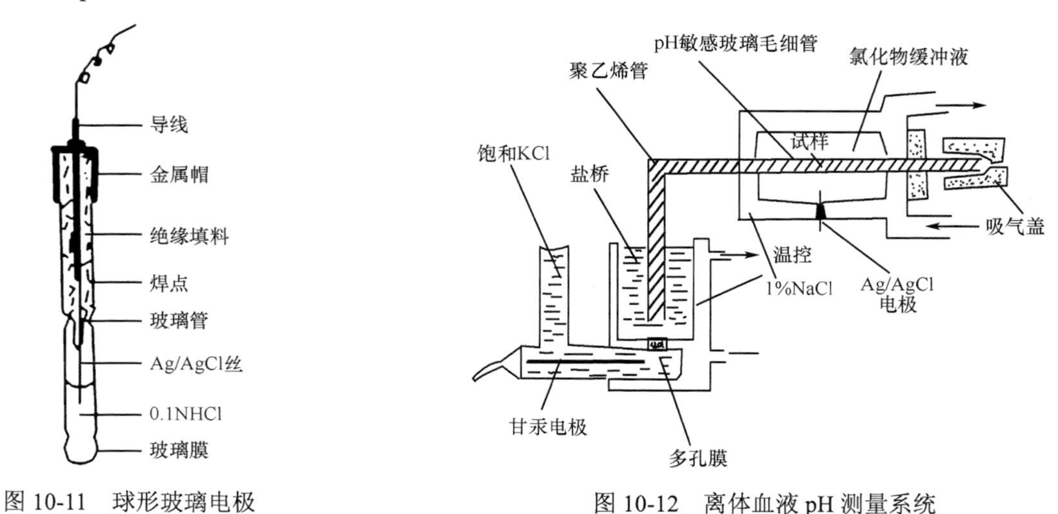

图 10-11　球形玻璃电极　　　　图 10-12　离体血液 pH 测量系统

2) 导管型：图 10-13 为导管型结构示意图。端部直径 0.5~0.8mm，pH 敏感玻璃和 Ag/AgCl 外参比电极同轴，装在动脉针管内，用于体内 pH 测量。当针管插入动脉时血液以 2ml/min 的流速流入，电极可以及时(不到 0.5s)反映 pH 变化。这类电极主要用于病人进行大外科手术及休克状态等工作模式。

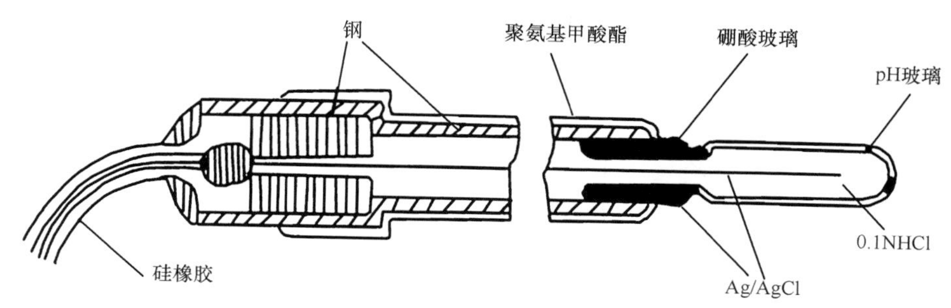

图 10-13 导管型 pH 电极结构示意图

3) 微电极型: 这种微电极的尖端直径小于 1μm, 可测量细胞内的 pH。目前有密封和非密封(开口)两种形式。密封式微电极中 pH 敏感玻璃为毛细管, 拉成尖状, 将不敏感玻璃管套在 pH 敏感玻璃管外侧, 在离尖端部 10~20μm 处密封, 管内装有 HCl 溶液和 Ag/AgCl 电极, 电极尖端直径小于 0.5μm, 内阻 10^9~10^{12}Ω。非密封式(开口式)微电极结构示于图 10-14。被测溶液从 pH 感应玻璃毛细管吸入, 只需试样 0.1μl, 响应时间为 40s。该微电极装有内参比 Ag/AgCl 电极。

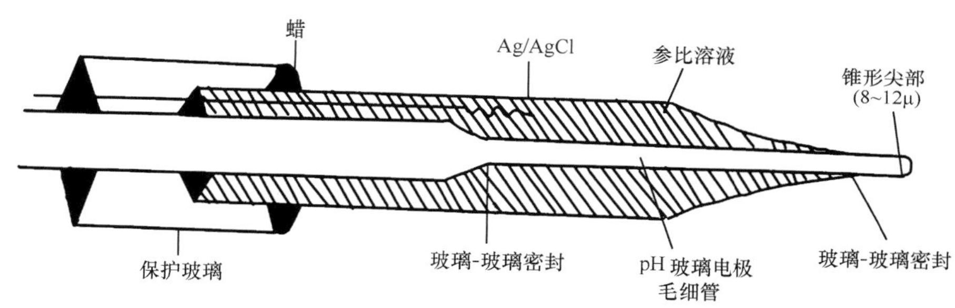

图 10-14 非密封式微电极

3. 玻璃电极的特性

(1) pH 玻璃电极的氢功能: 所谓玻璃电极的氢功能是指玻璃电极的电极电位与溶液 pH 之间关系与能斯特方程符合的程度。衡量其符合程度有两个指标: 一是在一定温度下所测得的电极电位是否与氢离子活度 a_{H^+} 的对数呈线性关系; 二是其斜率是否为 2.303RT/F。

图 10-15 所示的 pH 玻璃电极在 pH=2~10 的范围内具有能斯特响应, 其灵敏度为 56~58mV。但在溶液 pH 较高时输出电位偏低, 此时产生的误差称为碱误差; 在溶液 pH<1 时, 电极功能也降低, 而且平衡时间延长, 此时产生的误差称为酸误差。

(2) 不对称电位: 在敏感玻璃膜两侧放入组分和浓度相同的溶液, 在两侧溶液中各插入一支性能相同的参比电极, 理论上讲两个电极之间的电位差应为零。但实际上常存在一个电位差, 此电位差称为不对称电位。其数值一般在几个毫伏到 20mV 左右。产生不对称电位的原因主要是因为玻璃膜内外表面性质不同造成的。此电位差可通过测量电路加以调整。

(3) 玻璃电极电阻: 玻璃电极电阻应包括玻璃膜内阻和电极绝缘电阻。对球形, 其值一般在 $(1\text{~}500)\times10^6\Omega$。玻璃膜内阻与玻璃组分、膜厚、膜面积、表面性质以及温度有关。玻璃电极的电阻对于温度的变化十分灵敏(图 10-16)。

4. 测量电路 由于玻璃电极阻抗很高, 因此要求电位测量电路阻抗高, 电流小。实际应用中常采用由场效应管和高阻变容器组成的调制型放大器。这种放大器不仅具有高输入阻抗和低输入电流, 而且具有工作可靠、低噪声、低功耗和尺寸小等优点。

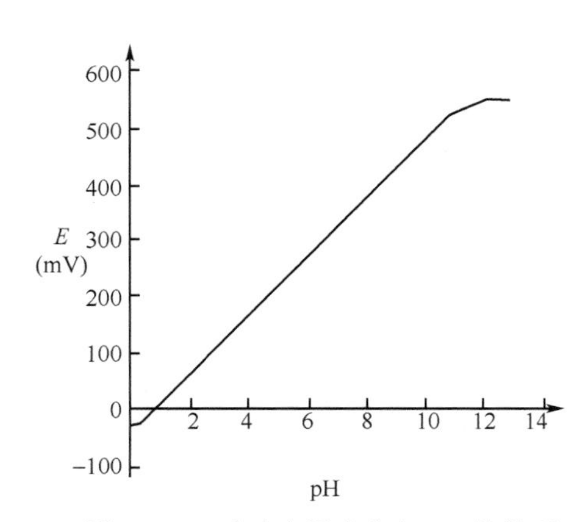

图 10-15　玻璃电极电位与 pH 的关系

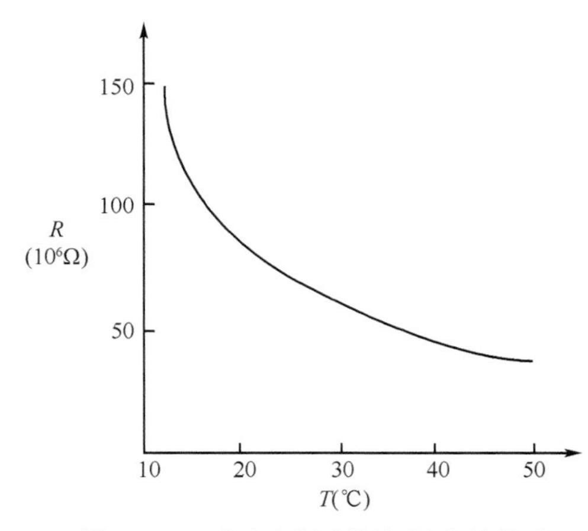

图 10-16　玻璃电极电阻与温度的关系

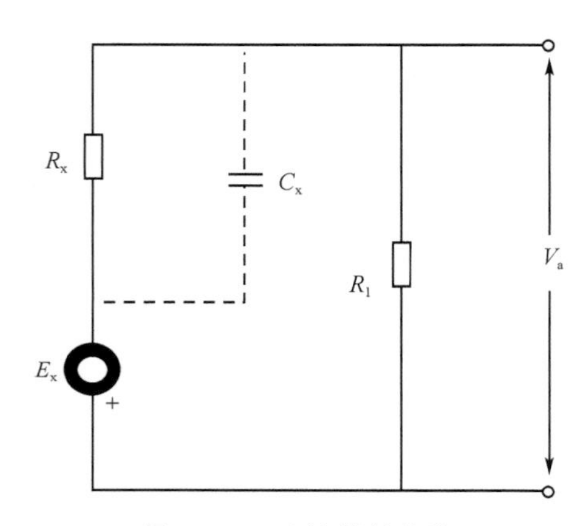

图 10-17　电池等效电路

图 10-17 为由离子选择电极和参比电极组成的电池的等效电路图。E_x 为被测电池的电动势。R_x 为内阻，并与等效电容 C_x 并联，R_i 为测量电路输入阻抗，在该阻抗上的电位差 V_a 为:

$$V_a = \frac{R_i}{R_i + R_x} E_x \tag{10-25}$$

当 $R_i >> R_x$ 时，$V_a \approx E_x$。因此实际测量时，存在测量误差。测量的相对误差 N 取决于 R_i 与 R_x 的比值:

$$N = \frac{E_X - V_a}{E_X} \tag{10-26}$$

当 $R_i/R_x=10^3$ 时，N=0.1%，故要求 R_i>R_x，一般不得小于 10^3 倍。

三、固态膜电极

固态膜电极的敏感膜由难溶性盐晶体制成，其结构如图 10-18 (a)所示。其敏感膜可以是单晶膜、多晶膜或沉淀膜。

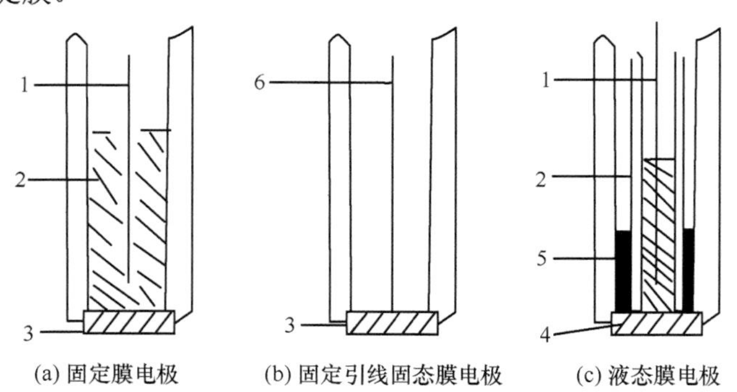

(a) 固定膜电极　(b) 固定引线固态膜电极　(c) 液态膜电极

图 10-18　离子选择电极结构

1.Ag/AgCl; 2. 内电解液; 3.固态膜; 4.渗有液体的惰性多孔薄膜; 5.用作液膜的液体; 6.金属导线

1. 单晶膜电极(monocrystal membrane electrode)　单晶膜电极敏感膜由难溶性盐单晶体

制成，这种电极具有非常好的选择性。目前这类电极只有单晶 LaF_3 氟电极。它的制作方法包括以下几步：首先将单晶膜经表面抛光后，厚度为 1~2mm；然后将膜粘结在玻璃管或塑料管上，在管内放入内参比溶液和内参比电极 Ag/AgCl 电极。内参比溶液是用饱和 AgCl 溶液，0.1mol/L NaCl 溶液和 0.1(或 0.01)mol/L NaF 溶液。测量时将它与甘汞电极组成电池，其电动势为

$$E=E_{甘}+E_{氟}=E_{甘}-(E_{膜}+E_{内参})$$

$$=常数-2.303\frac{RT}{F}\lg a_{F^-} \tag{10-27}$$

用氟电极测定氟离子，最佳 pH 为 5~5.5，线性范围为 $1\sim10^{-6}$mol/L。

2. 多晶膜电极(multicrystal membrane electrode) 此类电极是在高压下将难溶性盐的沉淀粉末压成 1~2mm 厚的致密薄片，经抛光后封接在玻璃或塑料管上，在管内放入内参比溶液和内参比电极构成多晶膜电极。用 Ag_2S 粉末压成的 S^{2-}电极，也可作银离子电极使用。

对 Ag^+响应时，则有

$$E_{Ag}=\text{constant}+\frac{RT}{F}\ln a_{Ag^+} \tag{10-28}$$

对 S^{2-}响应时，则有

$$E_S=\text{constant}-\frac{RT}{2F}\ln a_{s^{2-}} \tag{10-29}$$

硫电极以银丝为内参比电极，用 0.001~0.1mol/L 硝酸银溶液作为内参比液，可测量 $1\sim10^{-7}$mol/L 银离子或硫离子。用 AgCl、AgBr、AgI 粉末也可压成相应的敏感膜制作氯电极、溴电极和碘电极。现在一些商品电极上并没有内参比电极和内参比溶液，而是在内膜上加银粉压制成型后再在银膜上直接焊接引线［图 10-18(b)］。

3. 沉淀膜电极(precipitate membrane electrode) 沉淀膜电极是将活性物质(通常为难溶性盐)均匀地分布在惰性黏合材料(如硅橡胶、聚氯乙烯等)中，经加热压制成厚度为 0.5~1.5mm 的敏感膜，然后将敏感膜用黏合剂粘在电极管上来构成的。管内可放入内参比电极和内参比液，也可以直接固定引线。这类电极优点是机械性能好，缺点是其内部阻抗较高，响应速度较慢，而且不宜用于有机溶剂中测量。

四、液膜电极

液膜电极与固态膜电极不同，液膜电极的敏感膜是液态的。构成液态膜的活性物质可分为两类：一类是带有活性基团的离子交换剂(ion-exchanger)，用它可构成液体交换剂膜电极；另一类是电中性络合剂(中性载体，neutral carrier)。用它可构成中性载体膜电极。

1. 液体离子交换剂膜电极 这种电极的结构如图 10-18(c)所示。电极具有双层体腔。中间圆形体腔内装有内参比液，外边环形体腔内装有液体离子交换剂，在双层体腔的底部固定一个惰性载体膜片，此膜片用烧结玻璃、陶瓷或高分子聚合物制成。膜片内有均匀分布的小孔(孔径约为 100pm)。孔与孔之间彼此相通，经化学处理后其中小孔疏水亲油，而液体离子交换剂也是疏水亲油，所以当液体离子交换剂与多孔膜片接触后，液体离子交换剂便渗入膜片的孔隙中，使多孔膜片形成液态敏感膜，而这层液态敏感膜又将内参比溶液与被测溶液隔开。内参比电极一般用 Ag/AgCl 电极。内参比液视被测离子的种类而定。著被测离子是阳离子，则用被测离子的氯化物制作内参比液；若被测离子为阴离子，则用被测离子的钾盐和 KCl 制成内参比液，离子交换剂必须具备如下的条件：它本身难溶于被测溶液和内参比液，

而且在与这两个溶液接触的相界面上能电离，有良好的稳定性和高交换容量。现在以 Ca^{2+}离子选择电极为例说明这种电极的响应机制。如图 10-19 所示。Ca^{2+}离子选择电极是用二癸基磷酸钙(以 CaR_2 表示)溶于二正辛基磷酸中的溶液制作液态敏感膜，用 0.1mol $CaCl_2$ 作内参比液，用 Ag/AgCl 电极作内参比电极来构成的。二癸基磷酸钙和二正辛基磷酸均为极难溶于水的有机物。CaR_2 在有机相和水相的界面上可解离成 Ca^{2+}和有机大离子 R^-，而 R^-难溶于水，于是在相界上能与水相中的 Ca^{2+}结合生成 CaR_2。若 Ca^{2+}浓度在液膜外溶液中大于在液膜内溶液中，则在相界面 2 上生成的 CaR_2 多于在相界 1 上生成的 CaR_2，因此 CaR_2 在有机液膜中将从相界面 2 向相界面 1 扩散，因而在相界面 1 处 CaR_2 增多，导致解离出 Ca^{2+}和 R^-也增多，而 Ca^{2+}进入相界面 1 水溶液中，留在有机相的负电荷 R^-阻碍 Ca^{2+}进一步进入水溶液中，于是在相界面1上形成相界面电位，同样在相界面 2 上由于 Ca^{2+}与 R^-结合进入有机相，而留在水相中的负电荷也阻碍 Ca^{2+}进一步与 R^-结合进入有机相，因而在相界面 2 上也形成相界面电位。因此离子交换和扩散达到平衡后将会在两个相界面上会产生对应的相界面电位，这两个相界面电位之差就是膜电位。

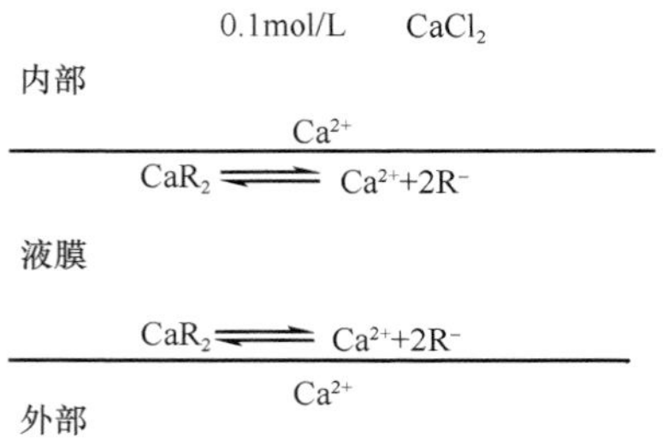

0.1mol/L $CaCl_2$

内部

Ca^{2+}

$CaR_2 \rightleftharpoons Ca^{2+}+2R^-$

液膜

$CaR_2 \rightleftharpoons Ca^{2+}+2R^-$

Ca^{2+}

外部

图 10-19 液膜离子交换作用机理

在没有干扰离子存在下，这个膜电位可用下式表示：

$$E_{膜} = \text{constant} + \frac{RT}{ZF} \ln a_{Ca^{2+}} \tag{10-30}$$

这个电极鲁棒性非常好，即使 K^+和 Na^+浓度比 Ca^{2+}浓度大 1000 倍也能对 Ca^{2+}进行测定。液体离子交换剂液膜电极还可制成微电极，用于测定生物细胞内 Ca^{2+}、Mg^{2+}、Cl^-和 K^+的活度。在这些电极中，液体离子交换剂介质都放在硼硅酸玻璃细管的尖部。

2. 中性载体膜电极 中性载体膜电极与液体离子交换剂膜电极在结构上是一致的。所不同的是液体离子交换剂膜的离子迁移载体是带电荷的离子，它与被测阳离子作用生成盐，而中性载体膜的离子迁移载体是不带电的中性有机分子，它与阳离子发生络合产生络离子。这种不带电的中性分子可起阳离子载体作用，因此称之为中性载体。目前可作为中性载体的物质主要是大环抗菌药物和环状结构的聚醚等。

常用的中性载体膜电极为钾电极，其中性载体为缬氨霉素。液体敏感膜是将缬氨霉素溶于氯苯-溴苯或硝基苯中制成。内参比电极用 Ag/AgCl 电极，内参比液用 0.01mol/L KCl 溶液，其线性响应范围为 $1\times10^{-5} \sim 1\text{mol/L}$，最佳 pH 范围为 2~10，内阻为 $3\times10^{7}\,\Omega$，对 Na^+的选择性系数为 2×10^{-4}，而玻璃膜钾电极对 Na^+的选择性系数只有 5×10^{-2}。

第三节 气 敏 电 极

离子选择电极主要用于测量溶液中各种离子浓度，但溶液中还经常溶有气体，如血液中有溶解 O_2 和代谢产物 CO_2，测定它们的含量可用气敏电极(gas sensitive electrode)。下面分别介绍氧电极和二氧化碳电极。

一、氧 电 极

氧电极(oxygen electrode)实际上是一个通过测定电解电流来测定溶液中含氧量的电解池。构成这种电解池有两种方式：一种是开放式；另一种是封闭式。

1. 开放式氧电极 开放式氧电极测定氧的装置如图 10-20 所示。在玻璃管内封接一根铂丝或铂片制成铂电极，用它作阴极，用 Ag/AgCl 参比电极作阳极，外加电解电压。当铂电极电位比参比电极电位低 0.2V 时，铂丝周围的氧开始电解，此时电流表显示有电流流过。当铂电极电位比参比电极低 0.6~0.8V 时，电解速度趋于稳定，此时电流与溶液中的氧含量成正比(图 10-21)，据此可测溶液中氧含量。

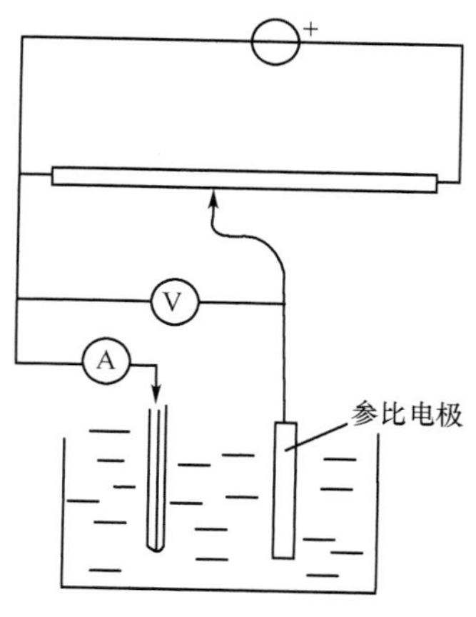

图 10-20 测氧电解池

铂电极电位比 Ag/AgCl 电极低 0.2V 时，氧开始在铂电极上还原产生电流。其还原反应为：

$$O_2 + 2H_2O + 4e^- \rightarrow 4OH^-$$

开放式氧电极虽然结构虽简单，但是因铂丝暴露在被测溶液中易被"毒化"，特别是在铂电极浸在含有蛋白质的介质中测氧时，蛋白质会沉积在电极表面上，使电极的有效面积减小，电流下降。为防止"毒化"，避免电极与被测溶液直接接触，则采用封闭式氧电极。

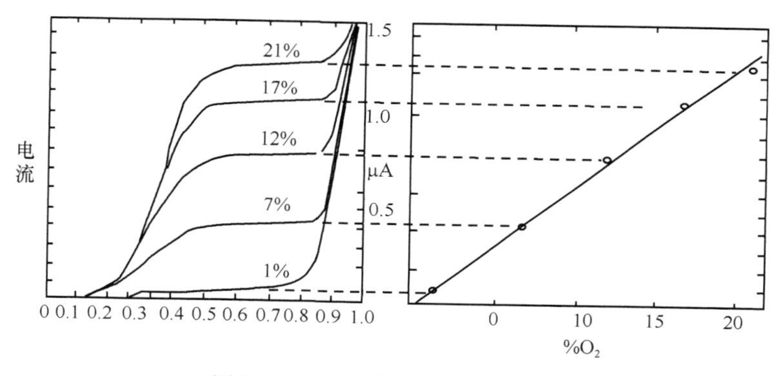

图 10-21 氧含量与电压电流关系

2. 封闭式氧电极(Clark 电极) 封闭式氧电极如图 10-22 所示为封闭式氧电极结构示意图。它将铂电极与 Ag/AgCl 电极均放置于参比液内，并且用透氧膜与被测溶液隔离而制成。被测溶液中的氧通过透氧膜扩散进入膜内电解质薄层 X_e，然后再扩散到铂电极的表面上电解还原产生电流。在此过程中氧在电极上还原反应比较快，并且氧在电解质薄层 X_e 内扩散速度又远远大于在透气膜中的扩散速度，因此决定电流大小的关键因素为氧在透气膜中的扩散速度。根据费克(Fick)第一定律，氧在单位时间透过膜的摩尔数 dn/dt 为

$$\frac{\mathrm{d}n}{\mathrm{d}t} = -D_\mathrm{m} A \frac{\mathrm{d}c}{\mathrm{d}X} \tag{10-31}$$

式中，D_m 是氧在膜中的扩散系数；A 为电极面积；dc/dX 为氧在膜中的浓度变化率。氧在电极上反应，使靠近电极表面的氧浓度减小，因而从整体溶液中扩散来补充。由于透氧膜非常薄，可认为 O_2 在膜中的浓度随 X 增加呈线性减小。每摩尔氧分子还原需 4 法拉第电量，故电解电流可用下式表示：

$$I = 4FD_\mathrm{m}Aa_\mathrm{m}\left(\mathrm{P}_{\mathrm{O}_2}(X_2) - \mathrm{P}_{\mathrm{O}_2}(X_1)\right)(X_\mathrm{m})^{-1} \tag{10-32}$$

式中，F 为法拉第常数；a_m 为在 $\mathrm{P}_{\mathrm{O}_2} = 1\mathrm{atm}$ 时每立方厘米膜中溶解 O_2 的毫摩尔数，而 X_m 为透氧膜的厚度；$\mathrm{P}_{\mathrm{O}_2}(X_2)$ 和 $\mathrm{P}_{\mathrm{O}_2}(X_1)$ 分别为透氧膜界面 X_2 和 X_1 处溶液中氧的分压。

当电压加到足够负时，电极表面氧的浓度变成零，即 $P_{O_2}(X_0)=0$，而通常电解质溶液薄层又非常薄，同时氧在其中的扩散系数又很大，故 $P_{O_2}(X_2) \geqslant P_{O_2}(X_1)$。据此可将上式改写为

$$I = 4FD_m Aa_m P_{O_2}(X_2)(X_m)^{-1} \tag{10-33}$$

当电压加到足够负时，电极表面氧浓度等于零时的电解电流，称为极限电流。对指定电极而言，只要透氧膜一经确定，则 $D_m Aa_m(X_m)^{-1}$ 为常数，所以极限电流与被测溶液中氧的分压成正比。由于 a_m 和 D_m 是温度的函数，故在一些测量系统中装有控温系统。

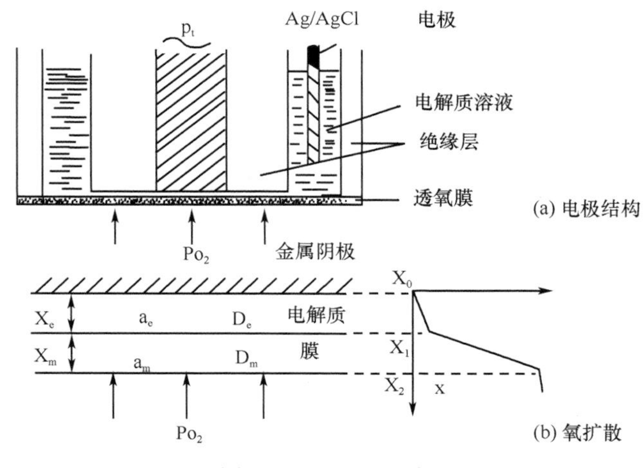

图 10-22 Clark 电极

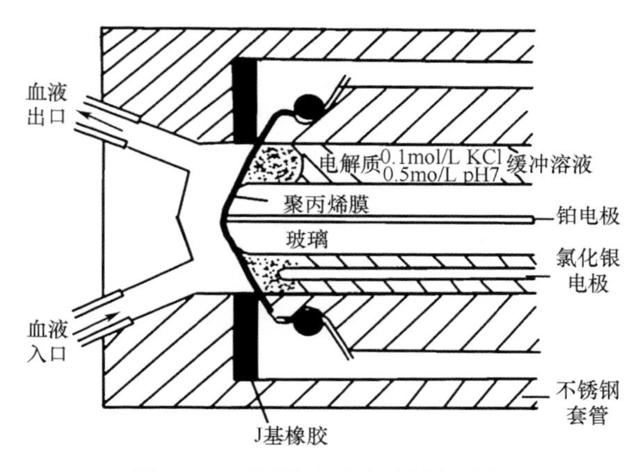

图 10-23 测量流动血液的氧电极

图 10-23 为测量流动血液的氧电极结构图，其中铂电极(直径 25μm)被封装在玻璃中，其尖部抛光露出。透氧膜为聚丙烯或聚四氟乙烯，氧从 0 到 100%，电极的线性度为 1%，响应时间为 25s。

图 10-24 为经皮测氧的氧电极结构图，它除有阳极(铂电极)、阴极、透氧膜、电解质溶液外，还有温控系统的加热元件和热敏电阻。当电极被加热到 43~44℃时，电极下面皮肤内的毛细管扩张，增加皮肤组织的血流量。因而所提供的氧多于皮肤组织消耗的氧。多余的氧通过组织扩散到皮肤表面，然后通过透氧膜进入电极。加热元件被嵌在阳极内，用热敏电阻检控温度，使温度波动控制在给定值的±0.2℃以内。这种电极已用于新生儿氧的监测。

二、CO_2 气敏电极

1. 结构和原理 CO_2 是酸性气体，故二氧化碳气敏电极通常是将 pH 玻璃电极和参比电极组成电池，然后用透气膜将中间溶液与被测溶液隔开来构成的(图 10-25)。CO_2 气敏电极实际上是个电化学电池。气透膜通常采用醋酸纤维素、聚乙烯、聚丙烯或聚四氟乙烯等疏水性薄膜，中间溶液通常为 0.01mol/L $NaHCO_3$ 和 KCl 溶液。测定 CO_2 时，将 CO_2 气敏电极与被测溶液接触，

被测溶液中 CO_2 通过膜进入中间溶液，在中间溶液中发生下列反应：

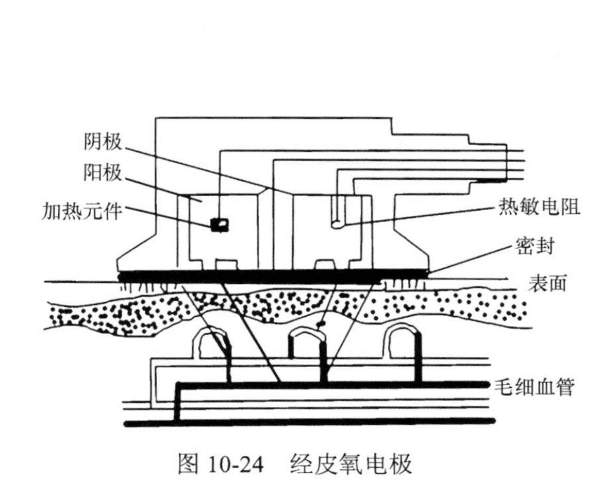

图 10-24　经皮氧电极

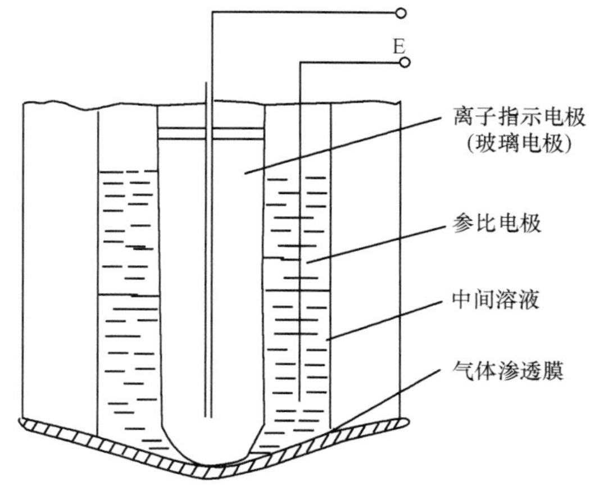

图 10-25　气敏电极的结构

$$CO_2 + H_2O = HCO_3^- + H^+$$

使中间溶液酸度发生变化，达到平衡时

$$K = \frac{[HCO_3^-][H^+]}{Pco_2}$$

式中 $[HCO_3^-] = 0.01\text{mol/L} + [HCO_3^-]_{co_2}$　$[HCO_3^-]_{co_2}$ 是 CO_2 进入膜内生成的 HCO_3^- 浓度。

$\because [HCO_3^-] = 0.01\text{mol/L}$，$\therefore [HCO_3^-] = 0.01\text{mol/L}$，则有

$$[H^+] = k\text{Pco}_2 \tag{10-34}$$

将式(10-34)代入玻璃电极电位公式中，则

$$E_{玻} = 常数 + \frac{RT}{F}\ln a_{H^+}$$

$$= 常数 + \frac{RT}{F}\ln \text{Pco}_2 \tag{10-35}$$

气敏电极的中间溶液中插有参比电极，它与 pH 玻璃电极组成电池，因此只要测出该电池的电动势便可推算出 CO_2 的含量。

2. CO_2 气敏电极在医学上的应用　在生物医学中用于测量血液中 CO_2 含量的 CO_2 气敏电极结构，如图 10-26 所示。在实际应用时作成直径为 1.5mm 的塑料管探头，插入血管中测量动脉 Pco_2。

CO_2 气敏电极还能在皮肤表面上检测二氧化碳。加热型经皮二氧化碳电其加热元件用热敏电阻来检测和控制。加热可使皮肤内的 CO_2 迅速扩散到电极处，因而对动脉 Pco_2 有较快响应。

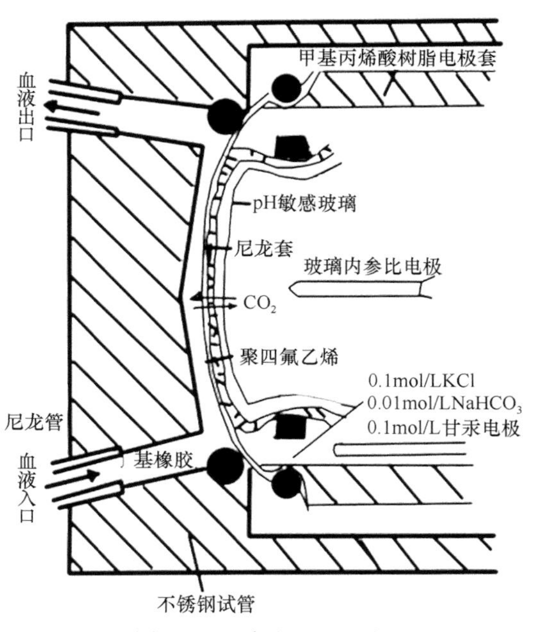

图 10-26　全血 Pco_2 电极

第四节 离子敏场效应管

离子敏场效应管(ISFET)是一种测量溶液中离子活度的微型固态电化学敏感器件。它的输入阻抗高，输出阻抗低，因此可以把对离子活度的敏感性和其阻抗转换结合在一起，从而提高信噪比，同时其响应时间不到 1s，易集成化，而且其体积小可作成微型探针，故非常适用于医学中检测各种生理参数。

一、结构和工作原理

MOSFET 和 ISFET 不同之处是 MOSFET 的金属栅极被离子选择性敏感膜、被测溶液和参比电极三者构成的系统所代替。该系统的相界电位分布如下:

参比电极 | 被测溶液 | 离子敏感膜

$E_{参}$　　　$E_{液-膜}$

$E_{参}$ 为参比电极电位；$E_{液-膜}$ 为被测溶液与离子敏感膜的相界电位，它与被测溶液中离子活度 a_i 的关系符合能斯特方程:

$$E_{液-膜} = E^0 \pm \frac{RT}{ZF}\ln a_i \tag{10-36}$$

因此该系统所产生的电动势 E 为

$$E = E_{液-膜} - E_{参}$$

该体系所产生的电动势作为栅压加到场效应管栅源极上，故在测定回路中，若 V_G 不变，而改变被测溶液中离子活度，则栅源电压因之发生变化，从而改变 ISFET 沟道的电导，结果导致漏极电流，I_D 变化。漏极电流 I_D 与离子活度的关系有两种情况:

在非饱和区:

$$I_D = \frac{\mu WC_0}{L}(V_G - V_T^* + E^0 \pm \frac{RT}{ZF}\ln a_i - E_{参} - \frac{V_D}{2})V_D \tag{10-37}$$

在饱和区:

$$I_D = \frac{\mu WC_0}{2L}(V_G - V_T^* + E^0 \pm \frac{RT}{ZF}\ln a_i - E_{参})^2 \tag{10-38}$$

式中，μ 表示电子在沟道中的迁移率；C_0 为栅绝缘层单位面积电容；W 表示沟道宽度；L 为沟道长度；V_T^* 表示 ISFET 阈值电压。由上述两式可看出，不论在饱和区还是在非饱和区，I_D 都与离子活度存在定量关系，因此在这两个区都可用 ISFET 测定离子活度。离子敏场效应管可用集成电路工艺制成针状。根据用途也可作成多探头的 ISFET 或前端为 10~30μm 的超小型的离子敏传感器。

二、ISFET 的离子敏感膜

通常在 ISFET 上所用的离子敏感膜和用在 ISE 上的相同。这两种类型传感器的不同只是在测定溶液/膜的界面电位时采用的线路不同而已。其实，膜及其产生电位的机理都是相同的。现将已用于 ISFET 三类离子敏感膜叙述如下:

1. 固态膜　对 H^+ 敏感的固态膜(solid-state pH membrane)无机材料有 SiO_2、Si_3N_4、ZrO_2、

Al_2O_3 和 Ta_2O_5, SiO_2 与水溶液接触, 易水化缺乏绝缘性, 不宜作 pH 敏感膜, 而 Al_2O_3 和 Ta_2O_5 制作的敏感膜具有很好的特性, pH 灵敏度为 52~58mV/pH, 95% 的响应时间不超过几秒, 漂移几乎可忽略, 滞后也很小。作为 ISFET 离子敏感膜的固态膜所以能引人重视, 是因为它可以用普通集成电路制作技术来沉积。

除了 H^+以外的离子敏感膜, 研制成功的不多, 因为在 ISE 上使用的很多材料不能用普通集成电路制作技术沉积, 因而不能被利用。曾用铝硅酸或硼硅酸盐玻璃研制过钠离子敏感的固态膜。

2. 聚合物膜　用在 ISFET 上的聚合物膜(polymer membrane)和用在 ISE 上的相同。现用在 ISE 上的聚合物膜均可用于 ISFET。通常采用具有挥发性溶剂的溶液, 通过浇注法将聚合物膜加到 ISFFT 的栅极区域。膜厚一般大于 50μm, 以便获得无小孔的膜。若有小孔存在, 则当孔中充满电解质时孔通过膜起到电的分路作用, 使电化学电位短路, 造成 ISFET 无效。

用于 ISFET 的离子选择聚合物膜, 研究得最多的是 K^+和 Ca^{2+}的敏感膜。K^+敏感膜是离子载体缬氨霉素分布在 PVC 聚合物骨架中, 用二辛基已二酸醋增塑而成。用同样的方法也可将二癸基磷酸钙分散在 PVC 中制成 Ca^{2+}敏感膜。

3. 非均相膜　这种膜通常是将粉末状难溶性无机盐的半导体材料固定在聚合物的骨架中构成的。曾用银盐固定在弹性聚合物中研制成对氯、碘和氰离子的非均相 ISFET 敏感膜。这些 IS-FET 的响应示于图 10-27。图中 Cl_a 膜含有氯化银和硫化银, 而 Cl_b 膜只含有氯化银。

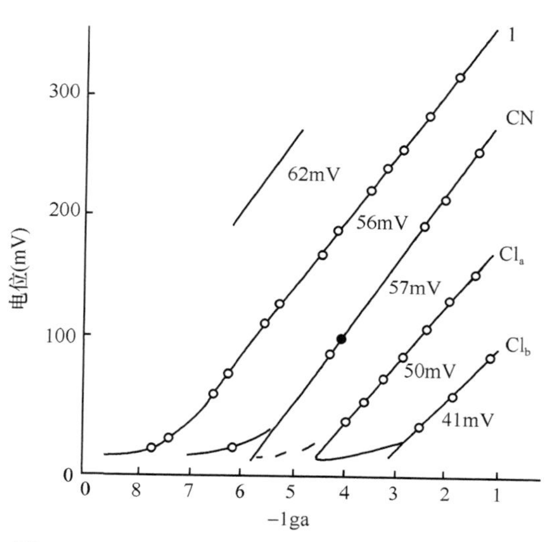

图 10-27　非均相膜氯、碘和氰离 ISFET 的响应

三、ISFET 在医学方面的应用

在临床医学中常需要对某种液体中的几种离子同时测定和监测, 以实现快速诊断和及时治疗的目的。曾利用集成化技术, 将 H^+-ISFET 和 Na^+-ISFET 集成在一起制成多功能 ISFET。用于兔头盖骨内 pH 和 pNa 的测定, 如图 10-28 所示。从图可见当兔呼吸停止 4min 后, pH 和 pNa 均呈现瞬时增加的现象。

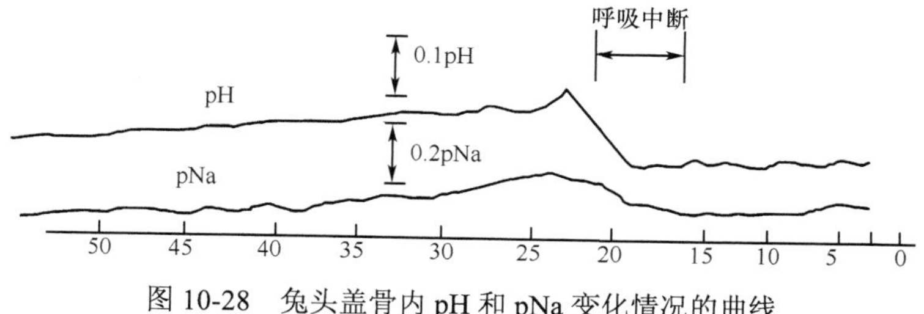

图 10-28　兔头盖骨内 pH 和 pNa 变化情况的曲线

采用半导体集成电路技术所制成的 ISFET 遥测器, 是应用微型 ISFET 和微电子技术制成的微型探测器。这种微型探测器能吞入或埋入体内, 在体内将某种离子活度响应变为调

频或调幅信号发射出去，再由体外接收机接收。利用 ISFET 遥测器可对体液或活体组织进行连续检测，而被检测者可自由活动。例如：①pH-ISFET 埋入义齿内连续测量口内齿垢下的 pH；②将 pH-ISFET 和 Ag/AgCl 电极组成一个小型传感器，插入钳子口上与内窥镜配合可测量胃内各部位的 pH；③将 ISFET 装在探针前端连续监测血管内血液 pH；④也可制成超小型 Pco_2 传感器，测定血液中的 Pco_2，其响应达到 90% 时的响应时间为 30~60s。此外还有人将 ISFET 进一步微型化，先后制出直径线度为 30μm、20μm 以及 1μm 的微型 ISFET，用于细胞内离子浓度的测定。

第五节　半导体陶瓷气敏传感器

一、概　　述

气体检测的方法很多，但传统使用的测定装置都比较复杂，成本较高，不易推广。近年来由于半导体技术的蓬勃发展，利用半导体材料制成小体积的气敏元件检测气体不断增多，由于这种半导体气敏传感器(semiconductor gas-sensIng sensor)灵敏度高，结构简单、使用方便、价格低廉，因此半导体气敏传感器自出现以来就获得了迅速发展。目前它在环境污染气体、可燃性气体的监测和自动控制，以及医院环境的保护等方面都得到广泛的应用。使用半导体气敏传感器有一个共同的特点是要将半导体敏感元件加热到 200℃ 以上方可进行气体测量。传感器的结构有薄膜(thin-film)型、烧结体(sintcring)型和厚膜(thick-film)型。

薄膜型气敏传感器是在绝缘基片上制成半导体薄膜，薄膜两边装有电极，加热丝衬在背面。当被测气体被吸附在半导体上时便会引起该传感器的电阻发生变化。此种结构的气敏传感器多采用 ZnO 和 SnO_2 作为半导体材料。

烧结体型气敏传感器多以 SnO_2 为基本成分，再加 0.5%~2%$PdCl_2$ 和黏合剂，装上加热丝后进行烧结而成。其特点是灵敏度高，但其一致性较差，机械强度低。

厚层型气敏传感器是用 SnO_2 和 ZnO 等材料和 3%~15%硅凝胶混合成一种能印刷的混合物，将此混合物印刷在事先安装好铂电极的 Al_2O_3 基片上形成厚胶膜，然后再进行烧结而制成。这种传感器具有高灵敏性，而且一致性和强度都比较好。

二、气敏传感器的工作原理

当 N 型半导体表面上有气体吸附时，如果表面所吸附的外来原子的亲合能大于半导体表面电子的逸出功，则被吸附的原子将从半导体表面取得电子形成负离子吸附。由于电子移向被吸附的原子，积累了空间电荷，使表面静电势增加，产生了空间电荷层，阻碍电子继续向表面移动。随着电子迁移量的增加，表面静电势也随之增大，电子向表面迁移越来越困难，最终达到平衡态。半导体处于负离子吸附时，使半导体的功函数增大，作为多数载流子的导电电子浓度降低，从而使表面电导率下降。同理，P 型半导体处于正离子吸附时，使半导体的功函数减小，作为多数载流子的导电空穴减少，从而导致表面电导率降低。上述两种情况，都是在发生气体吸附时使半导体的多数载流子减少，表面电导率降低，将这种吸附称为耗损型吸附。另外一种情况是在 N 型半导体发生正离子吸附或 P 型半导体发生负离子吸附时，导致多数载流子增加，表面导电率增高，将这种吸附称为蓄积型吸附。实际上，常用的气敏半导体材料不管是 N 型还是

P 型，对于 O_2 通常都是发生负离子吸附，而对于 H_2、CO、烃、乙醇等还原型气体，多数是发生正离子吸附。

通常为提高半导体气敏传感器的灵敏度，需加热提高传感器的温度。用加热的方法提高灵敏度，这不仅消耗额外的功率，而且增加了传感器的复杂性。现正在努力寻找在常温下具有足够灵敏度的材料。实验表明，在气敏半导体陶瓷材料中添加少量催化剂后制成的气敏传感器，在常温下有较高的灵敏度。例如，在 SnO_2 中添加少量 $PbCl_2$ 就可以大大提高它对还原性气体的灵敏度。

三、应　　用

气敏半导体材料的种类很多，这里只介绍几种实用性较大的气敏半导体陶瓷材料。

1. 氧化锡(SnO_2)序列　氧化锡系列目前最常用的气敏半导体材料。它的最大特点是灵敏度较高，而且在最高灵敏度时的工作温度较低，因而获得广泛应用。SnO_2 的工作温度为 200~300℃，若掺入催化剂，还可以进一步降低温度，甚至可在常温下工作。实用化的氧化锡气体传感器可检测可燃性气体，如 H_2、CO、CH_4、C_3H_8、C_2H_5OH 和芳香族气体。气体浓度与灵敏度之间呈非线性关系所示。这种传感器常用作烟雾报警器。

2. 氧化锌(ZnO)序列　ZnO 材料的重要性仅次于 SnO_2，也是一种广泛应用的材料。掺 Pt 的 ZnO 材料对异丁烷、丙烷、乙烷等气体烃具有较高灵敏度，而且烃中碳原子数目越大，灵敏度越高，但对 H_2、CO、CH_4 和烟雾，灵敏度却很低，如图 10-29(a)所示。

掺 Pd 的 ZnO 却与此相反对 H_2 和 CO 的灵敏度很高，而对气体烃的灵敏度却很低，如图 10-29(b)。

用 ZnO 制成的传感器的结构如图 10-30 所示，其外部为直径约 1.4mm、长 4mm 的瓷管，在圆瓷管的基板上涂覆 ZnO，并以隔膜层与触媒层分开。在圆筒形瓷管内穿入金属丝，使之保持 370℃的工作温度。

3. 复合氧化物序列　稀土族过渡金属氧化物(如 $LaNiO_3$)，当其周围气体中氧分压发生变化时，由于发生氧化还原很快，随之电导率迅速发生变化。这一系列的氧化物都是 P 型半导体。其特性与 SnO_2 系列和 ZnO 系列相反，当与还原性气体接触时，电导率减小。这是因为过剩的氧离子被还原性气体消耗而减少的缘故。$LaNiO_3$ 和($Ln_{0.5}Sr_{0.5}$)、CoO_3 (Ln 系指 La、Pr、Sm、Gd 等)对乙醇有很高的灵敏度。这种传感器常用于医院里监测。

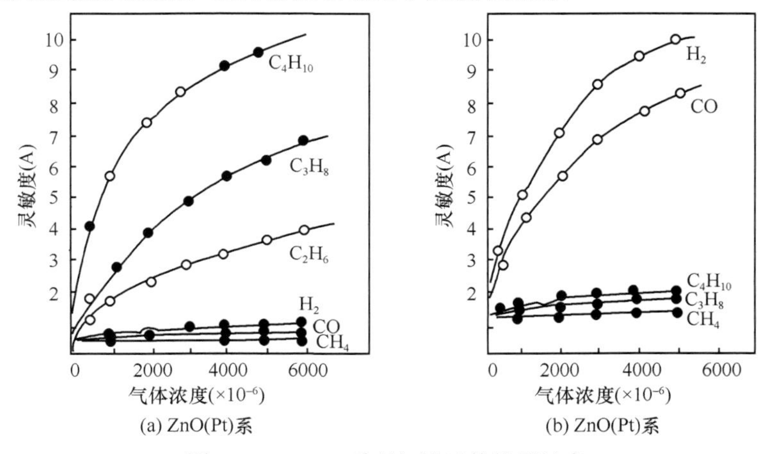

图 10-29　ZnO 系列气敏元件的灵敏度

四、测 量 电 路

测量电路有电压和电流检测两种电路,如图 10-31 所示。

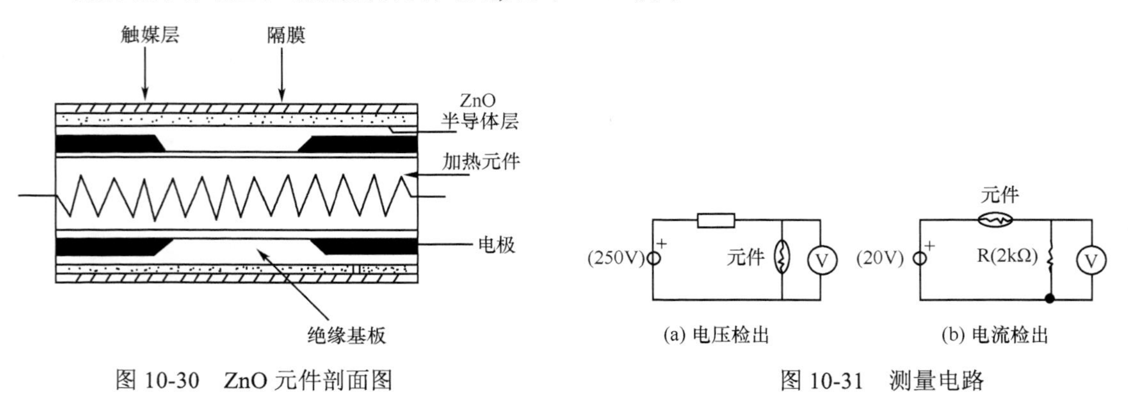

图 10-30　ZnO 元件剖面图　　图 10-31　测量电路

第六节　半导体陶瓷湿度传感器

一、概　　述

湿度是指大气中所含的水蒸气量，通常用两种方法表示：绝对湿度和相对湿度。绝对湿度是指某一特定空间内水蒸气的绝对含量，可用 kg/m^3 或水的蒸气压表示，例如 25℃时水的饱和蒸气压为 4.5kPa(33.8mmHg)。相对湿度为某一待测蒸气压与相同温度下的饱和蒸气压之比的百分数，常以%RH 表示。

大气湿度是表征环境状态的重要参数。对它的测量、控制和调节，对医疗保健、工农业生产和物资存放等是十分重要的。

湿度传感器(humidity sensors)是根据半导体陶瓷的电阻随湿度变化的规律，把湿度变化转换成电学信号的测定器件。在所测的湿度范围内，要求湿度传感器应有一定的灵敏度。电阻灵敏度是以相似湿度变化 1%时的阻值变化的百分率表示。

湿度传感器的动态特性主要是指半导体陶瓷电阻值的响应速度或响应时间。一般来说，响应越快越好，但实际上，环境湿度的变化与元件吸水量之间，需要经过一段时间才能达到平衡。达到平衡所需时间与材料本身的特性和环境温度等因素有关，响应时间有时差别很大，有的不到 1s，有的则需十几分钟。其温度特性，通常以湿度温度系数表示，即温度每变化 1℃时，其阻值的变化相当于 RH 变化的百分数，单位为%RH/℃。

二、结构和工作原理

制作湿度传感器所用半导体陶瓷，是各种不同类型的金属氧化物，结构上即可以是微粒状粉末堆积体，也可以是多孔状的多晶烧结体。

半导体陶瓷的电阻要比绝缘型陶瓷低得多，通常其电阻率 $\rho=10^{-4}\sim10^{8}\Omega\cdot cm$。半导体化是通过加入适量杂质或控制其主晶相的化学计量比来实现的。准确化学配比的氧化铬与铬酸镁陶瓷，属于绝缘介质，电阻率均大于 $10^{9}\Omega\cdot cm$，但加入百分之几摩尔氧化镁杂质，并将其固溶于主晶相内，便可使它的电阻率显著下降(图 10-32)。

半导体化的过程使半导瓷的晶粒内产生大量的载流电子或空穴，使晶粒体的电阻率大为降低。但在作为湿敏材料的多晶陶瓷的晶粒间界中，由于结构不够致密与缺乏规律性，不仅载流子的浓度远比晶粒体内小，且迁移率也要低得多，所以一般半导瓷的粒界电阻都要比粒体内高得多，所以在半导瓷中晶粒间界便成了传导电流的主要障阻。正因为这种粒界产生高阻效应，所以使半导瓷具有良好的湿敏特性。水分子在半导瓷表面或界面附着时，能引起其载流子浓度或迁移率显著改变，湿度传感器就是基于上述原理制成的。

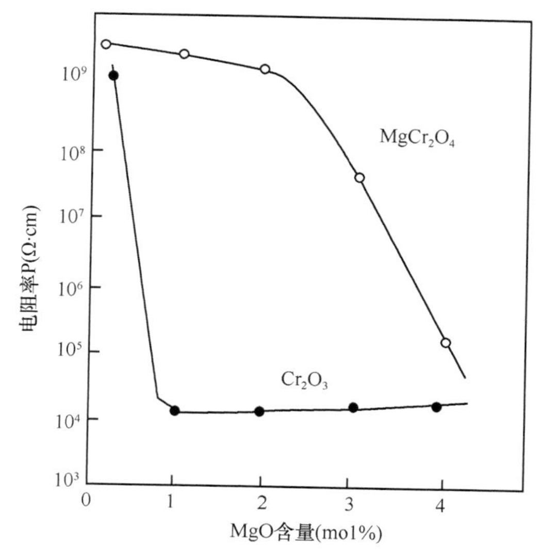

图 10-32 $MgCr_2O_4$ 或 Cr_2O_3 中掺 MgO 使之半导体化

三、湿敏材料与传感器

用金属氧化物作为湿敏材料制作湿度传感器可以采用不同的工艺，根据制作的工艺和结构的不同，可将其分为瓷粉涂覆型湿度传感器、烧结体型湿度传感器和厚膜型湿度传涂覆膜型湿度传感器是将湿敏瓷粉调成浆，然后涂覆、干涸而制成的，故称为涂覆膜型湿度传感器。这种传感器所用湿敏材料有：Fe_3O_4、Fe_2O_3、Cr_2O_3、Al_2O_3 和 TiO_2、SnO_2、ZnO 等。为提高灵敏度也可在这些金属氧化物中掺加一些碱金属氧化物。常用的一种金属氧化物是 Fe_3O_4。它的特点是：电阻较低(10^4~10^5Ω)容易测量；稳定性好，可长期置于大气中表面状态不变化；可在(0~100)%RH 范围内进行测量。

Fe_3O_4 瓷粉膜型湿度传感器是以滑石瓷作为基片，用丝网漏印法印制叉指状金电浆，然后烧结成金电极，再在其上涂覆一层 Fe_3O_4 湿敏浆料，经低温烘干而制成的(图 10-33)。其湿膜厚约为 30μm。这个传感器的优点是在全湿范围内具有相当一致的湿度特性。当湿度从 0%RH 变到 100%RH 时，其阻值下降厂四个数量级。它的吸湿时间和脱湿时间分别为 3~4min 和 7~8min (图 10-34)。

这种类型湿度传感器，体积小、结构简单、工艺方便、价廉、使用寿命长，因而是一种应用比较广泛的湿度传感器。

烧结体型湿度传感器的湿敏元件是通过典型的陶瓷工艺制成的。为增加表面积，提高湿度灵敏度，其气孔率高达 25%~40%。Si-Na_2O-V_2O_5 系列湿敏元件是向 Na_2O、V_2O_5 和 Si 混合粉末中加黏合剂烧结而成。其成分变动范围按 mol%计分别为：Na_2O 为 0.1%~12%；V_2O_5 为 0.05%~10%；其余为 Si 粉。Si-Na_2O-V_2O_5 系列湿度传感器最适工作温度 0~40℃，最高温度不超过 100℃，测湿范围为 30%~95%RH，适于在湿度要求严格的环境中监控用。以 $MgCr_2O_4$ 为主要材料的烧结型湿度传感器，因灵敏度适中，电阻率低和电阻温度特性好，因此应用比较广泛。

厚膜型湿度传感器是用 $MnWO_4$、$NiWO_4$、$ZnCr_2O_4$ 和 $MgCr_2O_4$ 等材料粉末制成的厚膜来构成的。湿敏膜的厚度约为 50μm。$MnWO_4$ 厚膜传感器在全湿的范围内，其阻值变化为 3~4 个数量数；温度对其阻值影响不大，当温度从 24℃ 变至 30℃时，温度每变化 1℃所引起的湿度误差平均为 0.3% RH，所以在一般测量时不必作温度补偿。此种湿度传感器体积小，响应快，结构简单，工艺方便，造价低廉，便于普及推广。

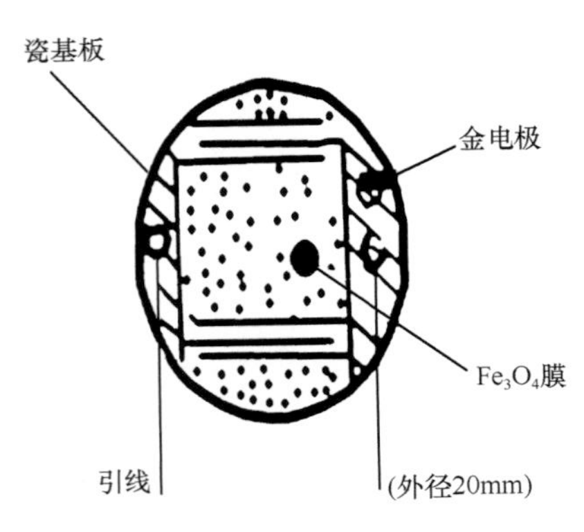

图 10-33 Fe_3O_4湿度传感器结构

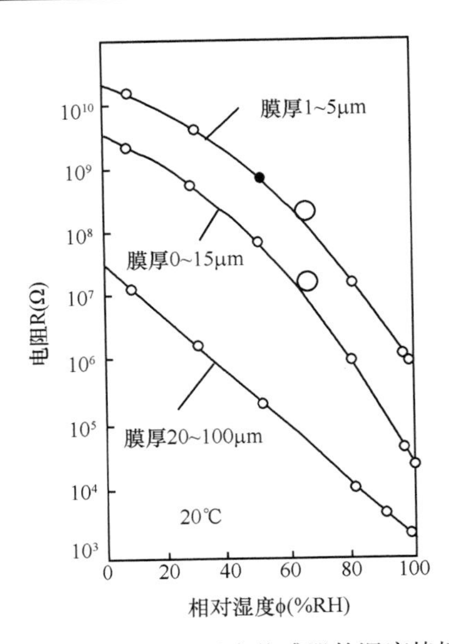

图 10-34 Fe_3O_4湿度传感器的湿度特性

近年来, 有机高分子膜湿度传感器在医学中应用也日趋广泛。有机高分子膜湿度传感器的湿敏元件所用的材料有: 醋酸纤维、酰胺纤维和硝化纤维等。有机高分子膜湿度传感器是在玻璃基板上先蒸发上梳状金电极, 作为下部电极, 用有机溶剂如丙酮、乙醇或乙醚等将湿敏材料如醋酸纤维或酰胺纤维等溶成溶液, 再将此溶液在基板上涂覆一层湿敏膜、然后放上上部电极便构成。膜厚不能小于 0.2μm, 否则薄膜上、下电极间易短路; 膜厚大于 1μm, 元件响应不好。

湿敏元件可以测量人体皮肤的发汗量。人体皮肤的排汗功能是维持人体水分平衡和热平衡的重要手段, 因而可通过测量发汗的蒸发量来判断皮肤的状态。测定皮肤水分蒸发量, 在医疗上用途很大, 如检测新生儿的水分平衡状况, 对烧伤病人的治疗, 外科手术切除部分的水蒸发量的测量等。此外, 一些化妆品、包布之类对皮肤水蒸发量的影响也能通过湿度检测得到有用的信息。

思 考 题

1. 画出三种电化学传感器的测量电路, 并说明它们的测量原理。

2. 电极有哪几种? 各用于何处?

3. 用 0.05mol/L 邻-苯二甲酸氢钾作标准溶液(pH=4.00), 将玻璃电极和饱和甘汞电极入上述溶液中组成电池, 20℃时测其电动势为 0.188V, 然后将上述两电极取出洗净后插入待测 pH 溶液中, 测得 20℃时的电池电动势为 0.337V。计算: 玻璃电极的 E_G^0 和待测溶液的 pH。

4. 试述 ISE 和 ISFET 之间的异同点。

5. 试述半导体陶瓷气敏传感器的结构和测定原理。

6. 试述半导体陶瓷湿度传感器的结构和测定原理。

第十一章　生物传感器

自从 1962 年 Clark 和 Lyons 提出第一个生物传感器(biosensor)以来，生物传感器的研究和开发呈现突飞猛进的发展局面。由于生物传感器具有选择性好、测定速度快、灵敏度高等优点，它已在临床检验、生物医学的研究和环境保护的监测等领域得到应用。本章主要内容包括生物传感器工作原理和分类；酶传感器；微生物传感器和免疫传感器。本章重点内容为酶传感器，酶传感器的结构、原理和固定化技术等。

第一节　生物传感器工作原理和分类

一、生物传感器的组成

生物传感器是由分子识别系统和物理-化学转换器相互紧密接触能将被测物的量转变成电学信号的装置，如图 11-1 所示。

分子识别系统将被测物的信息按一定的灵敏度从生物化学的范畴转变成化学或物理信号，而该物理或化学信号被紧密接触的化学-物理的转换器变成电学信号，从而把化学量和电学量联系起来，因此通过测定电学信号便可测定被测物的含量，这就是生物传感器的基本原理。

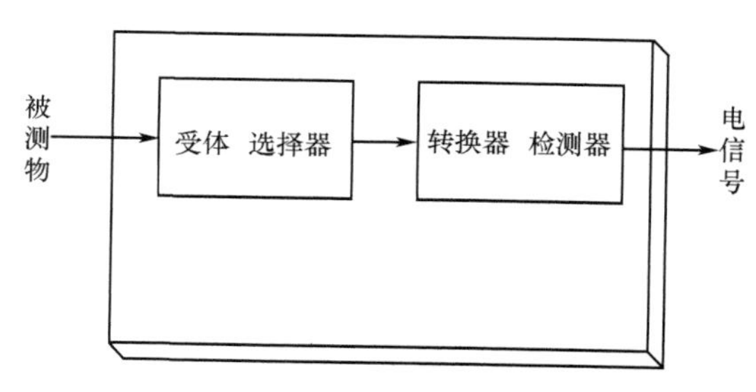

图 11-1　生物传感器基本组成的示意图

在天然化学感觉器官如嗅觉，味觉和神经的生化途径中，实际的识别都是由化学受体细胞来实现的，所以在化学传感器中也常采用受体(receptor)这个术语表示分子识别系统。各分子识别系统的主要功能是为传感器测定被测物提供极高的选择性，它既可以是非生物性质的，又可以是生物性质的。通常公认的定义，由前者构成的传感器称化学传感器，由后者构成的传感器称生物传感器。非生物受体通常是一些金属电极、离子导电无机或有机物质，或在金属或离子导电物质上覆盖一层透气膜，实际上它们都是电化学转换器(即电化学传感器)。 生物受体是一些从细胞或组织分离出来的生物大分子(酶、抗体/抗原或受体)、整个细胞(细菌、酵母细胞)和组织。常用的物理-化学转换器有电化学电极，离子敏场效应管、热敏电阻，光电转换元件和压电晶体管。物理-化学转换器的选择必须与分子识别系统产生的化学和物理性质相匹配。

二、生物传感器的工作原理

基于生物催化剂的生物传感器其工作原理实际上是测定原理。假设有一种或几种底物(或称基质 substrate)S 和 S_1 在酶、整个细胞或活组织存在下反应产生一种或几种产物 P 和 P_1，并可

能伴有光 $h\nu$ 或热 Q 的产生：$S+S_1 \xrightarrow{\text{催化}} P+P_1+\begin{cases} h\nu \\ Q \end{cases}$ 这个反应是不可逆反应。用紧密接触型转换器检测这种催化反应大致可以采用五种方式：

(1) 检测共存底物 S_1 的消耗(例如由氧化酶、细菌、酵母细胞构成的反应层消耗氧)，相应的信号从其背景值降低。

(2) 检测反应产物 P(如 H_2O_2、H^+、NH_4^+、…)，相应的信号增加。

(3) 采用固定化介导体，在底物 S 存在下检测生物催化剂更效率。固定化介导体，其反应速度必须满足生物催化剂所要求的速度，而且比较容易被转换器测定。各类二茂络铁衍生物和有机盐 TTF^+(四硫富瓦烯)TCNQ−(四氰基醌二甲烷)已在植入葡萄糖传感器中得到应用。采用此种方法的目的是为消除共存底物浓度对传感器响应的影响，同时也为减小干扰物的影响。当固定化介导体和生物催化剂反应的速度远远大于共存底物和生物催化剂反应速度时，第一个目的就可以达到。上述三种测定方式所用的转换器见图 11-2。

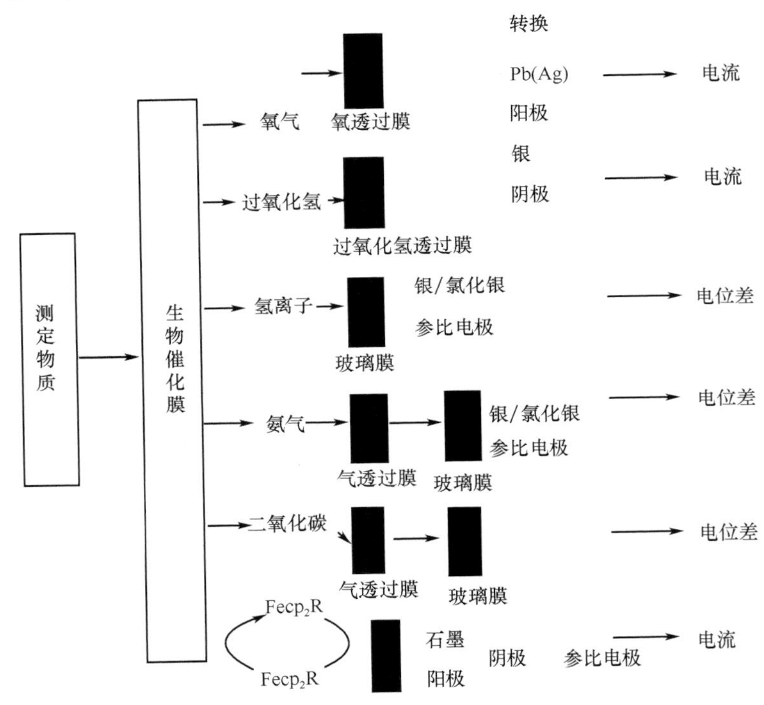

图 11-2 电化学生物传感器的结构和信号转变

(4) 生物催化剂催化反应常伴有热效应产生，例如葡萄糖在葡萄糖氧化酶和过氧化氢酶存在下与氧反应产生热，可用热敏电阻检测其热效应。若催化反应放出的热量全部用于反应系统温度升高，则有

$$\Delta T=-\frac{n\Delta H}{Cs} \tag{11-1}$$

式中，n 为产物的摩尔数；ΔH 为催化反应的焓变；ΔT 为反应系统温度变化；Cs 为反应系统的热容。由式 (11-1)可知，系统温度变化与产物浓度呈线性关系，据此可测物质浓度。

(5) 有些物质在生物催化剂的催化下反应发光，可用光电转换装置将光转变成电信号。如果把葡萄糖氧化酶和过氧化物酶制成复合酶膜，则当将该酶膜与葡萄糖-鲁米诺系统接触时就会产生光，通过相应的光电转换，依据对应的电学信号大小就可以确定葡萄糖的含量。

三、生物传感器的分类

生物传感器通常是依据分子识别系统中生物活性物质的种类或信号转换器的种类不同进行分类的。

1. 依据生物活性物质分类　生物传感器中分子识别系统中所用生物活性物质有酶、微生物、动植物组织、细胞器、抗原/抗体等介质，根据所用的生物活性物质可将生物传感器分为酶传感器、微生物传感器、组织传感器、细胞器传感器、免疫传感器等。

2. 依据信号转换器分类　生物传感器所用的信号转换器，有电化学电极、离子敏场效应管、热敏电阻、光电转换装置等。据此可将生物传感器分为电化学生物传感器、半导体生物传感器、测热型生物传感器、测光型生物传感器、压电生物传感器等。

以上两种分类方法有时也可以综合考虑。比如酶传感器又分为酶电极、酶热敏电阻、酶FET、酶光极等。酶电极根据所测定的底物不同，又可分为葡萄糖电极、尿素电极、尿酸电极、乳酸电极、丙酮酸电极等。因此，具体的分类要试实际情况而定。

四、测定方法

生物传感器的测量方法可分三种类型：①连续式测量；②间歇式测量；③流动注入分析法。连续测量是最困难的，间歇测量是最普通的，而 FIA 可用于自动化学分析。

1. 连续式测量(continuous measurement)　此种方式经常用于体内血液监测，亦可用于某些过程的控制和水的监测。这种测量常在流动液体中进行。生物传感器在这种应用中存在的一个严重问题是它的不稳定性，需经常从系统中取出生物传感器进行校准，因而操作起来比较麻烦。

2. 间歇式测量(batch measurement)　这是最常用的一种生物传感器测量方法。它与测量几个样品的 pH 相似。通常在开始一系列测量之前，需对生物传感器进行校正，测量完毕以后要对校正曲线进行校验。间歇式测量可采用稳态响应，也可采用速率方法进行，后者是在某一定时间之后测量响应的斜率。速率法中的一种，是测量响应曲线的一阶导数。稳态测量比较慢，但它能显示出整个响应曲线的图。

3. 流动注入分析法(flow injection analysis, FIA)　流动注入分析法是一种自动快速进行化学测量方法。在最简单的 FIA 系统中，将酶溶解在载体流中，通常溶在缓冲液中，然后用恒流泵泵入到系统中。将样品(如酶的底物)注入载体流中，和酶发生反应，产生产物或消耗反应物，可在下流检出。检出可采用分光光度法，也可采用电化学方法，这要根据酶化学反应的情况而具体问题具体分析。采用这种测定，测定速度快，但缺点是大量消耗酶。为解决这个问题，可采用固定酶系统。

在用固定酶的系统中，将样品注入缓冲载体溶液中，它与固定酶发生反应，在下流检出产物或反应物。在这个系统中酶可重复使用。但在使用这种方法时需有恒流泵和注入阀，因而增加了系统的复杂度。

第二节　酶传感器

固定化酶可与各种转换器组合成酶传感器，用来测定其底物。酶电极(enzyme electrode)这种测定装置是把酶分析方法的选择性、灵敏性与电化学电极测量的简单快速的两个优点组合到一起，因此它能快速测定溶液中被测物的浓度，而很少需要制备样品。已研制出的酶电极能测定的物质有葡萄糖、尿素、*L*-氨基酸、青霉素以及临床上常见的其他物质。

一、酶学基础

酶传感器一个重要的组成部分是酶，因此必须对酶的组成和性质有所了解才能制作出得心应手的传感器。

1. 酶的组成和分类 酶是一类有催化活性的蛋白质，它既具有一级至四级的结构，又具有两性电解质的性质，在等电点易发生聚沉；一切能使蛋白质变性的理化因素均能使酶变性或失活。

从化学组成来看，酶可分为单纯蛋白酶和结合蛋白酶两大类。单纯蛋白酶除蛋白质外不含其他成分，如胃蛋白酶、脲酶和胰蛋白酶等，结合蛋白酶是由蛋白质和非蛋白质两个部分所组成。若这两个部分结合得牢固，用透析法不能将其分离，则将此非蛋白质部分称为该结合蛋白酶的辅基；若这两部分结合得不牢固，在溶液中呈离解状态，则将此非蛋白质部分称为辅酶。前者如细胞色素氧化酶中的铁卟啉部分，铁卟啉部分为细胞色素氧化酶的辅基，又如，黄素单核苷酸(FMN)和黄素腺嘌呤二核苷酸(FAD)，它们都是黄素酶的辅基。常见的辅酶有烟酰胺腺嘌呤二核苷酸(NAD，辅酶Ⅰ)和烟酰胺腺嘌呤二核苷酸磷酸(NADP，辅酶Ⅰ)，二者均为脱氢酶的辅酶。

决定酶的特异性是酶的蛋白质部分，而辅酶和辅基在总的酶催化反应中起着传递电子、质子或某些化学基团的作用。辅酶和辅基多为维生素或某些金属离子。

根据生物蛋白酶所催化的反应的性质大体可以把酶分为氧化还原酶、转移酶、水解酶、裂解酶、异构酶和合成酶六大类。

2. 酶的催化特性 酶是生物体内产生并具有催化活性的一种蛋白质(别称生物催化剂)。它只能改变化学反应速度，而不改变反应的平衡点，在反应前后本身组成性质不发生改变；这些性质与一般催化剂类似，但也有不同之处，其不同点如下：

(1) 酶和一般催化剂的最大不同点就是不耐高温，一般在 50℃以上生物酶的特性便会遭到破坏，超过 80℃大多数生物酶都会失活，即使再冷却也不能恢复。

(2) 酶的催化效率比一般催化剂高 10^6~10^{13} 倍。如 1mol 过氧化氢酶在 1min 内能催化 5×10^6 mol H_2O_2 分子分解，而 1mol Fe^{3+}在 1min 内能催化 6×10^4mol H_2O_2 分子分解。

(3) 酶在常温常压并接近中性的条件下即可进行催化反应，而同一反应，若用非酶催化剂，则要在高温高压下才能进行。

(4) 酶的催化具有高度的专一性，即一种酶只能作用于一种或一类物质，产生一定的产物，而非酶催化剂对作用物没有如此严格的选择性。如 H^+可以催化淀粉、脂肪和蛋白质等水解，但淀粉酶只能催化淀粉水解。

3. 酶催化反应动力学 酶催化反应动力学主要研究酶的催化反应速度以及各种影响反应速度的要素。这些要素主要包括酶浓度、底物浓度、pH、温度、抑制剂和激活剂等。

酶动力学测定在生物酶化学反应过程中底物初始浓度被消耗在 5%以内的速度，其目的是为了排除酶反应过程中出现的各种干扰因素。酶反应速度的单位为 mol/(L.S)。

(1) 酶浓度对反应速度的约束：在一定条件下，当底物浓度为饱和量时，酶催化的反应速度和酶的浓度成正比。

不同生物酶，其响应的催化能力也不同。为比较酶的催化活性，常用酶单位和比活性来表示。一个酶单位(U)系指在特定条件下 1min 内使底物形成 1mol 产物时所需的酶量，而酶的比活性系指每毫克生物酶所含有的酶单位(U/mg)。

(2) 底物对酶催化反应速度的影响：通常酶催化反应可表示如下：

$$E+S \Leftrightarrow ES \rightarrow E+P$$

这个反应速度可用 Michaelis-Menten 方程表示：

$$V=V_{\mathrm{m}}[S]\cdot(K_{\mathrm{m}}+[S])^{-1} \tag{11-2}$$

由式(11-2)可看出，催化反应速度(V)与底物浓度[S]、最大速度(V_{m})和米氏常数(K_{m})有关。

K_{m} 是酶的特性常数，它与酶浓度无关。K_{m} 值等于酶催化反应速度为最大反应速度一半时的底物浓度，即当 $V=\frac{1}{2}V_{\mathrm{m}}$ 时，K_{m}=[S]。不同酶的 K_{m} 值不同，且同一酶对不同的底物，其 K_{m} 值也不同，大多数纯酶的 K_{m} 值在 0.01~100mmol。使用 K_{m} 值较大的酶制作酶传感器，其线性范围一般也是比较宽的。V_{m} 表征酶的催化效能，1mol 酶在单位时间内催化底物发生反应的摩尔数，即转换系数。

(3) 温度对酶催化反应速度的影响：酶催化反应速度在一定温度范围之内(0~40℃)温度升高反应速度加快，但因酶是蛋白质，温度升高，蛋白质变性也要加快，从而使反应速度减小甚至使酶完全失活。因此酶催化反应都有一个最佳温度，在最佳温度时，酶催化反应速度最大。

(4) pH 对酶催化反应的影响：酶只有在一定的 pH 范围内才能产生催化活性，而且在某一 pH 时，酶的催化活性最大，此 pH 称为该酶的最佳 pH。通常生物酶的最佳 pH 在 6~8，动物酶多为 6.5~8.0，植物酶和微生物酶多在 4.5~6.5。

(5) 抑制剂对酶催化反应速度的影响：有些物质能使酶活性降低甚至完全失活，将这类物质称为抑制剂。抑制剂种类很多，包括药物、抗生素、毒物、抗代谢物以及催化反应的产物等。

酶活性抑制有可逆和不可逆的两种。不可逆抑制通常是指抑制剂与酶的活性中心的必需基团相结合，使酶分子中一个或多功能基遭到破坏或改变，因而导致酶失活。可逆抑制则是抑制剂与酶结合是可逆的，即这种抑制可用稀释或透析的方法加以解除。

(6) 激活剂对酶的催化反应速度的影响：凡能提高酶活性的物质，均称为激活剂。有些酶必须有激活剂存在才能进行酶的催化反应。激活剂大部分为某些无机离子，也有一些是有机分子。如 Mg^{2+}是多数酶的激活剂；又如有些还原剂如半胱氨酸、还原型谷胱甘肽等能使酶分子中二硫键还原成具有活性的巯基，从而提高酶活性。

二、酶 的 固 定

酶的固定技术是一种非常重要的技术，有许多方法能将生物活性物质固定到电极表面上，最常用的方法有吸附法，包埋法、交联法和共价结合法，如图 11-3 所示为生物酶分子固定在载体上的结构示意图。

1. 吸附法(adsorption)　吸附法是用物理方法将生物活性物质吸附在电极表面上的一种技术。通常采用的方法是将含有要研究的酶的缓冲液放到电极表面上蒸发，通常在 4℃下进行。这样做，酶不易变质。吸附后可进行交联。物理吸附的最大优点是不需要试剂，只需很小的活化和清洗步骤，而且对酶的损坏要比用其他方法小。但这种方法对 pH 改变、温度、离子强度和底物有很大的敏感性，因此使用这种方法要求的条件比较高。这种方法没有得到广泛应用是因为生物活性物质易从电极浸出，但采用交联法可使酶的浸出减小。

2. 凝胶或聚合物包埋法(entrapment)　凝胶或聚合物的包埋法(图 11-3)是将生物活性分子包

埋在凝胶或聚合物结构的格子里所采用的一种方法。该法适用于各种生物活性分子，因此也是一种常用技术。

然而它有两个主要缺点：①对底物和产物存在较大的扩散势垒，导致高分子量的底物反应受阻，如核糖核酸酶、胰蛋白酶和葡聚糖酶；②有些凝胶孔隙，其大小可使酶漏出，因而使酶膜的酶活性不断降低。可通过戊二醛将被包埋在格子里的酶进行交联来有效解决这个难题。

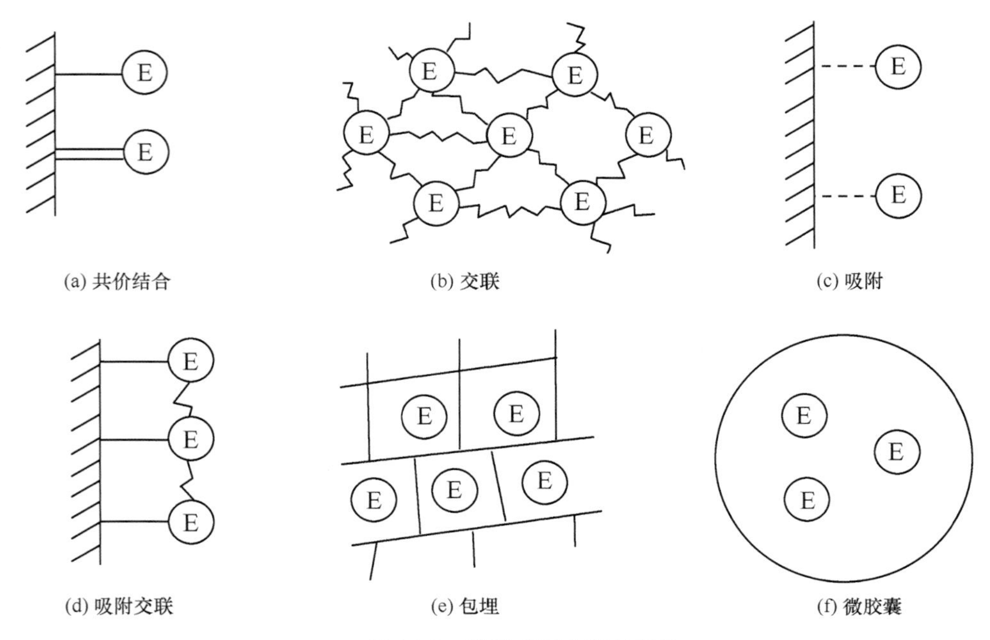

图 11-3 凝胶或聚合物包埋法

3. 交联法(cross-linking) 用吸附法和凝胶(或聚合物)包埋法制作的酶膜，在使用过程中，前者常发生酶的解吸，后者常出现生物酶从格子中漏出。交联法常用来改进上述两种制作酶膜方法的不足。该法是用双功能基试剂将生物酶和凝胶(或聚合物)结合，或将吸附在电极表面上的生物活性分子之间进行交联。然而这种方法的困难在于形成生物酶膜的条件不易掌握，而且在制作时又必须精心控制 pH、离子强度、温度和反应时间。交联膜的厚度和双功能基试剂的含量对生物传感器的响应有明显的影响。常用的双功能基试剂有戊二醛、双-重氮联苯胺-2, 2′-二磺酸、甲苯-2-异氰酸-4-异硫氰酸、己二异氰酸和 1, 5-二氟-2, 4-二硝基苯等。

4. 共价键连接(covalent blinding) 采用共价键将生物活性分子连接到电极表面或其他载体上远比吸附法工艺复杂，但它能提供稳定的固定化生物活性分子。共价键连接常包括三个步骤：载体活化；酶偶联、未结合酶的去除，这些都需要确定最佳实验条件。在酶和电极或载体间的共价键是通过酶中不起催化作用的官能团来实现的，实际操作中经常利用蛋白质氨基酸侧链中的亲核功能基进行偶联。这一类官能团有氨基、羧基、羟基、酚基、咪唑基和巯基等。在低温、低离子强度和生理范围内的 pH 时可发生理想的偶联。通常偶联是在其底物存在下进行，以便保护酶的活性点。共价键连接模式的最大优点是酶膜在使用时酶不能从载体或电极上脱落下来。另外由于共价键的方法种类比较多，因此有可能从中选择不损害酶活性点的偶联方法。常用的共价结合反应如下：①溴化氰法；②碳二亚胺法；③叠氮法；④三氯-均-三嗪偶联法；⑤芳香胺通过重氮化偶联；⑥通过巯基偶联等六种方式。

5. 其他方法 在生物传感器中采用动植物组织作为分子识别元件的方法是 1981 年由

Kuriyema 和 Rechnitz 开始引进的，其后引起其他一些研究者的重视。由于生物组织价格低，而且在通常情况比较稳定，所以用它制作生物传感器是有优点的，但是缺点是干扰比较大，响应慢。固定方法通常用透析膜采用物理方法密封，不适于用化学方法固定。

为防止电极受干扰和污染，电聚合物膜技术逐渐兴起。电聚合物膜是一种将单体用电氧化的方法在电极表面上形成一层不溶性的、导电的或绝缘的聚合物薄膜。该薄膜是只许 H_2O_2 通过而阻止干扰物到达电极表面上的半透性的绝缘膜。这种膜显示出自组装的特性，覆盖在整个电极表面上，厚度均匀。它所以能保持均匀的厚度，是因为其将成长到厚度达到构成绝缘体时为止，即电聚合到表面完全被覆盖，这时电流减小到最小，因为单体不能穿透膜。通常电聚合物膜的厚度在纳米的数量级，可有效地堵住干扰物并能防止污染。

组装一个完整的电聚合物膜生物传感器需进行三个操作步骤：①部分镀铂；②酶的固定；③电聚合。如果采用铂电极，则步骤①可略去。步骤②和③的次序一般不限。Ohnuki 等曾测定，1, 2-DAB 聚合物膜的厚度小于 10nm，而 GOD 直径为 8.6nm，由此可知血清中存在的干扰物不能穿过聚合物膜。从实验可检出 H_2O_2 来看，说明葡萄糖可以到达酶的活性点。因为葡萄糖是不能穿过聚合物膜的，所以这意味着聚合物的膜没有完全盖住葡萄糖氧化酶的活性点。

三、电流型酶传感器

电化学酶传感器有电位型和电流型之分。在电流型酶传感器中，酶催化反应的反应物或产物在电极上发生氧化还原产生电流，该电流与被测物的浓度成比例。电流型酶传感器通常所用的酶是氧化还原酶，这种酶通常使用氧、尼克酰胺腺嘌呤二核苷酸(NAD^+)或磷酸尼克酰胺腺嘌呤二核苷酸(NAP^+)作为电子受体，在底物反应后使生物酶再循环。用氧作受体的酶称为氧化酶，用 NAD^+或 NAP^+作受体的酶称为脱氢酶或还原酶。对大多数氧化酶的反应可表示如下：

$$\text{底物} + O_2 \xrightarrow{\text{氧化酶}} \text{产物} + H_2O_2$$

在上述反应中氧的分压降低或 H_2O_2 的浓度增加，这二者均可用来测定，而这两者都与底物浓度成正比。

1. 以氧作受体的酶传感器　第一个生物传感器(也称为酶电极)是用 Clark 氧电极作为转换器组装而成的。氧电极通常是用二电极系统来构成，用铂作阴极，银作阳极。在 Clark 氧电极的透气膜上放上一层生物化学层(通常是酶)，再用一个大孔隙的膜盖在生物化学层上，用以保护生物化学层，防止大分子蛋白质进入。这便构成以氧作受体的酶传感器(图 11-4)。

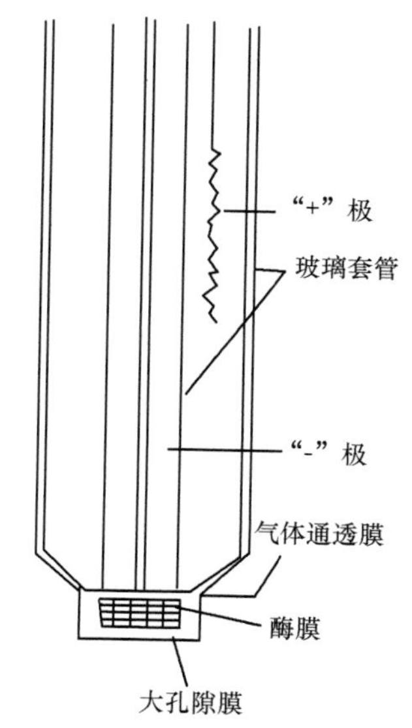

图 11-4　以氧作为受体的酶传感器

加负电压使氧在阴极上还原：

$$O_2 + 2H_2O + 4e^- \rightarrow 4OH^-$$

该反应的还原电流与氧的浓度成正比。用氧电极组装的生物传感器的主要优点是它具有极好的特异性。因为只有气体能通过膜，而且只有那些在所加电位下可还原的物质才能产生干扰，所以酶的特异性不会因氧电极电解可还原物质受到损害。这种类型酶传感器的缺点是受环境氧的浓度影响，而且氧透膜容易被堵塞；采用第二个大孔隙膜

(如透析膜)就是为了防止这种堵塞。当膜层较厚较复杂时，响应时间和恢复时间变长，而且生物传感器需要校正次数可能增多。校正曲线维持不仅依赖于酶活性，而且也依赖于反应物和产物扩散途径。生物化学层及其有关的膜越厚越复杂，保持反应物和产物扩散恒定就越困难，因而也就增加校正次数。用氧电极组装的酶传感器已用于测定各种酶的底物，如葡萄糖、乳酸、*L*-氨基酸、亚硫酸盐、水杨酸盐、草酸和丙酮酸等。

2. 以测定 H_2O_2 为基础的生物酶传感器 这一类生物酶传感器是根据用电化学方法测定氧化酶反应的产物 H_2O_2 而进行工作的。其电化学反应如下:

$$H_2O_2 \rightarrow O_2 + 2H^+ + 2e^-$$

该反应所产生的电流与底物浓度成正比。以 H_2O_2 为基础的生物酶传感器有两个优点: ①H_2O_2 能引起酶活性失活，消耗 H_2O_2 可阻止这种有害物质含量的增加; ②电化学反应产生的氧补充了酶反应消耗的某些氧。但是电化学反应产生的氧没能充分补偿生物酶反应所消耗的氧，因为产生的氧大部分通过扩散丢失到溶液中。以 H_2O_2 为基础的生物传感器可测定的物质有葡萄糖、*L*-氨基酸、乙醇、胆固醇、丙酮、黄嘌呤、乳酸、谷氨酸、乙酰胆碱、胆截和亚硫酸等。

特异性是生物传感器的一个重要性质，若缺乏特异性则需要对复杂样品进行制备和(或)分离，或者还需对干扰信号进行补偿，因而使传感器的使用复杂化。理想的生物传感器只对被分析物响应而与样品基质无关。在以 H_2O_2 为基础的酶传感器中，生物化学体系的特异性常因电极部分的选择性不好受到严重损害，而且在所加的电位下还能氧化溶液中存在的其他物质。这将导致相当大的干扰，从而产生较大的电流和正误差。另外电极表面由于吸附非电活性物质造成电极堵塞，导致生物传感器响应也会降低。为了克服上述存在的问题，通常组装电流型生物传感器采用三个膜(图 11-5)。第一个膜是外膜、多孔，它只允许底物、氧和其他小分子通过，而阻止大分子(如蛋白质)通过；第二个膜是固定化酶层；第三个膜是内膜，它只允许非常小的分子(如过氧化氢)通过而阻止干扰物进入。

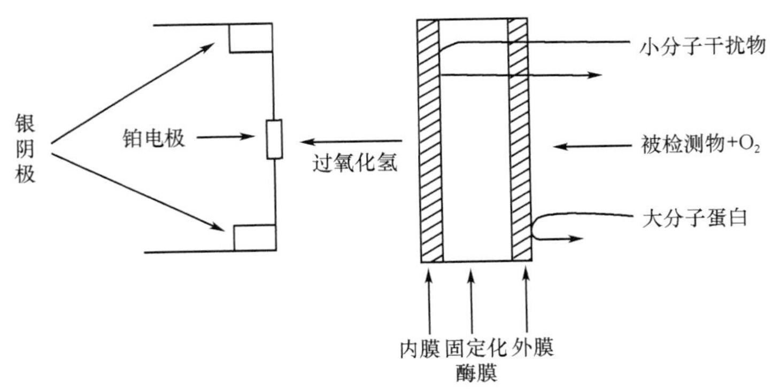

图 11-5 以过氧化氢为受体的酶传感器

增加膜厚度和数量，传感器的响应时间和恢复时间也会随之增加，同时制作校准曲线的次数也要增加。理想生物传感器结构应该采用尽可能薄的生物化学层和有关膜，而且生物化学层还应具有尽可能高的生物活性。以测定 H_2O_2 为基础的生物传感器通常采用三电极系统来构成:工作电极、辅助电极和参比电极。三电极系统优于二电极系统。在三电极系统中工作电极的电位可以准确控制，与溶液条件无关，而二电极系统中工作电极的电位与溶液条件有关。

以氧作受体或以测定 H_2O_2 为基础的生物传感器，其线性范围的上限在高浓度时通常受到氧的限制。在通常条件下，若底物浓度低于固定化酶的表观 Michaelis-Menten 常数 K(底物)，则酶反应的总速度与底物浓度呈线性关系，因此生物传感器的响应也与底物浓度呈线性关系。当底物浓度增大时，生物酶反应耗氧较多，当氧浓度很低时，它就变为限制因素。此时虽增加底物浓度，但总反应速度却改变很小，生物传感器的响应开始变平，最终变成与底物浓度无关，完全受氧浓度限制。

四、电位型生物酶传感器

电位型生物酶传感器通常选用离子选择电极作为转换器与固定化酶膜组合而成。这类传感器的电位与底物浓度存在定量关系。电位型生物酶传感器的优点是，仪器简单、低价以及可得到许多性能优良的离子选择电极。

电位型生物酶电极的结构与电流型酶电极的结构相似。通常是用透析膜和橡皮圈将酶膜固定在离子选择电极的活性表面上构成电位型酶电极(图 11-6)。

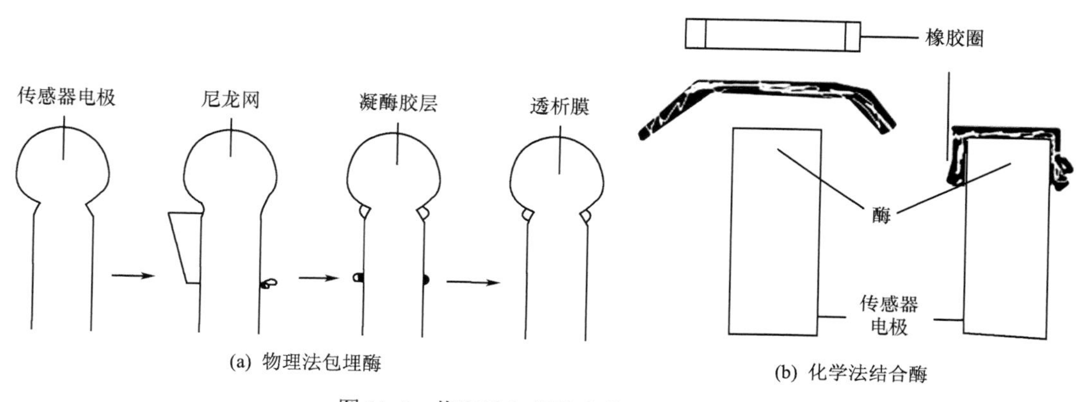

图 11-6　物理法包埋酶和化学法结合酶

通常采用甘汞电极或银/氯化银电极作为参比电极。测量酶电极电位时，将酶电极和参比电极插入被测溶液中，并将它与数字电压表相连，以便读出酶电极电位数值。用氨气敏电极、二氧化碳气敏电极或氧电极作为转换器制作酶电极测定尿素、氨基酸、葡萄糖或乙醇，都是按以上方法组成电池测定酶电极的电位。

和电流型酶电极类似，一个酶催化的反应可用不同的电位型电极作为转换器。例如，测定尿素时，可用铵离子选择电极测定脲酶催化尿素水解生成的 NH_4^+离子:

$$\text{尿素} \xrightarrow{\text{脲酶}} NH_4^+ + HCO_3^-$$

根据这个反应也可使用氨气敏电极测定 NH_3(加 OH^-，$NH_4^+ \rightarrow NH_3$)或用二氧化碳气敏电极测定 CO_2 (加 H^+，$HCO_3^- \rightarrow CO_2$)。其中氨气敏电极是最好的，因为它具有高特异性和低检出限(10^{-6} mol/L，而用二氧化碳气敏电极为 5×10^{-5}mol/L)。

电位型酶电极的变质可从三个响应特性来观测：①随使用时间的增加，上限减小，如从 10^{-1}mol/L 变到 10^{-2}mol/L；②电位对浓度的对数的曲线斜率 $\Delta E/\Delta pC$，可从开始 60 逐渐变小；③电极响应时间开始一般为 0.5~4min(与转换器的时间大致相同)随生物酶老化将会变长。

五、酶传感器的典型应用

准确快速测定葡萄糖不仅对临床分析实验室而且对在线监测糖尿病患者都是必要的。在微生物和食品工业中葡萄糖传感器对微生物和食品工业中的过程监控也是很重要的，而且应用已扩展到对二糖和多糖以及淀粉酶的测定。

测定血糖的含量对准确诊断和治疗糖尿病和各种代谢紊乱都是不可缺少的化验项目。正常人血糖含量约为 5 mmol/L，病态的数值可高达 50 mmol/L。尿糖正常值约为 1mmol/L。

利用酶的特异性和电化学技术的灵敏性组装成的葡萄糖传感器(glucose sensor)用得较多。根据葡萄糖氯化酶催化反应，有两种方式测定葡萄糖。

$$\beta\text{-}D\text{-葡萄糖}+O_2 \xrightarrow{\text{GOD}} H_2O_2+\text{葡萄糖酸内酯}$$

因此可通过阴极还原消耗的氧或通过阳极氧化产生的 H_2O_2 测定葡萄糖的含量。

测定 H_2O_2 是从很低的背景电流开始，而且允许使用一个灵敏检出器(检出限为 10^{-6} mol/L 葡萄糖)。与此相反，测定 O_2 的消耗，是记录该消耗量与基础氧电流的差值，因此灵敏度比较低。葡萄糖传感器线性范围的上限受样品中氧含量限制，为增大线性测量范围可在 GOD 膜前加一个外部扩散阻挡层。在生物样品中存在各种还原性物质如抗坏血酸、尿酸、谷胱甘肽等，它们对 H_2O_2 的氧化有明显干扰，对此可在电极表面上加一细孔膜来加以克服。

L-氨基酸传感器(amino acid-sensor)是将 *L*-氨基酸氧化酶膜和氧电极或 H_2O_2 电极组装而成。这种组装的传感器其选择性比较差，但采用氨基酸脱氨酶或脱羧酶分别与氨气敏电极或二氧化碳气敏电极组成传感器时，则可以提高其选择性。

血脂的测定对诊断动脉硬化是极其重要的，而脂质中的胆固醇、中性脂肪和磷脂均是临床化学中十分重要的测定对象。测定血液中胆固醇总含量要用两种酶：首先用固定化的胆固醇酯酶将胆固醇水解成游离的胆固醇，然后又在固定化的胆固醇氧化酶的作用下将胆固醇氧化成胆固烯酮。由于反应中消耗氧同时产生过氧化氢，所以可用氧电极或过氧化氢电极组成胆固醇传感器(cholesterol sensor)测定系统(图 11-7)。

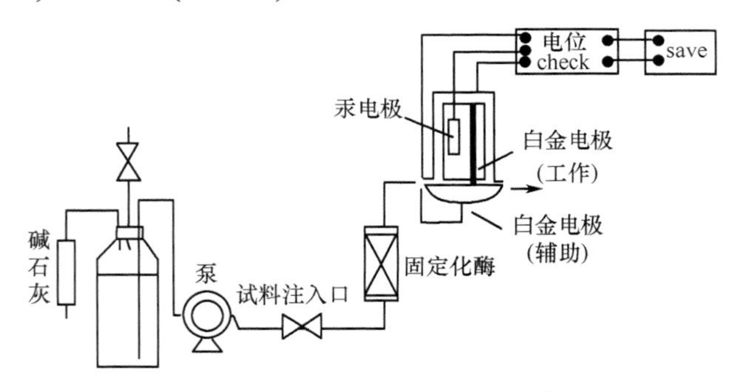

图 11-7 总胆固醇传感器测量系统

测定尿素是诊断肾机能的重要手段，也是监护人工肾不可缺少的。尿素在尿酶的作用下可产生 CO_2 或 NH_3，因此可用固定化的脲酶与氨气敏电极或二氧化碳气敏电极组成测定尿素的传感器(urease sensor)。

在 ISFET 的栅极绝缘层上固定青霉素酶膜可制成青霉素酶 FET(penicillinase FET)，青霉素酶催化青霉素水解生成青霉噻唑酸，这是一种强酸，所以反应后 pH 降低。因此可通过测定 pH 的变化测定青霉素的浓度。

测定所用的电路如图 11-8(a)所示，将两个 FET(47~50mV/pH 的 pH 灵敏度)和 Ag/AgCl 参比电极一起插入待测溶液中。其中一个 ISFFT 栅极绝缘层上固定的牛清蛋白膜含有青霉素酶，用作检测 FET，而另一个上固定的牛清蛋白膜不含青霉素酶，用作参比 FET。在参比电极上加栅偏压 VG。用这种电路可测出两个 FET 的漏极电流差，其输出 E_{out} 与青霉素浓度存在定量关系[图 11-8(b)]。

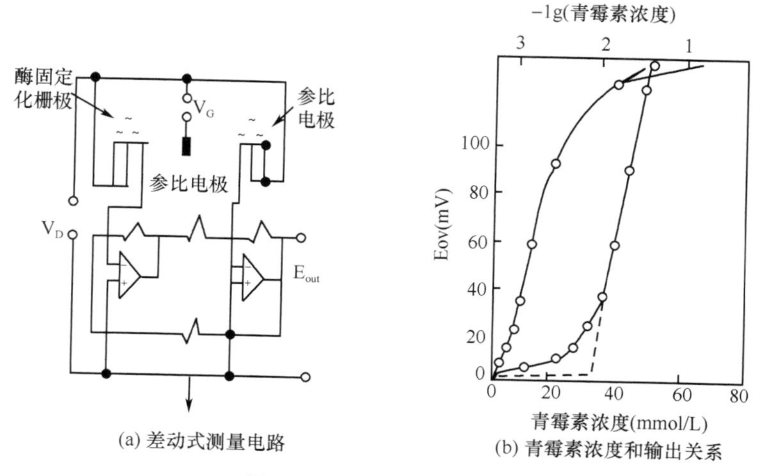

(a) 差动式测量电路　　(b) 青霉素浓度和输出关系

图 11-8　测定青霉素的酶 FET

此外，血液中酶含量的测定在医疗诊断中也极为重要。如谷丙转氨酶(GPT)的标准对诊断肝炎具有一定的重要性。该酶活性可用丙酮酸传感器加以测定，也可组成酶传感器测定谷草转氨酶(GOT)。

第三节　微生物传感器

有些酶是从微生物细胞中提取的，这不仅存在酶的成本高而且在精制过程中容易使酶活性降低甚至失活。有的学者提出了直接使用微生物细胞作为分子识别元件与相应的电极组成生物传感器，这样做便免去了酶的分离和提纯的工艺。至此微生物传感器(microbial sensor)的研制翻开了新的一页。微生物传感器除可补充或代替某些固定化酶传感器外，还具有利用复合酶系统、辅酶以及微生物全部生理功能的优点。

一、微生物学基础

用微生物作敏感材料，应对微生物的分类、代谢、繁殖、保存等有所了解。

1. 微生物电极所用微生物的种类和性质　微生物电极常用的微生物主要是细菌的酵母菌两类。

(1) 细菌：细菌(bacterium)是单细胞原核生物，是自然界中分布最广、数量最多的一类微生物。其个体微小，因而必须由单一细胞在固体培养基表面增殖成细胞群体，形成细菌的菌落后肉眼才能观察到。细菌的形状可以是球状、杆状，也可以是螺旋状，因此根据形状的不同，将其分别称为球菌、杆菌和螺旋菌。它按照三个步骤进行繁殖：①细胞核分裂，细胞膜在菌体中央形成横隔膜使细胞质分开；②细胞壁向内生长把细胞质隔膜分为两层，形成即将分成两个新细胞的细胞壁；③两个子细胞分离开形成两个独立的菌体。细菌就是这样连续不断地、快速地繁殖下去。

(2) 酵母菌：酵母菌(yeast)是人类应用比较早的一类微生物，发面、酿酒都离不开酵母菌。已知酵母菌有数种，主要分布在含糖质的原料及蔬菜、水果的表面，而在空气、土壤中较少。

酵母菌含有丰富的蛋白质、维生素和各种酶。酵母菌通常的形状是球形(如啤酒酵母)、椭圆形(如葡萄酒酵母)、卵形等。有些酵母细胞能互相联接成假菌丝或真菌丝，但主要以单细胞生活为主。

其菌落比细菌的大且厚，多数为不透明，表面光滑、湿润、黏稠。多数为乳白色，少数为粉红或红色。它具有典型的细胞结构，有细胞壁、细胞膜、细胞质和细胞核等。分为有无性和有性两种方式繁殖。无性繁殖又分为芽殖和裂殖两种。芽殖是酵母最普遍的繁殖方式。繁殖时先在细胞一端生成一个小突起，随后母细胞中的细胞核一分为二，一个留在母细胞内，一个进入小突起体内，当芽细胞长得和母细胞一样大时，两者接触处的细胞壁收缩使芽细胞脱离母细胞。

2. 微生物的营养类型 根据微生物摄取营养物质的性质及最初能量来源的不同，微生物可分为自养微生物和异养微生物两大类。

(1) 自养微生物：它能直接利用空气中二氧化碳或环境中无机碳酸盐作为碳源合成细胞中的有机物。合成过程需要的能量，一种是来自日光，称为光能自养；另一种是来自氧化某些特殊的无机物时所释放的能量，称为化能自养。

光能自养的微生物与高等植物相似，借助细菌中叶绿素的光合作用吸收日光的能量，利用还原性无机物作供氢体将二氧化碳还原成有机物，但在这种作用中不释放氧。例如污泥中的绿色硫细菌和紫色硫细菌，就是利用日光的能量将环境(污泥)中的 H_2S 作为供氢体使二氧化碳还原成有机物，并将硫贮存在细胞内，现以$[CH_2O]$代表简单的有机化合物，其反应如下:

$$CO_2+2H_2S\xrightarrow[\text{细菌叶绿素}]{\text{日光}}[CH_2O]+H_2O+2S$$

化能自养微生物不含细菌叶绿素，不能利用日光的能量，但可在完全是无机物的培养基中生长。不同的化能自养微生物能氧化各自所需的无机物，从中获取能量。例如硝化细菌能将氨氧化成亚硝酸，然后再将亚硝酸氧化成硝酸。硫化细菌能将硫化氢、硫代硫酸盐等氧化成硫，然后再将硫氧化成硫酸。在这些氧化过程中所释放的能量用以还原二氧化碳或碳酸盐合成细胞中的有机物。

(2) 异养微生物只能利用有机碳化物作碳源，在有机物氧化或发酵过程中借助呼吸或发酵作用而获取能量。绝大部分细菌和所有酵母菌都属于异养微生物。

3. 微生物代谢过程 在生命过程中微生物不断从周围环境中摄取营养物质，通过自身生物酶的作用，在细胞内进行一系列的生物分解和生物合成反应，将摄取的营养物质转化为微生物的细胞质以保持正常的生长和繁殖。这一过程称为微生物的代谢。

微生物全部代谢过程都与酶的作用有关。酶由微生物的活细胞产生。各种微生物具有不同的酶系统，不同的酶系统催化各自不同的化学反应，因而也决定了微生物的各自的生物学特性。例如需氧性细菌具有一套氧化酶系统，使它能吸收氧，但厌氧性细菌不具备这一套氧化酶系统，因而在有氧的环境中不能生长。固氮菌具有固氮酶，能将空气中的氮还原成氨，所以不必供给其他氮源即可生长。

根据酶存在于细胞的部位不同，可将酶分为胞内酶和胞外酶两大类。胞外酶在细胞内合成后，透过细胞膜渗透到细胞外培养基中，使微生物的营养成分中复杂的大分子在细胞外水解成简单的、易被细胞吸收的小分子。胞内酶存在于生物细胞内的一定位置，它的种类繁多，它参与细胞内分解和合成反应。

4. 微生物的保存 每个菌种都有不同的特性，因此利用微生物进行研究工作时，仅仅把菌株的生命保存下来是不够的，还必须使菌株的遗传性能从实验开始一直保持不变，否则就不能获得同样的实验结果。微生物的特性在保藏过程中容易发生变化，所以菌种的保藏是一项很重要的工作。保藏微生物的原则就是使微生物的代谢处于不活泼、生长繁殖受到抑制的状态，尽可能地减低其变异率。因此需要创造一个适于微生物休眠的环境。

二、微生物传感器的结构和工作原理

微生物传感器是用微生物作为分子识别系统，并与相应的电化学传感元件组合而成。微生物传感器的结构与酶传感器相比，所不同的是将酶传感器的固定化的酶膜改换为固定化的微生物膜。目前常用的方法是通过离心、过滤或混合培养，使微生物附着在如醋酸纤维膜、滤纸或尼龙等膜上，此种方法包埋微生物灵敏度高。为防止漏泄可于其上覆盖一层半透膜。另一种常用固定方法是用高分子材料如琼脂、明胶、聚丙烯酰胺等包埋微生物细胞。微生物本身生长繁殖要进行新陈代谢。如果被测物是微生物的营养成分，则被测物在微生物的细胞内酶的作用下发生水解、氨解或氧化还原等反应。不同微生物需要不同物质进行它新陈代谢，因此可利用不同微生物作为分子识别系统制作微生物传感器测定相应的物质。

根据组成微生物传感器所用的微生物的不同，可把微生物传感器分为呼吸活性型微生物传感器和代谢活性型微生物传感器。呼吸活性型微生物传感器由固定化需氧性细菌膜和氧电极组合而成。它是以细菌呼吸活性物质为基础测定被测物。当将该传感器插入含有饱和溶解氧的试液中时，试液中的有机物受到细菌细胞的同化作用，细菌细胞呼吸加强，扩散到电极表面上氧的量减少，电流减小(图11-9)，当有机物由试液向细菌膜扩散速度达到恒定时，细菌的耗氧量也达到恒定，此时扩散到电极表面上的氧量也变为恒定，因此产生一个恒定电流。此电流与试液中的有机物浓度存在定量关系，据此可测定相应的有机物。

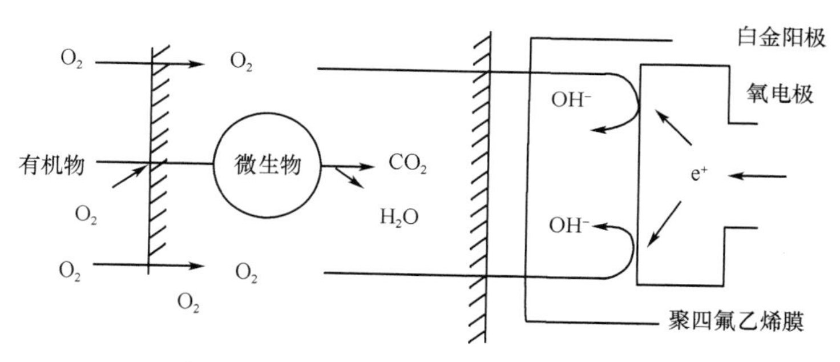

图 11-9　呼吸活性型微生物传感器测定原理

代谢活性型微生物传感器由固定化的厌氧菌膜和相应的电化学传感元件组合而成。它是以细菌的代谢活性物质为基础测定被测物。此类细菌摄取有机物产生各种代谢产物，若代谢产物是氢、甲酸或各种还原型辅酶等，则可用电流法测定若代谢产物是二氧化碳、有机酸(氢离子)等，则可用电位法测定。根据测得的电流或电位便可得到有机物浓度的信息(图 11-10)。

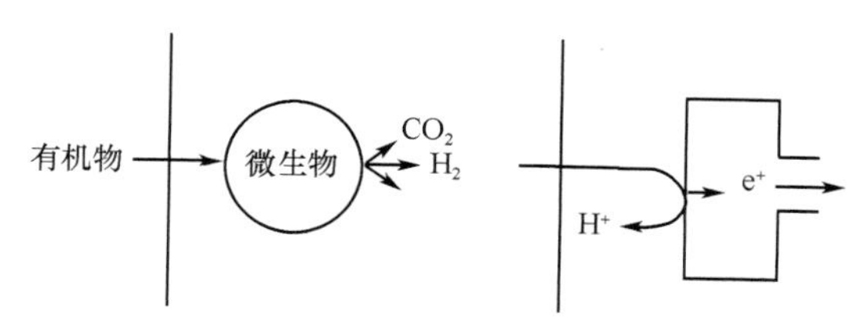

图 11-10　代谢活性型微生物传感器的测量原理

三、微生物传感器的特点及其影响因素

1. 特点　同一般酶电极相比，微生物传感器具有以下优点:

(1) 稳定性好，使用寿命长。如谷酰胺酶电极只能稳定 1 天，而黄色八叠球菌(sarcina flava)制作的谷酰胺微生物传感器可稳定 14 天；组氨酸酶电极的寿命为 8 天，相应的细菌制作的微生物传感器寿命为 21 天。

(2) 微生物传感器响应变慢时，可将其放在培养介质中浸泡使之恢复。

(3) 细菌细胞中一般含有多种酶，对于需要多种酶的反应，微生物传感器提供了方便。例如尿链球菌中含有精氨酸脱氢酶、鸟氨酸甲酰基转移酶及氨基甲酸激酶等，用此细菌组成传感器可测精氨酸。

(4) 有些酶至今尚无分离办法，可用含有该酶的细菌组成传感器。如半胱氨酸脱巯基酶无法从摩氏变形细菌(Proteus morganii)取得，但可用该细菌组成微生物传感器测定半胱氮酸。

(5) 微生物传感器可以克服酶价昂贵、提取困难和不稳定的缺点。

微生物传感器的不足之处：

(1) 由于细菌细胞内含有多种酶，使一些微生物传感器的选择性和灵敏度受到限制。

(2) 因底物需要通过细胞壁扩散，所以微生物传感器响应时间较长。

2. 影响传感器响应的因素

(1) pH：微生物传感器中细菌生长与转换器电极要求的 pH 不一致时，需要找出一个折中值。如摩氏变形杆菌要求 pH7.45。而转换器的硫化氢电极要求 pH<5，测量最佳 pH 选为 6.75。

(2) 缓冲溶液的种类和用量：Tris 缓冲液可产生氨，而焦磷酸盐缓冲液对微生物有抑制作用，这两种缓冲液均不能用于用氨气敏电极作为转换器而组成的组氨酸微生物传感器。另外，缓冲剂的缓冲容量不足时也会造成电极不符合能斯特响应。

(3) 微生物的用量：增加细菌细胞的用量可使能斯特响应区增宽，但增加得太多又会导致响应减慢，而且传感器浸泡在缓冲液恢复到原来响应值的时间也相应增长。

(4) 温度：微生物传感器虽也要求最适温度，但不像酶电极那样敏感，适当提高温度可使细菌细胞新陈代谢以及底物的扩散加快，从而使响应时间缩短。

(5) 活化剂与稳定剂：硬脂酸铁可提高尿酸梭菌构成的微生物传感器对丝氨酸的响应。二硫代苏丁醇可稳定尸杆菌的活性(防止其巯基氧化)，使电极寿命增长。

(6) 气体的影响：尿酸梭菌要求严格的无氧条件，因而必须排除氧气，而摩氏变形杆菌传感器则要求无 CO_2，需供氮(80%)和氧(20%)。

四、微生物传感器的应用

微生物传感器已在工业生产(发酵工业、石油化工)、环境保护和医疗检测上逐步实用化。

1. 氨传感器(ammonia sensor) 在环保、发酵工业和医疗卫生等方面，氨的测量都很重要。由于铵根离子选择电极易受各种离子和挥发性胺等的干扰，因而研制了用硝酸菌和氧电极组合而成的传感器来测定氨。把硝酸菌从废水处理设施的硝化槽中分离出来，放在指定的培养液中培养。然后把硝酸菌固定到多孔性醋酸纤维膜上，之后再将该纤维膜固定到氧电极的透氧膜上便构成氨传感器。将此传感器插入含有定量氨的缓冲液中后，约 4min 即可得到一个恒定的电流值。电流降低与氨浓度高到 42mg/L 时仍呈线性关系，最小可检出浓度为 0.1mg/L。电流降低可重复性的相对误差在±4%之内。此传感器不受无机离子、挥发性胺和葡萄糖等有机化合物的干扰。采用此传感器测定废水或尿中的氨，结果与传统测定法完全一致。该传感器的测定原理和测定装置分别示于图 11-11 和图 11-12。

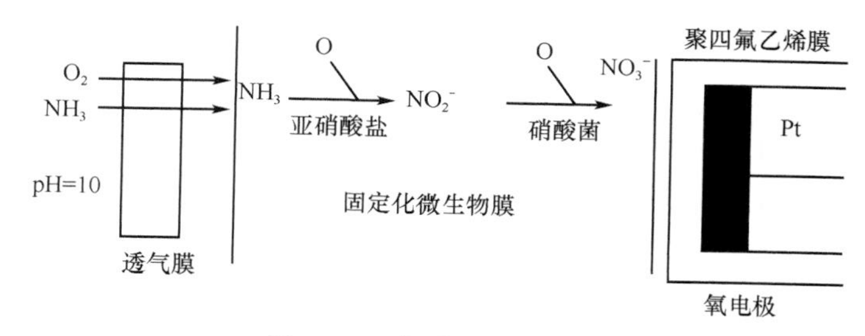

图 11-11　氨传感器的测定原理

2. 甲酸传感器(formic acid sensor)　甲酸通常以细胞代谢的中间产物出现，存在于培养介质、尿、血和胃液中，而且是许多化学反应的产物。测定甲酸通常是采用具有选择性的分光光度酶测定法。该法涉及甲酸脱氢酶、苹果酸脱氢酶和四氢叶酸合成酶，而且也不适合于在线监测。

有几种厌氧菌如 Escherichia coli, Citrobacter freundii 和 Rhodospirillum rubrum 能使甲酸产生氢。因此可用上述的细菌和燃料电池型电极组成传感器测定甲酸，其工作原理见图 11-13。用固定化 C. freundii、两个透气聚四氟乙烯膜和燃料电池型电极组成的甲酸传感器甲酸浓度在 10~1000 mg/L，与稳定电流呈线性关系。

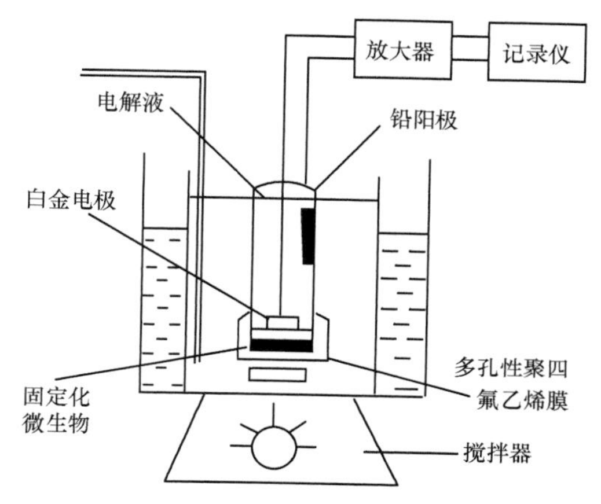

图 11-12　氨传感器的测定装置

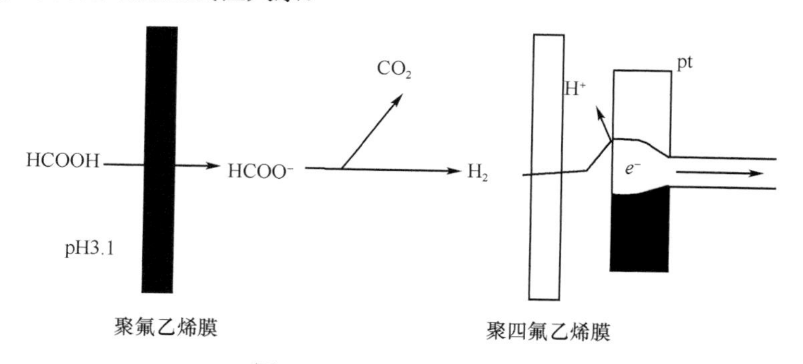

图 11-13　甲酸传感器工作原理

浓度为 200mg/L 时，电流可重复性的平均相对误差为±5%。30 次实验的标准偏差为 3.4mg/L。葡萄糖、丙酮酸和磷酸根对该传感器均不产生响应。虽然挥发性化合物如乙酸、丙酸、正丁酸、甲醇和乙醇也能透过聚四氟乙烯膜，但由于 C. freundii 不能利用这些化合物产生 H_2，所以这些化合物就不产生电流。用该传感器与气谱法比较，两种方法测定甲酸获得良好的一致性。将制作传感器储存在 5℃ 0.1mol/L 磷酸盐缓冲液中，每隔 5 天测定一次，可持续 20 天测定电流不变。

3. 头孢霉素传感器(cephalosporin sensor)　抗生素通常可以采用浊度或滴定的生物化验法测定，但这些方法步骤复杂，不适于快速测定。现已有 Citrobacter freundii 能产生头孢霉素酶，该酶能催化头孢霉素水解放出氢离子：头孢霉素水解酶非常不稳定，很难用它制作酶传感器，所以采用整个 Citrobacter freundii 细胞。测定头孢霉素的系统类似于测定总胆固醇传感器的测定系统，所不同的是反应器中固定化酶改为用明胶包埋的 Ciirobacter freundii 细胞，测定池中放置复合型玻璃电极，用于测定酶反应产生的pH变化。测定时将含有不同浓度的头孢霉素的样品溶液送入反应器中，随时间增加，电极电位改变到最大值。响应时间与流速和细胞一明胶膜活性有关。如果流速为 2ml/min，则 10min 后可达到最大电位差。实验证明，头孢霉素浓度和最大电位差之间存在线性关系。用该测定系统曾测过7-苯基-乙酰胺基脱醋酸基孢子酸、头孢类利定、头孢类新和头孢菌素 C。

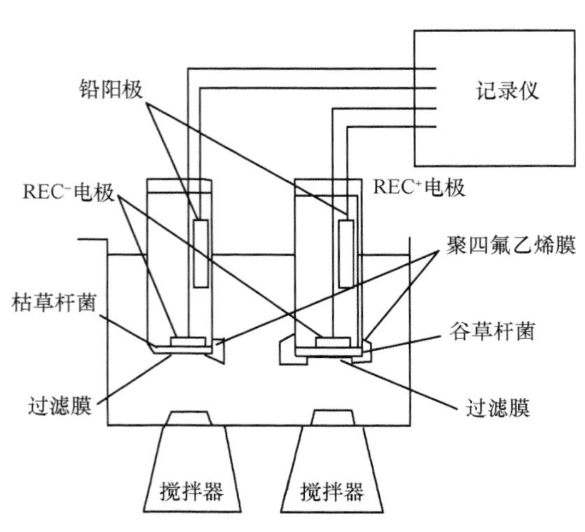

图 11-14　化学致突变原的测定装置

4. 致癌物质探测器(cancerogenic substance sensor)　致癌物质是一种致突变原。研究此类致突变原的特性，有可能对致癌物质进行一次筛选，目前常用的 Ames 试验以及用枯草杆菌进行的 REC 分析，操作复杂，耗时较多。枯草杆菌DNA缺损修复株(REC^-)是一种DNA受到致突变原损伤而会死亡的感染致死性菌，而枯草杆菌的野生株(REC^+)，虽然致突变原也会损伤其 DNA，但经重组以后可继续发育。将枯草杆菌的REC^-株和REC^+株分别吸附固定在醋酸纤维胰上，然后再将这两个吸附有 REC^-和 REC^+株的菌膜分别覆盖在两个氧电极的聚四氟乙烯膜上，组成如图 11-14 所示的测定装置。当向该测定系统内加入如葡萄糖等营养物质的试液时，便可得到一个恒定电流值。接着把溶解在二甲基亚砜(DMSO)的致癌物质AF_2[2-(2-联糠酰-3, 3-(5-硝基-2-联糠酰)]丙烯酰胺溶液以 2ug/ml 的量加入试液里，固定有 REC^-株的电极的电流值便慢慢增加，这是由于 AF_2与 REC^-株 DNA 结合，而细菌又不能修复自身的 DNA 而死亡，因而细菌摄取氧量减少，到达电极的氧量增加而造成的。另一个固定着 REC^-株的电极的电流值几乎不变。实验证明，REC^-电极的电流增加速度与 AF_2浓度之间存在线性关系，因而可利用这个关系测出致突变原的强弱。

该微生物传感器系统还可用于检测丝裂霉素 C、N-三氯代甲基硫、四氢化邻苯二酰亚胺、4-硝基喹啉-N-氧化物、亚硝基胍等致癌物质，效果同样良好。该微生物测定系统还可用于各种灭菌剂和呼吸阻碍剂。当向上述的探测系统中注入灭菌剂或呼吸阻碍剂时。REC^-和 REC^+两个电极的电流值差不多以同样的趋势增加，因而可借此区别是致突变原还是灭菌剂。利用这一测量系统可在 1h 内完成对致癌物质的筛选。同样原理和设备还可用于沙门氏菌检测。

5. BOD 传感器　生物化学耗氧量(biological oxygen demand, BOD)的测定是测定有机污染最有用的实验之一。但通常的 BOD 测定需 5 天温育时间。因此急需有个较快而又能重复的方法评估 BOD。Trichosporon cutaneum 是用作废水处理的菌，曾用这种菌制作过 BOD 传感器，其测定系统类似于测定总胆固醇的系统(图 11-9)。

测定时，将用氧饱和的磷酸盐缓冲液(0.01mol/L, pH7)按 1ml/min 的流速送入流通池中，当电流达到稳定值时，此时电流称为初始电流，然后再将样品溶液按 0. 2ml/min 的流速注入流通池中，随时间的增加，氧电极的电流减小，最后达到稳定值，此时电流称为稳态电流。稳态电流的大小依赖于样品溶液中的 BOD。传感器的响应时间与所用样品溶液性质有关。

采用标准溶液(葡萄糖和谷氨酸)高到 60mg/L浓度进行实验，结果得到初始电流和稳态电流之差与 5 天 BOD 的化验结果存在线性关系。可测最小 BOD 为 3mg/L 采用 BOD 40mg/L，测定 10 次，电流可重复性的相对误差在 ±6% 以内。

采用酵母菌组装 BOD 微生物传感器已有多例报道，其中一例是将酵母菌用离心的方法将其固定在纸片上用来组装 BOD 散生物传感器，该传感器的最大特点是响应时间短，小于 0.5 min。

6. 苯丙氨酸传感器(phenylalanine sensor) 体液中苯丙氨酸的定量测定对于早期诊断新生儿苯丙酮酸尿症非常重要。苯丙氨酸的定量测定方法有数种，但在新生儿身上难以多量采血，故医疗界对高灵敏度的苯丙氨酸的定量测定寄予极大的希望。可采用微生物分析法测定苯丙氨酸。肠膜明串珠菌只要缺少微量的苯丙氨酸就不能生长，其代谢产物主要为乳酸，因此可用乳酸传感器和固定化的肠膜明串珠菌组合，以完成对苯丙氨酸的微量测定。用琼脂把肠膜明串珠菌固定在醋酸纤维膜上。将乳酸氧化酶吸附固定在多孔性醋酸纤维膜上，与氧电极组成乳酸传感器。测定时，把各种浓度的苯丙氨酸加在含有固定化菌体的栎准培养基上，培养 90 min 后，用乳酸传感器测定培养液。实验证明：电流减少值与苯丙氨酸浓度之间存在线性关系。因此借助此标准曲线，用同样的操作可以在 90min 分析出试液中苯丙氨酸的浓度。此系统具有广泛的应用性，只要注意乳酸传感器和各种固定化微生物的恰当的搭配，即可迅速进行分析测定。

由于微生物传感器稳定性好，因此广泛用于工业生产和环境监测。乙醇、醋酸、谷氨酸等传感器已用于发酵工业的联机监测。测定BOD、氨和亚硝酸等的传感器正在用于工厂的废水处理过程。实践证明微生物传感器颇有发展前途。

第四节 电化学免疫传感器

在测量成分复杂样品中的微量物质时常常会遇到干扰，尤其在干扰物浓度远大于待测物浓度时，使测定无法进行。此时，测定法的选择性就显得非常重要。自从免疫测定法(immunoassay)问世以来，许多生物有机物质的测定逐渐得到解决。免疫测定法是根据抗体抗原反应来测定痕量物质的一种高灵敏度、高选择性的手段。因为抗体(antibody)对相应的抗原(antigen)具有识别和结合的双重功能，所以抗体能有选择地与抗原结合而不与其他物质结合。电化学免疫传感器(electrochemical immune sensor)就是利用抗体对相应的抗原的识别和结合双重功能的特性，将抗体或抗原与电化学转换器组合而成的检测装置。下面先介绍一些免疫学基础知识，以便更好地理解各种电化学免疫传感器。

一、免疫学基础

1. 抗体、抗原及其特异性结合 抗体是一种免疫球蛋白；免疫球蛋白有五种，分别命名为 IgG、IgA、IgM、IgD 和 IgE。除人类有 5 种免疫球蛋白外，大多数哺乳动物只有 IgG、IgA、IgM 和 IgE 四种免疫球蛋白。

当某种抗原进入机体后分别刺激 T 细胞和 B 细胞产生响应，首先 B 细胞在巨噬细胞、T 细胞以及白细胞介素参与下增殖分化为浆细胞，然后此浆细胞分泌出针对该抗原的特异的抗体，而这种抗体对进入机体中刺激 T 细胞和 B 细胞产生响应的抗原具有识别和结合的性质，即具有特异结合的性质，因此将浆细胞分泌出的抗体从血清中分离提纯后，可用来制作分子识别系统，抗原是一种进入机体后能刺激机体产生免疫反应的物质。它可以是生物体(如微生物)，也可以是非生物体(如各种异类蛋白、多糖等)。通常，分子量大于 10 000，而且具有一定结构(苯环或杂环等结构)的物质均可成为抗原性物质，都能有效地诱发产生抗体。凡是能诱发产生抗体的抗原，都可用该抗原诱发产生的抗体作为分子识别系统来加以测定。有些分子量较小的物质，如某些药物和激素，在动物体内并不产生抗体，但将这种小分子量的物质用化学法结合到某种载体(通常是大分子蛋白质)上，用这种结合物便可诱发产生抗体。通常把这样一些小分子量物质称为半抗原。用半抗原一载体结合物诱发产生的抗体，在抗体分子上存在能与抗原决定簇发生特异结合的结合簇，因此此种抗体也可用来制作分子识别系统测定半抗原。

抗体可与相应的抗原结合成抗体-抗原复合物。抗体对其相应的抗原具有特异结合的原因是：诱发产生的抗体，其分子上抗原结合部位具有与抗原形状相当的分子空间，而在这个分子空间中当抗体的结合点和抗原的决定簇足够接近时借助离子键、氢键和范德瓦尔斯引力的作用将抗体与其抗原结合在一起形成抗体-抗原复合物。这就是抗体对其抗原具有识别和结合性质的原因。

大多数的抗体至少是两价的(即具有两个受体结合点)，而多数是多价的。在文献中看到的抗原和抗体是以分子 1 : 1 相互结合的，其结合常数单位为$(mol/L)^{-1}$，这样处理所得到的结合常数称为假一价结合常数。在设计免疫传感器时可以采用第一级近似。

2. 免疫测定法的基本概念

(1) 酶免疫测定法分类和测定原理：酶免疫测定法(EIA)是以酶或辅酶为标记剂的免疫测定法。此法灵敏度高、选择性好。目前在临床试验室中，一部分 EIA 已经仪器化，正在逐步向代替 RIA(放射免疫测定法)的方向发展。

酶免疫测定法是利用抗体的选择性和标记酶(labeled enzyme)的化学放大的灵敏性而建立起来的。化学放大系指在一定时间内在酶的催化作用下大量的底物生成产物。从分析化学角度来看，经过化学放大后，底物或产物的浓度变化很大，因而方便测量。因此，采用电化学酶免疫测定法的一个重要问题是酶的选择。要求用于标记抗原或抗体的酶的底物或该酶催化底物的反应产物能用电化学手段检测。

EIA 分为竞争法和夹心法两类。它们的测定原理见图11-15。竞争法(competitive assay)是利用一定量的标记抗原和样品中的抗原对少量的定量抗体进行竞争结合，然后将结合在抗体上的抗原(B)和未结合在抗体上的抗原(F)分离，测定 B 或 F 中标记剂的量来求出待测抗原量的方法。在这个方法中，抗体通常是固定在高聚物的珠上或高聚物板孔内的表面上。高聚物通常采用聚苯乙烯。

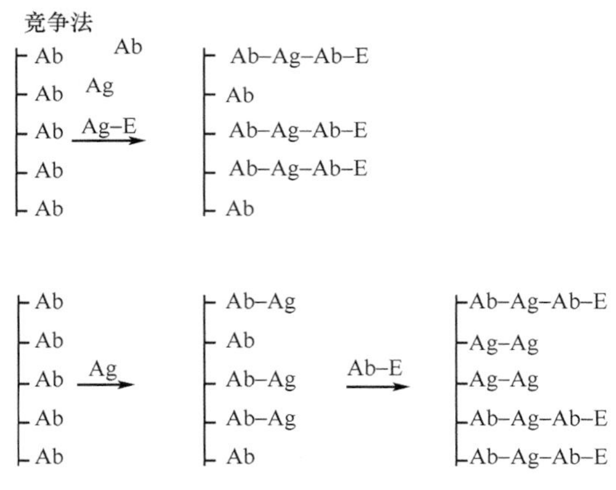

图 11-15 竞争法和夹心法测定原理

Ab: 抗体 1Agt 抗原; Ab-E: 酶标抗体; Ag-E: 酶标抗原

夹心法(sandwich assay)是将样品中的抗原与已固定在固体载体表面上的抗体结合，洗去非特异结合的成分后，再将标记抗体与固相载体上结合的抗原相结合，结果是把抗原央在固定抗体和标记抗体之间形成夹心结构，洗去非特异结合的标记抗体后，测定结合在固相上标记剂的量来求出待测抗原的量。

免疫测定法除竞争法和夹心法外，还可分为均相法和非均相法。均相法是抗原和抗体都存在均一的液相中，不进行 B/F 分离的测定法，而非均相法则是抗原和抗体反应在多相系统中进行，并可进行 B/F 分离的测定方法。均相法易受样品中其他成分的干扰 I 非均相法可在分离步骤中将干扰成分除去。

(2) 标记酶的选择和偶联：一个酶分子通常每分钟可使 10^3~10^4 个底物分子转变成产物，对有些酶分子，此数值可达到 10^6~10^7。这意味着在免疫测定法中用了标记酶之后，可使测定方法的灵敏度提高千百万倍。

酶催化反应速度可用 Michaelis-Menten 方程描述。酶催化反应速度与底物浓度、最大速度(V_{max})和 Michaelis 常数(K_m)有关；V_{max} 大和 K_m 小的酶是最敏感的标记剂。因此在免疫测定中所用的酶应具有比活性高、K_m 小和酶活性容易测定的性质，而且用它标记抗体或抗原后生成的结合物应保有酶和抗体或抗原的活性。常用的能满足这些条件的酶有过氧化物酶、过氧化氢酶、葡萄糖氧化酶、碱性磷酸酶、脲酶、p-*D*-半乳糖苷酶等。

为将酶标记到抗体或抗原上，必须使用双功能基或多功能基的偶联试剂，下面阐述两种偶联方法。

戊二醛法：戊二醛(glutaraldehyde, GA)是一种常用的双功能基试剂，很容易使蛋白交联，这种交联主要是通过蛋白质中赖氨酸残基的 ε-氨基进行的。用 GA 偶联有两种方法：一步法和两步法。一步法是将抗体和酶溶于中性磷酸盐缓冲液中，逐滴加入 GA 溶液，反应一定时间后，将溶液透析，然后离心除去不溶性物质，上清液存于 4℃备用。两步法是将酶溶于中性磷酸盐缓冲液中，加入 GA 使酶活化，然后透析或在葡聚糖凝胶 G-25 上层析除去未结合的 GA，向活化后的酶溶液中加入抗体使其与酶偶联，便可得到用两步法制备的酶标抗体溶液，置于 4℃备用。一步法操作简单，但标记率较低。

高碘酸法：商品辣根过氧化物酶(HRP)含有可供反应的赖氨酸残基一至两个，但在它的分子上含有 8 个糖链，很容易用 $NaIO_4$ 氧化产生醛基，这个醛基可和抗体蛋白质中赖氨酸的 ε-氨基反应生成希夫碱，然后再用 $NaBH_4$ 使产物还原便得到稳定的 HRP-抗体结合物。

至于选择哪一种偶联剂，这取决于所用的酶和抗体或抗原的种类。譬如，β-D-半乳糖苷酶(GAL)分子约有 10 个游离的巯基，用它作标记剂可以用相同的双功能基试剂，也可以用不同的双功能基试剂；前者曾用 N, N′-邻-苯二顺丁烯二酰亚胺标记过胰岛素，后者曾用顺丁烯二亚胺苯甲酸酯衍生物标记过甲状腺索、皮质醇或地谷新配基。使用这种偶联试剂的主要优点，是偶联产物具有很高的酶活性和免疫活性。

(3) 克隆抗体或单克隆抗体及其应用：上述的抗体是多克隆抗体(polyclonal antibody, PcAb)。它是一个不均匀的体系。近几年，已能采用杂交瘤的方法生产单克隆抗体(monoclonal antibody, McAb)。McAb 和 PcAb 不同之处在于前者在化学性质和免疫性质上都是均一的。McAb 是针对单一抗原决定簇的专一抗体，因此它具有很高的特异性。虽然它具有很高的特异性，但大多数的 McAb 对抗原的亲和力比 PcAb 弱。因为抗体的亲和力直接决定着测定方法的灵敏度，所以在使用 McAb 进行高灵敏度免疫测定时，为避免竞争，则不再使用以前所用的两步产生夹心的方法(两步夹心法)，如图 11-16(a)而采用一步产生夹心的方法(一步夹心法)，见图 11-16(b)。在这种方法中使用具有不同抗原决定簇的两种 McAb，其中一种，将其固定到固体载体上；另一种，用它制作酶标抗体。在测定时将待测抗原和酶标抗体同时与固相化的抗体作用形成夹心结构。这种一步夹心法可用于所有的多价抗原的测定，而且由于抗原和两种不同的 McAb 同时进行反应，所以这个方法大大缩短时间同时简化了操作。

3. 固定化抗体或抗原的制备 电化学免疫传感器是由分子识别系统和电化学转换器组合而成。在均相免疫测定中，作为分子识别系统中的抗原或抗体分子不需要固定在固相载体上，而在非均相免疫测定中则需将抗体或抗原分子固定到一定的载体上使之变成半固态或固态。载体通常应具有在温和条件下能与抗体或抗原结合的化学基团，一定的机械强度和较大的表面积。常用的载体分为两类：一类是天然高分子，如蛋白质、纤维素等以及它们的衍生物；另一类是合成高聚物，如聚苯乙烯、尼龙、聚丙烯酰胺、甲基丙烯酸共聚物等及其衍生物。载体的形状根据需要可以是膜，也可以是珠或小管。

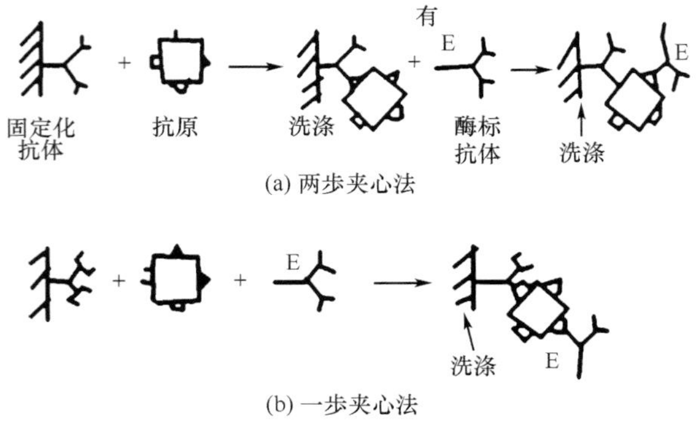

固定化抗体　抗原　洗涤　有E　酶标抗体　洗涤

(a) 两步夹心法

E　洗涤　E

(b) 一步夹心法

图 11-16　两步夹心法和一步夹心法

固定抗体或抗原的方法也有四种方法：吸附法、包埋法、交联法以及偶联法。因此固定抗体或抗原的方法可参考固定酶的方法进行设计。

二、电化学免疫传感器的结构和工作原理

电化学免疫传感器是由分子识别系统和电化学转换器组合而成，这里所说的分子识别系统，在非均相免疫测定中是固定化的抗体或抗原。固定化的抗体或抗原在与相应的抗原或抗体结合时，自身的立体结构和物性发生变他，但这个变化是比较小的。为使抗体与抗原结合时产生明显的化学量的变化，人们常利用酶的化学放大作用。若采用竞争法测定抗原，则用酶标记抗原；若采用夹心法测定抗原，则用酶标记抗这个抗原的抗体。在酶免疫测定法中，不管是夹心法还是竞争法，都是根据标记的酶催化其底物发生化学变化进行化学放大，最终导致分子识别系统的环境产生比较大的改变。在抗原和抗体结合时，分子识别系统自身变化或其周围环境的变化均可采用转换器来检测。电化学免疫传感器所用的转换器是电化学电极。根据信息的转换过程，电化学免疫传感器的结构大致可分为直接型和间接型两类。

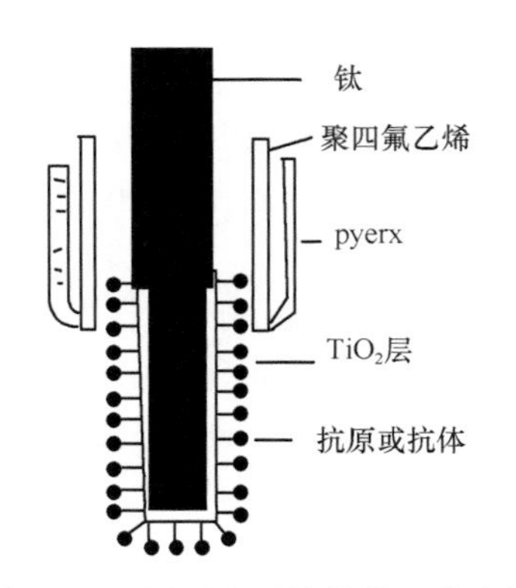

图 11-17　用蛋白质修饰的工作电极

1. 直接型电化学免疫传感器　直接型电化学免疫传感器的特点是在抗体与相应的抗原识别结合的同时，就把这个免疫反应的信息直接转变成电学信号。由于这种类型的免疫传感器的分子识别结合和信号转换同时进行，所以将它称为直接型结合型和分离型两种，前一种是将抗体或抗原直接固定在转换器表面，即分子识别系统和转换器二者合为一体。Janata 提出的“免疫电极”即属于这种类型，是将抗体通过聚氯乙烯膜宜接固定列金属导体上制成的。后来 Yamamoto 等使用钛丝或钨丝，通过化学修饰后用溴化氰活化将抗体或抗原借共价键偶联到金属丝的表面(图 11-17)。当将相应的配体加入插有免疫电极的溶液中时，该电极电位便发生变化，但由于灵敏度不高，没有得到实际应用。

另一种类型传感器分子识别系统与转换器是分开的，它将抗血清蛋白固定到膜上，这个膜的两侧与适当的电解质溶液接触，通过测定两侧电解质溶液之间的电位差便可测出抗体膜的膜

电位。当固定有抗血清蛋白的抗体与血清蛋白抗原结合时，使抗体膜电荷密度和膜中的离子迁移率发生变化，从而引起膜电位发生变化。Aizawa 等曾用这个原理将心肌磷脂固定在纤维素膜上，制作出抗原膜组成的梅毒传感器以测定血清中的梅毒抗体。

2. 间接型电化学免疫传感器　间接型电化学传感器的特点是将抗原和抗体结合的信息转变成另一种中间信息，然后再把这个中间信息转变成电学信号。这类传感器在结构上也有两种类型：结合型和分离型。前一种结构是将抗体或抗原通过化学方法直接结合到电化学电极的表面上，或将其制成抗体膜或抗原膜贴附在电极的表面上，它们的中间信息的转换器实质上是一种在化学上把分子识别系统和转换器连接起来的化学系统。在二者之间实现这种联系的可以是标记酶的系统，也可以是非酶其他标记物系统。

间接型电化学传感器中一个典型的结合型免疫传感器是以 Clark 氧电极为基础而建立起来的酶免疫传感器。它的结构很简单，是将抗体膜或抗原膜固定到氧电极的透气膜上而制成的电流型酶免疫传感器。下面讨论过氧化氢酶作为标记酶来说明其测定原理：①在测定溶液中加入一定量的标记过氧化氢酶的抗原，然后将免疫传感器插入一种上述溶液中，未标记抗原(被测物)和标记酶的抗原对膜上的抗体发生竞争结合；②洗去非特异结合的抗原；③将传感器插入测定酶活性的溶液中，这时传感器显示的电流值是由测定液中溶存氧量决定的。然后向溶液中加入定量的 H_2O_2，结合在膜上的过氧化氢酶使 H_2O_2 分解产生 O_2，因此相应的传感器电流值增大。传感器的电流大小与被测溶液中抗原含量呈相反的关系，即传感器的电流越大，被测溶液中抗原含量越少，因此根据电流的大小可测定抗原的含量。用上述方法组装免疫传感器曾测定免疫球蛋白(IgG)、人绒毛膜促性腺激素(hCG)、甲胎蛋白、茶碱和胰岛素等。上述方法是以竞争法为基础测定抗原，也可以将抗体膜按夹心法形成抗体—抗原—酶标抗体的夹心结构膜，然后将该膜固定到电化学电极上组成如图 11-18 的酶免疫传感器测定抗原。

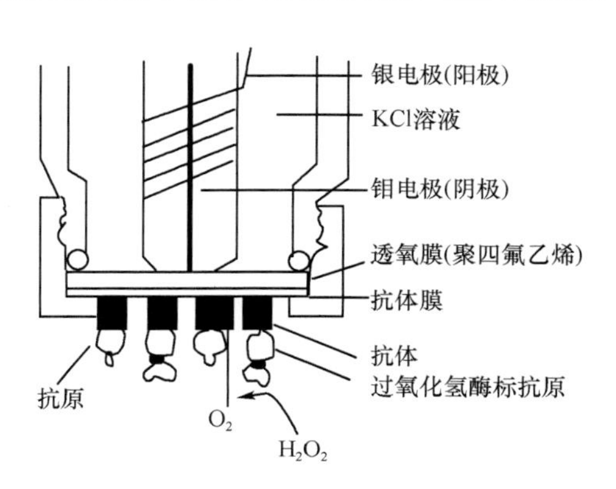

图 11-18　酶免疫传感器的结构及其工作原理图

另一种类型的间接型电化学免疫传感器结构是将分子识别系统与转换器完全分开。例如将抗体吸附在聚苯乙烯珠表面或其微孔管内壁制作分子识别系统，采用竞争法或夹心法进行免疫反应，然后用电化学电极通过测定标记酶的底物或底物的反应产物的浓度变化来测定抗原含量。传感器中所用的电化学电极可以是电流型的，也可以是电位型的，这取决于标记酶的底物或底物的反应产物的种类。

三、免疫传感器的应用

1. hCG 免疫传感器　hCG 是人绒毛膜促性腺激素的英文缩写，它是一种雌性激素，是诊断早期妊娠的重要指标。这种传感器曾经使用氧电极作为转换器，用戊二醛将过氧化氢酶标在 hCG 上制成酶标结合物，将抗 hCG 抗体固定在用溴乙酸纤维素和乙酸纤维素制成的膜上制作抗体膜。然后将抗体膜固定到氧电极聚四氟乙烯膜上组成 hCG 酶免疫传感器(图 11-18)。将该传感器插入含有待测游离的 hCG 和一定量的酶标记 hCG 的溶液中温育一定时间。这时待测的 hCG 和酶标记 hCG 对膜上抗 hCG 抗体发生竞争结合。洗去非特异结合的 hCG 和酶标记 hCG

后将传感器插入30℃用氧饱和的pH7.0磷酸盐缓冲液中，用记录仪记录其电流随时间的变化。当电流稳定后加入定量的酶的底物H_2O_2，测定电流增加的起始速度(图11-19)。

电流增加的起始速度和未标记hCG浓度之间的关系曲线示于图11-20。

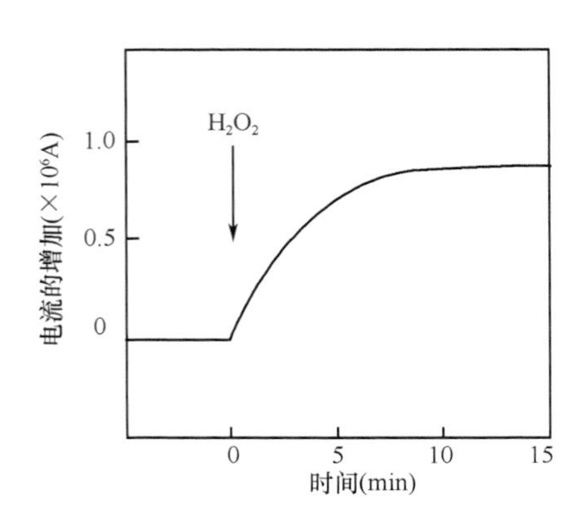

图11-19 酶免疫传感器输出时间曲线

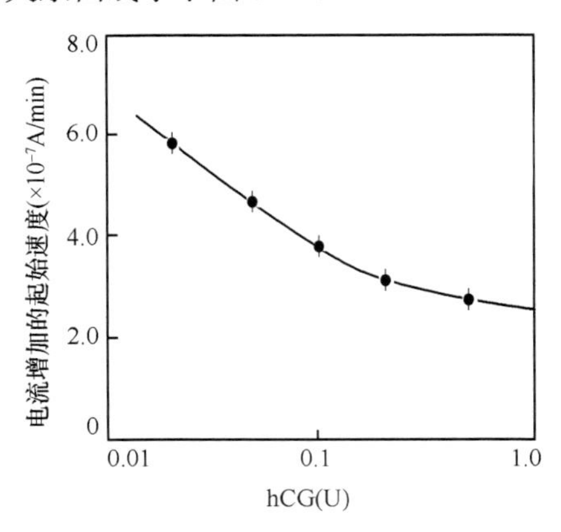

图11-20 电流增加的起始速度与hCG浓度间的关系(过氧化氧酶标hCG浓度为0.4U/ml)

当使用过氧化氢酶标hCG浓度为0.4U/ml时，可在hCG浓度0.02~1.0U/ml范围内测定hCG，误差约为5%。过氧化氢酶标hCG为4U/ml时，可测定hCG的范围为0.2~10U/ml过氧化氢酶标hCG为40U/ml，可测hCG的范围为2~100U/ml。用这种免疫传感器测定hCG有可行性，但和LH(促黄体激素)有交叉反应，这个问题可使用单克隆抗体来解决。

后来Robinson等使用了单克隆抗体，他们先将GOD以共价键固定在玻碳电极上，然后再将抗hCG McAb与固定在玻碳上的GOD共价偶联，其结构如图11-21所示。用二茂络铁($Fecp_2R$)作为电子传递体，电极上GOD的活性随电极上的抗hCG、McAb与hCG结合量的增加而增大，从而GOD催化$Fecp_2R^+$和葡萄糖反应产生$Fecp_2R$。$Fecp_2R$在250mVvs. SCE电位作用下放出电子被氧化成$Fecp_2R^+$，由此产生的催化电流伴随结合hCG量的增加而增大。据此测定血清中的hCG，最小检出量为7mU/ml。电极用过后可置于50%乙二醇中浸泡使之再生。该传感器对hCG是特异的，除LH外，它与其他和hCG有类似结构的激素几乎密无交叉反应。

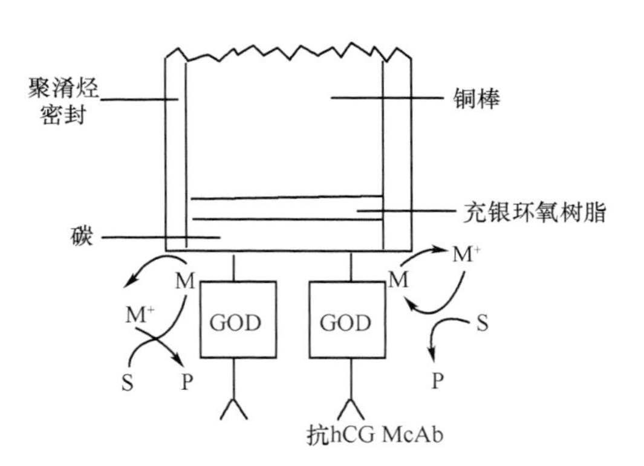

图11-21 测定hCG电化学免疫传感器的结构和测定原理

其中S-葡萄糖，P-葡萄糖酸内脂，M-$Fecp_2R$，M^+- $Fecp_2R^+$

2. AFP免疫传感器 甲胎蛋白(AFP或αFP)是胚胎肝细胞所产生的一种特殊蛋白质，为胎儿血清的正常组成成分。除孕妇和少数肝炎患者外，健康成人血清中测不出AFP。但在原发性肝癌和胚胎性肿瘤患者血清中可测出，因此近几年采用检测病人血清中AFP的方法诊断原发性肝癌。曾经有人使用氧电极作转换器，用戊二醛法将过氧化氢酶标记在AFP分子上制成酶标抗原，将抗AFP抗体共价结合在由醋酸纤维素、4-氨甲基-l, 8-辛二胺和戊二醛三者制成抗体膜。将抗体膜紧密地固定在氧电极的聚四氟乙烯透氧膜上组成AFP酶免疫传感器(图11-18)。

将该传感器插入含有一定量酶标AFP的待测溶液中，37℃温育2h。这时溶液中待测AFP

和酶标 AFP 对膜上抗体发生竞争结合，取出传感器用磷酸盐缓冲液洗涤，然后置于该缓冲液中测定膜上结合的过氧化氢酶的酶活性。传感器在缓冲液中由于存在溶解氧产生电流，待其稳定后，注入定量的 H_2O_2，膜上的过氧化氢酶催化 H_2O_2 产生氧，传感器的电流很快增加。30s 内可达到另一个电流稳定状态(图 11-22)。电流改变与被测溶液中 AFP 浓度呈反比关系(图 11-23)。此法可在 5×10^{-11}~5×10^{-8}g/ml 的浓度范围内测定 AFP，标准偏差约为 15 %。

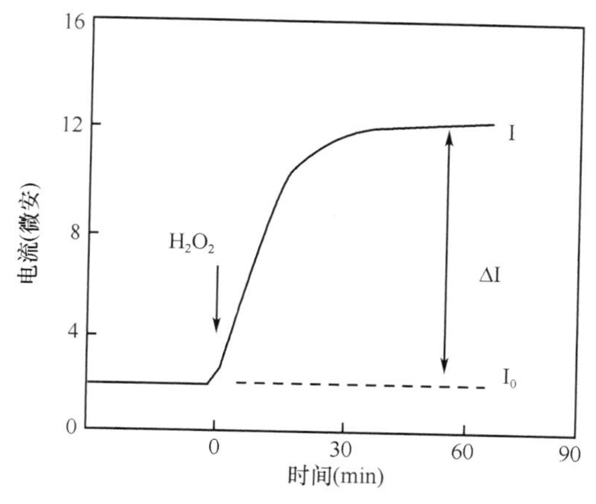

图 11-22 免疫传感器的响应曲线

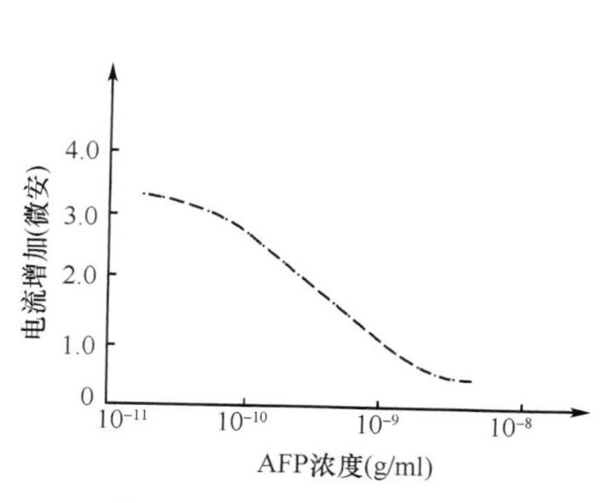

图 11-23 测定 AFP 的酶免疫传感器的校正曲线

3. HBsAg 酶免疫传感器 通常在感染乙型肝炎病毒后40~120天血中出现HBsAg (乙型肝炎病毒抗原)，故检出血中 HBsAg 是感染乙型肝炎病毒的标志。

也有人曾经用氧电极作为转换器制作酶免疫传感器测定 HBsAg。采用戊二醛法将葡萄糖氧化酶标记到抗 HBsAg 抗体上制成酶标抗体；采用尼龙-6 网作载体，用硫酸二甲酯将其活化，用 1，6-己二胺作间隔基，用戊二醛作偶联剂，将 HBsAg 抗体共价结合到尼龙-6 网上制成抗体膜。该膜机械性能好，抗体结合量多，空间位阻小，气液通透性好。将该抗体膜按夹心法形成夹心结构膜，然后将它固定到具有流通池的氧电极透气膜上组成流动注入式酶免疫传感器(图11-24)，以恒定流速向传感器通入葡萄糖溶液，夹心膜上的酶催化 O_2 和葡萄糖反应产生葡萄糖酸内酯和 H_2O_2，使氧含量减小，因而氧电极的电流减小。氧电极电流减小与抗原浓度成比例。据此记录的图和制作的标准曲线如图 11-25 和图 11-26 所示。此传感器响应时间<20s，恢复时间约 40s，最小检出量为 5ng/ml。

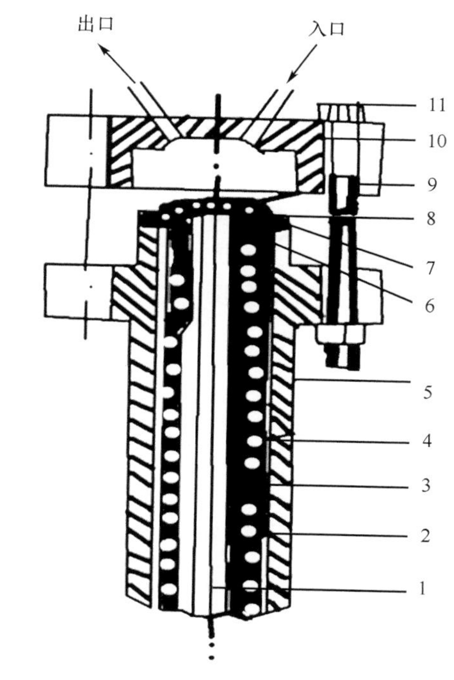

图 11-24 免疫传感器电极和流通池

1. 铂丝; 2. Ag/AgCl 电极; 3. KCl 溶液; 4. 聚四氯乙烯套管; 5. 不锈钢外套管; 6. 橡胶圈; 7. 垫圈; 8. 透 O_2 膜; 9. 夹心结构膜; 10. 流通池端盖; 11. 流通池固定螺丝

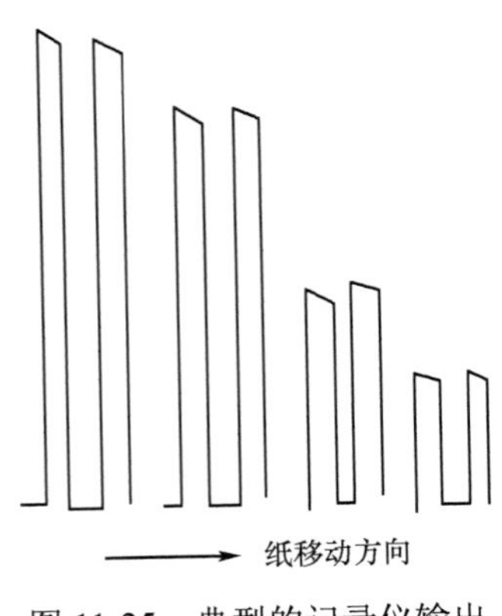

图 11-25 典型的记录仪输出

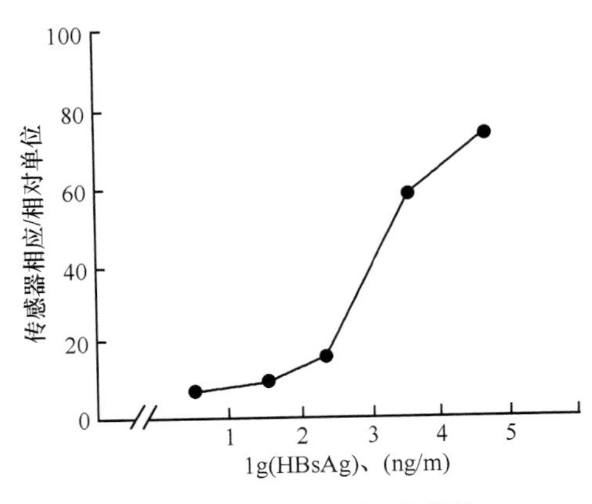

图 11-26 HBsAg 标准曲线

思 考 题

1. 试述生物传感器结构、工作原理和分类。
2. 酶是怎样一类物质？如何利用它的性质设计制作生物传感器？
3. 使用酶传感器需要注意哪些问题？
4. 固定酶有哪几种方法？它们之间有何区别？
5. 制作微生物传感器所用的微生物主要是哪种微生物？如何培养繁殖它？
6. 试述微生物传感器的结构和工作原理。
7. 试与酶电极对比说明微生物传感器的优缺点以及影响它的因素。
8. 何谓抗原和半抗原，如何制备其相应的抗体？
9. 试述免疫测定法的分类和测定原理。
10. 用酶来标记抗体，常用的方法有哪几种？
11. 固定化抗体或抗原与固定化酶，在固定方法和原理上有何区别？为什么？
12. 试述电化学免疫传感器的分类、结构和测定原理。

第十二章　生物医用电极

在生物电位测量或给生物组织施加电刺激时，电极是连接传感器系统和生物体重要元件，因此生物电极在生物医学的生物电位测量或给生物组织施加电刺激方面具有举足轻重的地位。

在任何实际电位测量或电刺激过程中总要有一定的电流通过电极进入生物体和仪器回路，即使在测量电位时，也要有微弱电流通过电极。电流在生物体内依靠离子定向移动进行传导，在电极和导线中依靠电子进行传导，而在电极和溶液界面上则是将离子电流变成电子电流或将电子电流变成离子电流，从而使生物体和仪器体系构成了电流回路。因此，电极实质上起换能器的作用。

第一节　检测电极和刺激电极

医用电极按照工作性质可以分为检测电极和刺激电极。

一、检测电极

由于生物体内的物理、化学变化使生物体各个部分的正负电荷分布不均匀，从而造成生物体内不同部位或细胞内外的电位不等。测定不同部位的电位，需用电极把这个部位的电位引导到电位测量仪器上进符测量，这种电极称为检测电极(detecting electrode)。

一般情况下，生物电位较难测准，这是因为生物电的信号弱、信号源的阻抗高以及生物体与电极间的界面现象复杂等诸多因素影响造成的。

二、刺激电极

刺激电极(stimulating electrode)是对生物体施加电流或电压所用的电极。

检测电极是个敏感元件，是用来测定生物电位的；而刺激电极则是个执行元件，它主要用于三个方面：①研究可兴奋组织的传导和反应的规律；②向生物体内通入外加电流以便达到治疗某种疾病的目的；③控制或替代生物体的某些功能，如临床上所用除颤器和心脏起搏器上所配置电极。有时同一个电极兼有检测和刺激的双重功能。心脏起搏器上的电极即属于此种电极。

三、电极的分类

根据电极的大小以及工作时所处的位置可将电极分为宏电极和微电极，宏电极又分为体表电极和体内电极，体内电极又分为皮下电极和植入电极。

宏电极(macro electrode)是外形较大的电极。它主要用于测定生物体较大部位的电位或向生物体较大部位上施加电刺激。

体表电极是在使用时放置在生物体皮肤表面的电极。根据电极在体表放置的位置不同，电极可有不同的结构形式和固定方式。

体内电极是在使用时穿透皮肤的电极。穿透皮肤直接与细胞外液接触的电极称为皮下电极。它能形成良好的电极/电解质溶液接界。这种电极在临床上常用于肌电的测量和外科手术时的患者心电监测。

植入电极(implant electrode)是长期埋植于体内的电极，用以控制或替代生物体的某些功能。长期植入体内的电极需具备如下的要求：①极化阻抗低，以减小刺激所需的能量；②对生物体无毒无害；③对生物组织相容性好。

微电极(micro electrode)是一种尖端细小、机械性能优良、可以检测细胞电活动的元器件。测量细胞内或外电位改变的微电极，其尖端直径在0.05～10μm。

第二节 极化现象及其对生物电检测和电刺激的影响

一、极 化 现 象

在有电流通过电极/溶液界面时，电极电位要从平衡电极电位E(o)变为一个新的、与电流密度有关的电极电位E(i)。将电极在有电流通过时的电极电位E(i)与它没有电流通过时的平衡电极电位层E(o)发生偏离的现象称为极化现象。定量描述极化现象则采用极化电压或叫超电压η表示：

$$\eta=E(\mathrm{i})-E(\mathrm{o}) \tag{12-1}$$

η可正可负，与电流方向有关。当η不等于零时，则称电极出现极化现象，电极处于不可逆工作状态。如果电流足够小，平衡电极的反应速率没有受到明显干扰，则电极电位接近予平衡值，此时称电极处于可逆工作状态。

在有一定电流通过电极时，电流将会受到各种阻力作用而造成超电压(overvoltage)。产生超电压的主要原因有下列四种：

(1) 通过电极双电层的电荷转移。

(2) 反应物朝向电极的扩散和产物离开电极的扩散。

(3) 电极上的化学反应。

(4) 电阻极化。

假定这些超电压相互独立，则总的超电压可写成：

$$\eta=\eta_{\mathrm{t}}+\eta_{\mathrm{d}}+\eta_{\mathrm{r}}+\eta_{R} \tag{12-2}$$

式中，η_{t}=电荷转移超电压；η_{d}=扩散超电压；η_{r}=反应超电压；η_{R}=欧姆超电压。

(1) 电荷转移超电压：金属离子电极处于平衡时，离子由金属向溶液中转移的速度与离子在金属表面上淀积的速度相等，这种电荷交换是发生在紧密双电层的结构内。金属原子变成金属离子进入溶液，必须克服一个能量势垒，势垒的高度相当于金属原子变成离子溶入溶液中的活化能，也就是必须借助外力做功。离子淀积时，也必须克服一个能量势垒，这个势垒相当于金属离子在金属表面淀积的活化能。

如果有电流从电极流出或向电极流入，则必然有净离子流通过电双层。这个净离子流的产生是由于在紧密的电双层结构中静电位发生改变引起活化能变化而造成的。如果电流的方向使离子溶解速度增加，则溶解的活化能降低，淀积活化能增加。这种活化能的降低和增加有利于金属原子变成金属离子所构成的电流。因此，为使紧密电双层结构上静电位发生改变，有电流通过电极，则需外加电压，这部分额外附加的电压称为电荷转移超电压。

(2) 扩散超电压：在电解液中即可以通过浓度梯度产生的扩散过程进行离子运输，也可以通过电场作用下的电迁移过程进行离子运输。例如，将两个银电极插入硝酸银溶液中构成硝酸银/银电池，当该电池无电流通过电极时，两个电极处于平衡状态，二者所具有的电位都是平衡电极电位。当电流通过这个电池时，银离子在阴极表面上淀积，而银离子从阳极表面释出，由于银离子扩散速度慢，致使阴极表面银离子浓度比溶液中的银离子浓度小，而使阳极表面银离子浓度比溶液中银离子浓度大。根据能斯特方程，阴极表面银离子浓度降低，其相应电极电位低于平衡电极电位；阳极表面银离子浓度增加，其相应的电极电位高于平衡电极电位。这种由于扩散引起的电极电位偏离平衡电极电位的现象称扩散极化，其相应的超电压称力扩散超电压。

在电解时，在扩散层内扩散电流比电迁移电流大；对于静止电解液中的金属离子电极，扩散层的厚度一般约为 0.05cm。当溶液快速搅拌时，其值可减小到 0.001cm 左右。搅拌可使离子以较快的速度供给电极或离开电极，从而降低扩散过电压。要以恒定电流密度进行电解，则必须保持与电极反应有关的物质浓度恒定不变。在电极电流密度较高时，扩散效应对电流产生的阻力便起着主导作用，因而扩散过电压在总的超电压中起着主导作用。但当电极电流密度很小，电荷转移效应超过扩散效应，这时电荷转移超电压对电流通过电极便起着主要作用。

(3) 反应超电压：反应超电压的机理与扩散超电压类似，但反应超电压产生的浓度改变的效应是由于化学反应而不是由于电极反应引起的。例如，假定电极过程消耗的物质是由电化学过程之前某一化学反应生成的，如果这个化学反应的速度足够得快，则电极附近的电化学活性物质浓度可以保持恒定。但如果这个反应速度小于电极反应消耗电化学活性物质的速度，将和扩散过电压所得到结果一样，则在电极附近出现电化学活性物质浓度降低。如果反应是紧跟电极反应之后消耗电极反应产物的反应，而这个反应的速度小于电极反应速度，则电极附近电极的反应产物浓度将会变大。因此，与扩散过电压一样，电极附近的浓度减小或变大都会使电极电位发生相应的改变，产生超电压。扩散过电压和反应过电压都是起因于电极附近的浓度变化，因此常把这两种效应合称为浓度超电压。

(4) 电阻超电压：除上述几种超电压外，电解液的欧姆电阻、扩散层中的浓度梯度以及电极表面上表面膜也都会引起电位变化，将这些电位变化统称为电阻超电压。因电解质溶液的电阻引起的极化通常服从欧姆定律。若向电解液中加支持电解质(不参与电极反应的电解质)，则可减小这种极化。扩散层也是产生电阻极化的原因。当电流流过扩散层时，在扩散层两个界面之间产生电压降，由于扩散层内电导率不均匀而且随电流变化，故电压降不服从简单的线性规律。另外，扩散层内浓度随距离变化，因而产生液/液接界电位(扩散电位)。上述两种效应也产生电阻极化。

二、电极极化对生物电位的检测和电刺激的影响

电刺激是要通过电极把有限电流送入生物体某组织器官，而测定生物电位，是要通过电极把待测部位的电位引导到检测系统加以测定。但在实际工作中，由于电极极化，难以准确达到预期的目的。图 12-1 表明极化对电刺激和生物电位测定的影响。

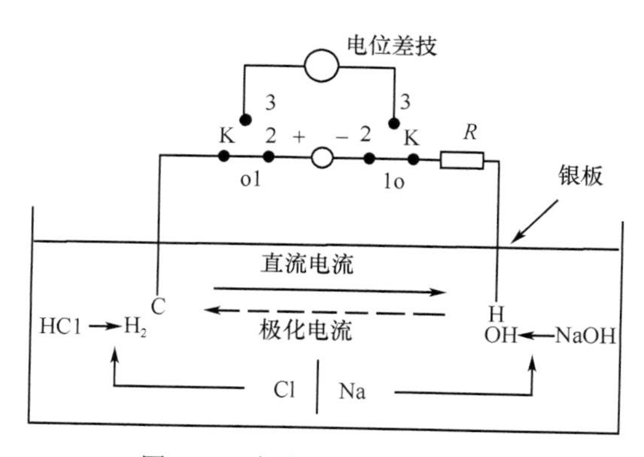

图 12-1　极化现象实验示意图

图中以银电极模拟刺激电极或检测电极；NaCl 溶液模拟电极与生物体之间的导电液体；电池 E 模拟电刺激的电源或检测系统输入级所需的偏置及漏泄电流，以及皮肤电反应的等效电压；电阻 R 模拟检测系统的输入阻抗。当双

刀三掷开关放在位置 1 上时，回路电流值为零，电极处于平衡状态。由于两个半电池相同，两个电极电位相等。

将开关放在位置2上时，电池 E 接到电解池的电极上，使一个银极成为阳极，而另一个成为阴极。当外加电压升高到某一定数值后，电阻 R 上有电压降产生，这说明在电解池回路中有电流通过电极。之后随时间的增加电流减小。要维持初始电流，就必须继续升高电压。然后将开关放在3位时，测其电动势，测定结果显示：电解池本身产生一种与外加电动势极性相反的电动势，即左正，右负。产生上述现象的原因是与电荷转换、扩散和化学反应超电压有关。

当电化学系统处于平衡状态时，溶液中存在 NaCl 浓度的分布各处是均匀的。当外接电池电压加到电极上，在电极上有电流通过时，在阴极上发生电极反应为：

$$2Na^{+}+2H_2O+e \rightarrow H_2\uparrow+2NaOH$$

由于产物不能很快扩散离开，因而阴极因吸附氢气而成为氢电极，电极附近氢氧根浓度增加。同时在阳极上发生电极反应为：

$$4Cl^{-}+2H_2O \rightarrow 4HCl+O_2\uparrow+4e$$

由于产物不能很快扩散离开，致使阳极吸附氧气而成为氧电极，电极附近氢离子浓度增加。然而，氧气获得电子，氢气失去电子重新与各自周围多余的氢离子和氢氧根离子结合生成水的趋势，这对进一步通电流造成了阻力，产生了极化现象。

电刺激的目的是将电流通过电极送入生物体某个组织器官。但因电极极化而不能在指定电压下将所需电流送入生物体某个组织器官。电刺激过程是一种与电解有关的过程。电流是通过电极/导电溶液界面的电极反应将电子转换成离子传送到生物体内，然后电流经过组织器官到达另一个电极/导电溶液界面，在此界面上发生电极反应是将离子转换成电子而离开生物体进入电极。由于电极极化，阻碍电流进入生物体组织器官，因此电极极化对电刺激是个不利因素。在进行电刺激时应尽量设法减小电极极化。

测定生物电位，是要通过电极把待测部位的电位引导到检测系统进行测定。由于测量电位的电极不是通过串联电容，而是直接耦合到放大器的前置放大器上，因而前置放大器的偏置电流和皮肤电反应的电压会使电极发生极化，产生超电压，这个超电压在前级放大器的输入端产生直流偏置电压，与被测的生物电位一起输到检测系统，因而使被测的生物电位失真。

第三节　极化电极和不极化电极

一、极 化 电 极

在给电极施加电压，或通入电流时，在电极/电解溶液界面上无电荷通过，而有位移电流通过的电极，称为极化电极(polarized electrode)。

惰性金属如铂、金和银等制成的各种电极非常接近于完全可极化电极的性能。因为这些金属做成的电极难被氧化和分解，所以在给这种电极施加电压时，在金属电极/溶液界面上形成双电层。其与电容器性能类似，其极性与外加电压的极性相反。这个超电压随着外加电压的增加而增大，直到电极上发生电极反应为止。

二、非极化电极

不需要能量、电流能自动通过电极/电解质溶液界面的电极，称为非极化电极(non-polarized

electrode)。此种电极不存在超电压。实际上完全不需要能量而电流自动通过电极/电解质溶液界面的电极是不存在的。但接近这种电极性能的电极还是有的，如银/氯化银电极和甘汞电极。

银/氯化银电极是由表面上镀有氯化银的银板或银丝放在含氯离子溶液中所构成。在这个电极的表面上存在下列平衡反应:

$$AgCl+e \leftrightarrows Ag+Cl^-$$

这个反应的正、逆反应速度都很快，所以当给电极施加正电位(相对溶液)时反应向左方进行:

$$Ag+Cl^- \rightarrow AgCl+e$$

放出电子与正电荷中和，使电极电位不变；当给电极施加负电位(相对溶液)时，反应向右方进行:

$$AgCl+e \rightarrow Ag+Cl^-$$

氯化银消掉电子，使电极电位不变。因此银/氯化银电极在通入比较小的电流时非常接近非极化电极，但在通入较大的电流时它也会产生浓差超电压和欧姆超电压。测定心电、脑电时流过电极的电流非常小，所以银/氯化银电极很适用于作为检测电极测定心电和脑电。

由于氯化银对光敏感，尤其对红外光更敏感，所以通常把它置于暗处保存。此外银/氯化银材料对生物组织有害，故只能用于体外而不能用于体内。

有两种常用的制作银/氯化银电极的方法：电解法和烧结法。图 12-2 所表示的是电解法制作银/氯化银电极的装置。要镀银/氯化银层的银电极作为阳极，表面积较大的银板作为阴极。1.5V 电池作为电源，串联电阻用以限制峰值电流。电流表用来观察电流以便控制电极反应速度。电流密度约以 $5mA/cm^2$ 为宜。为使银/氯化银薄层在金属银上附着牢固，可在一定时间后改变外接电池的极性，再次通电，如此反复 3~4 次。最后一次通电时必须保持与第一次通电的极性相同。

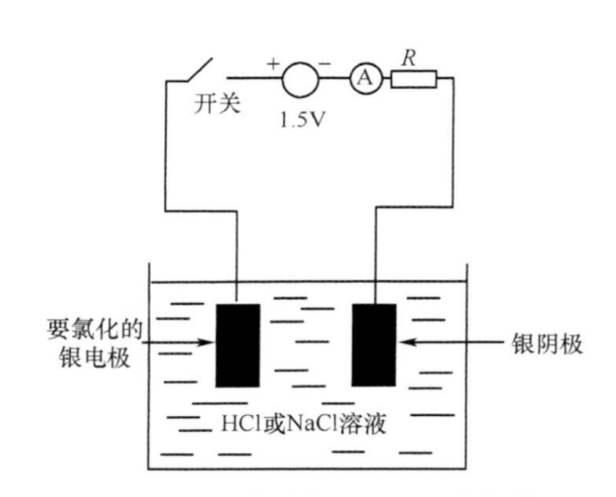

图 12-2　电解法制作 Ag/AgCl 电极装置

医学仪器上常用的银/氯化银电极是采用烧结法制作的。将净化的纯银丝放在模具内，再填满银和氯化银粉末的混合物，用扳压机加压，限成圆柱体，然后再从模具中取出，在 400℃的温度下烘几个小时，便制成一个银导线四周包围着烧结的银和氯化银圆柱体的电极。这种方法制作的电极不怕磨损，便于保存，成本低，常作为体表电极用于记录心电、脑电和肌电等，在临床和基础研究中应用较为广泛。

银/氯化银电极不仅具有不易极化的性能，而且较相应的银电极还具有更小的电噪声。为观察电极噪声，进行三组实验。每组实验都是先将一对直径为 1.35cm 的球形银电极表面用电解法镀上一层氯化银，然后将按照烧结法制作的电极入生理盐水中，观察记录有关数值，填入一组实验记录。完成这个实验后，将电极从生理盐水中取出除掉其上的氯化银层，然后再放到生理盐水中把相关数据填入二组实验记录中。将电极取出，再在这些电极表面镀上氯化银层，然后放到生理盐水中便得到三组实验记录。

经过测试比对和分析，带有氯化银层的银电极比去掉氯化银层的银电极具有更小的噪声，而且纯金属电极的大部分噪声是在低频范围内。因此，采用纯金属电极对一些低频电位检测将会产生严重的干扰，因而在测定心电、脑电等均采用银、氯化银电极作为检测电极。

第四节 电极的阻抗特性

用于检测生物电或电刺激生物体电极的阻抗比较复杂。电极阻抗本应仅指每一电极自身的阻抗，不包括两个电极之间生物组织的阻抗，但因这两部分阻抗的作用和影响很难区分，因而电极阻抗常泛指电极加于生物体时各种阻抗的总和。电极阻抗不仅与金属/电解质溶液的接界、电极膏的成分以及皮肤和组织特性有关，而且也与温度、频率、电流密度、接触面积以及电极与皮肤或组织的接触时间等有关。

一、正弦小信号时电极极化阻抗分析

检测心电、脑电时，检测电极是在电流密度很小的条件下进行工作。此时，电极可用如图12-3所示的由两个并联的、与频率无关的线性元件组成的等效电路来研究。

金属电极与其接触的电解质溶液的界面上存在双电层，双电层两侧具有一定的电位差。当有电流通过电极/电解质溶液界面时，双电层的电位差发生改变，其上的电荷分布呈非线性变化，双电层的电容因此也发生变化。将这个电容称为增量电容或极化电容，以 $C_H(=dQ/dV)$表示。若有电流通过电极，就说明有电荷直接通过双电层，故可将双电层视为漏电的电容；其漏电电阻称为增量电阻或极化电阻，以 R_t 表示。因此，电极在小信号作用下，其极化阻抗可用图12-3 中的等效电路表示。R_t 为电解质溶液及电极引线电阻，E_{hc} 为电极的半电池电势。

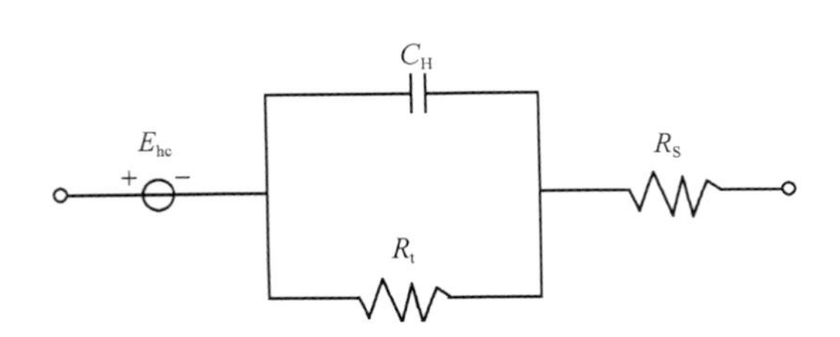

图 12-3 金属电极/电解液接界的等效电路

当电流通过电极，电荷转移过程是其阻力时，电极极化阻抗可用图 12-3 等效电路表示。当电流除受到电荷转移过程的阻力外，还受到扩散过程的阻力作用时，其电极极化阻抗可用图 12-4(a)等效电路表示。因为流过扩散层的电流在扩散层两个界面之间产生一个欧姆电位差，所以也可将扩散层视为一个漏电的电容器。因此包括扩散超电压小信号电极等效电路可表示为图 12-4(a)。

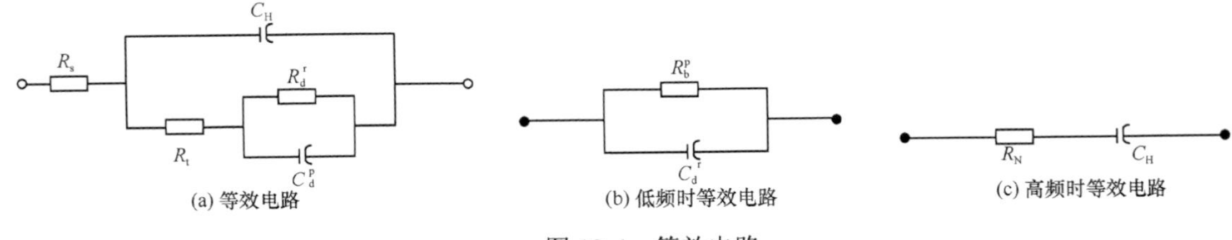

图 12-4 等效电路

从这个等效电路可看出，当频率很高时，R_t 和增量电容 C_H 决定着电极极化阻抗，其等效电路可简化成图 12-4(b)。这时高频电流完全是电荷位移(非法拉第电流)而不是电荷通过双电层传递(法拉第电流)。

当频率很低时，扩散引起的阻抗变得很大，而且它在总电极阻抗中占有很大部分，于是等效电路可简化成图 12-4(c)。显然，这时法拉第电流要比非法拉第电流大。

测定生物电位时，检测电极只是在电流密度很小的条件下进行工作。在一般情况下，对电流产生的阻力主要来自电荷转移过程，因此可用图 12-2 等效电路表示电极极化阻抗。

实测电极的极化阻抗和评价电极可以按照如下方法进行：在电化学电池内装有 0.9%氯化钠溶液。若被测电极对的材料、结构和性能相同，将它们插入溶液后所测得的阻抗，应为两电极极化阻抗之和，每一电极的极化阻抗可取其测量值的 50%。若欲精确地对比同种或不同种电极性能的差异，则需另取一电极作参比电极，其面积应远大于考虑扩散极化效应电极等效电路测电极，这时参比电极的极化阻抗可相对忽略，常用的参比电极是银/氯化银电极。

当频率约大于 20kHz 时，电极阻抗等于常数。因为在高频时，

$$\frac{1}{\omega C} << R_t\text{，}\frac{1}{\omega C_H} << R_s$$

则净输入电阻为 R_s，根据图12-5 给出电极阻抗与频率关系，可求出 R_s=500Ω。

当频率小于 50Hz 时，阻抗也等于常数 R_t+R_s，因为在这些频率时

$$\frac{1}{\omega C_H} >> R_t$$

阻抗与频率无关，因此可以求出 R_t=30kΩ−0.5kΩ=29.5kΩ。

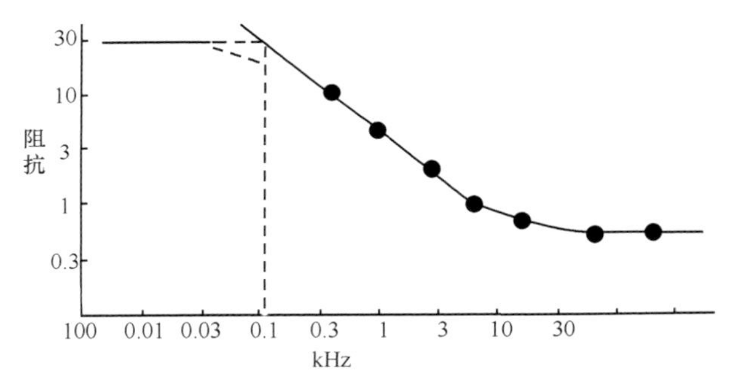

图 12-5　电极阻抗与频率的关系曲线

在 R_t 和 C_H 并联电路中，电流和电压之间的相角符合关系式 $\tan\theta=\omega R_t C_H$。在此我们估算 C_H 数值，暂且用一般情况下的一阶传感器频率响应曲线的转角频率处的相角 $\theta=\pi/4$。

由图 12-8 可知转角频率为 120Hz，于是 $C_H R_t=(2\pi f)^{-1}$ 根据上述公式，$C_H=4.5\times10^{-8}$F。

电极在正弦小信号作用下，电极极化阻抗与频率之间的关系可用下面的经验式表示：

$$|Z|=Z_0 f^{-m}\quad \theta=-m\frac{\pi}{2} \tag{12-3}$$

式中，Z_0 为频率等于 1Hz 时的极化阻抗；m 为经验常数。性能良好的电极应具有较小极化阻抗，而且极化阻抗随频率变化也要较小，即其 Z_0 和 m 值均较小。经表面活化处理的各向同性低温热解碳(LTIA)，是我国研制的一种新型电极材料，其极化阻抗比通常公认的银/氯化银非极化电极还低一个数量级，并具有良好的生物相容性，可作为植入体内的电极材料。LTIA 的实测相角随频率变化主要原因可能是这种材料表面多孔的缘故。材料表面多孔，使电极与电解质溶液的接触面积增大，这常被认为是降低电极极化阻抗的一种有效方法。

二、正弦大信号时电极的极化阻抗

金属电极在与电解质溶液接触时，电极将建立起相应的电极电位。若再通入交变电流，则将有一交变电位叠加在原来不变的电极电位上，图 12-6 所示。通常，只要原来电极电位的极性

不致因叠加交变电位而改变，电极的极化阻抗就与电流密度关系不大。但在通过电极的电流密度超过一定阈值时，叠加的交变电位成分将导致电极的极性在部分时间内与原来的极性相反。这必然会影响到电极/电解质溶液接界处的双电层。因电极在作为阳极和作为阴极时的电极反应不同，各自所需的能量和极化超电压也有差异，因此正弦大信号作用在电极上时，电极的极化阻抗将出现明显的非线性，以致不能再用正弦小信号时的方法测试和计算其电极阻抗。

在这种情况下，测量电极/电解质溶液系统阻抗特性可采用交流电桥方法，分别读出或计算出极化阻抗的电容和电阻成分。其典型的测试方法是采用变压器比率臂平衡电桥。采用电桥法测定不锈钢电极的极化阻抗，得到电极极化阻抗随电流密度和频率变化规律。当电流密度超过 $1mA/cm^2$ 时，在相同频率条件下测得的电阻，随电流密度增加而迅速减小，相应电容却迅速增大，而随着测试频率的增加，电阻和电容均有减小趋势。

由于在正弦大信号作用下，电极阻抗呈现明显的非线性，所以人们不再进一步去分析和测定其阻抗参数，而是采用如图 12-7 所示测量系统观察电极非线性所引起的畸变和效应。

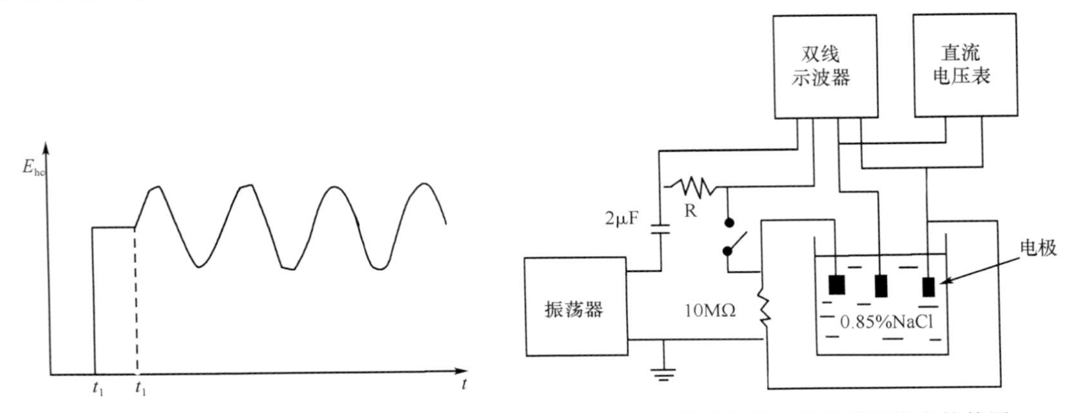

图 12-6 电极电位和交变电位的重叠　　图 12-7 测量电压畸变和整流效应的装置

在采用正弦电流对电极进行大信号激励时，被测电极两端的正弦电压产生明显畸变。这种正弦电压因畸变而形成正负半周不对称，因而引起整流效应及附加直流电压漂移。银电极和银/氯化银电极在不同频率和电流密度下附加直流电压会产生不同的漂移。两种电极的共同的特点是，随着频率的增加，附加直流电压漂移相对减小。图 12-8 给出了银/氯化银电极在不同频率和电流密度下附加直流电压产生不同的漂移，用图 12-7 测量系统中的双线示波器观察，可看到电极端正弦电压畸变程度在高频时较低频时低，这与频率越高电容和电阻的非线性越低的规律相互一致。这个现象说明，某些过程中电化学反应是比较慢的，所以在电流频率增高时，没有足够时间使电化学反应发生。

在图 12-9 中示出三种不同电极在 1kHz 频率下附加的直流漂移电压。从图中可见，通常所用的一次性监护电极，虽在电极上镀有银/氯化银薄层，但在大电流密度工作时，仍缺乏足够的银或氯化银参加电化学反应，因而其性能远不如用压制烧结法制备的银/氯化银电极。

在手术监护等特殊情况下，除需连续观测心电外，有时还要同时使用电针麻机、高频电刀或除颤器等设备。这将会向病人体内送入大电流，以致对心电记录产生严重干扰。例如在使用高频电刀的同时检测心电时，若高频电刀的载波频率为 1MHz，心电导联线的分布电容为 100~300pF，则心电图机便相当于一个为 500~1500Ω 的分流电阻，见图 12-10。高频电刀的输出功率常为 100~300W，人体电阻为 1500Ω，经过人体的电流约为 1A。高频电刀在使用时，经心电检测电极和输入导线分流的电流常可达到 100~300mA。这样，由于电极极化及整流作用，将会使电极产生毫伏级的附加直流漂移，从而造成心电图基线跳跃，并混入高频电刀工频整流电源 100Hz 的附加干扰，在无高质量设置输入的心电图机联用时，为减小此种干扰，可采用大面积的电极和高质量的银/氯化银电极，并在电极与引线间传入 15mH 高频扼流圈。

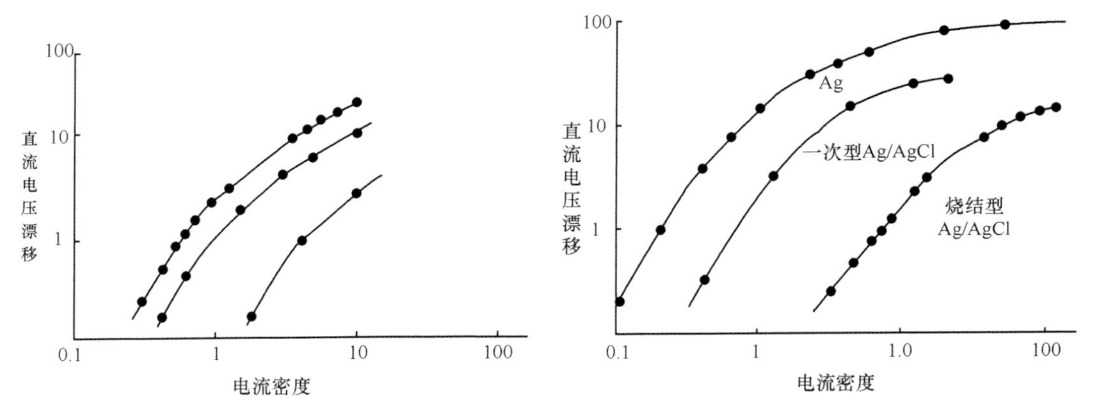

图 12-8　Ag/AgCl 电极在交流电流作用下的电压漂移

图 12-9　三种电极在 1kHz 交流作用直流电压漂移比较

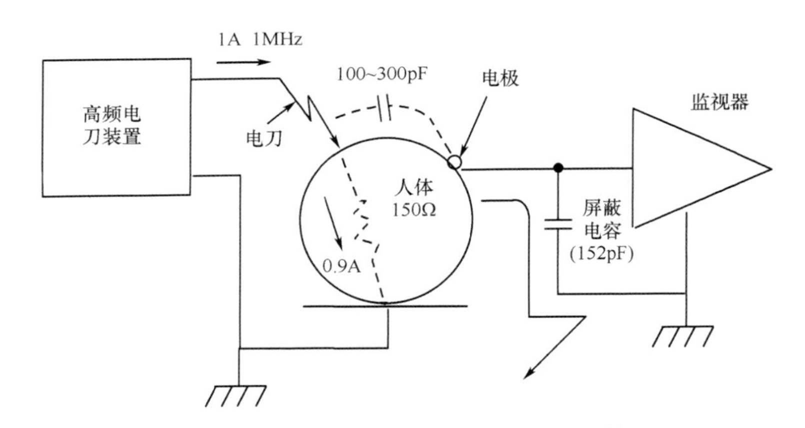

图 12-10　心电检测受高频电刀的干扰

三、脉冲大信号时电极的极化阻抗

对生物体进行电刺激的电极，常需在毫安数量级的脉冲大信号状态下工作。脉冲大信号等效电路的电阻和电容值，与测量时所加信号脉宽和幅度等有关，其时间响应曲线也较大地偏离指数形式。故对各种电极性能，常在模拟环境下，用示波器进行探究。

电极在脉冲大信号作用下，通过电极的电流与其电极电压之间存在波形畸变，而且同种电极用作阳极或用作阴极，产生畸变亦不相同，见图 12-11。这个实验中，采用面积为 0.5cm^2 的银电极，激励电流幅值为 5mA 的阶跃信号，阳极和阴极均置于同一化学电池内对同一参比电极进行测定。为便于与阳极电位波形比较，将阴极电位波形反向显示。由图可以看出，电位波形顶部不平。这是由于单向电流产生极化作用引起的。同时也看到，阳极电位波形较阴极电位波形更快地趋于稳定。这说明阴极的超电压比阳极超电压大，因而在阴极极化阻抗上损失的电压较在阳极上的大。电极电位曲线呈指数下降部分，是表示通电时在双电层电容内所储存的电荷通过漏泄电阻在放电。

采用周期为 1s，脉宽为 1ms，幅度为 1mA 的方波脉冲对几种不同材料和形状的电极进行测试，得到如图 12-12 和图 12-13 所示的脉冲响应曲线。从图中可看出，表面经活化处理的低温热解各向同性碳(LTIA)电极，具有比同面积的银/氯化银电极更小极化阻抗。对用于心脏起搏器的柱半球形电极，LTIA 电极的极化阻抗最小，而 Elgiloy 电极的极化阻抗最大，其超电压高达 600mV，铂-铱电极的极化阻抗较小，但也达 150mV。当采用恒压刺激时产生脉冲响应与恒流刺激时不同，见图 12-14。

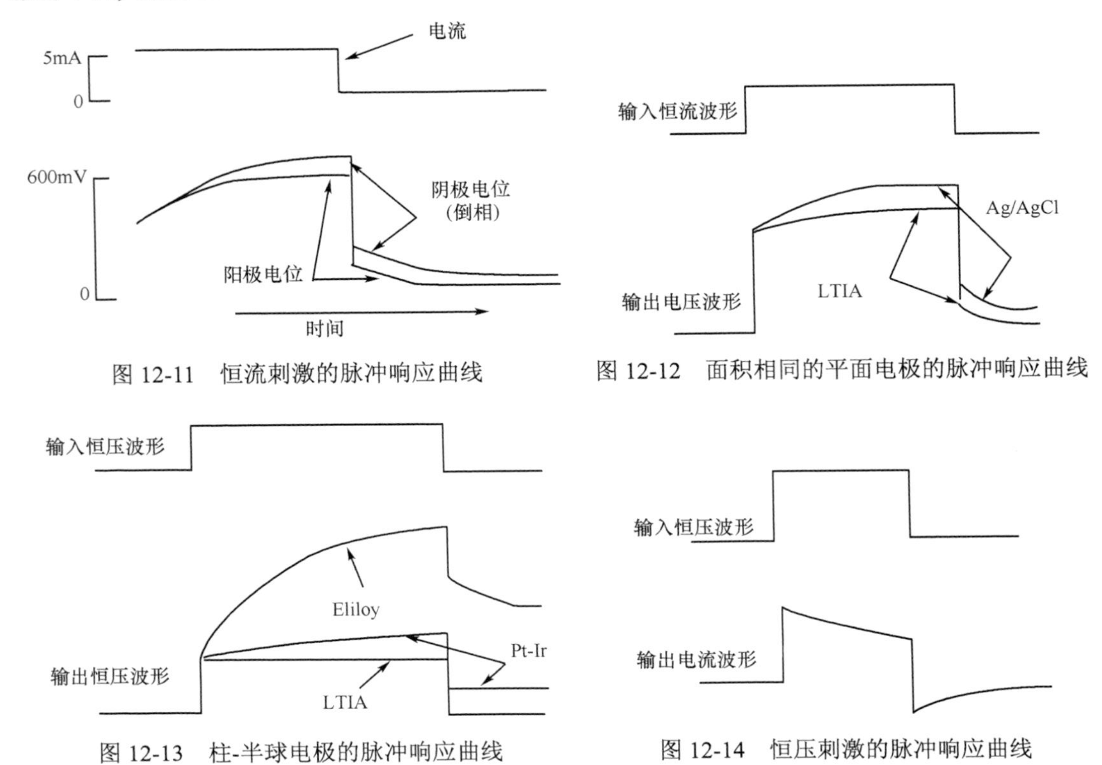

图 12-11 恒流刺激的脉冲响应曲线

图 12-12 面积相同的平面电极的脉冲响应曲线

图 12-13 柱-半球电极的脉冲响应曲线

图 12-14 恒压刺激的脉冲响应曲线

第五节 检测电极和电刺激电极

一、检测电极及测定生物电时的干扰

检测生物电位时，主要问题在于各种干扰，如运动伪差，市电干扰。了解干扰的产生和设法消除干扰，是生物电检测技术及仪器设计的关键，也是改进检测电极的重要内容。

1. 电极-皮肤界面和运动伪差 当我们从皮肤表而记录生物电时，还必须考虑另外一个界面，即电极/电解质溶液和皮肤之间的界面。为使电极和皮肤有良好的接触，通常在它们之间放有一种含氯离子作为主要离子的导电膏。这种导电膏和电极之间的界面就是上述的电极/电解质溶液的界面，但导电膏和皮肤之间的界面则是另一种不同的界面。为此简单介绍一下皮肤的结构。

图 12-15 是各层皮肤的放大剖面图。皮肤由三个主要层组成，包围着全身，最外层的表皮在电极-皮肤界面中起着主要作用。它由三层所构成，其自己不断更新。细胞在生长层进行分裂和生长并向外移动。细胞在通过颗粒层时，就开始死亡并失去细胞核，进到透明层再向外移动，它们就退化变成扁平的角质物质，这就是皮肤表面上角化死亡细胞所组成的疏松角质层。表皮就是这

样一种不断更新的皮肤层。

皮肤的较深的几层，除汗腺外类似于体内其他一些组织。因此在此只考虑汗腺的电性质。在电极和皮肤之间用导电膏作导电介质时的等效电路如图 12-16 所示。该图右边等效电路中的每个参数，大致就在同一水平面上的左边图形中所代表的实验内容。E_{hc}为电极与导电膏接触的电极电位即半电池电势。串联电阻 R_s 是电极和皮肤之间导电膏的等效电阻。表皮对离子而言可以等效为一个半透膜。如果膜两边的离子浓度不同，则将产生膜电位 E_{se}，表皮也有阻抗，它也可用并联 RC 电路表示。表皮下面的真皮和皮下层的性能可以等效为纯电阻。汗腺分泌液体，其中含有钠离子、钾离子和氯离子，它们的浓度与细胞外面浓度不同，因此在汗管腔和真皮之间以及汗管腔与皮下层之间产生电位差，同时也有一个与这个电位差相串联的R_pC_p并联电路，见图中虚线所示。这是产生皮电反应的原因。对不测量皮电效应的检测电极，这些成分可忽略不计。

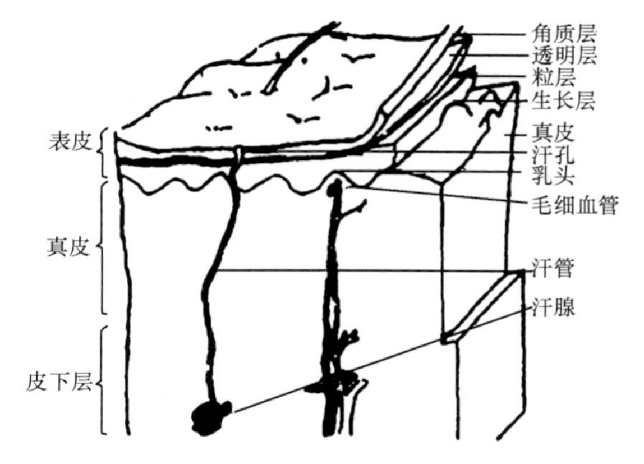

图 12-15 皮肤的放大剖面图

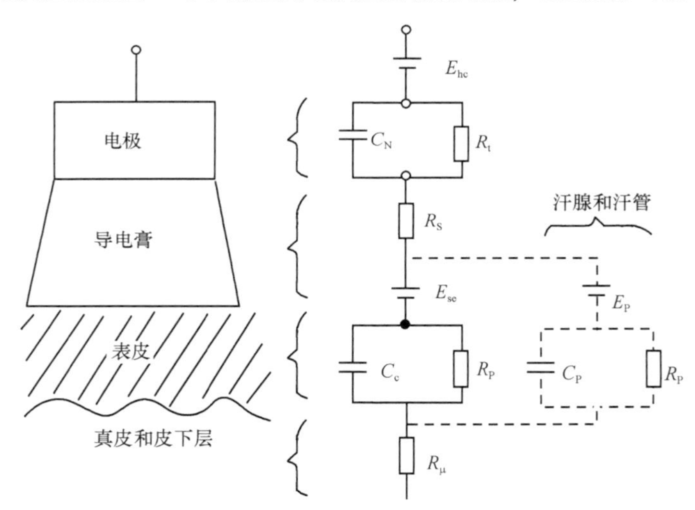

图 12-16 电极-皮肤接界及其等效电路

当一个可极化电极与电解质溶液接触时，在分界面上会形成双电层。如果电极相对于电解质溶液运动，则会搅乱界面处的电荷分布，使半电池电势产生瞬间变化，直到重新建立平衡状态为止。在电解质溶液中放入一对电极，一个电极运动，而另一个电极保持静止不动，在运动期间，在两个电极之间便会产生电位差，这种由运动产生的电位差称为运动伪差。它可能成为在测量生物电位时造成干扰的一个重要原因。

如果上述的实验改用非极化电极如银/氯化银电极，则运动伪差会减小得很小。当检测电极与皮肤接触时，电极与电解质溶液界面并不是运动伪差的唯一来源。除半电池电势外，还有导电膏-皮肤电位 E_{se}，如果它随着电极运动而变化，也会产生运动伪差。

运动伪差是一种随机的，难以避免的干扰，其幅度、频率及带宽都无法预测，因而难以靠仪器设计的办法来解决。减小这种干扰的方法，一是尽量保持放置电极的局部皮肤不变形，使电极/导电膏/皮肤接界稳定，二是对皮肤进行充分打磨，以减小皮肤阻抗中的表皮阻抗部分。后者皮肤受到损害，易受导电膏的刺激。另外，当电极用于长时间的记录时，要注意角质层在 24 小时之内便可再生一次，因而又会产生运动伪差。

2. 工频干扰 除生物体“动”对测定生物电位有干扰以外，还有一种干扰就是市电的干扰，即工频干扰(hum noise)。工频干扰有差模干扰和共模干扰两种。

差模干扰：干扰电压使检测仪器一个输入端的电位相对于另一个输入端发生变化，因而干扰电压与检测信号电压混合而影响输出，这种干扰称为差模干扰。

共模干扰：干扰电压使检测仪器的两个输入端的电位变化同相、等量，这种干扰称为共模干扰。若我们使用的差分放大器两个输入端完全对称，则在输入端短路或加共模干扰时，其输出为零，无干扰。若两个输入端不完全对称，则即使是共模干扰也会变成差模干扰而影响输出。

测定生物电的放大器通常采用高共模抑制比的差分放大电路。目前已有 $CMRR>10^4$ 的差分放大器。使用这样高的共模抑制比的差分放大器，遇到一般的共模干扰，对测定结果几乎无影响。若引入的是差模干扰，差分电路是不能将差模干扰与被测的生物电信号分开的，结果造成干扰信号与被测信号叠加在一起输出。

工频干扰来源有三，分别叙述如下：

(1) 经电极导线进入人体的干扰：这种干扰见图 12-17。位移电流 I_{P1} 和 I_{P2}，经市电电源与电极导线间的杂散电容 C_1 和 C_2 进入电极导线。差分放大器的对地共模输入阻抗 Z_{in}。和差模输入阻抗 Z_D 都远大于电极阻抗 Z_1、Z_2 和 Z_g，所以流入放大器的输入端的位移电流可忽略，因而位移电流则是通过 Z_1、Z_2 和 Z_g 到地，这时在放大器的 AB 两端的电压 V_{AB}。此外，图中等效电路中 C 与 C_1 相同。

$$V_{AB}=I_{P1}Z_1-I_{P2}Z_2 \tag{12-4}$$

从上式可看出，当 $I_{P1}Z_1 \neq I_{P2}Z_2$ 时，系统将会产生差模干扰。

(2) 直接进入人体的干扰：这种干扰见图 12-22。当受试者身体有一点与检测仪器的外壳相连时，即使人体未直接接地，但由于仪器对地电容很大，工频位移电流也会经人体构成回路。当仪器电源线靠近受试者左侧很近，并有位移电流 I_D 如流经两个检测点 1 和 2 之间的人体阻抗 Z_i 时，I_D 将通过 Z_i 和 Z_g 到地构成回路，因而造成电压为 I_DZ_i 的差模干扰。为减小这种干扰，可移开工频干扰源，或寻找参比电极合适的放置位置。

(3) 分压效应所形成的干扰。由图 12-18 可看出，当位移电流 I_D 流经接地电极时，会产生共模干扰，其值为 I_DZ_g。这个共模干扰在电极阻抗不等($Z_1 \neq Z_2$)时，也会变为差模干扰。I_DZ_g 在放大器的 A 和 B 端输入电压分别为 V_A 和 V_B，即：

$$V_A = I_D Z_G \frac{Z_{in}}{Z_1 + Z_{in}}$$

$$V_B = I_D Z_G \frac{Z_{in}}{Z_2 + Z_{in}}$$

由于放大器的输入阻抗很高，而且 $Z_{in} \gg Z_1$ 且 $Z_{in} \gg Z_2$，故将上二式相减并化简便可得到由共模干扰 I_DZ_g 转变成差模干扰的电压 V_{AB}：

$$V_{AB} = V_A - V_B = I_D Z_G \frac{Z_2 - Z_1}{Z_{in}} \tag{12-5}$$

要想减小这种干扰，必须尽量使 $Z_1=Z_2$，并减小 Z_G。增高放大器输入阻抗 Z_{in}。

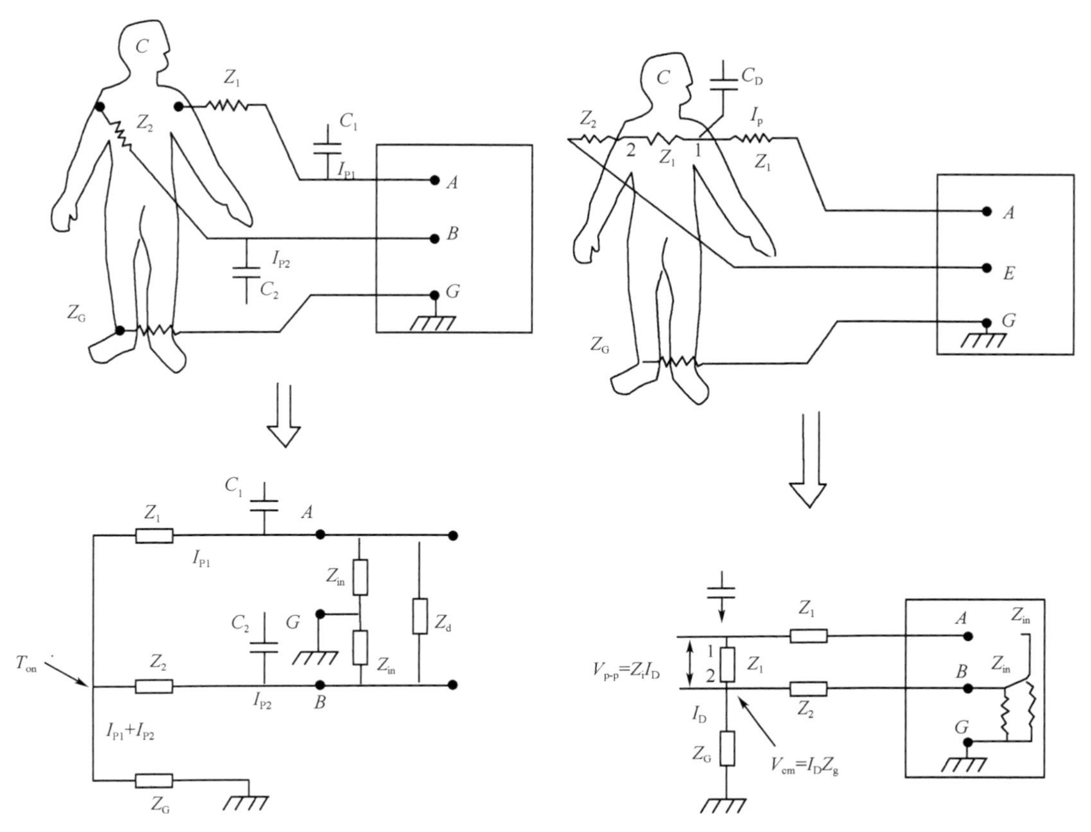

图 12-17　经电极导线引入工频位移电流的耦合模型　　图 12-18　经人体进入工频位移电流的耦合模型

3. 检测电极　常用的检测电极是体表电极，它主要包括以下几种:

(1) 金属板电极：这是一种最常用的检测生物电位电极。在检测生物电位时，在电极和皮肤之间涂抹导电膏以保持其良好的接触，以进一步减少接触电阻。心电图机最常用的一种肢体电极。它是由半圆扁平金属板所构成。一个接线柱是放在靠近一端的外表面上，用于与心电机连接，另一接线柱用于把橡皮绑带连接到电极上并将电极固定在臂上或腿上。这种电极通常是镍银合金制成的。使用前涂上导电膏。另一种常用的金属板电极如图 12-19(a)所示。这种电极可用作记录心电图的胸电极，也常用于长时期的心电监护。电极用于这些方面时，常用银的圆盘制成，在它的背面焊上引线，在它的接触面上可有也可没有氯化银的电解淀积层。用前先涂上导电膏，然后将它紧贴到患者胸壁上，再用橡皮膏或用其表面上泡沫塑料圆盘带有的粘合剂把它固定住。这种类型的电极也常用于肌电图和脑电图的体表记录。

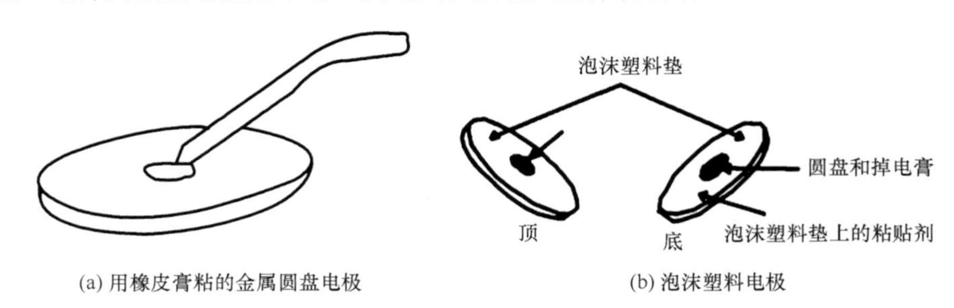

(a) 用橡皮膏粘的金属圆盘电极　　(b) 泡沫塑料电极

图 12-19　体表检测电极

另外一种常用的电极如图 12-19(b)所示。它是由上和下两个较大的泡沫塑料圆盘所构成。下圆盘上有一个小的银片，此银片圆盘与上圆盘上中心的按扣相联，小的银片圆盘用作电极，可镀上 AgCl 层。圆盘电极上涂有粘贴皮肤的粘贴剂。为防止导电膏干燥，该电极封装在金属薄的壳内。在使用时，医生只需打开电极外壳，去掉防粘纸，把电极紧压在患者的身上，然后把带有引线的按扣按在电极上，并将引线连接到监视设备上即可。

图 12-20 金属吸附电极

(2) 吸附电极：吸附电极如图 12-20 所示。这种电极常用作心电图机的胸电极。

它是一个金属圆筒电极，圆筒上装有接线柱，其底部与皮肤接触，其上部套有一个橡皮球，电极可通过橡皮球排出空气而得到负压进而吸附在皮肤表面。用前需在电极接触面上涂上导电膏。这种电极由于接触面对皮肤的吸力和压力对皮肤产生很大刺激，所以不能长时间使用。另外，这种电极实际接触面积比较小，电极阻抗较大，所以在将吸附电极和输入阻抗较低的放大器一起使用时，会使心电图产生较大失真。

(3) 浮式电极：在检测电极上产生的运动伪差，一种来源是来自电极/电解质溶液界面双电层的改变，虽然使用非极化电极，如银/氯化银电极可大大地减小这种伪差，但不能完全除掉。为了进一步减小其运动伪差，研制出能稳定界面的浮置电极。

这种电极主要特点是金属圆盘电极和导电膏都放在绝缘壳体空腔内，电极被导电膏包围，不直接与皮肤接触。因为金属圆盘对空腔不作相对运动，所以不会因机械运动改变双电层电荷的分布。实际应用时，在电极腔内充满导电膏，用双面橡皮膏环将导电膏与皮肤接触。腔内的电极可以是用银制成的圆盘，镀有氯化银，也可以是一个烧结的银/氯化银圆片。浮式电极很稳定，适于多种用途。

(4) 干电极：测定生物电位也可不用导电膏将电极直接与皮肤接触来进行。为区别于常规的湿电极而称这种电极为干电极。由于不使用导电膏，因而避免了由此产生的对皮肤的腐蚀和刺激。这对长时间连续测定是很有益的。例如在宇宙飞行中检测电极处于使用状态常为几天乃至几十天，这样长的时间，就有可能造成电极下的皮肤溃烂。

干电极采用电容耦合原理测定有关信号。这种电极与人体接触面之间有一层很薄的绝缘膜，人体和金属电极之间便形成一定的电容，人体和电极片分别为电容器的两个极板，绝缘膜便成为此电容器的中间介质。生物电信号可通过此电容器进入放大器的输入端。因此使用时不必对皮肤作认真清理，从而简化了电极的使用程序。另外，因电极片不与导电青或其他电解质溶液接触，因而避免了极化现象的产生。这也是干电极的一大优点。普通湿电极通常易产生运动伪差，而使用干电极，可得到改善。因电极通过绝缘膜与皮肤接触，故这种电极的阻抗远高于湿电极。为减少因电极阻抗高而产生拾取信号的干扰，在电极后装有增益接近 1 的放大器用以阻抗变换，其输入阻抗大于 $10^9\Omega$，输出阻抗小于 $10^3\Omega$。这种电极的结构见图 12-21。

二、刺激电极

电刺激在临床治疗中已有广泛的应用。如心脏起搏器借助适当的电刺激来维持心肌的跳动；除颤器通过对纤维性颤动杂乱兴奋的心肌细胞给予瞬时高能量的电刺激，强使心肌兴奋相位变为一致；对中枢性麻痹患者，给其骨骼肌或运动神经施加一种与中枢神经传送来的信号相当的电刺激，以恢复肢体运动的功能；对呼吸麻痹患者，电刺激膈肌，使膈肌运动维持呼吸；对尿路体系肌群麻痹而失去排尿功能的患者，也可采用电刺激方法治疗。上述电刺激治疗都是通过电极将电源的刺激电流送到生物体可兴奋的组织中，因此可以把刺激电极视为生物体可兴奋的组织和刺激电源之间的转换接口。

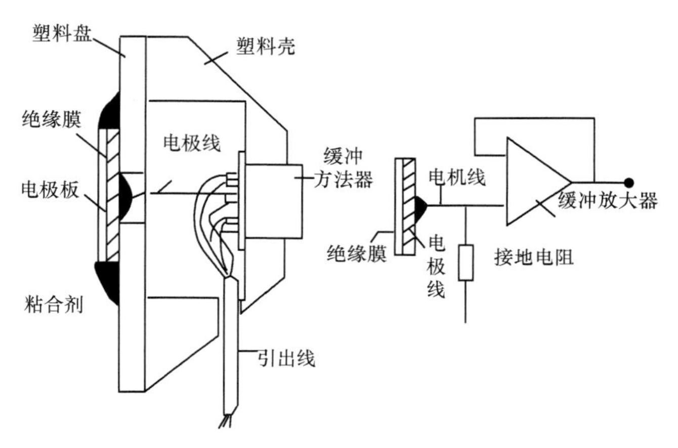

图 12-21　心电检测使用的干电极

刺激电极和检测电极之间区别在于刺激电极的电极/电解质溶液界面上通过的电流较大，是毫安级的电流。

1. 兴奋组织的电流基强度和时值　足够的刺激电流强度和刺激持续时间是引起可兴奋组织兴奋的重要条件。使可兴奋组织兴奋，刺激电流(I)越大，所需脉冲的宽度(t)越小(图 12-22)，二者呈近似双曲线关系，即

$$I = a + bt^{-1}$$

当$t \to \infty$时，$I \to a$，a称为电流基强度，电流基强度是引起组织兴奋的电流强度阈值。当矩形脉冲幅度为电流基强度二倍时，引起可兴奋组织兴奋所需脉冲宽度称为时值(chronaxie)，以t_c表示，$t_c=a/b$。从图 12-26 可以看出，当脉冲宽度选为t_c时，产生兴奋所需能量最小。为得到有效的刺激，通常采用电流强度为$2a$，脉冲宽度略大于t_c。

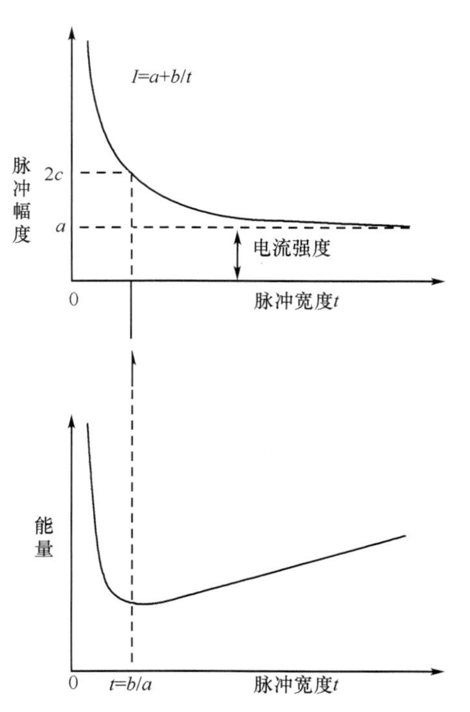

图 12-22　刺激电流的幅度和能量与脉冲宽度的关系

对于植入体内用作慢性刺激的电极，由于人体的排异作用，电极周围会逐渐形成一层纤维化组织，使电极阻抗增加，慢性刺激阈值升高。一般情况，慢性刺激阈值常在电极植入后 2～3 个月达到稳定，其阈值比刚植入时的刺激阈值高数倍，因此能量消耗较大。这对于植入体内的心脏起搏器电极是个不利的因素。耗能太大，供电电池的更换时间缩短，而更换电池又不能像在体外那样可随时进行，因为心脏起搏器的电源是在体内。因此，急需寻找一种极化阻抗低、组织相容好的电极材料。LTIA，组织相容性好，慢性刺

激阈值增加较小，是制作心脏起搏器电极的较好的电极材料。

2. 刺激电极的供电极性和波形 细胞在静息和兴奋状态时细胞膜电荷分布示于图 12-23。神经或肌肉纤维细胞在还未受到刺激时处于静息状态，此时膜外电位高于膜内，出现膜外正膜内负，这种状态称为极化状态。当给神经或肌肉纤维细胞以电刺激时，会引起神经或肌肉纤维细胞兴奋，使细胞膜对钠离子的通透性发生改变，在电位梯度和浓度梯度作用下大量的钠离子进入膜内，使膜电位由原来的内负外正转变成内正外负[图 12-23(b)]。这个过程称为去极化。此时细胞所处的状态是去极化状态，即兴奋状态。

当用直流电刺激细胞时，在阳极处，电流通过细胞膜进入膜内，在细胞膜产生电位降，导致膜电位内负外正，增大了静息电位，使膜发生了超极化，因而使组织更难兴奋。在阴极处，电流从膜内流出，在细胞膜上产生电压降，而这个电位降与静息电位符号相反，使膜电位减小，发生膜的去极化。如果这时刺激电流达到阈值，则会使阴极下的组织兴奋。因此，当刺激电流达到阈值时，引起兴奋的组织是阴极下的组织。

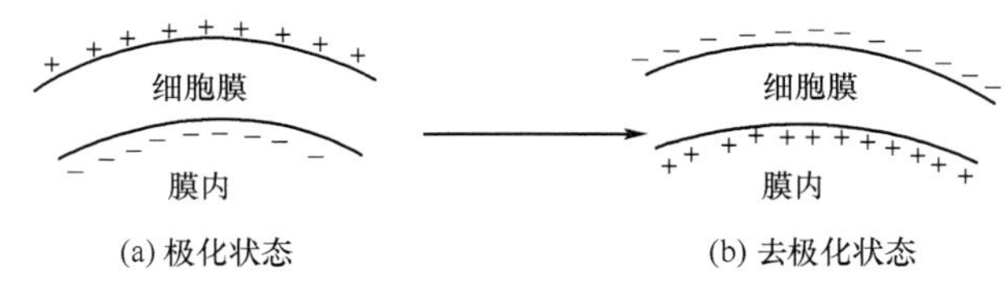

图 12-23 细胞膜电荷分布的示意图

因此在心脏起搏器中采用单极性刺激时，常将一个较小电极放在心脏上并给它施加负向脉冲，而另一个大的无关电极放在身体其他部位上。由于单极性刺激，刺激部位难以找准，故常用双极性刺激法。双极性刺激法所用的两个电极均较小，并相互靠近，在两个电极上施加双向脉冲电流。

刺激电极，特别是植入式电极，长时间在直流电流作用下工作于电解状态，必然导致电极耗损，降低电极的使用寿命，而且还会在电极附近产生与电极材料有关的离子，对组织产生不利影响。为减小金属电极电解作用，应尽可能减小刺激电流直流成分，首先选择合适宽度的矩形脉冲，其次在可能条件下采用双向脉冲等。

3. 检测与刺激共用电极 心脏起搏器(pacemaker)的电极是个典型的检测和刺激共用的电极。按需式起搏器 P 波同步起搏器，分别是根据电极检测心电 R 波和 P 波控制自身工作的，并在需要时能通过电极向心脏施加刺激。图 12-24 示出按需式起搏器的方块图。它有定时电路、输出电路、反馈电路和电极。定时电路以固定的重复频率进行工作，通常是 60~80 次/分钟的频率通过电极向心脏施加电刺激。定时电路在每次触发信号作用下，产生一个刺激脉冲后，自己就回到原来的工作状态(称为复位)，经一定时间间隔产生下一个刺激脉冲。若在这段时间间隔内，心室产生了自动搏动，反馈电路便从这个电极上检测出心电图中 QRS 复波并加以放大，然后用它通过复位电路使定时电路复位。定时电路仍按规定的时间间隔产生下一次刺激脉冲。但在下一次脉冲产生以前，心脏又自己搏动，定时电路就又被复位，此过程如此重复下去。

起搏器电极检测心电等效电路如图 12-25 所示。为减小干扰和防止心电信号通过漏泄电阻，心电放大器的输入阻抗不宜设计得过大，通常小于 20kΩ。因组织阻抗 R_T 和引线阻抗 R_e 之和常不超过 1kΩ，故起搏器电极的极化阻抗参数 R_F 和 C_F 的取值会对实测信号电压 V_i 有不可忽视的影响。尤其是采用的电极材料对交流小信号产生较大的极化阻抗，或为提高电流密度而不恰当地缩小电极尺寸，均会造成R 波和 P 波的低频成分过大衰减，高频成分大量通过，V_i 的频谱分布较真实信号上移。严重时，还可能造成对 R 波和 P 波检测失灵及起搏器输出阻塞等故障。因此，必须对起搏器的电极材料认真选择，并兼顾刺激和检测的需求来选取对应的电极。

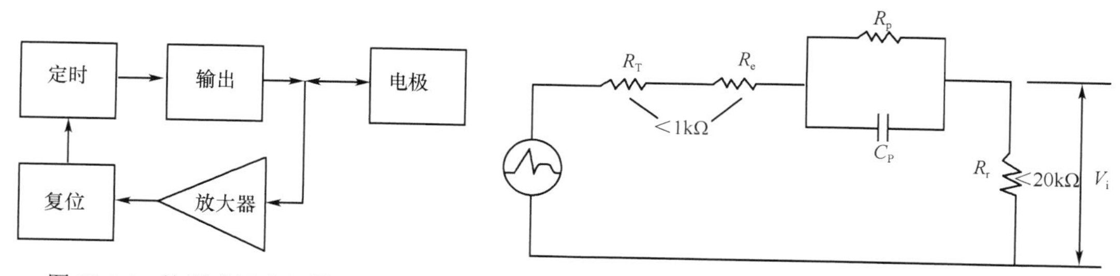

图 12-24 按需式同步起搏器方块图

图 12-25 起搏器电极检测心电等效电路

第六节 微 电 极

微电极(micro electrode)通常是由尖端直径在 0.5 ~ 5μm 范围内的圆锥形金属丝或玻璃毛细管所构成的电极。它主要用于细胞内电位的测定。根据制作材料的不同微电极可以分为金属微电极和玻璃微电极两大类。

一、金属微电极和玻璃微电极的结构

金属微电极实质上是一种除尖端外，其余部分用漆或玻璃绝缘的高强度的金属细针(图 12-26)。不锈钢、铂铱合金、钨和碳化钨等材料均适于制作这种微电极。微电极细尖端通常是用电解腐蚀法制作的，将金属针作为电解槽的阳极并缓慢地从电解液中向外提出，反复重复“浸入~提出”这一步骤，直到电极尖端达到要求时为止。然后将经腐蚀达到要求的金属针支承在一个较大的金属轴上，此金属轴既是微电极的坚固的支柱，又是微电极连接引线的导体。

图 12-26 金属微电极的结构

各种玻璃微电极都用玻璃毛细管制成的。在一根如图 12-27(a)所示的玻璃毛细管的中部加热到软化点，然后迅速拉长成为图 12-27(b)所示的缩颈。在缩颈处截断就成为顶端直径约 1 μ m 的微量吸管结构。向微量吸管中充满电解质溶液，通常为 3mol/L 的 KCl，再插入内参比金属电极，通常是用银/氯化银电极，然后加盖密封便成为如图 12-31(c)所示玻璃微电极。玻璃微电极结构示意图如图 12-27(c)。

二、尖端电位的测定

在使用玻璃微电极测定细胞静息电位时，需知道 E_t 的数值，测定 E_t 的方法是：按同样方法制作两根微电极，但其尖端直径一大一小，将它们先后放在与细胞外液等渗的溶液中，与同一个无关电极测量它们的电位，两次测量的电位差就是直径小的微电极的尖端电位 E_t。尖端电位的测定也可在作完实验后，有意将所用的微电极尖端折断，然后再重测一次，由两次测量的电

位之差来估算 E_t。玻璃微电极的尖端电位，通常约为几十毫伏。

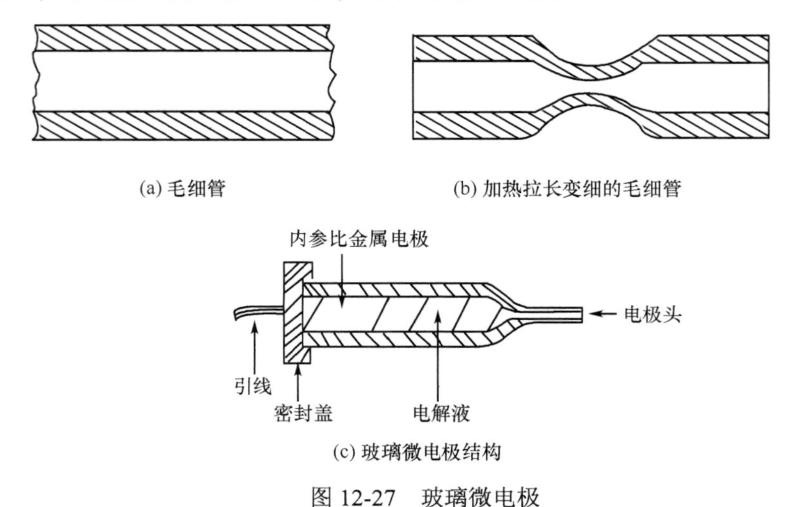

(c) 玻璃微电极结构

图 12-27 玻璃微电极

三、微电极的电阻和电容的测量

测定微电极电阻和电容主要是为了鉴别微电极的优劣，判断其尖端是否被堵塞或折断等。常用的测定装置如图 12-28 所示。为避免刺激细胞，在无关电极和接地端之间串接一个 10mV 阶跃电压模拟细胞的膜电位。将开关 K 放到 1 位，接通 P 开关，当电压稳定后检出器输出电压为 V_{1M} 然后将开关 K 和 P 都接通，当电压稳定后检出器输出电压为 V_{2M}。若所用的检测器放大器输入电阻远大于电池的电阻，而且电池电阻又近似地等于微电极的电阻时，则可按下式计算微电极的电阻 R_e。

$$V_{2M} = V_{1M}\frac{R}{R_e + R} \tag{12-6}$$

$$R_e = \frac{(V_{1M} - V_{2M})R}{V_{2M}} \tag{12-7}$$

正常测得的 R_e 为 10~200MΩ；R_e 为几十千兆欧以上，意味着微电极堵塞；几百欧时，表明尖端破碎。

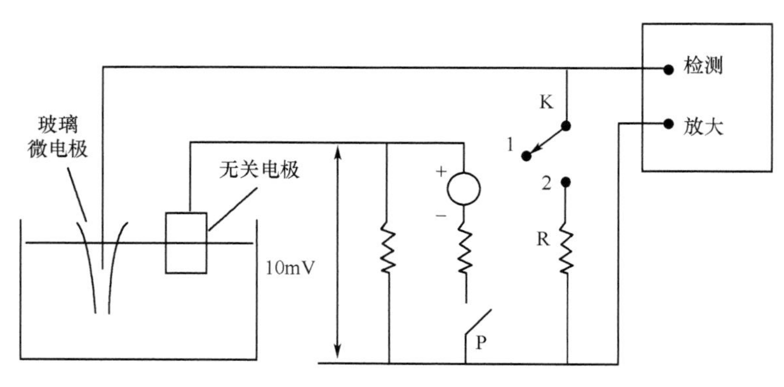

图 12-28 检测微电极性能的实验电路

四、微电极分布电容补偿

玻璃微电极因其尖端面积小，电阻高达几百兆欧。当玻璃微电极通过电缆线接到放大器上进行测量时，产生传输电缆的分布电容和放大器的输入电容，这两部分电容和电极的分布电容并联，造成总电容高达几百皮法拉，因而构成的系统会出现低通滤波特性。细胞的静息电位是细胞内外的直流电位差，而动作电位是细胞兴奋时的电位改变，动作电位电信号的前沿含有0~10kHz 的谐波。用微电极测定静息电位问题不大，但用它测定动作电位时，则会引起信号严重失真，因此需用负输入电容放大器来中和电容。

负输入电容放大器的原理示于图 12-29，图中 C_5 为微电极的分布电容，传输电缆的分布电容和放大器输入电容之和，C_1 为组成正反馈的电容；放大器增益绝对值 A 在通频带内保持为常数，输入电压 V_i，输出电压 $V_0=A\cdot V_i$；K 为由中和电位器 R 上的分压比所决定的常数，$K=V_f/V_i$；由 R_1 和 R_2 组成串联负反馈回路使放大器放大倍数稳定，提高输入阻抗，降低输出阻抗，并展开通频带。

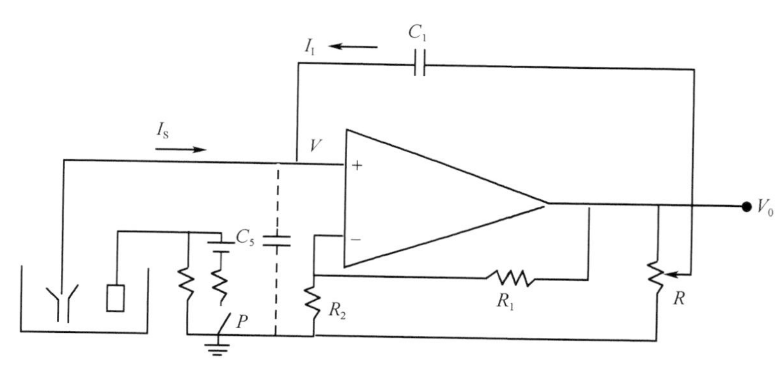

图 12-29 微电极用的负电容放大器

由于 C_5 的充电电流是来自信号源的电流 I_s，和经正反馈的电流 I_1，则有

$$i_{C_5} = C_5 \frac{dV}{dt}$$

$$i_1 = (K-1)C_1 \frac{dV}{dt}$$

$$I_s = [C_5 - (K-1)C_1]\frac{dV}{dt} \tag{12-8}$$

当 $C_5 = (K-1)C_1$ 时，上式中 I_s。这等效于信号源的电容完全被一个负的等效电容$(K-1)C_f$所抵消。C_5 的充放电完全通过正反馈电路进行，与信号源无关，因此 C_5 对信号源的信号不存在对高频的旁路作用。

通过调节系统中的电位器 R，可得到良好补偿效果，但要注意防止反馈量过大而产生振荡现象。实际调整时，可如测试微电极参数那样，在无关电极与接地端之间串入一个方波阶跃电压，边调整中和电位器，边通断所加方波，直至示波器上能得到最佳方波显示为止。因玻璃微电极的阻抗为 10~200MΩ，故用于负电容放大器的输入阻抗应大于微电极本身的阻抗两个数量级，以保证足够检测精度。

思　考　题

1. 将一对检测电极放在生理盐水中，外加电压于电极上。当电流通过电极时，两个电极的偏移电位不同，解释在电流通过期间为什么产生这种现象，画出每个电极在电流流过时的离子分布图。并讨论它对生物电的检测和电刺激的影响。

2. 何谓极化电极和非极化电极？如何制作银氯化银电极？

3. 试画出考虑扩散过电压和不考虑扩散过电压时电极阻抗的等效电路，并加以说明。

4. 试画出测定电压畸变和整流效应的装置图，讨论用这个装置测定正弦大电流和脉冲大电流时所得结果及其实际意义。

5. 根据电极-皮肤表面的等效电路，说明运动伪差产生的原因和减小它的办法。

6. 举例说明常用的几种体表电极。

7. 心脏起搏器的电极有什么特点？设计心脏起搏器时应注意哪些问题？

8. 画出微电极置入细胞内时电极的等效电路。

9. 试讨论用玻璃电极测定细胞动作电位时可能出现的问题和解决的办法。

10. 长期用在心脏监护仪上的一对银/氯化银电极，其中一个电极脏了，护士用钢棉把它擦光亮。然后又放在患者身上测其电位，问这样作对测定电位会产生什么影响？

第十三章　实　　验

实验一　金属箔式应变片单臂电桥性能实验

【实验目的】

了解金属箔式应变片应变效应；进一步掌握单臂电桥工作原理和性能。

【实验仪器】

(1) 传感器特性综合实验仪: THQC-1 型, 1 台。

(2) 万用表: MY60, 1 块。

【实验原理】

金属丝在外力作用下会发生机械形变，其电阻值会发生变化，这就是金属电阻应变效应，根据电阻定律可得:

$$R = \rho \frac{l}{S} \tag{1}$$

当轴向拉力 F 作用于金属电阻丝时，将伸长 Δl，横截面积相应减小 ΔS；此外，因晶格变化等因素导致电阻率发生改变，于是产生 $\Delta\rho$，故引起电阻值变化 ΔR。

用应变片测量受力时，将应变片粘贴于被测对象表面上。在外力作用下，被测对象表面产生微小机械变形时，应变片敏感栅也随之变形，其电阻值也发生相应变化。通过转换电路转换为相应电压或电流变化，可以得到被测对象应变 ε，而根据应力应变关系

$$\sigma = E\varepsilon \tag{2}$$

式中 σ 表征测试应力，E 表示材料弹性模量，因此可以测得应力值 σ。通过弹性敏感元件，将位移、力矩等物理量转换为应变，因此可以用应变片测量上述各物理量，从而做成各种应变式传感器。电阻应变片可分为金属丝式应变片，金属箔式应变片，金属薄膜应变片。

【实验内容与步骤】

(1) 取出嵌入应变式传感器的应变传感器模块。实验前，先用万用表测量传感器中各应变片 R_1、R_2、R_3、R_4 阻值，应该有 $R_1=R_2=R_3=R_4=350\,\Omega$。

(2) 将主控箱与模板电源±15V 相对应连接，无误后，合上主控箱电源开关，按图 13-1 所示，顺时针调节 R_{w2} 增益调节旋钮调到中间位置，再进行放大器调零，方法为：将差放正、负输入端与地短接，输出端与主控箱面板上数显电压表输入端 V_i 相连，调节实验模板上差动运放调零电位器 R_{w3}，使数显表显示为零，(数显表的切换开关打到 2V 档)。关闭主控箱电源。(注意：当 R_{w2} 位置一旦确定，就不能改变)。

(3) 把应变式传感器的一个应变片 R_1(即模板左上方的 R_1)接入电桥作为一个桥臂，同时和 R_5、R_6、R_7 接成直流电桥，(如四根粗实线)，把电桥调零电位器 R_{w1}，电源±5V，此时应将±5V 地与±15V 地短接(因为不共地)如图 13-1 所示。检查接线无误后，合上主控箱电源开关。调节 R_{w1}(电桥调零电位器)，使数显表显示为零。

(4) 按表 13-1 中给出的砝码重量值，读取数显表数值填入表 13-1 中。

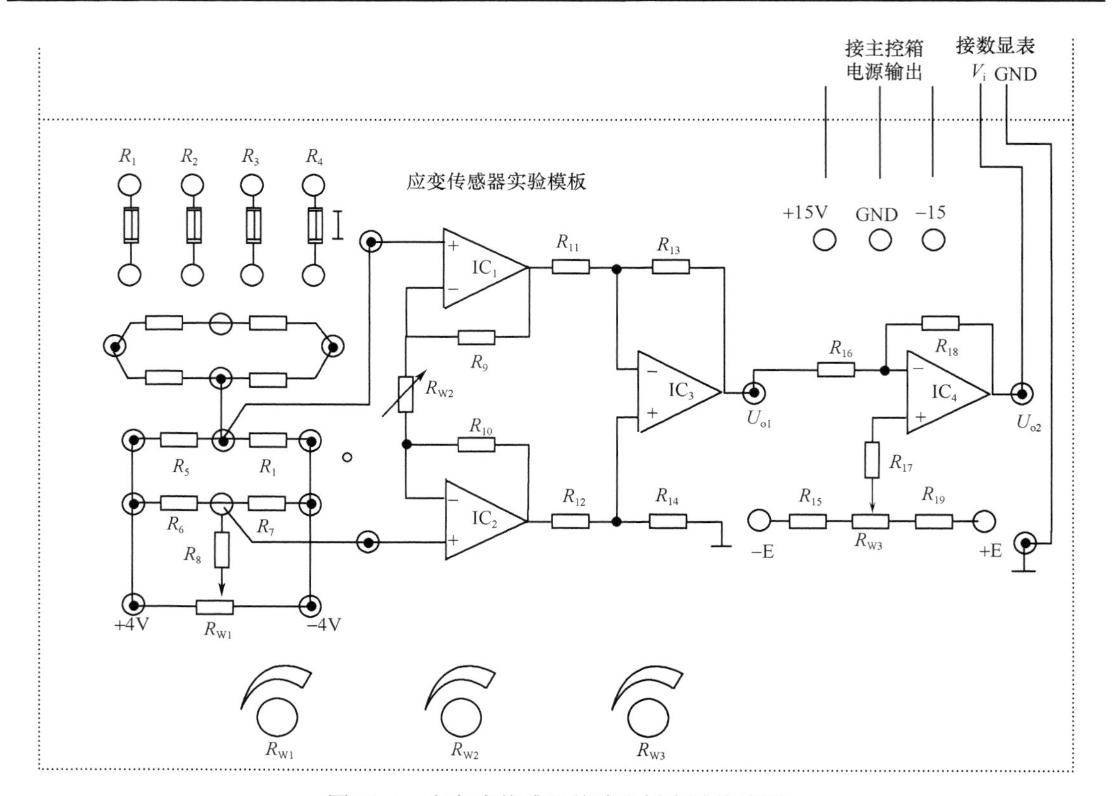

图 13-1 应变式传感器单臂电桥实验接线图

表 13-1 单臂电桥输出电压与所加负载重量值

质量(g)	20	40	60	80	100	120	140	160	180	200
电压(mV)										

【实验注意事项】

(1) 不要在砝码盘上放置超过 1kg 物体，否则容易损坏传感器。

(2) 电桥电压为±5V，绝不可错接成±15V，否则可能烧毁应变片。

【实验报告要求】

(1) 记录实验数据，并绘制出单臂电桥时传感器的特性曲线。

(2) 从理论上分析产生非线性误差原因。

实验二 直流激励下霍尔传感器位移特性实验

【实验目的】

了解霍尔式传感器原理与应用。

【实验仪器】

传感器特性综合实验仪: THQC-1 型, 1 台。

【实验原理】

当金属或半导体薄片置于磁场时，一旦有电流流过，在垂直于磁场和电流方向上将产生电动势，这种物理现象称为霍尔效应，具有这种效应的元件成为霍尔元件；根据霍尔效应，霍尔

电势 $U_H=K_HIB$，当保持霍尔元件的控制电流恒定，而使霍尔元件在一个均匀梯度磁场中沿水平方向移动，则输出霍尔电动势为 $U_H=kx$，式中 k 表示霍尔位移传感器灵敏度。这样它就可以用来测量位移。霍尔电动势的极性表示了元件方向。磁场梯度越大，灵敏度越高；磁场梯度越均匀，输出线性度就越好。

【实验内容与步骤】

(1) 将霍尔传感器安装在霍尔传感器实验模块上，将传感器引线插头插入实验模板插座中，实验板的连接线按图 13-2 进行。1、3 为电源±5V, 2、4 为输出。

(2) 开启电源，调节测微头，促使霍尔片大致在磁铁中间位置，再调节 Rw_1 使数显表指示为零。

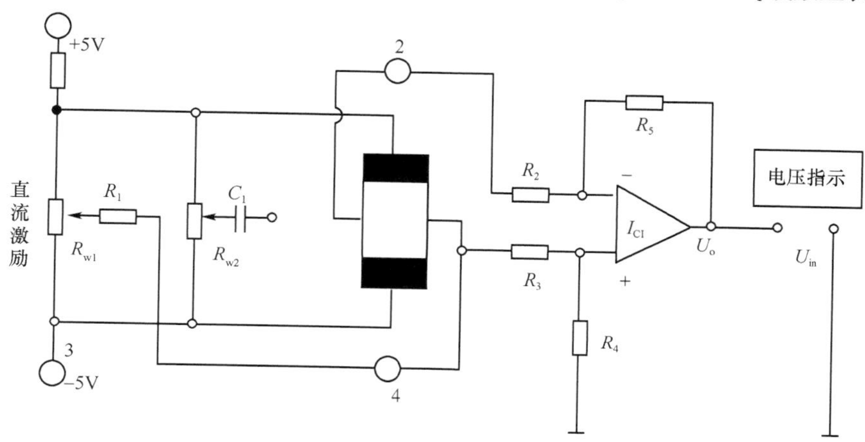

图 13-2　直流激励下霍尔传感器位移实验接线图

(3) 把测微头往轴向方向推进，每转动 0.2mm 记下一个读数，直到读数近似不变，将读数填入表 13-2。

表 13-2

X(mm)										
V(mV)										

(4) 绘制出 V-X 曲线。

【实验注意事项】

(1) 对传感器要轻拿轻放，绝不可掉到地上。

(2) 不要将霍尔传感器的激励电压错接成±15V，否则将可能烧毁霍尔元件。

【思考题】

本实验中霍尔元件位移的线性度实际上反映的时什么量的变化？

【实验报告要求】

(1) 整理实验数据，根据所得实验数据绘制出传感器特性曲线。

(2) 归纳总结霍尔元件误差主要有哪几种，各自产生原因是什么，应怎样进行补偿。

实验三　电容式传感器位移特性实验

【实验目的】

了解电容式传感器结构及其特点。

【实验仪器】

传感器特性综合实验仪: THQC-1 型, 1 台。

【实验原理】

利用平板电容 $C=\varepsilon S/d$ 和其他结构的关系式通过相应结构和测量电路可以选择 ε、S、d 中三个参数中，保持两个参数不变，而只改变其中一个参数，则可以有测谷物干燥度(ε 变)测微小位移(变 d)和测量液位(变 S)等多种电容传感器。变面积型容传感器中，平板结构对极距特别敏感，测量精度受到影响，而圆柱形结构受极板径向变化影响很小，且理论上具有很好线性关系，(但实际由于边缘效应的影响，会引起极板间电场分布不均，导致非线性问题仍然存在，且灵敏度下降，但比变极距型好得多。)成为实际中最常用的结构，其中线位移单组式的电容量 C 在忽略边缘效应时为:

$$C=\frac{2\pi\varepsilon l}{\ln\left(\frac{r_2}{r_1}\right)} \tag{1}$$

式中，l 表示外圆筒与内圆柱覆盖部分的长度；r_1、r_2 表示外圆筒内半径和内圆柱外半径。灵敏度与 r_1/r_2 有关，r_2 与 r_1 越接近，灵敏度越高，虽然内外筒原始覆盖长度 l 与灵敏度无关，但 l 不可太小，否则边缘效应将影响到传感器线性。本实验为变面积式电容传感器，采用差动式圆柱形结构，因此可以很好消除极距变化对测量精度影响，并且可以减小非线性误差和增加传感器灵敏度。

【实验内容与步骤】

(1) 将电容式传感器装于电容传感器实验模板上，将传感器引线插头插入实验模板的插座中。实验板的连接按图 13-3 进行。

(2) 将电容传感器实验模板输出端 Vo_1 与数显单元 V_i 相接(插入主控箱 V_i 孔)R_w 调节到中间位置。

(3) 接入±15V 电源，旋动测微头改变电容传感器动极板位置，当电压变为最小值时开始记输出电压值，然后向左右移动，每隔 0.2mm 记下位移 X 与输出电压值，填入表 13-3。

表 13-3　电容传感器位移与输出电压值

X(mm)	0	0.2	0.4	0.6	0.8	1.0	1.2	1.4	1.6	1.8
V(mV)										

(4) 根据表 13-3 数据计算电容传感器的系统灵敏度 S 和非线性误差 δ_f。

【实验注意事项】

(1) 传感器要轻拿轻放，绝不可掉到地上。

(2) 做实验时，不要接触传感器，否则将会使线性变差。

【思考题】

(1) 简述什么是传感器边缘效应，它会对传感器性能带来哪些不利影响。

(2) 电容式传感器和电感式传感器相比，有哪些优缺点?

【实验报告要求】

(1) 整理实验数据，根据所得实验数据做出传感器特性曲线，并利用最小二乘法做出拟合直线，计算该传感器得非线性误差。

(2) 根据实验结果，分析引起这些非线性的原因，并说明怎样提高传感器的线性度。

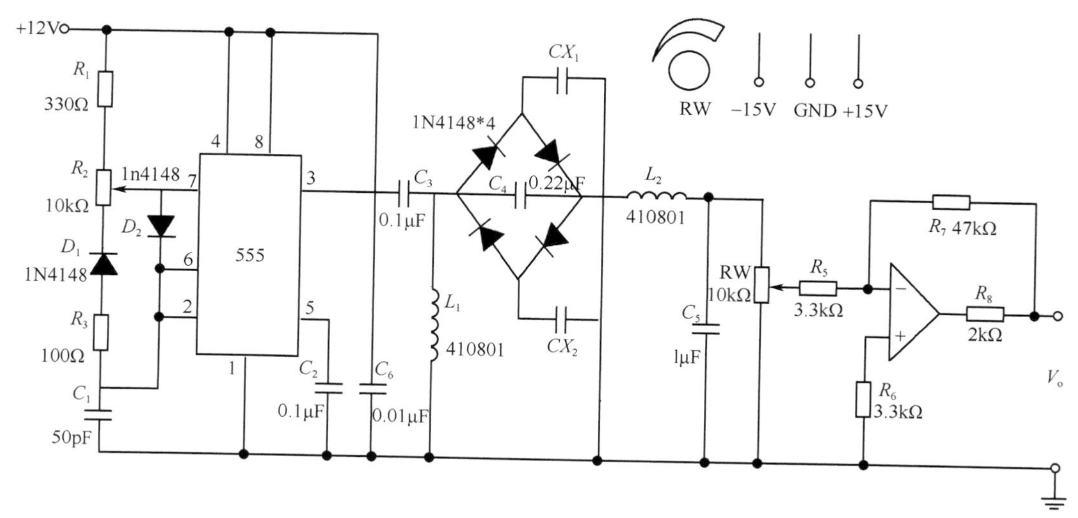

图 13-3 电容传感器位移实验接线图

实验四 集成温度传感器特性实验

【实验目的】

了解常用的集成温度传感器基本原理、性能与应用。

【实验仪器】

传感器特性综合实验仪: THQC-1 型, 1 台。

【实验原理】

集成温度传感器将温敏部件与相应组件集成在同一芯片上, 它能直接给出正比于绝对温度的理想线性输出, 一般用于−50~150℃的温度测量, 温敏晶体管是利用当管子集电极电流恒定时, 晶体管基极、发射极电压与温度呈线性关系。为克服温敏晶体管 U_b 电压生产离散性, 均采用特殊工艺的差分电路。集成温度传感器有电压型和电流型二种, 电流输出型集成温度传感器, 在一定温度下, 它相当于一个恒流源。因此它具有不易受接触电阻、引线电阻、电压噪声的干扰。具有很好的线性特性。本实验采用的是国产的 AD590。它只需要一种电源(4~30V)。即可实现温度到电流的线性变换, 然后在终端使用一只取样电阻(本实验中为 R_2)即可实现电流到电压的转换。它使用方便且电流型比电压型的测量精度更高。

【实验内容与步骤】

(1) 将主控箱上总电源关闭, 把主控箱中温度检测与控制单元中的恒流加热电源输出与温度模块中的恒流输入正负极性对应连接起来。

(2) 将温度模块中的温控 Pt100 与主控箱 Pt100 输入连接起来。

(3) 将温度模块中左上角的 AD590 接到 a、b 上(正端接 a, 负端接 b), 再将 b、d 连接起来。

(4) 将主控箱的+5V 电源接入 a 和地之间。

(5) 将 d 和地与主控箱的电压表输入端相连(即测量 1kΩ 电阻两端的电压)。

(6) 开启主电源, 将温度控制器的SV 窗口设定为 50℃, 以后每隔 5℃设定一次, 即 Δt=5℃, 读取数显表值, 将结果填入表 13-4。

表 13-4

T(℃)										
V(mV)										

(7) 根据上表计算 AD590 的非线性误差。

【实验注意事项】

(1) 加热器温度不能加热到 120℃以上，否则将可能损坏加热器。

(2) 不要将 AD590 的+、−端接反，因为反向电压可能击穿 AD590。

【实验报告要求】

(1) 简单说明 AD590 的基本原理，讨论电流输出型和电压输出型集成温度传感器的优缺点。

(2) 总结实验后的收获、体会。

实验五 热敏电阻特性实验

【实验目的】

了解热电阻特性与应用。

【实验仪器】

(1) 传感器特性综合实验仪: THQC-1 型, 1 台。

(2) 万用表: MY60, 1 个。

【实验原理】

热敏电阻分为负温度系数热敏电阻(NTC)和正温度系数热敏电阻(PTC)，临界温度系数热敏电阻三种。由于热运动(譬如温度升高)，越来越多的载流子克服禁带(或电离能)引起导电，这种热跃迁使半导体载流子浓度和迁移发生变化，根据电阻率公式可知元件阻值发生变化。NTC 通常是一种氧化物复合烧结体，特别适合于−100~300℃的温度测量，它的电阻值随着温度的升高而减小；开关型 PTC 在居里点附近阻值发生突变，有斜率最大区段，即电阻值突然迅速升高。PTC 适用的温度范围为−50~150℃，主要用于过热保护及作温度开关。NTC 和 PTC 的特征曲线如图 13-4。

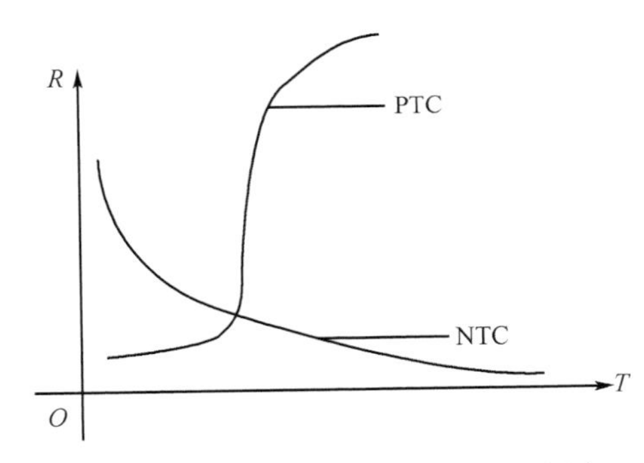

图 13-4 NTC、PTC 电阻温度曲线图

【实验内容与步骤】

(1) 将主控箱中温度检测与控制单元中的恒流加热电源输出与温度模块中恒流输入正负极性对应连接起来。

(2) 将温度控制器 SV 窗口设置在 50℃，然后每隔 5℃设置一次。

(3) 用万用表测量温度模块上的 NTC 和 PTC 的输出，记下每次设置温度下电阻值，将结果填入表 13-5。

表 13-5

NTC:

t(℃)										
R										
t(℃)										
R										

PTC:

t(℃)										
R										
T(℃)										
R										

【实验注意事项】

加热器温度不能加热到 120℃以上，否则可能损坏加热器。

【思考题】

如何根据测温范围和精度要求选用热电阻？

【实验报告要求】

(1) 根据实验所得数据绘制出 NTC、PTC 特性曲线。

(2) 归纳总结 NTC 用作温度测量时应注意哪些问题，主要应用在什么场合，有哪些优缺点。

实验六　光敏电阻特性实验

【实验目的】

了解光电二极管和光敏电阻特性与应用。

【实验仪器】

(1) 传感器特性综合实验仪: THQC-1 型, 1 台。

(2) 万用表: MY60, 1 个。

【光敏电阻实验原理】

光敏电阻是利用光的入射引起半导体电阻变化进行工作。光敏电阻工作原理基于光电导效应：在无光照时，光敏电阻具有很高的阻值；在有光照时，当光电子能量大于材料禁带宽度，价带中电子吸收光子能量后跃迁到导带，激发出可以导电的电子-空穴对，使电阻降低，光线越强，激发出的电子-空穴对越多，电阻值越低；光照停止后，自由电子与空穴复合，导电能力下降，电阻恢复原值。制作光敏电阻材料常用硫化镉(CdS)、硒化镉(CdSe)、硫化铅(PbS)锑化铟(InSb)等。

由于光导效应只限于光照表面薄层，所以一般都把半导体材料制成薄膜，并赋予适当电阻值，电极构造通常做成梳形，这样，光敏电阻与电极间距短，载流子通过电极时间Tc少，而材料的载流子寿命τ_c又较长，于是就有很高的内部增益G，从而获得很高灵敏度。光敏电阻具有灵敏度高，光谱响应范围宽，重量轻，机械强度高，耐冲击，抗过载能力强，耗散功率大，以及寿命长等特点。光敏电阻阻值 R 和光强呈现强烈非线性。

【实验内容与步骤】

(1) 将主控箱 0~20mA 恒流源调节到最小。

(2) 把 0~20mA 恒流源输出和光电模块上恒流输入连接起来，以驱动 LED 光源。

(3) 光敏电阻实验：由于光敏电阻光较弱时变化较大，所以在 0~2mA，每隔 0.5mA 记录一次，以后每隔 2mA 做一次实验，测得的数据填入表 13-6 中。光敏电阻大小用万用表测量光电模块上光敏电阻输出端。

表 13-6

I(mA)										
R										

【实验注意事项】

注意要将主控箱上恒流输出正负端和光电模块上正负端对应接好，否则，光发送端将不能发光。

【思考题】

讨论光敏电阻主要应用在什么场合。

【实验报告要求】

(1) 根据实验数据做出光敏电阻特性曲线图。

(2) 简述光敏电阻基本特性。